"十三五"国家重点图书出版规划项目

北京市教委–科技成果转化–工程研究中心–印刷装备（改革试点）专项资助

数字化印刷装备发展研究报告

基于专利分析和TRIZ理论的数字印刷关键技术研究

李 艳 何高升 著

SHUZIHUA
YINSHUA ZHUANGBEI
FAZHAN
YANJIU BAOGAO

内容提要

本书从数字印刷技术的专利出发，采用TRIZ理论从技术工作原理、关键专利引证、核心专利与TRIZ发明原理关系三个维度对数字印刷技术进行深入研究，绘制静电成像技术和喷墨成像技术的发展路线图，对其进行预测与趋势分析。

本书资料来源于国家知识产权局专利检索平台、欧洲专利局和Goldfire技术创新平台专利数据库及世界知识产权组织PCT出版物。

本书通过对核心专利的引证、挖掘与分析，绘制数字印刷起源、发展、成熟及衰退的技术生命曲线，提出一套基于专利分析和TRIZ理论的数字印刷关键技术研究方法，在学术研究及应用方面均具有较大的价值，可供从事数字印刷研究工作的科技工作者、工程技术人员及高等学校相关专业师生阅读参考。

图书在版编目（CIP）数据

数字化印刷装备发展研究报告：基于专利分析和TRIZ理论的数字印刷关键技术研究/李艳，何高升著.-北京：文化发展出版社，2019.12

“十三五”国家重点图书出版规划项目

ISBN 978-7-5142-2922-6

Ⅰ. ①数… Ⅱ. ①李… ②何… Ⅲ. ①印刷机－数字化－研究报告 Ⅳ. ①TS803-39

中国版本图书馆CIP数据核字(2019)第278932号

数字化印刷装备发展研究报告：
基于专利分析和TRIZ理论的数字印刷关键技术研究

李 艳 何高升 著

策划编辑：魏 欣

责任编辑：魏 欣　　责任校对：岳智勇

责任印制：邓辉明　　责任设计：侯 铮

出版发行：文化发展出版社（北京市翠微路2号 邮编：100036）

网 址：www.wenhuafazhan.com

经 销：各地新华书店

印 刷：北京建宏印刷有限公司

开 本：700mm×1000mm 1/16

字 数：450千字

印 张：24.5

印 次：2020年5月第1版 2020年5月第1次印刷

定 价：88.00元

ISBN：978-7-5142-2922-6

◆ 如发现任何质量问题请与我社发行部联系。发行部电话：010-88275710

我国印刷业总产值已经超过万亿，整体规模居全球第二位。“绿色化、数字化、智能化、融合化”是印刷业发展方向，数字印刷装备是出版物印刷转型升级的核心装备。技术创新是提升我国数字印刷装备制造业自主创新能力的关键。

我国印刷产业技术数字化经历了长达 10 年的婴儿期，2006 年开始进入快速成长期，仅仅用 10 年时间就走过了高速发展阶段，2016 年开始进入成熟期，基本完成了产业技术数字化的进程。但我国生产型高端数字印刷装备主要依赖进口，国内数字印刷装备制造企业创新能力普遍不足，缺乏数字印刷装备核心技术，自主知识产权薄弱，因此提高国产数字印刷装备的创新能力是当务之急。专利是技术发展创新的源泉，通过专利分析可以判断一个国家、企业的技术发展水平，预测技术发展趋势。来源于专利的 TRIZ 理论被称为发明问题解决理论，是苏联发明家阿奇舒勒的巨大成就。本书首次将 TRIZ 理论应用到数字化印刷装备的技术的专利分析上，并用 TRIZ 理论对数字印刷装备技术进行发展预测和趋势分析。基于 TRIZ 的专利分析，其根本在于对特定技术的专利进行挖掘，本书在基于专利分析的基础上，对国内外典型数字化印刷装备开展深入研究，从关键技术的基本原理、关键专利的引证分析、关键专利采用的 TRIZ 理论的发明原理及应用效应分析三个维度对数字印刷技术主流成像方式所对应的数字印刷装备技术深入剖析，为企业进行产品创新设计提供捷径，为我国开发具有自主知识产权的数字化印刷装备提供理论和方法，使得企业快速有效地进行产品创新设计。

将 TRIZ 理论应用在数字印刷装备的创新设计过程中，推广应用 TRIZ，对提高印刷装备制造业的自主创新能力与市场竞争力意义重大。

本书针对数字印刷装备按成像原理进行分类，根据分类方式结合数字印刷装备的特点，开展以下三个方面的研究：1）静电成像方式的技术路线图、基于 TRIZ 的专利分析、发展预测；2）喷射成像方式的技术路线图、基于 TRIZ 的专利分析、发展趋势；3）其他成像方式的技术路线图、基于 TRIZ 的专利分析、发展趋势。

本书从数字印刷技术的专利出发，专利来源于覆盖中国、日本、英国、德国、瑞士、法国、美国、韩国、俄罗斯、欧洲专利局和世界知识产权组织 PCT 出版物的国家知识产权局专利检索平台、欧洲专利局和Goldfire技术创新平台专利数据库，经过长达1年的探索，总结出一套适合数字印刷技术特点的专利检索方法，在对10000多件数字印刷技术专利进行引证分析后，确定了80多个数字印刷技术的关键专利，对每一个关键专利进行工作原理分析、TRIZ发明原理应用分析，据此对数字印刷技术开展了深入研究，通过对1938年卡尔逊发明静电成像技术以来81年中的静电成像技术专利以及1858年威廉·汤姆逊发明喷墨成像技术以来160多年的喷墨成像专利进行分析，总结成像技术的发展历程，绘制成像技术的发展路线图，对上述成像技术进行基于TRIZ理论的技术发展预测与趋势分析。

本书系统地介绍了数字印刷技术的工作原理和专利检索方法，对80多个关键专利的内容，发明原理进行阐述，为开展数字印刷装备创新设计提供了理论和方法。为便于读者入门，全书从数字印刷及印刷机的起源、专利分析方法、TRIZ理论、静电成像技术、喷墨成像技术、其他成像技术和数字印刷的应用几个方面，按顺序阐述，共9章，第1章概述，主要介绍印刷技术和数字印刷技术的起源和发展，数字印刷与传统印刷的差异，数字印刷机的起源和发展。第2章对专利价值及其检索方案和分析方法进行了介绍，主要包括专利的技术和经济价值、专利检索平台、专利检索流程和核心专利筛查方案。在此基础上，总结了数字印刷技术的专利检索方案，包括关键词的确定、IPC分类号的确定和专利申请人的确定。最后对静电成像和喷墨成像两大数字印刷核心技术的专利情况进行了简要介绍。第3章对TRIZ的起源、发展、核心思想、解决问题的原理、技术预测方法进行了介绍。第4章基于专利及代表产品对静电成像数字印刷技术的起源、发明和发展历程进行了介绍，在此基础上总结了静电成像数字印刷技术的发展路线图。第5章在第2章所述专利检索方案的基础上对静电成像数字印刷技术核心专利的被引证情况进行了分析，在此基础上，基于TRIZ理论对关键技术的核心内容和发明原理进行了分析。最后基于TRIZ理论对静电成像数字印刷技术的发展趋势进行了预测。第6章基于专利及代表产品对喷墨成像数字印刷技术的起源、发明和发展历程进行了介绍，在此基础上总结了喷墨成像数字印刷技术的发展路线图。第7章在第2章所述专利检索方案的基础上对喷墨成像数字印刷技术核心专利的被引证情况进行了分析，在此基础上，基于TRIZ理论对关键技术的核心内容和发明原理进行了分析。最后基于TRIZ理论对喷墨成像数字印刷技术的发展趋势进行了预测。第8章基于专利及代表产品对数字印刷技术中其他成像技术的起源、发明和发展历程进行了介绍，在此基础上总结了数字印刷技术中其他成像技术的发展路线图。第9章对数字印刷技术在图文印刷领域、医疗领域、微电子领域和增材制造等衍生领域的应用进行了简要介绍。基于TRIZ理论对静电成像和喷墨成像两大数字印刷核心技术的进化历程进行了介绍，并在此基础上总结了两大数字印刷成像技术的进化路线。之后对静电成像和喷墨成像两大数字印刷核心技术所面临的挑战和机遇进行了简要分析。最后对数字印刷技术的发展进行了总结和展望。

十年转瞬即逝，作者从2010年暑期开始对Indigo数字印刷机进行反求设计，10年不间断地从事TRIZ理论和印刷装备方面的研究，感谢2009级研究生肖巍、李晶以及机械2007级本科生丛晓辉、王健、白鹤、薛叶、付饶同学与我一起对Indigo数字印刷机进行长达10个月的反求设计，完成上千个零件的拆、装、测试及二维、三维零件图的绘制和三维部装图、总装图的绘制，工作量巨大，正是对Indigo数字印刷机的反求经历，使作者对数字印刷技术有比较深入的了解；感谢2012级研究生刘宁、金琳、孙万杰、高勇、朱强同学与作者一起进行的数字印刷产品全球范围的搜集与整理，该项工作为后期的专利检索奠定基础；感谢2017级研究生薛倩、刘德喜和2018级研究生刘世朴、田野和刘美华同学，在专利检索方面所付出的辛勤工作，检索到的上万件数字印刷专利作为基础资料，为作者开展基于专利和TRIZ理论的数字印刷装备发展研究工作奠定了基础。

本书来源于作者课题的研究成果，作者指导的硕士研究生何高升与作者本人共同完成本书的撰写，作者指导的5名研究生薛倩、刘德喜、刘世朴、田野和刘美华同学在本书的成稿过程中付出了辛勤的劳动，与作者共事近30年的王仪明教授在作者从事数字印刷装备方面的研究工作上给予很大帮助，在此致以谢意。

作者的研究工作曾得到国家科技部支撑计划项目“印刷行业产品数控化应用示范—子课题Ⅱ—印刷装备数字化共性关键技术开发及应用—子任务Ⅲ—印刷机数字化创新设计平台开发项目2012BF13B05”、北京市教委科技项目“基于TRIZ的印刷辅助设备创新设计方法研究（KM201010015001）”和北京市教委专项“科技成果转化—工程研究中心—印刷装备（改革试点）2015”的大力资助，本书的出版获得文化发展出版社（原印刷工业出版社）的大力支持，在此一并表示感谢。

感谢数字化印刷装备北京市重点实验室、印刷装备北京市高等学校工程研究中心以及北京印刷学院机电工程学院对作者从事的创新设计工作的支持。

由于作者的研究水平和时间所限，疏漏和谬误之处，恳请读者指正。

作 者
2019年9月于北京

目录

第一章

数字印刷技术概述

1.1 引言

1.1.1 印刷技术的起源与发展

1. 印刷技术的起源

印刷技术作为中国古代四大发明之一，其历史悠久，影响深远，广义上的印刷可追溯到秦始皇的“玺印”，如图 1-1 所示，之后印刷技术又经历了印章刻印、碑文拓印、雕版印刷、胶泥活字印刷、木活字印刷等阶段。虽然中国的印刷技术起步最早，并显著推动了知识传播和文化教育的发展，但其影响只是局域性的。西方印刷技术是在汲取中国印刷技术的灵感和创意并加以改造创新的基础上形成，起步虽晚，但其影响的广度与深度远远超越了中国古代印刷技术。西方印刷技术的发展，作为一场思想上、技术上、文化上的革命，将世界的大门打开，推动了欧洲的宗教改革和启蒙运动，将西方社会思想、文化引入一个新的时代，改变了人与世界的面貌，将原本封闭的世界打开。

图 1-1　玉玺

中国古代印刷的发展并不是简单的技术发明，而是一项经长期积累，在特定时代背景下由量变发展到质变的过程，如图 1-2 所示。

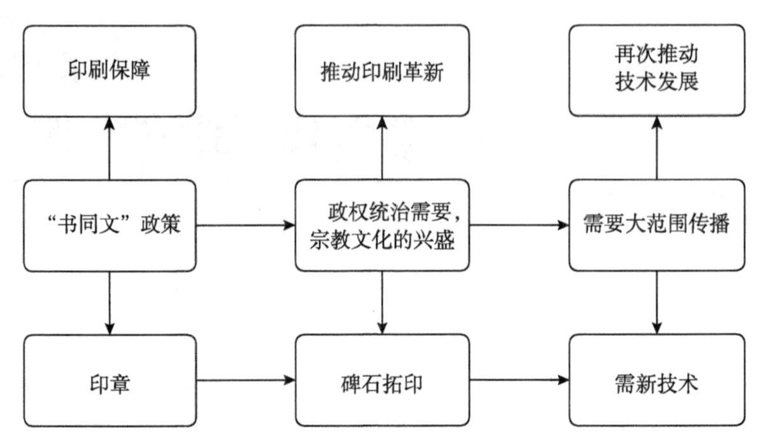

图 1-2　中国古代印刷技术的发展

其时代背景体现在秦始皇实行的“书同文”政策，统一文字，为印刷技术的发展提供文字基础和政治支持。就印刷技术复制文字和图像的功能而言，最早的应用可以追溯到先秦时期的印章，随着政权统治的需要和宗教文化的兴盛，对宗教的宣扬和对百姓的思想教化成为印刷技术革新的推动力，继而出现了碑石拓印技术，虽然当时的复制技术为文化的留存与继承提供有力的手段，但汉字这种方块字的抄写十分不便，并不适用于大范围的传播，因此，在这一阶段人们急需一种新的复制技术来摆脱繁杂的抄写活动。

东汉时期，蔡伦发明并改进了纸张，如图 1-3 所示，这为印刷技术的发展提供更好的物质载体。造纸技术作为中国古代四大发明之一，与印刷技术的发展相辅相成。在碑石拓印技术出现后，开始使用碑石拓印技术篆刻儒家经典著作，在此过程中，纸为碑石拓印技术提供更好的载体，中国古代多样的书写形式和书写艺术以此方式记录并流传下来。《中国科学技术史》（造纸与印刷卷）中提到“石刻虽在东西方都有，但以纸拓印碑文则是中国特有的现象，日本和朝鲜虽然也有过拓印的记载，但据记载，其拓印技术出现很晚”。由此可以看出，造纸技术的出现是推动印刷技术快速发展的驱动力。造纸技术出现之后，随着隋朝开始的科举制度，以及隋唐时期佛教经典的广为流传，典籍复制需求呈增长趋势，雕版印刷技术在这种需求推动下应运而生。此外，中国古代的社会发展与周边国家相比处于领先水平，中国封建社会的繁荣和造纸技术、印刷技术的出现使人们在精神上对文化知识产生浓厚的兴趣和追求，这种强烈的需求也成为印刷技术发展的驱动力。

图 1-3　蔡伦（61—121 年）及其发明的纸张

注：蔡伦出生日期在学术上有 61 年和 63 年两种说法，目前仍有争议。

2. 雕版印刷技术的发明

雕版印刷技术（如图 1-4 所示）的出现开启印刷的新时代。印章和碑石拓印技术的发明，以及造纸技术的出现和发展，为雕版印刷技术的出现提供基础。雕版印刷技术虽然是从早期的古典复制技术中汲取优点发展而来，但本质上还是一项新的技术发明。这一阶段印刷品的内容主要是宗教的佛像和佛经，据考证，最早的雕版印刷作品是唐咸通九年（868 年）由王玠刻印的《金刚般若波罗蜜经》。唐代中期在经济、政治、文化等各方面繁荣昌盛，为印刷技术的发展提供良好的环境。雕版印刷技术是印刷技术中最早成型的技术形式，为活字印刷技术的出现提供技术支持。北宋时期理学流传广泛、工商业繁荣、人际交流活跃，为活字印刷技术发明提供有利条件。

图 1-4　雕版印刷

3. 活字印刷技术的发明

作为中国古代四大发明之一的印刷技术，特指宋代工匠毕昇发明的活字印刷技术（如图 1-5 所示）。毕昇发明的胶泥活字印刷技术将雕版印刷整版刻制改为单个字模组合拼版的方式，使印版更具灵活性，为日后的木活字、金属活字的出现提供基础。同时，活字印刷技术的出现加快图书的印制速度，增加图书的印刷数量，开启人们阅读的新方式，促进知识的交流和文化的传播。虽然毕昇发明的活字印刷技术是一项手工作业技术，但仍是一种技艺的创新，对政治、文化和经济发展起到巨大的推动作用，它引起中、西方的关注，为印刷后续蓬勃发展带来契机。

图 1-5　毕昇（约 990—1051）及活字印刷

4. 中国印刷技术的社会影响

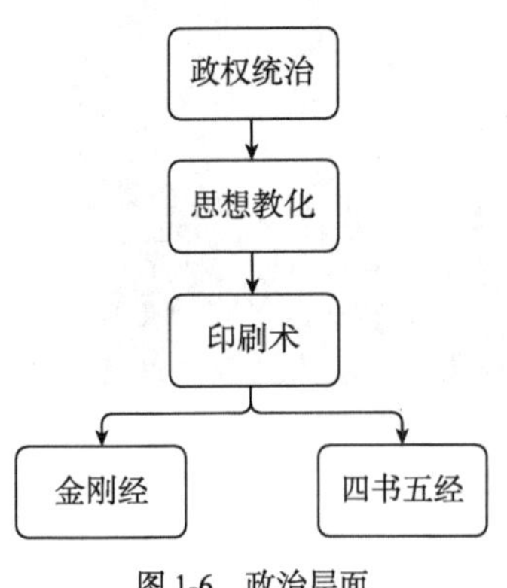

图 1-6　政治层面

中国印刷技术的发展不仅稳固政权、传播宗教，也促进社会各个方面的改变。

从政治层面上看，印刷技术的发展对于政治的稳固有直接的作用。印刷技术能够得到长足的发展，得益于上层建筑的支持。中国古代印刷技术不仅是一项以文化传播和交流为目的的技术，也是一种政治上的需求和权力的象征，一种思想教化的工具，如图 1-6 所示。

从文化角度看，当文字统一后，人们通过学习印刷品上的文字符号来获取知识，更好地认识世界。这一时期印刷技术带来的不仅是一项技术，更是一种文化的渗透，一种意识形态的觉醒，如图 1-7 所示，印刷技术的出现改变传统的经验性知识结构和内容，人们开始利用书籍来了解世界，增进交流，这种交往方式促进文化的活跃和知识的确定性。

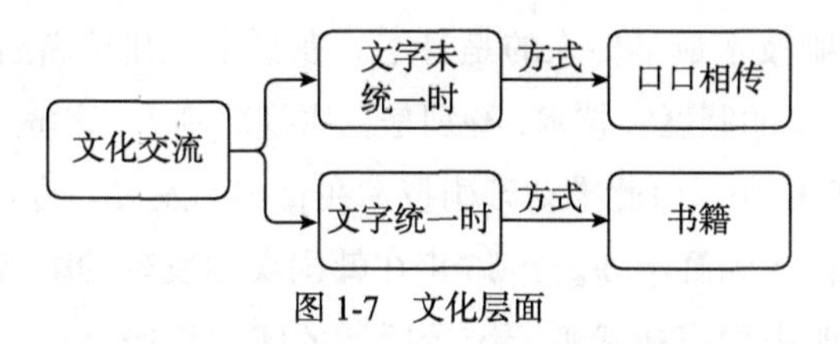

图 1-7　文化层面

从思想层面上看，中国古代印刷技术的发展对于思想的觉醒具有推动和启蒙作用。印刷技术的发展使人们获取知识的途径增多，知识的内容和形式更加丰富，加上推崇科举制度，这些共同促进民众思想意识的觉醒，印刷技术以一种工具的形式存在。从印刷技术的形成和演化过程来看，它不只是满足个人需求的手段，也是为满足特定社会需求而出现的具有文化属性的工具，如图 1-8 所示，它的出现，扩展人们的政治和文化视野，技术的介入影响人们的世界观和价值观。

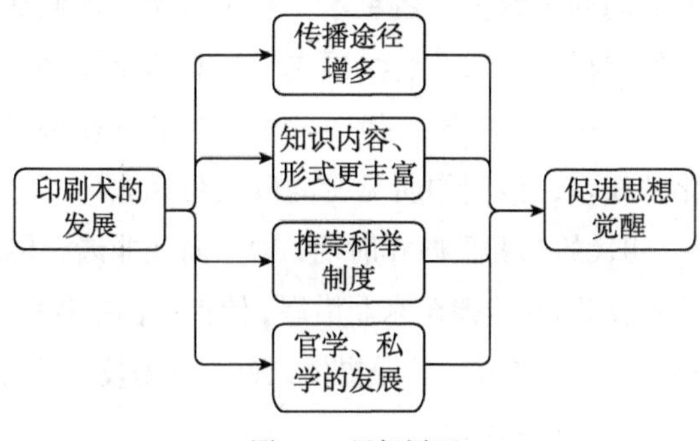

图 1-8　思想层面

5. 中国印刷技术的海外传播

中国古代印刷技术的海外传播形式有两种，一种是引进与模仿，如朝鲜、蒙古、日本等国；另外一种是吸收与创新，如欧洲对印刷技术的改进，海外传播过程如图 1-9 所示。

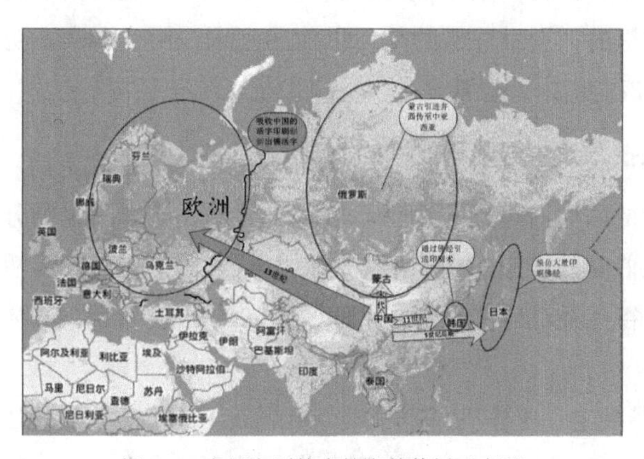

图 1-9　中国印刷技术的海外传播示意图

中国古代的印刷技术最早传入的是日本。在日本大化革新后，至奈良朝属于盛世时期，通过模仿中国的制度和技术，特别是在唐初武则天统治时期的大量印刷佛经、建佛寺，被日本天皇模仿，由此推动印刷技术在日本的发展。传入日本四个世纪后，中国的印刷技术又传入朝鲜半岛。1966 年在韩国庆州发现的雕版印刷品《无垢净光大陀罗尼经》，表明中国唐初武则天统治后期的印本佛经已传到新罗，推动朝鲜半岛印刷技术的发展。中国古代雕版印刷技术的西传是从蒙古伊利汗国开始的，从宋代开始的蒙古铁骑的对外扩张行为打开通往中亚、西亚之路，帮助中国古代雕版印刷技术的西传。13 世纪雕版印刷技术传入欧洲，随蒙古的币制改革和纸牌的流行为西方社会所接受。中国古代的活字印刷技术，从毕昇的胶泥活字，到 12 ~ 13 世纪的锡活字，再到元代王祯改进的木活字，彻底改变传统的雕版印刷，技术的西传依靠往来元大都和欧洲之间的传教士、占星术士和旅行家，他们从欧亚大陆北部将这些木活字带到欧洲，促成德国、荷兰、法国先后试验活字印刷。在唐代，欧洲的基督教（当时称为“景教”）传入中国，伊斯兰教的少数教徒侨居或入籍唐朝，他们成为联系中西方文化的纽带，他们的所见所闻以及带回去的书籍成为谷登堡印刷技术的研究基础。此外，明代的郑和下西洋时期，中国向亚非诸国传播文化、宣贯教化、赠予图书，以此将中国的印刷品传播至东非沿岸，使得中国古代的印刷技术传播出去。印刷技术的世界性传播为文化交流和普及提供条件，也为技术的进步提供新的思路，架起由技术连接人与知识世界的桥梁。

注：锡活字的发明归属问题上，目前仍然存在着一定的争论，主要集中在发明者是中国人还是韩国人的问题上，目前韩国 1377 年兴德寺的金属活字本——《白云和尚抄录佛祖直指心体要节》被部分韩国学者和国际组织认为是世界上最早的金属活字印本，在中国元代王祯的《农书》里附的《造活字印书法》写到：“近世又铸锡字，以铁条贯之，作行，嵌于盔内，届行印书。”中就提到了锡活字，据潘吉星等学者考证，这里的“近世”指的是元以前的南宋，历史事实证明中国锡活字印刷出现时间最迟应该在南宋，也就是 12 ~ 13 世纪，早于韩国。

6. 西方印刷技术对中国印刷技术的改进

德国谷登堡的印刷技术被认为是西方印刷技术真正意义上的开端，其发明的基础来源于从阿拉伯商人带来的中国书籍，距中国宋代毕昇的胶泥活字制作工艺已有四百年的历史。谷登堡对活字印刷技术的改进如图 1-10 所示，具体体现在以下几个方面。

（1）谷登堡改造了压榨机，通过压榨机螺旋下压的方式实现压印，成为复制文字的机器，如图 1-11 所示。相比于中国古代的印刷技术，谷登堡印刷技术改变传统

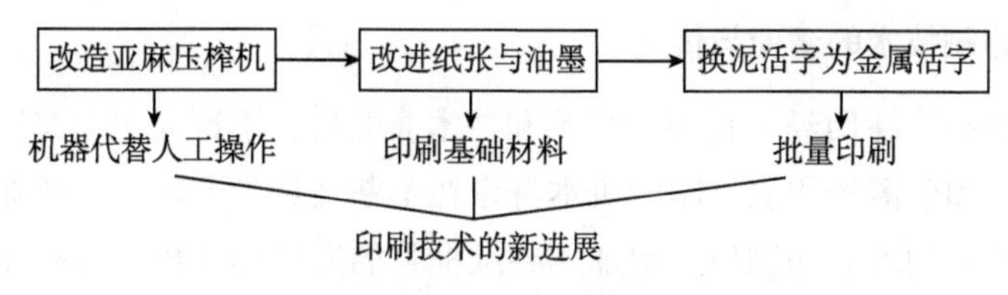

图 1-10　谷登堡对活字印刷技术的改进

的纯手工作业模式，开始利用机器代替部分人工操作。这标志着机械复制技术的出现和人力解放萌芽的开始。

（2）谷登堡对纸张和油墨进行改进。传统的欧洲书写方式是羽毛墨水笔，这种笔的笔尖尖锐，极易划破纸张，从中国传入的纸张不适应欧洲的书写方式，谷登堡改进纸张使之能够适用于欧洲人的书写习惯，传统的油墨在印制的过程中会晕开，使字迹变得模糊，谷登堡改用烟灰、琥珀和亚麻籽油制作出稳定的油墨来解决上述问题，这为他的金属活字印刷技术提供基础材料，进一步推动印刷技术在欧洲的发展。

（3）谷登堡更换毕昇活字印刷的泥活字以及后期王祯的木活字、陶活字等材料，改为金属活字，比之前的活字保存更久，重复使用率更高。中国的活字印刷字模需要反复的刻印，操作十分复杂，谷登堡将其改为浇铸字模的方式，字模磨损后，很快浇铸新的字模，省时省力。金属活字铸造过程是利用硬金属雕刻冲模，将冲模压在相对软的金属上制成铸模，将加热融化的铅注入铸模中形成一个活字。为批量印刷提供可能，这是谷登堡印刷技术的独特之处。

谷登堡印刷术的成功是西方字母体系独特优势的体现。相比于中国汉字的多笔画、部首的会意字，西方字母体系只有少数的字母，可以进行随意的搭配构成词语，在字模的数量上占绝对的优势，仅需要将所需的字模组合排版即可。这种排版印刷的书籍比汉字排版整齐、美观。

谷登堡对印刷工艺的改进与创新，促进了印刷技术的新发展。

图 1-11　谷登堡（1397—1468）及其发明的印刷机

7. 西方印刷技术的演变与传播

西方印刷技术在历经一系列的变革和技术演变后，不再局限于文字印刷，开始了插图、装饰和乐谱的印制。印刷机本身也在不断地进步，从最早的亚麻压榨机，经历版台加滑轨的木版印刷机、增加“夹纸框”的安曼印刷机、带有压盘升降和版台进退动作的布劳印刷机，再到装有“滚压装置”的滚筒印刷机等，这些印刷机的动力都来源于印刷工匠。自斯蒂文和伽利略时代以来，力学改变人对机器的理解，人们在不断探索研制能够减轻人类劳动强度，方便操作，满足批量生产需求的印刷机，力学被应用到印刷领域，将人的“手臂”进行了延伸，开启机械复制阶段。17 ~ 18世纪的海上贸易推动经济的发展，揭开工业革命的序幕，为印刷技术发展提供新的市场和原材料产地。蒸汽动力的发展成熟，推动了印刷行业的发展，1810 年，凯尼格制作第一台动力印刷机，由此，蒸汽动力开始替代印刷工匠的手工劳动。谷登堡印刷技术的出现为文艺复兴提供有力的传播工具，加快知识的传播，将文艺复兴时期的文学艺术理论传遍整个欧洲。这一时期的印刷技术传播广泛，除欧洲各国之间相互传播外，19 世纪初期，由于传教士在华办报馆、传教，将西方印刷技术回传到仍停留在活字印刷初期的中国，开启中国的铅字印刷时代。从中国古代到西方近代，可看作是印刷技术的萌芽与兴起时期，谷登堡改进的压榨机则是手工劳动向机械化转变的开始。

8. 印刷机械化

谷登堡在毕昇发明活字印刷的基础上发明的金属活字印刷技术，从德国传到意大利，再传到法国，1477 年传至英国时，已经传遍整个欧洲。一个世纪以后传到亚洲各国，1589 年传到日本，次年，传到中国。谷登堡的铸字、排字、印刷方法，以及他首创的螺旋式手扳印刷机，在世界各国沿用了至少 300 余年。这一时期，印刷工业的规模都不大，印刷厂多为手工作业，随着社会的发展，以手工为主的印刷生产模式无法满足人们对印刷品数量不断增长的需求。印刷机械化的到来缓解了该需求，印刷机械化的进程与塞纳菲尔德密切相关，1798 年，奥国（今捷克的布拉格）作曲家塞纳菲尔德（1771—1834 年）发明石版印刷技术（Lithography），利用水与脂肪互斥原理在平面上印刷，这是平版印刷技术（Planography）的开端。同时塞纳菲尔德发明木制石版印刷机，将其命名为化学印刷（Chemical Printing），后称为石版印刷。现在的平版胶印的原理就是来自石版印刷原理。石版印刷技术（Lithography）一词，原为希腊文字“石（Litho）”和“写（Graphein）”组合而成，现已成为平版印刷技术的代名词。印刷进入机械化时代的标志是 1812 年德国柯尼希研制的第一台圆压平凸版印刷机，印刷速度比原有平压平结构的印刷机有了显著的提高，之后经过不断改进又衍生出停回转、一回转、二回转、往复回转等结构。1847 年，美国霍伊发明圆压圆印刷机，印刷速度在圆压平的基础上有更大的提升，1860 年，美国制造出第一批轮转机，之后德国相继生产双色快速印刷机，报纸印刷用的轮转印刷机，1900 年制造出 6 色轮转机。从 1812 年起，经过一个世纪，工业发达国家相继完成印刷工业的机械化。工程师们在努力研发印刷速度更快能够用于印刷生产的轮转印刷机的时候，有些工程师开始对小批量复制技术进行研究，1881 年，旅居英国的匈牙利人盖斯特泰纳用铁笔在涂蜡的纤维纸上刻写使纤维出现微孔，然后将油墨置于纤维纸上，再用滚筒辊压使油墨透过涂蜡的纤维纸上的微孔实现小批量的印刷，这种印刷技术被称为油印。印刷技术的飞跃要归功于偶然被发明的胶印技术，20 世纪初轮转印刷机已经广泛用于印刷生产工业，1904 年，威廉・罗贝尔为提高较硬的钞票纸印刷网点图像质量，将柔软的橡皮布装到直接印刷的平版印刷机的压印滚筒上，印刷时，纸张未输入而机器空转一转，印版上的图文没有印在纸上，而是印在橡皮布上，在随后的纸张输入后，纸的两面都印上了图文，威廉・罗贝尔仔细查看"印错"的印张，发现从橡皮布上间接印刷的图文质量，比直接从印版上印刷的图文质量明显好，针对这一现象他继续试验，进一步的试验证明他这一发现的有效性，之后，威廉・罗贝尔全身心地投入到 "间接印刷技术" 的研制中，把原机器改装，在直接印刷的两个滚筒之间增加一个胶皮滚筒，发明了胶印机。威廉・罗贝尔把这种有胶皮滚筒的间接印刷方式称为"胶印" ，如图 1-12（a）所示。在威廉・罗贝尔发明三滚筒的胶印之前，已经有经过胶皮滚筒转印的间接铁皮凸印机，如图 1-12（b）所示，只是没有人尝试将间接铁皮凸印机用于纸张的印刷。

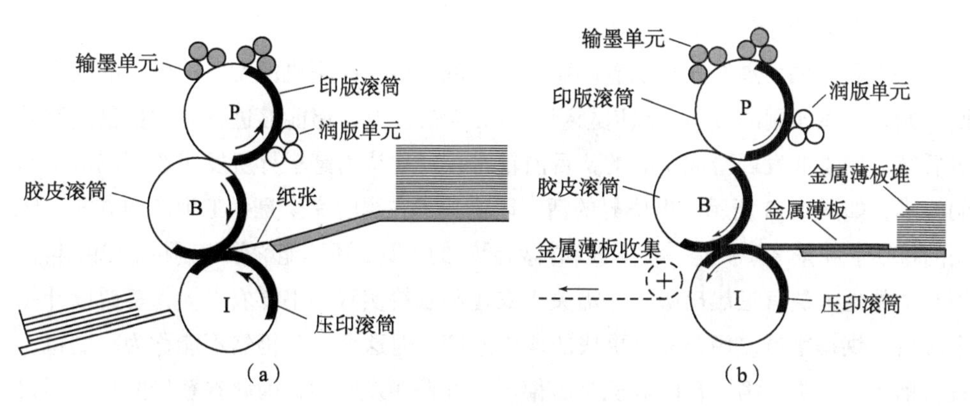

图 1-12　胶印机

印刷技术从中国先秦时期的印章到木活字印刷技术在中国的不断探索和尝试中完成了基础阶段的发展，印刷技术的进一步发展开始于中国印刷技术的海外传播，正是这种传播成就了印刷技术的发展和印刷业的繁荣，印刷技术的第二次飞跃归功于德国人谷登堡发明的铅活字印刷技术，该技术对世界印刷行业产生了巨大的影响，1904年胶印技术发明后，中国的铅活字印刷技术仍然继续使用了90多年，回顾印刷技术的发展史，可以总结其发明历程如表1-1所示。

表1-1 印刷技术的发明历程

发明内容	年 代	国 家	发 明 人
印章	先秦时期	中国	
碑文拓印	魏晋六朝时期	中国	民间
雕版印刷技术	7世纪上下（唐朝）	中国	
泥活字	11世纪上下（北宋时期）	中国	毕昇
木活字	13世纪	中国	王祯
铜活字	13世纪	朝鲜	
铅活字	1440–1448年	德国	谷登堡
油印技术	1881年	匈牙利	盖斯特泰纳
胶印技术	1904年	美国	威廉·罗贝尔

1.1.2 印刷机的发展

印刷机作为一种能够大量复制图文的设备被广泛使用，如今印刷机种类繁多，各自有不同的发展历程，打印机以及最早的打字机在一定程度上可以认为是一种印刷设备，但鉴于打印机和打字机与数字印刷机的发展关系更加紧密，在此我们暂不做讨论，只讨论作为生产设备的传统印刷机的发展，打印机和打字机放在数字印刷机的发展中予以讨论。

印刷技术的发展必定伴随着印刷机的发展，传统印刷机的发展从毕昇的活字印刷开始，虽然印刷的发明可以追溯到先秦时期的印章，但能够进行较大批量复制并对后续印刷工业发展造成影响的，目前较为一致地认为是毕昇所发明的胶泥活字印刷技术，如图1-13所示。但毕昇的活字印刷技术在当时完全是手工生产的方式，所用的拣字盘和排字架只是一种盛放和排列活字的工具，还不能称作印刷机。1297年，当时清德地方法官王晨出版了一篇关于农业和农耕实践的书《农书》，王晨设计一个转台，供排字员使用，提供更快的印刷速度，但这个转台仍然不能称为印刷机。就目前考证来看，第一台印刷机是由德国人谷登堡发明的，因此谷登堡的贡献不仅是在毕昇发明的胶泥活字印刷基础上进行了改进，更是1439年发明的一种木制凸版印刷机，如图1-14所示。谷登堡在欧洲用于压榨葡萄或橄榄所用的立式压榨机的基础上，改制成世界上第一台木制印刷机。该机器采用压印方法（与雕刻版的刷印方式有所区别），底座台上固定已排好字的活字版，上面的压印板用铁制螺旋杆控制，

图 1-13 毕昇

图 1-14 谷登堡

图 1-15 弗里德里希·科尼希与安德里亚斯·鲍尔及其发明的印刷机

可上可下，螺杆下有拉杆，以人力推动提供印刷时所需的压力。用羊皮包羊毛的软垫蘸墨，将墨刷在活字版上，再铺上纸，摇动螺杆拉杆，通过压印板压力印出字迹。1476 年，英国的威廉·卡克斯顿将谷登堡的发明带到了英国。1812 年，德国人弗里德里希·科尼希研制成第一台圆压平凸版印刷机，此时印刷机的动力仍然为人力。弗里德里希·科尼希将旋转滚筒引入印刷工艺，发明轮转印刷，安德里亚斯·鲍尔与弗里德里希·科尼希在英格兰成功制成一台功能完整的印刷机，如图 1-15 所示。这台印刷机的出现是印刷机械领域的巨大飞跃，1814 年 11 月 29 日，在谷登堡发明手动印刷机 360 年后，弗里德里希·科尼希与安德里亚斯·鲍尔共同研制的新型蒸汽驱动双滚筒印刷机首次在伦敦成功印刷《泰晤士报》。弗里德里希·科尼希与安德里亚斯·鲍尔推出滚筒印刷机的意义并不仅仅在于以机器替代人工，更深层次的意义在于从技术上满足了低收入阶层接触文化知识的迫切需求并为信息化社会的建立做出了突出贡献。3 年后，两位先驱创办了世界上第一家印刷机工厂——科尼希鲍尔快速印刷机制造厂。由于在 19 世纪，技工自主创业是社会潮流，这使得位于弗兰克尼亚（德国中南部地区）的该印刷机制造工厂直接或间接地成为所有其他德国印刷机制造商的摇篮。1814 年成功印刷《泰晤士报》的双滚筒印刷机的出现是 500 多年印刷发展历史中的一项里程碑。这台印刷机印刷速度可达1100印张/时，与谷登堡手动印刷机240印张/时相比，生产效率提高了近五倍，印刷速度更快、成本更低、信息更具时效性。弗里德里希·科尼希发明的轮转印刷技术，即通过旋转滚筒引导纸张以及后来出现的众多其他类型的单张纸或卷筒纸承印物，以及采用机械供墨形式进行直接或间接（在胶印时通过一个橡皮布滚筒）印刷，现在依然为模拟印刷所采用。200多年前在伦敦安装的第一台印刷机最初仅用于报纸印刷，之后用于书籍、杂志等其他产品印刷。“泰晤士报印刷机”最初仅印刷纸张的一面（单面印刷），随后，弗里德里希·科尼希为其双面印刷机申请了专利。此后，印刷机越来越精密，生产效率越来越高，印刷质量也不断提高。1833年弗里德里希·科尼希的妻子范妮·科尼希与合伙人安德里亚斯·鲍尔研制了一台卷筒纸轮转印刷机。德国、英格兰、奥地利和美国的印刷机制造商共同努力不断推动印刷机制造技术的改进。美国的霍伊在1847年发明了卷筒纸轮转印刷机，延续弗里德里希·科尼希的最初构想，高宝在1876年向马格德堡报交付了第一台卷筒纸轮转印刷机，如图1-16所示。此后不久，美国印刷机制造商开发了折页三角板，为折叠报纸的出现和印刷性能的不断改进铺平了道路。1888年，高宝向圣彼得堡交付了第一台四色轮转印刷机。19世纪90年代初，高宝公司又推出了首台用于印刷彩色印品的专用印刷机。高宝公司也涉足钞票印刷，技术领先其他钞票印刷机供应商长达60年。

图1-16 第一台卷筒纸轮转印刷机

20世纪初，发明家爱迪生对当时的油印技术进行了研究，他把铁笔与马达配合起来，通过控制马达使铁笔在蜡纸上刻写图文，制成油印蜡纸。虽然这种方法当时未得到广泛重视，更未能投入实际应用，但其原理却启发了后人。1888年，盖斯特泰纳用打字机代替铁笔，将打字机上的色带卸下，使字直接打在蜡纸上，在蜡纸上留下字迹，然后卸下蜡纸，铺于纸上，涂墨压印，获得了成功。10余年后，奥地利人克拉博发明了旋转式油印机，极大地提高了油印速度，旋转式油印机如图1-17所示。

图1-17　油印机

1900年，霍伊在其发明的单色轮转机的基础上研制成六色轮转印刷机；1904年底，德国的卡斯帕·赫尔曼和美国的艾拉·华盛顿·鲁贝尔根据印刷铁皮的有胶皮滚筒的间接凸印的发明思路，在美国哈里斯公司帮助下，把一台单张纸滚筒型凸印机，改造成适合胶印的印刷机，并于1905年初，在美国俄亥俄州成立哈里斯自动印刷厂，成为继威廉·罗贝尔之外的胶印机制造厂，卡斯帕·赫尔曼继续研发多色印刷机、卷筒纸胶印机、双面印刷的卷筒纸印刷机。1907年5月，卡斯帕·赫尔曼回到了德国，他获得了一项柏林帝国专利局的专利，专利提出了胶皮滚筒对胶皮滚筒（B-B）的双面卷筒纸胶印机的构思及制造方法，如图1-18所示。1912年6月依据专利试制出了世界上第一台卷筒纸胶印机“Universal”，速度达到8000张/时，如图1-19所示。从德国人谷登堡发明活字印刷机到美国人鲁贝尔发明胶版印刷机的发明及发展过程见表1-2。

表1-2　印刷机的发明及发展过程

<table>
<tr><th>类　型</th><th>时　间</th><th>国　家</th><th>发 明 人</th></tr>
<tr><td>活字印刷机</td><td>1439年</td><td>德国</td><td>谷登堡</td></tr>
<tr><td>圆压平凸版印刷机</td><td>1812年</td><td>德国</td><td>弗里德里希·科尼希</td></tr>
<tr><td>轮转印刷机</td><td>1847年</td><td>美国</td><td>霍伊</td></tr>
<tr><td>油印机</td><td>1898年</td><td>奥地利</td><td>克拉博</td></tr>
<tr><td>六色轮转印刷机</td><td>1900年</td><td>美国</td><td>霍伊</td></tr>
<tr><td rowspan="2">胶版印刷机</td><td rowspan="2">1904年</td><td>德国</td><td>卡斯帕·赫尔曼</td></tr>
<tr><td>美国</td><td>鲁贝尔</td></tr>
</table>

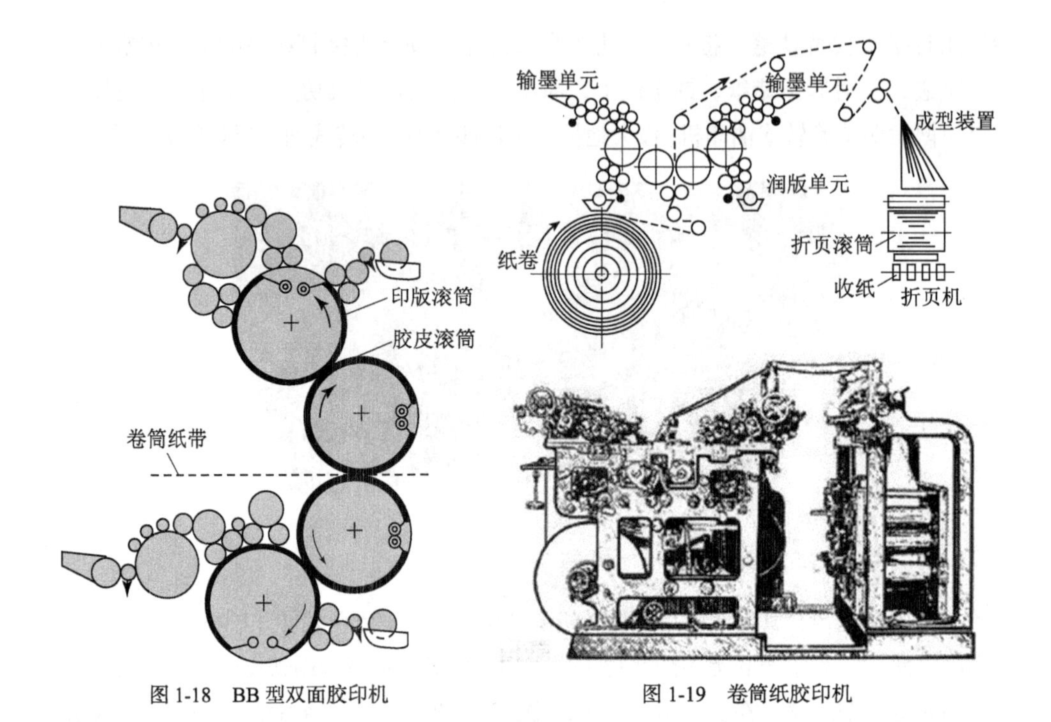

图 1-18　BB 型双面胶印机

图 1-19　卷筒纸胶印机

1.2　数字印刷的发展历程

胶印技术以其良好的印刷质量和较高的印刷速度成为印刷工业中的主流技术。印刷及胶印技术的发明解决了已有图文大量复制的问题，数字技术的出现及其在印刷领域的应用给印刷质量和速度的提升带来了第二次飞跃。

1.2.1　数字印刷概述

数字印刷是有别于传统印刷烦琐的工艺过程的一种全新印刷方式。数字印刷是一种可以按用户时间、地点、数量、成本等要求提供服务的印刷方式，可变信息印刷的特点是其最大的优势。随着数字印刷技术在硬件、软件以及材料等方面的不断发展进步，每年都有更多功能、更高质量、更高速度、更低成本的数字印刷机出现。而数字印刷在我国的发展相对缓慢，核心技术多被国外公司所拥有甚至垄断。

1. 数字印刷起源

作为数字印刷机始祖的打字机的发明最早可以追溯到 1714 年，当时英国工程师亨利·米尔申请一项写字机的专利，目前查证认为是最早关于文字输出设备的记载，但无法查证具体的专利号和技术描述。1806年，英国人韦奇伍德发明复写纸并获得“复制信函文件装置”的专利权。世界上最早的打字机由意大利的佩莱里尼·图于1808年发明，美国人克里斯托夫·拉森·肖尔斯等陆续研制相应的打字机，由于种种原因都未能正式进入市场，但克里斯托夫·拉森·肖尔斯的发明对以后打字机的发展起到巨大的作用，因此被称为打字机之父，如图1-20所示。投入市场获得成功的是肖尔斯的合作者约斯特发明的26键打字机，如图1-21所示，它于1874年进入市场并带来打字机的繁荣时代，之后打字机结合复写纸用来生成多份文档。在20世纪70年代美国出现电脑打字机，如图1-22所示，与以往的打字机相比，电脑打字机具有存储、修改和编辑功能，因此电脑打字机在20世纪80年代风靡全球，当时的美国王安公司因电脑打字机成为全美经济效益最好的公司，但打字机效率低、不能打印和复制稍复杂图形。为了解决上述问题，人们开始关注早期发明的喷墨成像技术和静电成像技术等数字印刷技术，复印机随着静电成像技术的发明而发明，用来解决文档复印的问题，打字机由于能够满足当时办公文档输出的需求被一直沿用。随着个人电脑的发展，IBM在1975年推出了世界上第一台基于静电成像原理的激光打印机，之后电脑打字机逐渐被打印机替代，直到2012年11月21日，兄弟公司关闭了设立在北威尔士的打字机生产工厂并将最后一台下线的打字机存放在伦敦博物馆，如图1-23所示，代表着打字机彻底退出历史舞台。

图1-20　肖尔斯（1819—1890）和他发明的打字机

图1-21　打字机

图1-22　电脑打字机

图1-23　最后一台下线的兄弟打字机

最早的数字印刷技术是1858年威廉·汤姆逊发明的基于虹吸原理的Siphon记录装置，1867年，威廉·汤姆逊完成静电控制墨滴释放试验，1873年，瑞利发明在喷墨头施加周期性振动形成均匀墨滴的技术，后被称为“瑞利断裂原理”，之后的几十年喷墨技术发展缓慢，直到 1946 年，美国广播唱片公司才推出全球第一台按需喷墨打印机，专利号 US2512743A，至此可以认为喷墨成像技术完成了初始阶段的发展。

相比喷墨成像数字印刷技术的初始萌生，静电成像数字印刷技术的发明晚了 80 多年，静电成像数字印刷技术由美国物理学家兼律师切斯特·卡尔逊于 1938 年发明，专利号 US2297691A，1940 年底施乐公司的前身哈罗伊德公司购买切斯特·卡尔逊的技术并进行商业化，哈罗伊德公司在 1948 年开发出静电成像新工艺，标志着静电成像的商业化应用开发成功，1950 年哈罗伊德公司推出世界上第一台复印机“Model A”，专利号 US2600580A，至此可以认为静电成像技术完成初始阶段的发展。

虽然基于虹吸原理的喷墨技术比胶印技术的发明早 42 年，但限于当时科技水平特别是微制造技术、半导体技术及计算机技术的发展滞后，喷墨成像数字印刷技术以及之后发明的静电成像技术未能成为当时工业印刷领域的主要技术。

2. 数字印刷定义

数字印刷（GB/T 9851.8—2013）是由数字信息生成逐印张可变的图文影像，借助成像装置，直接在承印物上成像或在非脱机影像载体上成像，并将呈色及辅助物质间接传递至承印物而形成印刷品，且满足工业化生产要求的印刷方法。这一定义包括了数字图文信息、可变图文、喷墨和静电成像的成像方法、满足工业化生产这 4 大数字印刷特征。

1.2.2 数字印刷的发展

打字机形成文字是通过撞击实现的，现代数字印刷中的静电成像和喷墨成像两大主流技术均为非撞击成像技术，通过对数字印刷技术发展的研究发现，现代数字印刷技术的发展离不开撞击打印技术和撞击式打印机。撞击式打印机是所有利用击打动作完成复制任务的打印设备的统称，也是激光打印机和喷墨打印机大规模商业化前的主要硬拷贝输出设备，撞击式打印机分为两类，一类是字符型打印机，一类是点阵型打印机。现在，除点阵式打印机中的针式打印机被用于票据等类似需要多联打印的单据外，大多数撞击式打印机已退出历史舞台。

撞击式打印机对现代数字印刷技术有着巨大的贡献，为现代数字印刷技术发明和发展提供技术基础和经验积累，也为打印机提供产品研发的初始平台，世界上第一批计算机用打印机就是由打字机改装而成，激光打印机和喷墨打印机等的输出控制语言与撞击式打印机有关，现代静电打印机普遍使用的 PCL 语言来自针式打印机的 Escape 码。现代数字印刷技术由撞击式打印技术演变而来，得益于喷墨成像和静电成像两大主流技术的发明和发展而壮大，数字印刷的发展如图 1-24 所示。

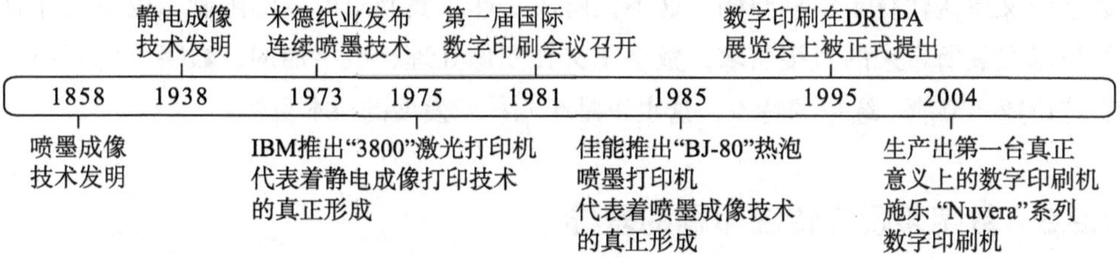

静电成像技术发明　米德纸业发布连续喷墨技术　第一届国际数字印刷会议召开　数字印刷在DRUPA展览会上被正式提出

1858　1938　1973　1975　1981　1985　1995　2004

喷墨成像技术发明　IBM推出“3800”激光打印机代表着静电成像打印技术的真正形成　佳能推出“BJ-80”热泡喷墨打印机代表着喷墨成像技术的真正形成　生产出第一台真正意义上的数字印刷机施乐 “Nuvera”系列数字印刷机

图 1-24　数字印刷的发展

喷墨成像技术发明于 1858 年，1973 年米德纸业所属数字印刷系统发布连续喷墨技术并于 1976 年投入商业应用，1985 年，佳能推出“BJ-80”热泡喷墨打印机，代表着喷墨成像技术的真正形成。静电成像技术发明于 1938 年，1975 年，IBM“3800”激光打印机的推出，代表着静电成像打印技术的真正形成。1981 年第一届国际数字印刷会议的召开标志着数字印刷技术被印刷行业所重视，1995 年，数字印刷在 DRUPA 展览会上登台，从此数字印刷拉开发展的大幕，但数字印刷在以后几年发展缓慢，直到 2004 年，被称为第一台真正意义上的数字印刷机，施乐“Nuvera”系列数字印刷机生产出来，“Nuvera”系列是基于静电成像技术的生产型黑白数字印刷机。至此数字印刷技术才真正应用于商业印刷中。

毕昇发明胶泥活字印刷技术，使人类文明的传播变得便捷，德国人谷登堡发明金属活字印刷技术使大批量印刷成为可能，胶印技术的发明将印刷技术推上了巅峰，在印刷技术的发展过程中，印刷内容从早期的文字印刷逐渐过渡到图文结合以图像为主的色彩再现，印刷技术和工艺也从简单的纯手工制作发展为几乎无须人工干预的全自动操作。数字印刷技术初始发明的目的并不是去替代胶印等用于商业印刷领域的各种传统印刷技术，而是解决当时办公文件的复制和输出，第一台复印机的“modelA”的出现解决了文档的复印问题，打字机的出现解决了人们对办公文字输出的需求，但打字机只能输出文字信息，对于图形的输出几乎无能为力，再有就是无法实现文件的复印，之后通过打字机演变而来的撞击式打印机有了一定的图形输出能力，但仍旧无法满足人们对复杂图文输出的需求，随着计算机技术的不断发展，对能够方便快速地输出复杂图文信息的打印机的需求显得更为迫切，直到 IBM 推出第一台激光打印机，此需求才在一定程度上得到满足。激光打印机和复印机的出现解决了人类对办公图文输出和复制的需求，随着计算机技术的发展，特别是 PostScript 技术的发明，人们借助计算机实现包括文字输入、图像扫描和处理、图形制作和排版等工作，传统印刷中的实物原稿逐渐被数字化，如果能够将计算机数字图文在计算机的直接控制下输出，取消印版制作过程，则会进一步提升印刷作业的便捷性，正是基于这种需求，数字印刷被提出。从上述分析可知，数字印刷技术中，数字图文原稿代替了实物原稿，这不仅解决了印刷复制对原稿的限制，也更是计算机技术发展所带来的直接需求，数字图文在图像处理、数字加网、数字分色等环节有着快速、节能、绿色的特点，这也正是印刷技术发展的根本目标。

1.2.3 数字印刷与传统印刷的差异

传统印刷按照印刷方式不同，其原理和工艺各不相同，目前数字印刷所代替的传统印刷的份额主要集中在胶印分支，这里主要针对在传统印刷中应用比例最大的胶印与数字印刷的区别进行论述。

数字印刷是一种在成像方式和印刷工艺上与传统模拟印刷迥然不同的现代印刷技术，二者成像方式对比如图 1-25 所示。数字印刷将印前、印刷甚至印后整合为一个整体，由计算机集中操作、控制和管理，原来传统印刷和数字化印刷技术的多个工艺，聚集成数字印刷机这一个整体，简化了印刷工艺，传统印刷的工艺流程如图 1-26 所示，数字印刷的工艺流程如图 1-27 所示。与传统印刷大批量复制生产相比，数字印刷的突出优势在于可以满足以即时印刷、按需印刷和可变数据印刷为特点的客户要求。数字印刷与传统印刷工作流程的比较见表 1-3。

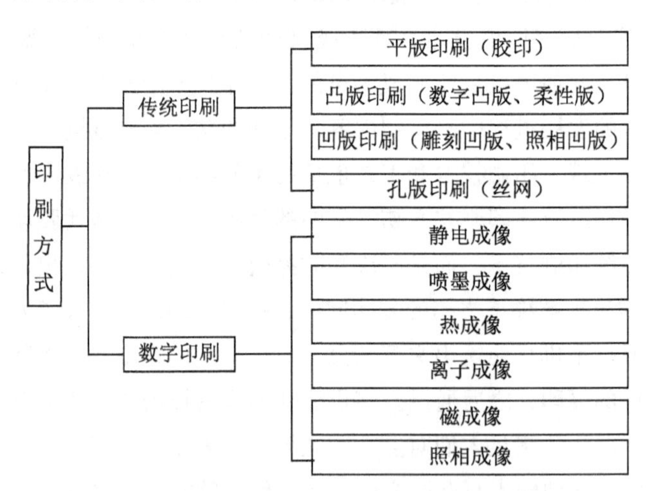

图 1-25 传统印刷与数字印刷成像方式对比

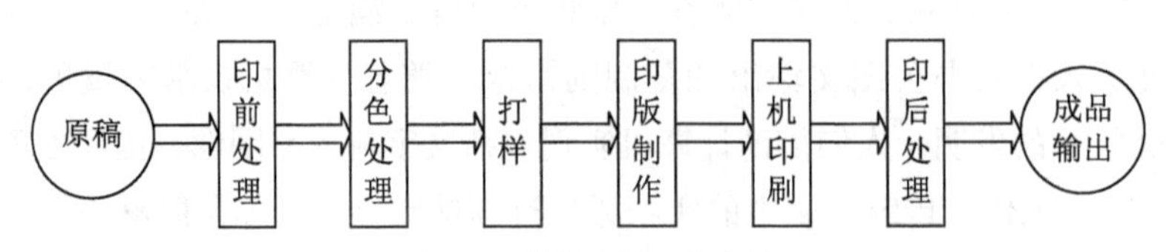

图 1-26 传统印刷工艺流程

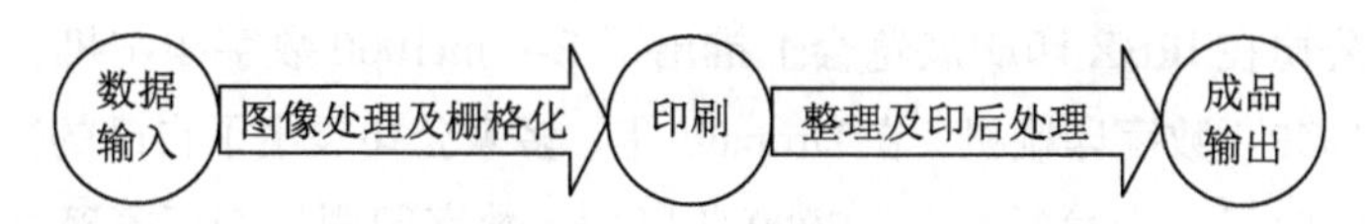

图 1-27　数字印刷工艺流程

表 1-3　数字印刷和传统印刷对比

类别	数字印刷	传统印刷（胶印）
工序	单一	复杂
设备	数字印刷机	印前处理系统，制版系统，印刷机
应用领域	小批量	大批量

数字印刷是一个完全数字化、网络化的生产流程，从信息的输入一直到印刷，全部为对数字信息的识读、处理、传递、控制过程，数字流贯穿整个生产过程。印刷时，通常将经印前系统编辑好的图文信息，通过网络传输，直接输入数字印刷机，通过设备自带的 RIP 处理和物理成像，直接输出印刷品，是一个不需经过任何中间媒介的信息传递过程。所谓“数字印刷”并非意味着数字与网络系统取代了传统机电印刷系统，而是数字网络技术与传统机电印刷系统的有机结合。

1.3　数字印刷机

数字印刷机是指使用数字印刷技术的印刷设备，它是能将数字图文信息在正常输出状态下实现信息可变，并直接输出在承印物上的印刷设备。

数字印刷机一般是指生产型数字印刷设备，如各类黑白生产型数字印刷机、彩色生产型印刷机、各类高速复印机等，而不包括多数用于办公的打印和复印设备，如黑白激光打印机、彩色喷墨打印机和各种一体机。

1.3.1　数字印刷机概述

当人类进入信息时代时，科学技术推动了印刷技术的巨大进步，特别是计算机技术和网络技术的应用，使可变印刷技术及设备日趋完善。印刷技术的数字化、集成化、智能化和网络化发展日趋成熟，以及印刷市场上小批量、个性化、多品种、高质量印品需求的迅速提升，为数字印刷的实现和发展奠定了必要的基础。数字印刷技术是在现代打印技术基础上发展起来的一种综合技术，以电子文本为载体，通过网络传递给数字印刷设备，实现直接印刷，数字印刷真正出现应用是在 20 世纪 90 年代，1991 年德国海德堡公司在 Print91 上展出了 GTO-DI 数字式印刷机，1993 年以色列印迪戈公司在 IPEX 印刷展览会上推出了 E-Print1000 数字印刷机、比利时赛康公司推出了 DCP-1 数字印刷机，在 Drupa95 上，多家公司展出了自己的数字印刷机，将数字印刷推向了一个发展高潮。2000 年以后，数字印刷生产厂家经过进一步发展和重组，出现了惠普印迪戈、富士施乐、柯达、奥西等主要的数字印刷设置制造商，推动了数字印刷在全球的发展和普及，也使数字印刷在我国得到迅速发展。数字印刷系统主要由印前系统和数字印刷机组成，有些系统还配置了折页、装订、裁切等印后设备，取消了分色、拼版、制版等步骤。

与传统印刷设备一样，数字印刷机按照承印物形式、色数和印刷原理不同可分为不同的种类。数字印刷机的分类方式如图 1-28 所示。数字印刷机在承印物形式上可分为单张纸和卷筒纸两种，单张纸数字印刷机一般用于书刊及海报的印刷，卷筒纸数字印刷机大多用于标签印刷生产中。在印刷色数方面，可以分为黑白数字印刷机和彩色数字印刷机两种，与传统胶印机类似，一些彩色数字印刷机也有配置专色功能用于提高印刷色域或实现某一特殊印刷效果。根据成像技术的不同，数字印刷机主要分为静电成像、喷墨成像、热成像、离子成像、磁成像五大类，其中静电成

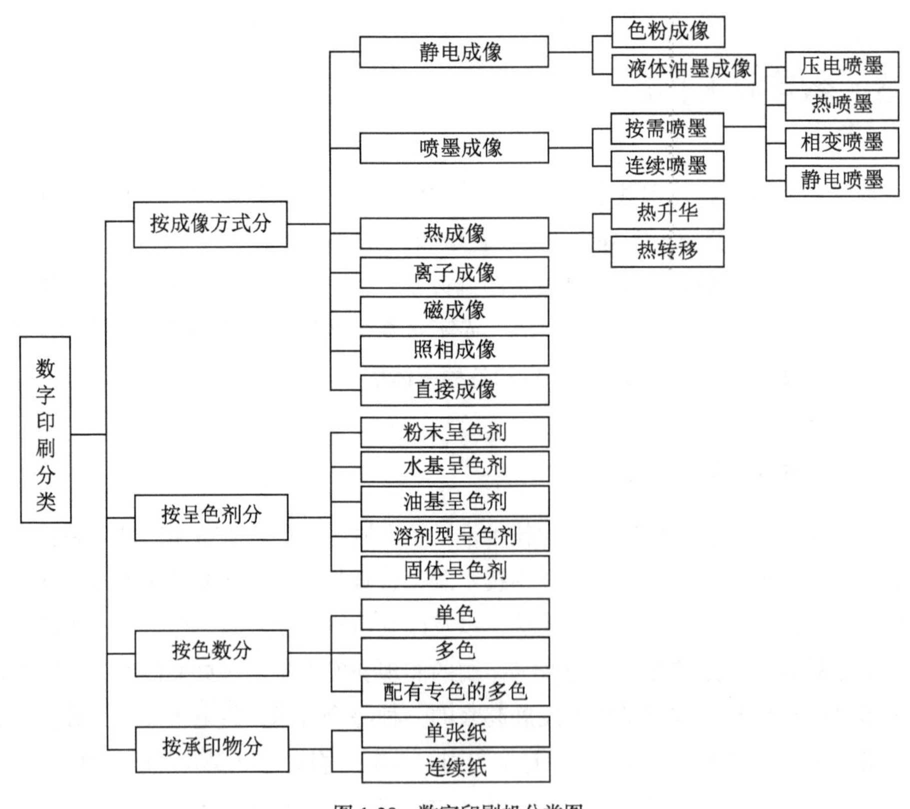

图 1-28　数字印刷机分类图

像又分为色粉静电成像和电子油墨静电成像，电子油墨静电成像以惠普印迪戈为代表，喷墨成像按照墨滴喷射方式又分为连续喷墨成像和按需喷墨成像，按照喷墨喷射动力来源又分为压电喷墨和热泡喷墨，兰达公司最新的纳米喷墨成像技术也是按需喷墨成像技术的一种，热成像又分为热转印成像、热升华成像等。除了上述五种成像技术外，还有一些特殊的成像方式被用于一些特殊的印刷中，如直接成像、照相成像等。但目前在数字印刷领域中，静电成像和喷墨成像占主导地位，当前生产型数字印刷机主要以静电成像为主，但随着喷墨成像技术的进步，喷墨成像数字印刷也逐步开始进入生产型印刷机领域。

1. 静电成像

静电成像技术的核心是光导体的光导效应，即光导体材料在特定的黑暗环境中为绝缘体，在特定的光照条件下电阻值下降成为具有一定导电能力的导体。静电成像技术的实施过程为，利用光扫描的方法在光导体滚筒上形成静电潜影，光导滚筒表面的曝光和不曝光产生电位差，利用与静电潜影有一定电位差的墨粉或液体油墨与静电潜影之间的吸引力将墨粉或液体油墨转移到光导滚筒上，借助于热或者压力作用，使墨粉或液体油墨在承印物上形成稳定的影像。静电成像过程可以分为 6 个阶段：充电、光扫描成像、着墨（显影）、呈色剂的转移、呈色剂与承印物熔结（定影）、光导鼓清洁。静电成像的原理如图 1-29 所示。静电成像技术中，根据所使用的成像材料的状态又分为固体热熔墨粉和液体电子油墨两种，其中惠普印迪戈使用的是液体电子油墨，而以施乐为代表的绝大部分其他静电数字印刷设备厂商使用的都是固体热熔墨粉。成像质量上，惠普印迪戈使用的液体电子油墨技术明显优于其他厂商的固体热熔墨粉技术。

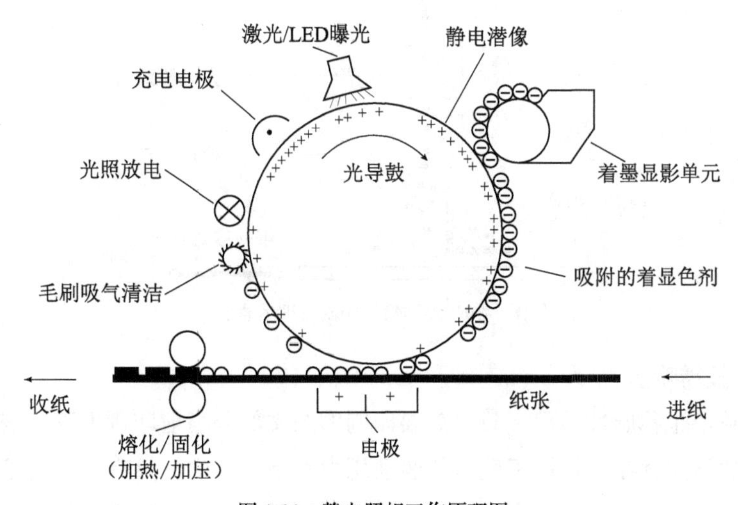

图 1-29 静电照相工作原理图

2. 喷墨成像

喷墨成像技术作为数字印刷发展的主要方向之一，发展历史悠久，起源于瑞利断裂和帕兰涛尤瑟夫·普拉托 - 瑞利不稳定性理论，随着现代制造技术的发展，尤其是微纳制造技术和控制技术的发展，喷墨印刷技术不断完善。喷墨成像技术不需要印版，印刷过程无压力、无须接触承印物，省去了传统印刷中因为制版所需要的设备、版材以及胶片等一系列耗材。喷墨成像可以在多种类型的承印物表面进行印刷，而不局限于纸张。喷墨成像也可以在曲面及厚度不一的异形物体表面进行印刷，并且不被幅面大小所限制。喷墨印刷广泛的应用前景不仅表现在印刷领域，在数字制造领域的应用潜力更大，如增材制造领域中的 3D 打印。喷墨印刷从最初的印刷领域逐步扩展到了机械制造、医疗、电子产品加工以及立体成像等领域。曾经的国际数字印刷年会更名为数字印刷及数字制造会议便是最好的证明。喷墨成像技术从油墨喷射方式上分为连续喷墨和按需喷墨两种。

（1）连续喷墨

连续喷墨系统利用压力使液态墨水通过微孔形成连续高速墨流，通过高频电磁震荡使高速墨流分裂成细小的液滴，小液滴的尺寸和频率取决于液体油墨的表面张力、所加压力和微孔的直径以及震荡频率，在墨滴通过微孔时，使其带上一定的电荷，以便控制墨滴在承印物上的落点，带电的墨滴在偏转电极板的控制下根据图文成像要求使其发射到墨滴回收挡板或偏移到承印物表面的图文位置，如图 1-30 所示，而墨滴偏移量和承印物表面的墨点位置由墨滴离开窄孔时的带电量决定。

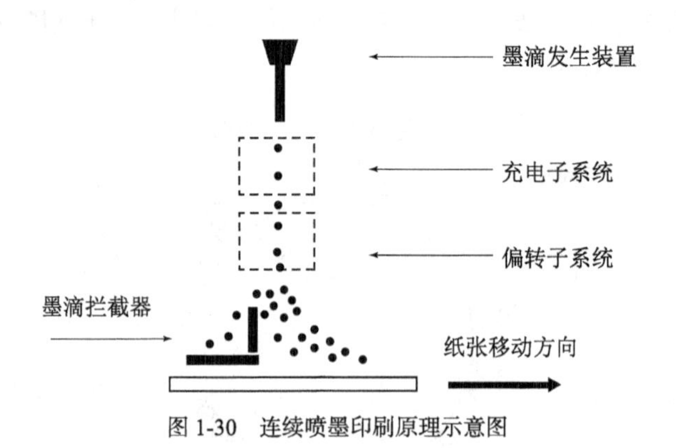

图 1-30　连续喷墨印刷原理示意图

（2）按需喷墨

按需喷墨也称脉冲给墨，只在需要印刷的图文部分喷射印刷墨滴。按需喷墨与连续喷墨的不同就在于作用于墨水的驱动压力不是连续的，只有当需要墨滴喷出时才会有压力作用，墨滴的喷出受成像计算机信号所控制，由于没有了墨滴的偏移，墨槽和循环系统就可以省去，简化了数字印刷机的设计和结构。目前产生墨滴的压力有两种，一种是通过压电元件的变形改变墨腔的体积产生压力，另外一种是通过加热油墨使其汽化以产生压力。压电技术是产生墨滴喷出最简单的方式之一，压电喷墨的核心是半导体的压电效应，即在给压电体施加一定的外力后，在压电体的两个极会呈现出电位差，压电喷墨所利用的是压电效应的逆效应，当压电晶体受到微小电脉冲作用时会立即变形，使与之相连的储墨盒受压变形推动墨腔中的油墨喷出。按照压电元件的形状，可分为挤压、推压、弯曲、剪切四种。热泡喷墨是利用加热喷墨头中的油墨使其汽化，利用气泡挤压油墨致其从喷嘴喷出，加热元件一般为微型电阻，大多数热泡喷墨由于需要直接对油墨加热使其汽化，所以热泡喷墨对油墨热特性及耐高温变质特性有一定的要求。

按需喷墨与连续式喷墨印刷相比，无须充电电极和偏转电场，喷墨头结构简单。在印刷成像过程中，墨滴的大小一般是固定的，为了提高印刷速度，只能考虑改变喷嘴的排列方式，一般单色喷嘴采取两列或者多列喷嘴交错排列的方法，这种排布在提高印刷速度的同时也提高了印刷成像精度。

热泡喷墨头原理如图 1-31 所示，热气泡喷墨成像系统主要由喷头、墨水、承印物和必要的传动控制系统构成。热泡式按需喷墨的工作原理为：油墨通过喷墨头内部的微型加热元件（一般是热电阻）加热到 300℃，热电阻表面的油墨迅速汽化形成气泡，形成的气泡隔绝了加热电阻与剩余油墨的接触，从而不会对剩余的墨水加热。气泡的形成使得油墨体积增大，由于油墨体积不可压缩以及油墨腔体内容积不变的特点，油墨腔体周围的液体对墨水产生一定的压力，将墨水挤压到喷嘴处，墨水喷射到纸张表面进行横向铺展和纵向渗吸，产生可视化图文。压电按需喷墨的工作原理与热泡按需喷墨几乎一样，只是喷墨压力单元由热泡变为压电元件。

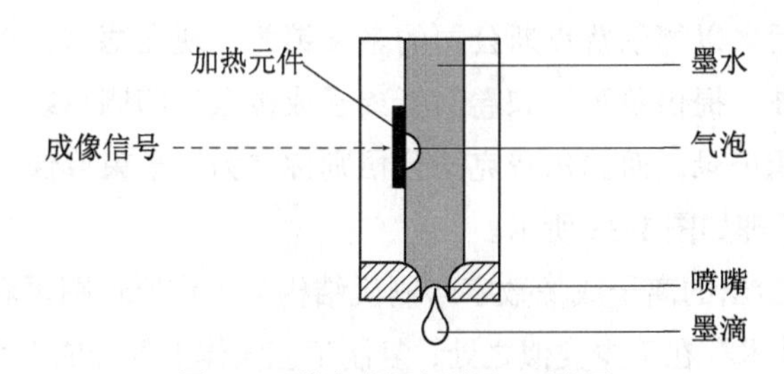

图 1-31　热泡喷墨印刷原理示意图

3. 离子成像

离子成像数字印刷也称为电子束印刷或电荷沉积印刷，是一种在电介质表面形成静电荷图像（类似于静电成像技术的静电潜像）并通过带相反电荷的墨粉颗粒显影成视觉可见图像的成像工艺。这种数字印刷技术除成像过程外，其余工艺与静电成像几乎没有区别，显影过程也与静电成像几乎相同。从物理学的角度看，绝缘体分子内的束缚电荷在外电场的作用下产生微观位移而产生极化电荷，称为电介质的极化。介质的极化程度与质点电偶极子有关，取决于质点电荷重心的分离程度。离子成像是利用绝缘体的极化现象，通过一种电介质的极化效应发生离子，进一步控制离子的定向流动能够在另一种电介质表面记录信息。在图1-32所示的记录系统中，金属板和热阴极相当于电容器的两块平行金属板，绝缘纸是放入电容器中的电介质，从介质的极化效应可知绝缘纸张表面在电场作用下可感应出负电荷。该记录系统的作用原理可归纳如下：由电源对阴极加热，阴极发热后向绝缘纸张发射电子，为绝缘纸表面感应负电荷创造条件；控制栅的作用在于控制阴极电流的大小，阴极发出的电子数量也因此而得到控制；阴极发射出的电子向绝缘纸迁移，在靠近控制栅一侧的绝缘纸表面形成电荷图案（静电潜像）；当绝缘粉末颗粒落到纸张表面时，颗粒在电场作用下发生极化作用，为静电潜像吸附，使静电潜像转为视觉可见的图像，完成显影。绝缘纸张的另一侧是一块与蜡烛连接的金属板，连接蜡烛和金属板的导线在中间部分放置一个线圈，蜡烛发出的正电荷用于擦除纸张上的静电潜像。

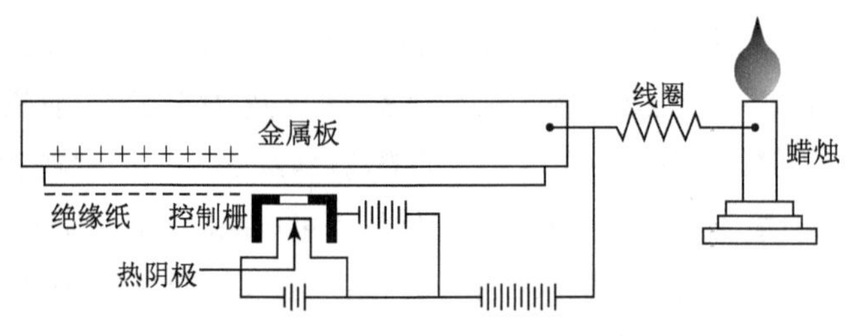

图1-32 离子成像技术工作原理示意图

20世纪70年代末，艾利公司的前身美国丹尼森公司开始研发高性能离子成像打印机，这类设备后来以德尔费克斯公司的名义销售，现在德尔费克斯公司已经改名为德尔费克斯科技，提供单张纸和卷筒纸离子成像数字印刷系统。如前所述，离子成像也称离子沉积记录，而德尔费克斯公司则称之为电子束成像，离子成像数字印刷机结构与工作原理如图1-33所示。

分析图1-33给出的离子成像数字印刷机结构与工作原理图可看出这种技术与静电成像数字印刷技术存在不少类似之处，复制工艺大体上划分成五个步骤：第一步，离子发生器发出的离子在成像滚筒的绝缘层上形成电荷图像，与静电照相充放电过程形成的静电潜像几乎类似，称为静电潜像；第二步，显影过程，墨粉颗粒吸附到成像滚筒表面；第三步，墨粉图像以灌输的方法转移到纸张表面，灌输方法由墨粉转移和熔化两个工序同时发生而得名，此外个别离子成像数字印刷机还有附加的闪光熔化工艺，是否有闪光熔化工艺与机器型号有关；第四步，刮刀清理成像滚筒表面未转移的残留墨粉颗粒，绝缘涂布层的材料选择范围比静电成像数字印刷的光导体宽得多，可通过选择合适的材料形成耐磨的绝缘层，允许用刮刀清理；第五步，类似于静电照相数字印刷，离子成像数字印刷完成所有作业任务后也必须擦除残留的静电潜像。

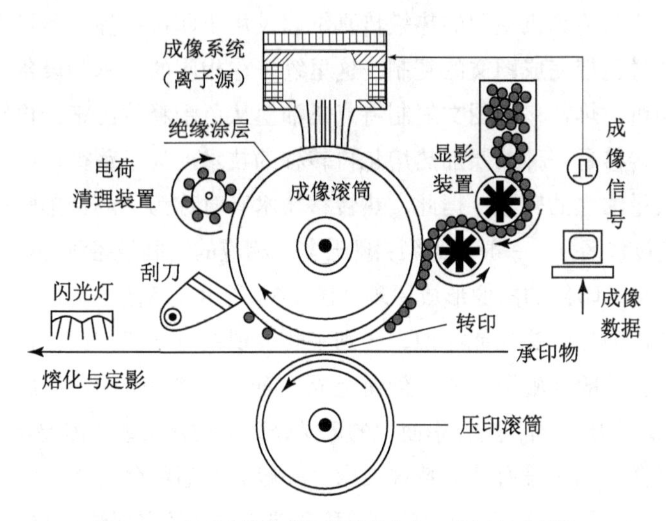

图 1-33　离子成像数字印刷机结构与工作原理示意图

4. 热转移成像

热成像（Thermography）的含义相当广泛，涉及的领域众多，比如检测技术中的热成像，军事应用中的热成像，地理勘探中的热成像、印刷中的热成像等。这里只讨论印刷中利用热成像原理实现的图文复制技术，后面提到的热成像都是基于这样的约定。热成像打印机近年来发展迅速，推出了应用于各种不同场合的机型，市场需求是导致热成像打印机多样性和不断发展的根本原因。尽管热成像打印机的类型多种多样，成像原理各具特色，应用场合也各不相同，但其核心原理是相同或相近的，所以在此一并讨论。热成像复制技术以材料加热后物理特性的改变为区分标准，总体上可划分为直接热成像和转移热成像两大类，而转移热成像又可进一步细分为热转移和热升华两种类型。直接热成像通过热色敏材料（承印物）产生打印结果，无须色带（色膜）；转移热成像则离不开色带，不同类型的色带是图文转移的显色剂来源，成像和复制工艺取决于应用目标需求和打印设备的设计目标，例如成像结果可能先转移到中间载体，再转移到承印物。热成像既是迄今为止复制质量最高的技术，也可能复制出质量低劣的产品。热成像设备的打印效果取决于成像方法，例如热升华打印机的复制质量可与连续调照片媲美，而直接热成像设备往往只能用于复制较为简单的线条稿，图像复制效果较差。直接热成像硬拷贝输出工艺需使用经专门处理的纸张，其表面有特殊的涂布层，在热作用下变色。因此，用于直接热成像复制工艺的承印材料称为热敏材料或热敏纸，直接热成像复制又称为热敏成像复制，相应的设备则称为热敏打印机，有时直接简称为热打印机。为了与转移热成像打印机明确地区分，下面统一称为热敏打印机。直接热成像应使用对热作用敏感的材料，例如普通传真机使用的热敏传真纸以及用于印刷标签和条形码的热敏纸。热转移成像通过色带完成图文的复制，这里统一称相应的技术和设备为热转移技术和热转移打印机。热转移的图文复制特点是油墨从色带释放出来，再转移到承印物表面，说明热转移是一种油墨加热熔化再转移的技术。为了获得良好的复制效果，必然会发生大量油墨的转移，据此，热转移技术有时称为“热密集转移”，热升华技术容易与热转移区分，一般称为染料热升华，相应的复制设备称为热升华打印机。热转移和热升华打印机的图像形成原理如图 1-34 所示。从图中可以看出，热升华和热转移设备使用的打印头功能类似，区别主要表现在以下三方面：首先是色带结构差异，热升华色带的油墨层主要由染料组成，而热转移色带的油墨层主要由颜料组成；其次是记录介质不同，热升华使用的记录介质结构复杂些，需要特殊的接受层，热转移对记录介质几乎没有什么特殊要求，一般为普通纸张等承印物；第三是信息转移方式不同，两者分别通过升华扩散转移和转印的途径实现油墨的转移过程。

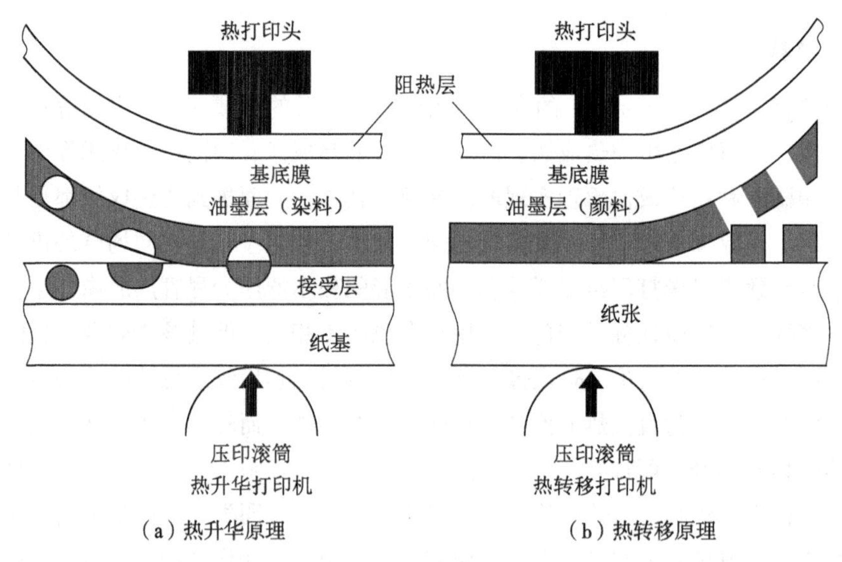

图 1-34　热转移成像

5. 磁记录成像

在我国的战国时期就发现磁石吸铁现象，具有重要意义的首次应用是指南针，今天这一特性被应用于信息记录和图文转移中，并研制出了相应的设备。磁记录技术的应用与磁性材料有关，自然界的天然磁性材料存在于四氧化三铁矿石中。现在，很少使用天然磁性材料，各种基于磁性的记录技术使用的磁铁大多用人工方法制成，例如铁、钴、镍等金属可以制成永久磁铁的合金材料。目前使用的另一种重要的磁性材料为铁涂氧磁体，由氧化铁与二价金属化合物通过烧结工艺组成。天然磁铁能吸引铁、钴、镍等物质，这种现象称为磁性，能够为磁铁吸引的物质称为铁磁物质或磁性材料。铁磁物质在自然状态下并不显示磁性，当接触或靠近磁铁时因受到磁场的影响而呈现出磁性，而被磁铁所吸引；当铁磁物质离开磁铁一定距离后，磁性不能保留。这种基本原理用到了磁记录和磁成像技术中。材料的铁磁性和光导性属于物质的两种不同属性，反映两种不同的物理现象，如果不考虑成像结果的永久性和临时性，则铁磁性和光导性都可用于记录。由于铁磁体特有的磁滞回线现象，使铁磁材料具备永久性记忆的能力，这说明磁成像结果可永久性地保存下来，需要时可以借助于相同的原理施加反向磁场予以擦除。静电成像基于材料的光导性，经充电和放电过程得到静电潜像，一旦显影过程结束，静电潜像就失去了利用价值，因而静电成像属于临时性的记录结果。静电成像中光导材料和铁磁材料的共同性引起人们的注意，20 世纪 70 年代初，有五家公司对磁成像的硬拷贝输出能力进行研究，沙因认为，磁成像（Magnetography）是静电照相的磁模拟，两者的主要区别在成像阶段，磁成像显影过程必须利用磁性墨粉，成像和显影结束后的其他过程基本相同。磁成像数字印刷基于材料的铁磁性，即以铁磁性代替静电成像中光导体的光导性，因而静电成像数字印刷与磁成像数字印刷的根本区别在于物理效应不同。磁成像记录头工作原理如图 1-35 所示，磁成像印刷原理如图 1-36 所示。

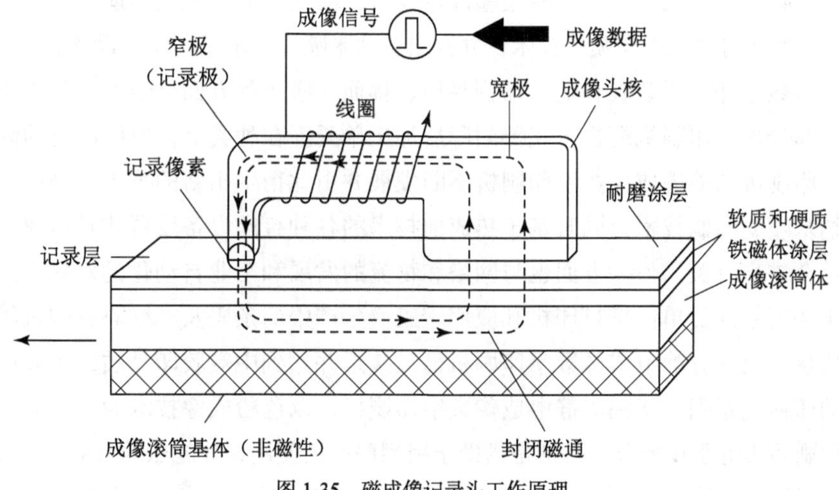

图 1-35 磁成像记录头工作原理

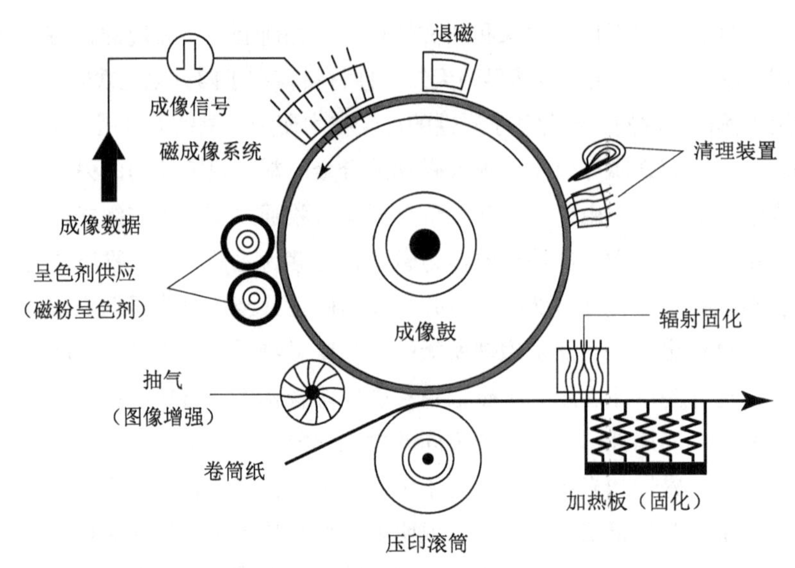

图 1-36　磁成像印刷工作原理

1.3.2　数字印刷机发展

从数字印刷技术的萌芽到开始应用，经历了近一个世纪的不断创新和发展，受益于包括计算机技术和微纳制造技术在内的相关领域技术的发展，国内外的数字印刷机已经有了显著的发展，到 2012 年，以静电成像和喷墨成像两大主要技术为主的传统数字印刷技术已经发展到瓶颈。之后静电成像技术的发展逐步趋缓，一些原本在静电成像技术领域占有主导地位的企业逐渐开始进入喷墨成像技术领域，通过自身研发或收购的形式推出了一些喷墨成像设备，而之前成功推出印迪戈数字印刷机的班尼·兰达将目光投向喷墨技术，并推出了纳米喷墨技术及相应的设备。

目前数字印刷设备在种类、印刷品质、幅面、应用等方面已经形成了丰富的产品线，部分数字印刷机配置了完善的印后加工单元。在种类上，应用广泛的静电成像数字印刷机和喷墨成像数字印刷机不断发展并由此衍生出新的技术，例如兰达公司的纳米喷墨印刷技术，同时基于热成像技术的各种打印设备发展非常迅速，一方面与社会进步有关，另一方面也与网络和物流的发展和工业自动化的发展有关，如应用于物流中的货单便携打印机和应用于工业生产中的条码及二维码打印机等。在印刷质量方面部分静电成像数字印刷机已经接近并达到中等胶印品质，代表产品是惠普的印迪戈系列电子油墨静电成像数字印刷机，以色粉成像技术为主的数字印刷机的印刷品质也逐步提升，特别是借助于新型墨粉的使用，如施乐的 EA 墨粉技术，奥西（现佳能）的 PO 墨粉技术，理光的 PXP-EQ 化学墨粉技术等，都进一步推动了色粉静电成像数字印刷机印刷品质的提升。在印刷幅面上，发展最快的要数喷墨成像数字印刷机，这主要得益于喷嘴技术的进步，越来越多的制造商能够制造出与印刷机幅宽相同的喷嘴阵列，实现一次喷墨就能覆盖整个幅面，不需要使纸张多次经过喷嘴，提高了喷墨印刷的精度和速度，喷墨印刷主要用于报纸、书刊、直邮印刷品的印刷领域，代表机型有惠普 Ink jet Web Press 宽幅数字印刷机，在大幅面和超大幅面喷绘领域，喷墨技术应用成熟，主要用于户外广告的印刷。数字印刷技术在应用分类中，可分为 5 类，分别为：印刷生产用数字印刷机、办公文印用一体机及桌面打印机、广告等大幅面印刷用喷绘机、工业用标识码打印机和增材制造用 3D 打印机。

目前数字印刷机朝着印刷速度和品质不断提升及绿色印刷的方向发展，在印刷速度的提升方面，目前呈现出了两大显著的发展方向，即印刷引擎的改进和印刷幅面的加大。如柯达公司的 Stream 概念机印刷速度可达 2500 页 / 分，并且适用的介质更加宽泛，在印刷品质上相当于 175 线 / 英寸的胶印质量；惠普公司推出了最高速度为 240 页 / 分的全新印迪戈 7000 印刷机；富士施乐公司推出的 iGen5 在保证良好印刷品质的前提下运行速度彩色印刷为 150 页 / 分。宽幅数字印刷机方面，以惠普 Ink jet Web Press 为例，这款印刷宽度为 762mm 的卷筒纸印刷机是专为报纸、书刊和直邮市场设计的，最高印刷速度可达 2600 页 / 分。目前，宽幅数字印刷机的代表产品还有富士胶片公司的 JetPress720、特新企业有限公司的 QPress、网屏公司的 TruepressJetSX 等。在国内，方正桀鹰 C4200 数字喷墨彩色印刷机，采用连续走纸印刷方式，可以非常方便地进行单色及彩色双面印刷，幅面宽度 420 毫米。桀鹰 C4200 是根据中国数字印刷发展现状与使用习惯研发的面向商业印刷的数字喷墨印刷机，采用 UV 喷墨油墨，物理分别率为 360dpi × 360dpi，印刷品精度可达 1080dpi。

国内代表企业北大方正在喷墨控制硬件和软件关键技术方面已经申请了多项发明专利，但在喷墨印刷速度、印刷幅面、喷头等关键技术指标方面，与国际同类先进水平相比还有很大差距。北京豹驰技术有限公司推出的捷豹系列（Panthera300C）卷筒纸数字印刷机，印刷幅面宽，印刷速度快，墨水遮盖力强，印刷分辨率高，适合小批量短版标签产品及纸张类、薄膜类和金属箔类材料的印刷。

如今数字印刷在速度、质量和承印物适应性方面已经发生了很大的变化。从印刷幅面、速度、分辨率、（单一像素可以再现的）阶调数、呈色剂、承印介质和印刷品质等几个方面来看，市场上的静电成像和喷墨成像数字印刷设备的速度、质量和承印物适应性等几个指标已经达到中档甚至高档胶印的水平。从发展趋势来看，“因为是数字印刷，所以质量不高”将永远成为历史。随着数字印刷配套设备和数字印刷工艺的不断提高，数字印刷技术将呈现出表 1-4 所示的发展趋势。

表 1-4 数字印刷技术发展趋势

序号	发展趋势
1	质量、速度不断提高
2	数字印刷单张印刷成本将降低，与胶印的临界点会不断提高，所占市场份额将逐步扩大
3	印后加工机械化、自动化、集成化
4	喷墨印刷飞速发展，质量和速度不断提高，成本逐步降低
5	印前自动化（色彩管理和拼版等方面）
6	网络印刷

1.4 本书的内容与构成

1.4.1 本书的内容

本书在总结数字印刷技术发展的基础上，从专利技术出发，以代表技术、代表产品及代表产品核心专利为引导对数字印刷技术中占主导地位的静电成像技术和喷墨成像技术的发明、发展及未来发展预测进行研究。通过“国家知识产权局”专利检索平台、GOLDFIRE 数据库及欧洲专利局，对从 1938 年至 2018 年间全部数字印刷技术相关专利的检索及数字印刷设备主要制造企业产品发展历程开展研究，在分析数字印刷成像技术发明、发展过程中的代表产品及其专利技术的基础上，用 TRIZ 理论的技术进化总结数字印刷技术的发展历程和进化路线，并对数字印刷技术的发展进行预测。

1.4.2 本书的构成

全书共分 9 个章节，第 1 章概述，主要介绍印刷技术和数字印刷技术的起源和发展，数字印刷与传统印刷的差异，传统印刷机与数字印刷机的起源和发展。第 2 章对专利价值及其检索方案和分析方法进行了介绍，主要包括专利的技术和经济价值、专利检索平台、专利检索流程和核心专利筛查方案。在此基础上，构建了数字印刷技术的专利检索方案，包括关键词的确定、IPC 分类号的确定和专利申请人的确定。最后对静电成像和喷墨成像两大数字印刷核心技术的专利情况进行了简要介绍。第 3 章对 TRIZ 的起源、发展、核心思想、解决问题的原理、技术预测方法进行了介绍。第 4 章基于专利及代表产品对静电成像数字印刷技术的起源、发明和发展历程进行了介绍，在此基础上绘制了静电成像数字印刷技术的发展路线图。第 5 章在第 2

章所述专利检索方案的基础上对静电成像数字印刷技术核心专利的被引证情况进行了分析，在此基础上，基于TRIZ理论对关键技术的核心内容和发明原理进行了分析。最后基于TRIZ的进化理论对静电成像数字印刷技术的发展趋势进行了预测。第6章基于专利及代表产品对喷墨成像数字印刷技术的起源、发明和发展历程进行了介绍，在此基础上绘制了喷墨成像数字印刷技术的发展路线图。第7章在第2章所述专利检索方案的基础上对喷墨成像数字印刷技术核心专利的被引证情况进行了分析，在此基础上，基于TRIZ的进化理论对关键技术的核心内容和发明原理进行了分析。最后基于TRIZ的进化理论对喷墨成像数字印刷技术的发展趋势进行了预测。第8章基于专利及代表产品对数字印刷技术中其他成像技术的起源、发明和发展历程进行了简要介绍。第9章对数字印刷技术在图文印刷领域、医疗领域、微电子领域和增材制造等衍生领域的应用进行了简要介绍。基于TRIZ的进化理论对静电成像和喷墨成像两大数字印刷核心技术的进化历程进行了介绍，并在此基础上绘制了两大数字印刷成像技术的进化路线。之后对静电成像和喷墨成像两大数字印刷核心技术所面临的挑战和机遇进行了分析。最后对数字印刷技术的发展进行了总结和展望。

参考文献

[1] 曹盛楠. 技术中介论视野中印刷术的演化分析 [D]. 大连理工大学，2016

[2] 唐莉. 中国古代印刷史研究进路探析 (1949—2013) [D]. 北京印刷学院，2015

[3] 张树栋. 中国印刷术起源与发展史略 (连载) [J]. 中国印刷，2000，05-2002，01

[4] 周建新. 2002 年印刷史研究文章观点综述 [J]. 中国印刷，2003，(04) :121-123

[5] 杨军凯. 雕版印刷起源于中国 [J]. 文博，2000，(03) :31-38

[6] 曹之. 雕版印刷起源说略 [J]. 传统文化与现代，1994，(01) :87-91

[7] 章宏伟. 雕版印刷起源问题新论 [J]. 东南文化，1994，(08) :135-140

[8] 李致忠. 论雕版印刷术的发明 [J]. 文献，2000，(04) :178-199

[9] 郑也夫. 雕版印刷的起源 [J]. 北京社会科学，2015，(08) :4-21

[10] 钱萍. 谷登堡印刷术及其对西欧近代文化的影响 [D]. 内蒙古大学，2008

[11] 程常现，何远裕. 约翰・谷登堡及欧洲印刷发展史简介 [J]. 印刷杂志，2002，(07) :61-63

[12] 曲德森. 中国印刷发展史图鉴 [M]. 太原 : 山西教育出版社，2013

[13] 姚海根. 数字印刷的起源和发展 [J]. 中国印刷与包装研究，2010，02(05) :1-12

[14] 姚海根. 数字印刷 [M]. 北京 : 中国轻工业出版社，2010

[15] 中华人民共和国国家质量监督检验检疫总局中国国家标准化管理委员会. 数字印刷的分类：GBT

30324-2013[S]. 北京 : 中国标准出版社，2013

[16] 金琳，周锟鹏等 . 基于技术路线图的静电成像数字印刷关键技术发展分析 [J]. 北京印刷学院学报，2018，(03) : 7-10

[17] 王四珍 . 基于静电成像技术的数字印刷机色彩管理的研究 [D]. 武汉大学，2005

[18] CARLSON CHESTER F. Electrophotography: US，19390265925[P]. 1942.10.06

[19] 张静 . POSTSCRIPT 印刷控制条的开发与评估 [D]. 武汉大学，2005

[20] 姚海根 . 高速静电照相彩色数字印刷的回顾与展望 [J]. 印刷工程，2008，(04) :28-31

[21] 王灿才 . 静电成像数字印刷的发展现状 [J]. 丝网印刷，2011，(09) :44-47

[22] 管力明 . 胶印质量智能控制技术研究 [D]. 西安电子科技大学，2009

[23] 王传臣 . 数字出版业和传统出版业共生模式的供应链建模与优化 [D]. 北京交通大学，2013

[24] 李晶 . 数字印刷机测试与动态设计方法研究 [D]. 北京印刷学院，2012

[25] 高勇 . 数字印刷设备喷头结构研究分析 [D]. 北京印刷学院，2015

[26] 崔晓萌 . 数字印刷图像质量检测与质量控制工程理论与应用研究 [D]. 华南理工大学，2013

[27] 张晓丹 . 数字印刷油墨的应用技术 [D]. 江南大学，2015

[28] 肖洋 . 我国数字出版产业发展战略研究 [D]. 南京大学，2013

[29] http://image.baidu.com/search/

[30] https://cn.bing.com/images/search

[31] http://www.kbachina.com/category.p 惠普 ?cid=49

数字印刷关键技术的专利检索及分析方法

2.1 专利检索及分析概述

技术创新是驱动技术变革和社会发展的动力，知识产权是技术创新的一种载体和表现形式，技术的发展总是伴随着专利的申请和公开，技术进步是专利申请的源头，专利的申请和公开又推动了技术的进步，专利与技术进步总是形影不离，作为知识产权的一种重要形式，据世界知识产权组织（WIPO）和相关文献报道，专利具有如表 2-1 所示特点。从技术创新到产业化，专利信息对技术研发的各个阶段，都有很重要的影响。

表 2-1 专利的特点

序号	专 利 特 点
1	专利文献包含全世界每年 90% ~ 95% 的发明成果
2	全世界 70% 至 90% 的发明成果只出现在专利文献中
3	同一发明成果出现在专利文献中的时间比其他媒体早 1 ~ 2 年
4	合理利用专利技术，可使研发时间缩短 60%，研发经费节省 40%

2.1.1 参考功能

专利信息是一种以公报等形式向公众通报的某项发明创造在获取专利权过程中各种信息的集合体，如图 2-1 所示。

因此，充分利用专利信息，能够避免低水平重复研究，缩短研发周期，节约大量的人力、物力和财力。

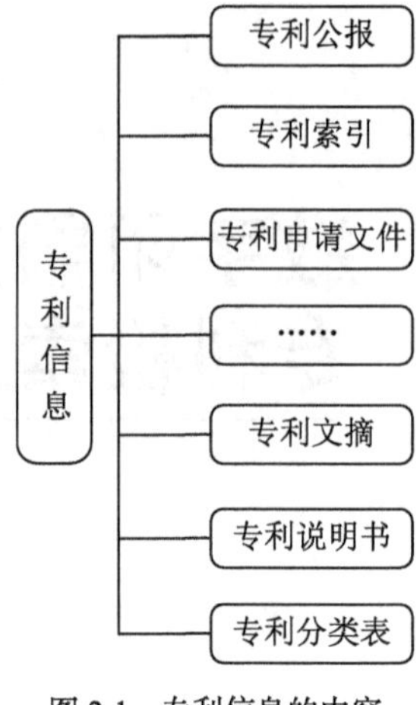

图 2-1 专利信息的内容

2.1.2 经济价值

专利信息的经济价值如图 2-2 所示。

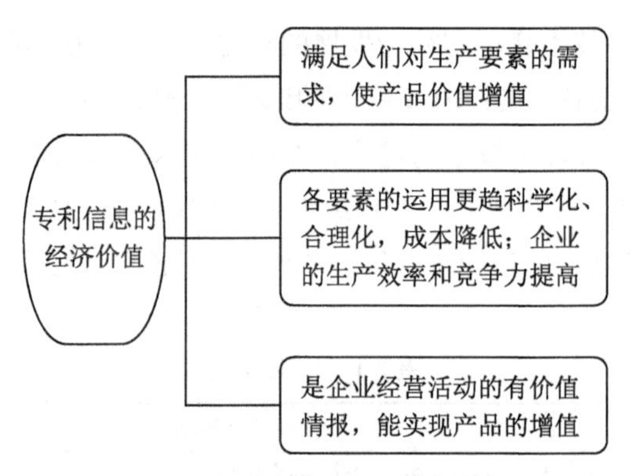

图 2-2 专利信息的经济价值

2.1.3 创新来源

专利信息涉及科学技术的各个领域，包含了数量巨大的发明创造内容，对专利进行分析并灵活运用，可以迅速、及时、有效地了解现有技术的现状和本领域的研发热点和方向，掌握竞争对手的意图和策略，从而在激烈的市场竞争中获得主动权。

所以基于专利研究一项技术乃至一个领域的发展并在此基础上做出技术创新是一种优选的方案，但专利数量浩瀚，仅 2018 年 WIPO 的专利申请量就达到了创纪录的 253000 条，比 2017 年增加了 3.9%，而从 1790 年 7 月 31 日第一份专利注册到现在已经有 229 年的历史，专利总量庞大，同时与其他科技文献相比，专利有着表 2-2 所列的特点，这些都使专利的检索与分析比传统文献有更多的困难。

表 2-2　专利文献特点

内容新颖，出版迅速	为获得专利权必须具有技术上的新颖性。专利申请快，公布也快，许多重大发明都在专利文献中先出现
数量巨大、内容广博，实用性强	世界上每年发明创造成果的 90% ~ 95% 可以在专利文献中查到，而且约 80% 的发明成果仅通过专利文献公开，并不见诸于其他科技文献
具有法律效力，重复量大	专利文献集技术、法律和经济信息于一体，是一种战略性信息资源，一件专利为了取得更多国家的保护，不少发明在若干国家申请专利

如何能够快速准确地检索到目标研究领域的专利成为基于专利分析问题的基础，也是保证专利分析数据可靠的必要条件。专利检索涉及检索平台、检索流程、检索方案、专利筛选等内容，其中检索方案包括关键词、核心申请人、IPC 分类号等内容，一般检索方案因领域不同而各异。

专利分析的目的是掌握国内外科学技术的发展趋势，为企业科技创新和投资者商业战略提供决策。专利分析的基础是专利文献，虽然各国专利说明书结构不尽相同，但是其结构形式基本一致，如都包括著录项目、摘要、权利要求、附图等内容，专利文献包括结构化和非结构化信息两类，如图 2-3 所示。结构化信息一般从定量分析的角度分析，而非结构化的信息，一般包含大量文本，包含功能原理和创新方法等，如何有效地从中提取所需知识是专利分析的研究重点。专利分析从专利技术功效、专利聚类和质量三个方面进行分析，这三方面所对应的专利定量信息如表 2-3 所示。

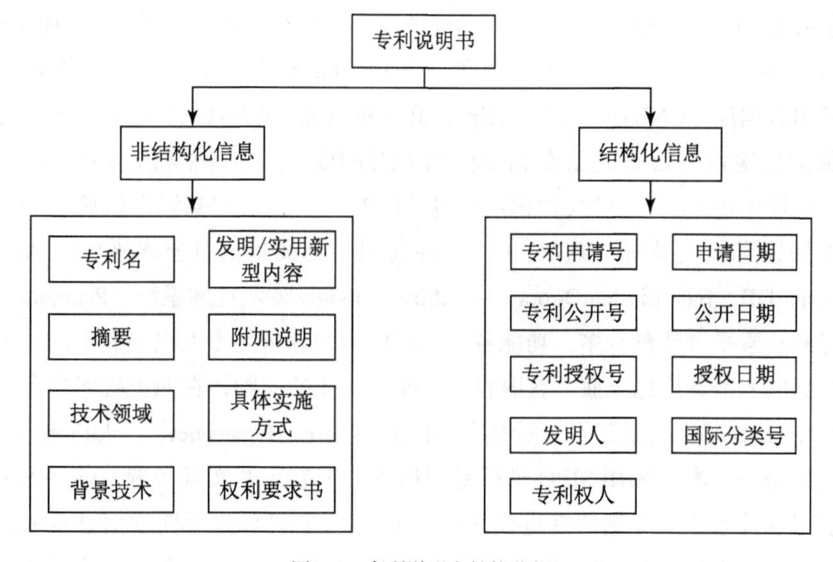

图 2-3　专利说明书结构分析

表 2-3 专利文献信息

专利技术功效分析	对应专利技术产品推出、专利转让、专利诉讼
专利聚类	同一技术专利申请数量
专利质量	同族数，被引证数，权利要求数

专利分析的基础是专利数据库和核心专利，所以专利检索平台及其所包含的专利数据库和专利检索方案以及核心专利的确定是专利数据分析可靠的重要保证。

2.2 检索平台确定

专利检索的首要任务是确定检索领域，也就是课题所要研究的目标技术领域，目标技术领域的不同会直接影响检索平台的选择和检索及筛选方案的确定，在目标检索领域确定后，专利检索的下一个任务是确定一个能够包括目标领域专利的检索平台，随着互联网技术的迅速发展，信息的传递方式也发生了巨大的变化，基于网络信息时代的专利信息检索也迅速发展，目前世界上有多家权威的政府性专利检索平台，也有多家功能各异的商业检索平台，给专利信息的检索带来极大的便捷。国内官方专利文献信息检索平台有中国国家知识产权局网站（SIPO）、中国专利信息网（PSCC）、中国专利信息中心（专利之星）、中国知识产权网（CNIPR，是由国家知识产权局历时两年自主研发的专利信息服务平台，该系统集成专利检索与专利分析等服务内容，拥有目前国内最完整、最丰富的专利文献数据资源，涵盖全球 98 个国家和地区的专利文献数据）。国内商业检索平台有智慧芽、佰腾网（Baiten）、SooPAT、SooIP、保定大为专利信息创新平台（PatentEX）、百度专利搜索、中国知网专利数据库（CNKI）、万方数据知识服务平台（WANGFANG）。国外官方专利文献信息检索平台有美国专利商标局（USPTO）、欧洲专利局（Espacenet）、日本专利局（JPO）、加拿大知识产权局（CIPO）、新加坡知识产权局（IPOS）、新加坡知识产权交易所（IPEXL）。国外商用专利文献信息检索平台有 Aureka、Delphion、DII、East Linden Doors、GoldFire、Google 专利检索系统、Priorsmart 等。

专利检索平台数量众多，功能各异，在检索和分析能力上也各有不同，在检索平台的选取上本着信息全面、获取容易、使用快捷的原则，在四类检索平台中各选取一个组成本书的检索工具，分别是 SIPO、SooIP、Espacenet、GoldFire。在各平台使用策略上，本书采用 SIPO 进行专利检索方案制定和实证校验，使用 SooIP 进行数字印刷技术中文专利的批量检索和导出，利用 SIPO 进行同族信息获取，使用 GoldFire 进行引证信息获取，利用 Espacenet 进行其他三者缺失信息补全。四个检索平台的特点见表 2-4。

表 2-4　专利检索平台对比分析

检索平台	专利类型	专利库范围	同族数据	引证数据	浏览、下载功能	检索速度	二次检索功能	专利分析
SIPO	发明、实用新型、外观设计	中国、日本、英国、德国、加拿大、世界知识产权局	有	部分有	浏览功能开放，专利为单独下载	一般	无	有
SooIP	发明、实用新型、外观设计	中国、日本、美国、韩国、欧洲专利局	部分有	部分有	浏览功能开放，可批量导出缩略信息	较快	有	有
Espacenet	发明	奥地利、比利时、丹麦、法国、德国等 40 个国家	有	齐全	浏览功能开放，可批量导出缩略信息	一般	无	无
GoldFire	发明	中国、美国、日本、英国、法国、德国、欧洲专利局、世界知识产权局	无	较齐全	浏览功能开放，可批量导出缩略信息	较慢	无	无

2.3　检索流程确定

专利检索是一项复杂而系统的工作，往往需要投入大量的时间，一套科学的检索方法不仅能够简化专利检索，也能节约专利检索时间。关于专利检索方法和技巧有很多学者进行过研究。武汉大学陈旭等人对专利检索的 3 个关键点“文档建模、无效性检索和检索评价”进行现状研究，着重从专利分析的 3 个方面“专利技术功效分析、专利聚类和质量分析”阐述国内外学者所取得的主要研究成果，展望未来专利检索与分析领域的研究热点和方向；中国专利信息中心宇萍对 SIPO、SooPAT、DII 三个专利检索平台使用方法进行介绍；北京理工大学张巍等人通过引入词频分析与比较分析的方法，综合运用定量分析与定性分析的手段，通过不断地反馈与修正，设计一套能够充分结合专家智慧与专利检索实情的适用于专利研究人员的中国专利检索策略，在“电动汽车”领域进行了实证分析。本书在上述学者研究的基础上，结合数字印刷领域专利申请情况及布局的特点，提出如图 2-4 所示的专利检索方案。

本书的专利检索方案中采用英文关键词查找核心专利是因为数字印刷技术专利大多来自于美国和日本的申请，这些专利首次申请于美国和日本，特别是数字印刷技术发明及发展早期的专利在中国申请甚少，采用英文关键词检索是保证核心专利检索齐全性的重要前提，但在数字印刷技术进入发展后期及成熟期后，随着中国企业在该领域的逐渐成长，包括美国和日本在内的企业开始感受到来自中国企业的压力并开始将重要专利逐步在中国布局，所以在检索数字印刷技术发展后期及成熟期的专利文献中采用中文检索在一定程度上检索结果的技术价值更高。两种检索方案的融合确保检索数据的齐全性和检索技术高价值性。

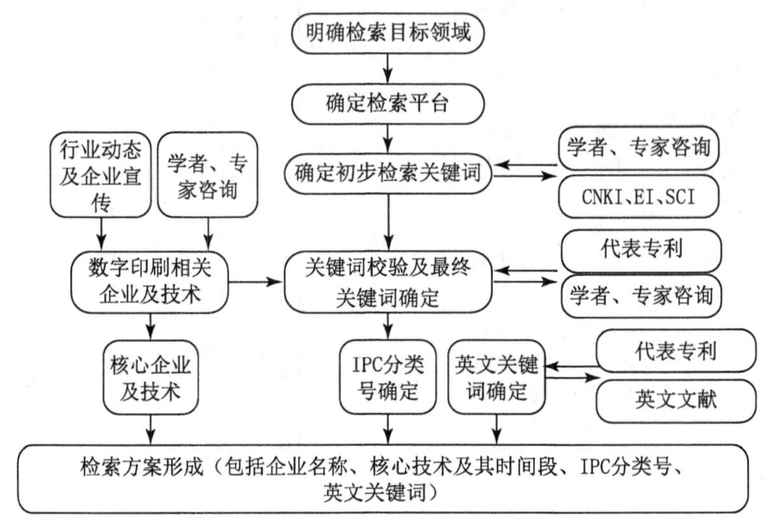

图 2-4 专利检索流程图

2.4 检索关键词确定

2.4.1 初步确定关键词

在 CNKI、EI、SCI 学术文献检索平台对数字印刷技术相关文献的检索阅读、咨询专家及专利初步检索的基础上，初步归纳出数字印刷技术主要关键词，以近义关键词分组。为减少后续专利检索方案中漏检的概率，关键词并未进行近意词合并和去除，初步确定的关键词如表 2-5 所示。

表 2-5 数字印刷技术关键词

数字印刷综合部分	数码印刷、数字印刷、数字出版、直接印刷、数字成像、按需印刷、按需出版、即时印刷、数字图像、数字胶片、光栅图像处理器、直接成像、无版印刷、个性化印刷、纸张多次通过系统
静电成像部分	鼓电位、滚筒电位、光导鼓、光导滚筒、静电潜像、静电潜影、电记录、电子油墨、静电油墨、数字油墨、油墨回收、色粉、碳粉、墨粉
喷墨印刷部分	喷墨、喷墨头、连续喷墨、按需喷墨、墨滴、油墨、墨水
其他印刷原理部分	色带、热打印头，热敏油墨、打印针、压敏油墨、磁成像、磁性油墨、磁记录

2.4.2 关键词相关性校验分析及最终关键词确定

如何校验关键词与专利技术的相关性是一个重要的问题，针对某一关键词的检索结果进行逐条阅读是判断关键词相关性高低的一个可靠方案，但一些关键词的检索结果数量庞大，逐条阅读显然不可行。通常某一技术领域都有特定的企业群体对应，所以采用申请人与关键词的耦合来判断一个关键词在某一技术领域的相关性在理论上是一个快速可行的方案，同时国家知识产权局网站专利检索平台上检索结果统计中的申请人统计为此方案提供技术保障。因此预先获得数字印刷领域主要企业名录及其代表产品和主要技术是关键词相关性判断的一个基础，通过对数字印刷领域的研究及专家咨询，统计出如表 2-6 所列的数字印刷技术领域对应企业及其主要代表产品和技术。

表 2-6 数字印刷相关企业及其代表产品和技术

企业中文名称（简称）	企业英文名称（简称）	主要代表产品或技术
海德堡	Heidelberger	Synerjetix 喷墨印刷机
兰达	LANDA	纳米喷墨印刷机
奥西	Océ	双面喷墨数字印刷机
理想	RIso	喷墨数字印刷机 一体化速印机
国际商业机器公司	IBM	世界上第一台打印机 IBM3800
网屏	Screen	喷墨数字印刷机
佳能	Canon	色粉静电成像数字印刷机
惠普	Hewlett-Packard Co., Ltd.	印迪戈液体油墨静电成像数字印刷机 大幅面喷墨成像数字印刷机 水性喷墨包装用数字印刷机
富士	FUJI	单张纸喷墨成像数字印刷机
爱普生	Epson	办公及家用喷墨打印机
施乐	Xerox	色粉静电成像数字印刷机
理光	Ricoh	色粉静电成像数字印刷机 喷墨成像数字印刷机
夏普	Sharp	色粉静电成像数码复合机
三星	Samsung	办公用色粉静电成像打印机及一体复合机
兄弟	Brother	热敏 / 热转印标签打印机 色粉静电成像打印机 喷墨成像打印机
京瓷	Kyocera	色粉静电成像数码复合机
柯尼卡美能达	Konica Minolta	色粉静电成像生产型数字印刷机 工业型喷墨印刷机

续表

企业中文名称（简称）	企业英文名称（简称）	主要代表产品或技术
方正	Founder	喷墨成像数字印刷机
惠普赛天使（原 Aprion）	Scitex Vision	压电式按需喷墨头和水性墨水
伊斯曼柯达	Eastman Kodak	喷墨成像数字印刷机 色粉静电成像数字印刷机
威特	Vutek	宽幅喷墨打印机
利盟	Lexmark	色粉静电成像办公打印机、一体机
御牧	Mimaki	喷墨头及周边设备
多米诺	Domino	喷墨喷码机 热转印打码机 热发泡打码机
精工	Seiko Instruments, Inc.	喷墨头
三叉戟	Trident	喷墨头
赛尔	Xaar	喷墨头
西尔弗布鲁克	Silverbrook	喷墨头
德麦特克斯	Dimatix	喷墨头
埃菲	EFI	喷墨头

注：
2017 年 11 月 1 日起，三星电子有限公司打印机业务及其附属公司已转让给惠普公司；
1962 年富士胶片和美国施乐合资成立富士施乐有限公司，施乐公司将亚洲地区的数字印刷业务转交富士施乐经营，美国本土及其他地区的业务仍然由施乐独自经营；
1977 年 BennyLanda 创建印迪戈，总部设在荷兰，研发和生产机构设在以色列；
2002 年兰达公司创立
2003 年 3 月惠普收购印迪戈。

采用初步确定的所有关键词逐一作为唯一检索条件，在“国家知识产权局”专利检索平台上检索从 1930 年 1 月 1 日至 2019 年 1 月 1 日期间的所有专利，并统计排名前 10 位的申请人情况，之所以取排名前 10 位的申请人，一方面是受“国家知识产权局”专利检索平台中专利统计功能的限制，另一方面取前 10 位的申请人足以判断一个关键词在专利数据中的所属领域和重要性，鉴于此，书中后续在“国家知识产权局”专利检索平台上的相关检索统计均取排名前 10 位的数据。受“国家知识产权局”专利检索平台中专利统计功能对条目数量不大于 10000 条的限制，按申请时间分段，保证每次检索所得的总条目小于 10000 条，以方便使用专利统计功能。通过对专利检索结果进行筛选和清洗，去除相关专利数量甚少和检索结果明显与数字印刷相关技术无关的关键词，再与表 2-6 中所列申请人的企业名称进行对照，去除非数字印刷技术领域申请人，合并同一集团公司不同申请人名称的条目（如将北京北大方正、北大方正、北京方正等合并为北大方正），并按申请人数量升序排序，整理后统计结果见表 2-7。由表 2-7 中数据可知，数字印刷综合部分关键词检索到的相关专利主要集中在国内企业北大方正，静电成像部分、喷墨成像部分和其他印刷部分关键词检索到的相关专利主要集中在日本相关企业和美国的施乐公司。

表 2-7　数字印刷关键词对应企业及专利数量

数码印刷	申请人	北大方正			
	专利数	129			
数字印刷	申请人	北大方正			
	专利数	40			
数字出版	申请人	北大方正			
	专利数	35			
按需印刷	申请人	北京北大方正	北京大学		
	专利数	14	2		
光栅图像处理器	申请人	北京北大方正	北京大学	柯尼卡美能达	
	专利数	24	10	5	
直接印刷	申请人	佳能	富士胶片	精工爱普生	大日本印刷
	专利数	60	30	23	22
	申请人	松下	理光	美能达	
	专利数	22	21	16	
光导鼓	申请人	夏普			
	专利数	37			
电记录	申请人	理光	施乐		
	专利数	18	18		
静电油墨	申请人	惠普深蓝	惠普印迪戈		
	专利数	12	9		
油墨回收	申请人	理想	精工爱普生		
	专利数	13	5		

续表

色粉	申请人	夏普	兄弟工业	佳能	三星电子
	专利数	245	159	110	84
	申请人	理光			
	专利数	83			
墨粉	申请人	理光	佳能	三星电子	夏普
	专利数	200	101	81	72
	申请人	东芝	东芝泰格		
	专利数	55	50		
静电潜像	申请人	佳能	富士施乐	理光	三星电子
	专利数	1276	1035	746	473
	申请人	夏普	京瓷	兄弟	东芝
	专利数	429	365	275	187
	申请人	东芝泰格	柯尼卡美能达		
	专利数	177	113		
静电潜影	申请人	夏普	京瓷办公	理光	京瓷美达
	专利数	176	81	61	54
	申请人	佳能	柯尼卡美能达	柯尼卡美能达	三星电子
	专利数	45	17	15	15
	申请人	施乐	富士施乐		
	专利数	11	11		
连续喷墨	申请人	多米诺	伊斯曼柯达		
	专利数	13	12		
按需喷墨	申请人	西尔弗布鲁克	富士迪马蒂克斯	施乐	
	专利数	16	2	2	
墨水	申请人	精工爱普生	佳能	惠普	兄弟
	专利数	1556	789	563	513
	申请人	西尔弗布鲁克	三星电子	富士胶片	
	专利数	340	159	80	

续表

喷墨	申请人	佳能	精工爱普生	兄弟	富士胶片
	专利数	4174	1920	933	631
	申请人	惠普	施乐	理光	西尔弗布鲁克
	专利数	582	366	319	308
喷墨头	申请人	精工爱普生	佳能	兄弟	东芝泰格
	专利数	395	389	373	198
	申请人	研能科技		富士胶片	三星电子
	专利数	183	161	143	128
油墨	申请人	精工爱普生	佳能	富士胶片	惠普
	专利数	1253	676	452	449
	申请人	施乐	爱克发	理光	理想
	专利数	432	201	135	103
	申请人	三星电子			
	专利数	57			
墨滴	申请人	精工爱普生	兄弟	佳能	理光
	专利数	228	186	158	104
	申请人	惠普	施乐	富士胶片	御牧
	专利数	100	92	79	74
	申请人	西尔弗布鲁克			
	专利数	73			
色带	申请人	兄弟	精工爱普生		
	专利数	59	43		
热打印头	申请人	三星电子	精工爱普生	佳能	兄弟
	专利数	47	9	8	6

对各关键词总专利的总数量进行统计，得到表 2-8 和图 2-5。由图 2-5 可以看出各关键词所对应的数字印刷技术领域专利数量分布情况，喷墨成像技术领域专利数量最大，其中专利数量占比以关键词“喷墨”最多，静电成像技术领域专利数量排名第二，其中专利数量占比以关键词“静电潜像”最多，数字印刷综合部分和其他印刷原理部分占比均甚少。

表 2-8　数字印刷关键词所属专利数量

数字印刷综合部分	关键词	直接印刷	数码印刷	数字印刷	光栅图像处理器
	专利数量	194	129	40	39
	关键词	数字出版	按需印刷		
	专利数量	35	16		
静电成像部分	关键词	静电潜像	色粉	墨粉	静电潜影
	专利数量	5076	681	559	486
	关键词	光导鼓	电记录	静电油墨	油墨回收
	专利数量	37	36	21	18
喷墨印刷部分	关键词	喷墨	墨水	油墨	喷墨头
	专利数量	8603	4000	3758	2100
	关键词	墨滴	连续喷墨	按需喷墨	
	专利数量	1094	15	20	
其他印刷原理部分	关键词	色带	热打印头		
	专利数量	102	70		

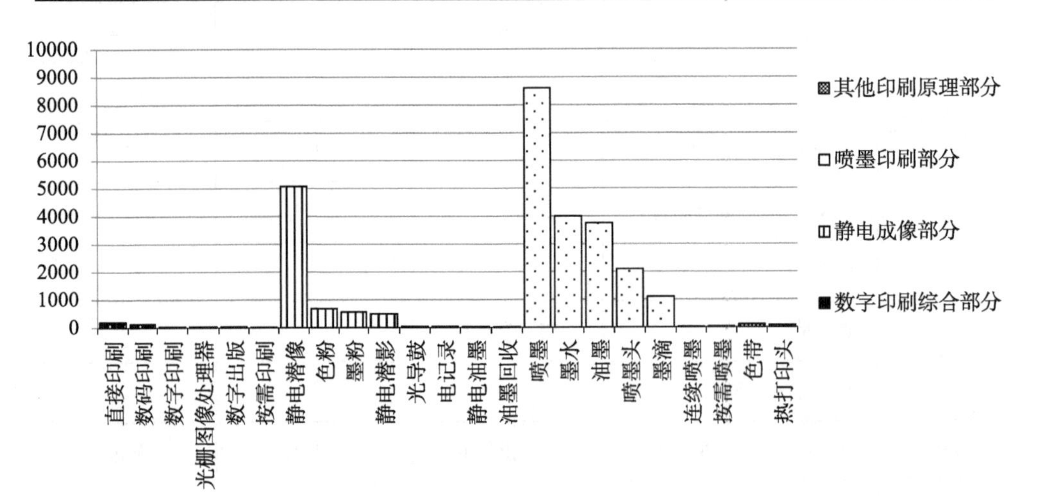

图 2-5　数字印刷技术关键词所属专利数量分布图

在表 2-8 和图 2-5 的统计基础上，采用二八定律并在综合考虑关键词所属专利数量分布的基础上去除占比极低的关键词，整理后得到最终检索用中文关键词，见表 2-9。

表 2-9　数字印刷关键词

数字印刷综合部分	直接印刷、数码印刷、数字印刷
静电成像部分	静电潜像、色粉、墨粉、静电潜影
喷墨印刷部分	喷墨、墨水、油墨、喷墨头、墨滴
其他印刷原理部分	色带、热打印头

2.4.3 IPC 分类号确定

以表 2-9 中关键词为唯一检索条件，在“国家知识产权局”专利检索平台上检索 1930 年 1 月 1 日至 2019 年 1 月 1 日所有专利并统计其排名前 10 位的 IPC 分类号，检索结果见表 2-10，将表 2-10 数据进行统计得到图 2-6。由此可以得出，数字印刷技术领域的专利申请在 IPC 分类号中有如下特点；数字印刷综合专利申请集中在以 G06F、G09F、G06K 为主的 G06 大类和以 B41M、B41L 为主的 B41 大类中；静电成像专利申请主要集中在 G03G 中；喷墨成像专利申请主要集中在以 B41J、B41M 为主的 B41 大类和 C09D 和 H01L 中；其他成像技术专利以热成像为主，专利申请主要集中在 B41J、H01B、G02F 中。

表 2-10　关键词所属 IPC 分类号专利数量

专利检索关键词		直接印刷、数码印刷、数字印刷	静电潜像、色粉、墨粉、静电潜影	喷墨、墨水、油墨、喷墨头、墨滴	色带、热打印头
技术领域统计（IPC 统计）	B32B	70	0	0	0
	B44C	87	0	0	0
	H01B	0	0	0	211
	B41J	97	0	15841	1127
	G02F	0	0	0	100
	B41M	152	0	2491	0
	C09D	0	0	3626	0
	H01L	0	0	1456	0
	G02B	0	0	245	0
	G03G	0	13078	0	0
	G06F	190	0	0	0
	G06K	130	0	0	0
	G09F	167	0	0	0

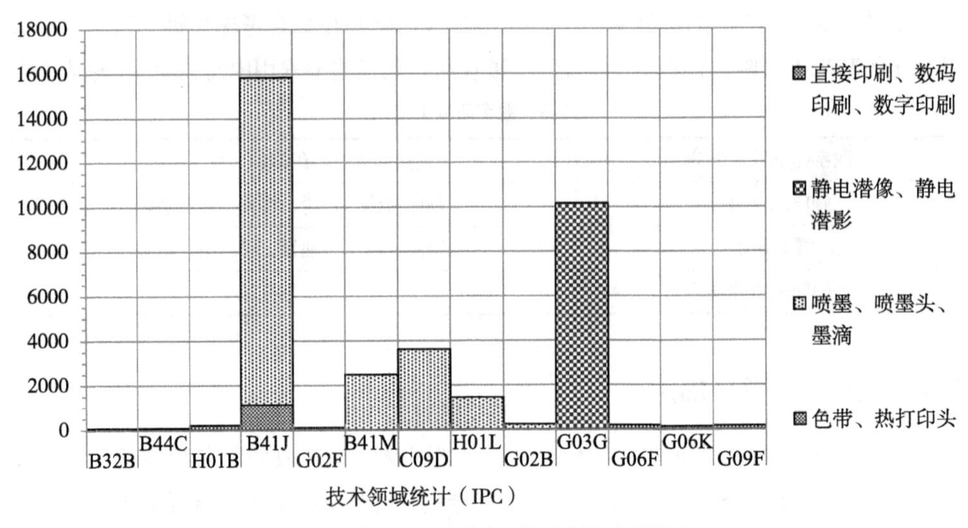

图 2-6 色粉静电成像专利技术领域分类统计

2.4.4 核心制造企业统计

以上述关键词和 IPC 分类号为条件，在“国家知识产权局”专利检索平台上检索 1930 年 1 月 1 日至 2019 年 1 月 1 日所有专利并统计其排名前 10 位的申请人，得到表 2-11。

表 2-11 数字印刷技术领域主要制造企业

专利检索关键字	主要制造企业（简称）									
直接印刷、数码印刷、数字印刷	北大方正									
静电潜像、色粉、墨粉、静电潜影	佳能	富士施乐	理光	夏普	三星	京瓷	兄弟	东芝	东芝泰格	京瓷美达
喷墨、墨水、油墨、喷墨头、墨滴	精工爱普生	佳能	兄弟	三星	富士胶片	惠普	施乐	理光	御牧	西尔弗布鲁克
色带、热打印头	诚研科技	三星	兄弟	珠海天威飞马	精工爱普生	上海宜达胜	罗姆股份	曲阜市玉樵夫科技有限公司	京东方科技集团股份有限公司	ZIH公司

在上述数字印刷技术领域关键词相关主要制造企业统计结果的基础上，结合对数字印刷技术领域的研究和数字印刷技术相关美国专利查询，对数字印刷技术领域主要制造企业进行了筛选，并得出表 2-12 所列核心企业作为本书中数字印刷技术研

究的主要代表性企业。但有一点需要注意的是，在对专利技术的研究中发现，表中个别企业在中国申请专利的数量较少，但其申请的美国专利数量较大，同时其在数字印刷技术领域的发展中也占有重要的地位，这些企业包括静电成像技术领域的柯达和柯尼卡美能达两家公司，同时考虑到数字印刷综合领域关键词相关专利申请基本集中在国内北大方正的专利申请中，所以对后续英文关键词及英文检索方案的确定意义不大，在此不再将其计入核心关键词，同时也发现北大方正集团所属专利主要集中在数字印刷整机技术上，就专利分析来看，其对数字印刷技术整体的发展影响较小，因此北大方正集团未列入核心制造企业中。

表 2-12　数字印刷核心制造企业

关键词	主要制造企业（简称）							
静电潜像、色粉、墨粉、静电潜影	佳能	富士施乐	理光	夏普	柯达	柯尼卡美能达		
喷墨、墨水、油墨、喷墨头、墨滴、	精工爱普生	佳能	富士胶片	惠普	施乐	理光	御牧	西尔弗布鲁克
色带、热打印头	兄弟	精工爱普生						

将上述所得关键词、IPC 分类号和申请人重新组合得到新的中文检索方案，见表 2-13。

表 2-13　数字印刷专利中文检索方案

关键词	主要制造企业（简称）								IPC 分类号
静电潜像、色粉、墨粉、静电潜影	佳能	富士施乐	理光	夏普	柯达	柯尼卡美能达			G03G
喷墨、墨水、油墨、喷墨头、墨滴	精工爱普生	佳能	富士胶片	惠普	施乐	理光	御牧	西尔弗布鲁克	B41J、B41M、C09D、H01L
色带、热打印头	兄弟	精工爱普生							B41J、H01B、G02F

2.4.5　英文关键词确定

使用英文关键词的原因在前述的检索流程确定中已有提及，在通过代表专利校验关键词的过程中再次证明了使用英文关键词的重要性，如：一些代表专利，同样也是具有重要意义的核心专利并没有在中国申请，也就没有相关中文信息。使用英文关键词的根本原因在于数字印刷技术发源于美国，随后在美国和日本发展壮大，所以在中国申请的关于数字印刷技术的美国发明专利一定有其对应的美国专利（“国家知识产权局”专利检索平台引用了欧洲专利局和美国商标专利局的基础数据）在“国家知识产权局”专利检索平台上可以检索到，日本数字印刷技术与美国数字印刷技术是竞争关系，所以日本关于数字印刷技术的本国专利一定会在美国申请，如此以来在“国家知识产权局”专利检索平台上通过美国专利检索也能检索到日本相应的数字印刷重要专利，所以采用英文关键词及信息在“国家知识产权局”专利检索平台检索美国专利是保证专利检索齐全性的可行方案。将中文检索关键词翻译成对应的英文，见表2-14，以表2-14中英文关键词和主要制造企业英文名称和申请号“US”在“国家知识产权局”专利检索平台上进行检索，统计各关键词检索结果如表2-15和表2-16所示。

表2-14 数字印刷核心关键词中英文对照

中文关键词	英文关键词
静电潜像、静电潜影	Electrostatic image
	Xerography
	Electro–photographic
色粉、墨粉	Toner
喷墨	Inkjet
喷墨头	Printhead
墨滴	Ink drop
墨水、油墨	Ink
色带	Ribbons
热打印头	Thermal print head

表2-15 数字印刷中文核心关键词对应专利数量

申请号	主要制造企业（简称）	关键词	关键词在SIPO高级检索中的输入位置	专利数量
CN	佳能、施乐、理光、夏普、柯尼卡美能达	静电潜像、静电潜影	关键词	4113
		色粉、墨粉	发明名称	302
	精工、爱普生、佳能、富士、惠普、施乐、理光、御牧、西尔弗布鲁克	喷墨	关键词	787
		喷墨头	发明名称	239
		墨滴	关键词	1024
		墨水、油墨	发明名称	2327
	兄弟、精工爱普生	色带	关键词	102
		热打印头	关键词	15

表 2-16　数字印刷英文核心关键词对应专利数量

申请号	主要制造企业（简称）	关键词	关键词在 SIPO 高级检索中的输入位置	专利数量
US	Canon、Xerox Ricoh、Sharp、Konica Minolta	Electrostatic image	关键词	15882
		Xerography	关键词	147
		Electro-photographic	关键词	236
		Toner	发明名称	7785
	Seiko Epson、Canon、Fujifilm、Hewlett-Packard Xerox Ricoh、Mimaki silverbrook	Ink jet	关键词	14444
		Printhead	发明名称	4158
		Ink drop	关键词	1739
		Ink	发明名称	14825
	Brother、Seiko、Epson	Ribbon	关键词	546
		Thermal print head	关键词	286

通过上述检索结果可得，利用英文关键词检索所得专利数量和使用中文关键词检索所得专利数量有较大的差距，主要表现在使用英文关键词及相关条件检索到的专利数量远大于使用中文关键词及相关条件检索到的专利数量，这验证了前面所述采用英文关键词及信息在“国家知识产权局”专利检索平台检索美国专利是保证专利检索齐全性的可行方案，使用英文检索关键词结合主要制造企业及主要 IPC 分类号得出了最终的英文检索方案，如表 2-17 所示。

表 2-17　数字印刷专利英文检索方案

申请号	主要制造企业	关键词	IPC 分类号
US	Canon、Xerox Ricoh、Sharp、Konica Minolta	Electrostatic image	G03G
		Xerography	
		Electro-photographic	
		Toner	
	Seiko Epson、Canon、Fujifilm、HP、Xerox Ricoh、Mimaki silverbrook	Ink jet	B41J、B41M、C09D、H01L
		Printhead	
		Ink drop	
		Ink	
US	Brother、Seiko Epson	Ribbon	B41J、H01B、G02F
		Thermal print head	

2.5 静电成像的专利概述

静电成像技术作为数字印刷技术中两种关键技术之一，最早可以追溯到1939年切斯特·卡尔逊发明的干性复制技术，之后施乐公司的前身哈罗伊德购买了切斯特·卡尔逊的发明专利权并展开研发，经过23年的不断探索，其间哈罗伊德因静电成像工艺改名为施乐并推出了全球第一款被大量使用的复印机“914”，之后施乐通过在静电成像技术和工艺上的不断钻研，推出一系列设备引领整个行业的发展。静电成像数字印刷技术因其在印刷品质上与胶印的接近，成为生产型数字印刷的主力，其中以施乐为主的色粉静电成像技术应用更加广泛，印迪戈在色粉静电成像技术的基础上研发出液体电子油墨成像技术，将静电成像技术推上了新的高度。静电成像技术的发展将数字印刷完全带入商业印刷行列，加快数字印刷发展的进程，带来大量专利申请，按照表2-17中的英文检索方案，通过国家知识产权局对静电成像技术相关专利从1939年到2019年的检索及筛查，得到表2-18所示的发展阶段代表专利和表2-19的专利分布统计表。

表2-18 静电成像技术关键专利

时间（年）	国家	专利内容 or 设备	申请人 or 发明人（简称）
1939	美国	干性复制工艺	切斯特·卡尔逊
1948	美国	静电成像新工艺	哈罗伊德
1962	美国	“914”复印机	施乐
1970	日本	“NP-1100”黑白复印机	佳能
1975	美国	“6500”彩色复印机	施乐
1975	美国	“3800”激光打印机	IBM
1988	美国	LED曝光光源	西门子
1990	美国	生产型黑白数码印刷机	施乐
1995	美国	Doucolor4040彩色复印机	施乐
2000	日本	Doucolor2000复印机	施乐
2002	美国	“smartpress”技术（智印技术）	施乐
2003	日本	8050彩色数字印刷机	柯尼卡美能达
2004	美国	“Nuvera”系列黑白生产数字印刷机	施乐
2004	美国	当时速度最快的黑白数字印刷机“CR2000”	德尔费克斯
2007	美国	基于LED成像光源技术的ApeosPort-Ⅲ和DocuCentre-Ⅲ彩色数字多功能印刷机	施乐
2008	美国	“NEXPRESS”系列生产型彩色数字印刷机	柯达
2009	美国	“iGean4”技术及基于“iGean4”的iGen4200概念数字印刷机	施乐
2010	美国	Colorpresses800/1000数字印刷机	施乐

表 2-19 静电成像技术专利分布

公司（简称）	专利数量	
	静电成像综合（Electrostatic & imaging、Xerography、Electro-photographic）	色粉（Toner）
施乐	8855	9277
佳能	5132	8928
理光	2948	5575
柯尼卡美能达	1847	3483
柯达	1134	1555

2.6 喷墨成像的专利概述

喷墨成像技术作为数字印刷技术两大关键技术的另一个技术，最早可以追溯到1858年威廉·汤姆逊发明的基于虹吸原理的Siphon记录装置，之后经过近一个世纪的发展，1946年美国广播唱片公司以当年专利公开号US2512743A推出全球第一台按需喷墨打印机，标志着喷墨成像技术的成功，从此喷墨技术走上快速发展的道路。如今喷墨成像技术已经从原本的印刷领域扩展到制造领域，基于喷墨技术的3D打印为增材制造带来前所未有的发展空间和技术保障，喷墨技术的发展使承印物种类扩展到除了空气和水之外的任何物质，在印刷品质上，兰达公司纳米喷墨技术更是将喷墨印刷带入了能够完全媲美胶印的新高度。喷墨技术的发展不仅给印刷工业乃至制造工业带来大量的解决方案，也带来大量的专利，按照表2-17中的英文检索方案，通过国家知识产权局对喷墨相关专利从1946年到2019年的检索及筛查，得到表2-20所示的发展阶段代表专利和表2-21的专利分布统计表。

表 2-20 喷墨成像技术关键专利

时间（年）	国家	专利内容 or 设备	申请人 or 发明人（简称）
1946	美国	按需喷墨打印机	美国广播公司
1951	德国	文本记录喷墨印刷设备	西门子
1961	美国	墨滴多值偏转技术	斯维塔
1962	美国	墨滴二值偏转技术及商业喷墨印刷机	温斯顿
1964	—	具有文字及数字字符印刷能力的多值偏转喷墨技术	路易斯·布朗
1968	美国	能够印刷字符的喷墨技术	斯维塔－卡明
1973	—	连续喷墨技术及商业喷墨设备	米德纸业

续表

时间（年）	国家	专利内容 or 设备	申请人 or 发明人（简称）
1973	日本	Jetpoint 喷墨打印机	夏普
1976	美国	喷墨打印机	IBM
1977	日本	发现热泡喷墨现象	佳能
1978	美国	发现热泡喷墨现象	惠普
1981	日本	研发出热泡喷墨打印机	佳能
1983	美国	研发出第一台便携式喷墨打印机	柯达
1985	日本	推出 BJ–80 热泡喷墨打印机	佳能

表 2-21　喷墨成像技术专利分布

公司（简称）	专利数量			
	喷墨头（Printhead）	墨滴（Ink drop）	墨水（Ink）	喷墨综合（Ink jet&Inkjet）
爱普生	226	75	6999	8332
佳能	905	25	9353	11181
富士	136	17	2028	3151
惠普	444	0	527	535+240
施乐	1760	172	4826	5928

参考文献

[1] 罗天雨 . 核心专利的判别方法及产业领域应用分析 [D]. 中国科学技术信息研究所，2012

[2] 陈旭，彭智勇等 . 专利检索与分析研究综述 [J]. 科学学研究，2014，（06）: 421-425

[3] 曹平 . 中外专利文献信息检索平台比较研究 [J]. 情报探索，2011，（07）: 67-69

[4] 宇萍 . 论专利检索的方法与技巧 [J]. 科技创新导报，2015，（08）: 209-210

[5] 张巍，汪雪锋等 . 中国专利数据检索策略研究 [J]. 武汉大学学报，2011，（06）: 833-839

[6] 陈燕，黄迎燕 . 专利信息采集与分析 [M]. 北京 : 清华大学出版社，2006

[7] 郭婕婷，肖国华 . 专利分析方法研究 [J]. 情报杂志，2008，（01）: 12-14

[8] 肖沪卫 . 专利地图方法与应用 [M]. 上海 : 上海交通大学出版社，2011

[9] 国家知识产权局，http://www.cnipa.gov.cn/

[10] https://worldwide.espacenet.com/Espacenet

[11] http://s.sooip.com.cn/

第三章

TRIZ 理论简介

3.1 TRIZ 概述

3.1.1 TRIZ 的起源与发展

1. TRIZ 的起源

TRIZ（发明问题解决理论，Theory of Inventive Problem Solving，TRIZ 是其俄文 Теория Решения Изобретательских Задач 转换成拉丁文 Teoriya Resheniya Izobretatelskikh Zadatch 的首字母缩写）起源于苏联，是由以苏联发明家阿奇舒勒为首的研究团队，于 1946 年开始，通过对世界各国 250 万件高水平发明专利进行分析和提炼，总结出来的指导人们进行发明创新、解决工程问题的系统化的理论与方法学体系。

TRIZ 认为任何领域的产品改进和技术创新，都有规律可循。TRIZ 包含用于问题分析的分析工具，用于系统转换的基于知识的工具和理论基础，可以广泛应用于各个领域创造性地解决问题。主要用 39 个通用工程参数、40 条发明原理、76 个标准解及科学效应库等一整套的理论来解决各工程领域的创新问题。TRIZ 的来源和主要内容如图 3-1 所示。

目前，TRIZ 被认为是可以帮助人们挖掘和开发自己创造潜能，最全面系统地论述发明和实现技术创新的重要理论，被欧美等国家的专家认为是“超级发明术”。一些创造学专家甚至认为：阿奇舒勒所创建的 TRIZ，是发明了“发明和创新”的方法，是 20 世纪最伟大的发明。

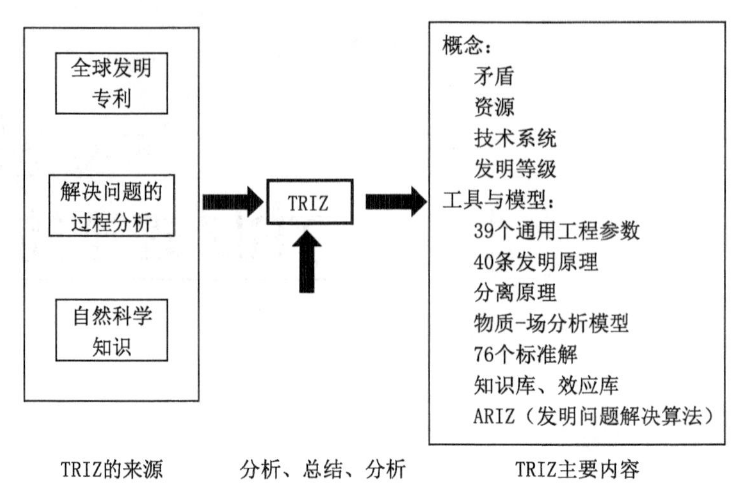

图 3-1　TRIZ 的来源和主要内容

2. TRIZ 的发展

TRIZ 诞生于 70 多年前，在苏联和西方的发展经历了以下几个阶段，见表 3-1。

表 3-1　TRIZ 的发展简史

时　　间	TRIZ 发展内容
1946—1980 年	阿奇舒勒创建了 TRIZ 的理论基础，并建立了 TRIZ 的一些基本概念和分析工具
1980—1986 年	TRIZ 开始得到公众注意，研究队伍不断扩大，很多学者成为阿奇舒勒的追随者，TRIZ 学术研讨会开始召开，很多 TRIZ 学校得以建立，同时，TRIZ 开始了在非技术领域的应用探索。这期间，TRIZ 研究资料大量积累，但质量良莠不齐
1986—1991 年	阿奇舒勒健康原因，由其弟子继续对 TRIZ 理论进行研究和推广。传统 TRIZ 暴露出很多不足和缺陷，对 TRIZ 的改进和提高开始活跃
20 世纪 90 年代中期	苏联解体和冷战结束，伴随着很多 TRIZ 专家移居到欧美等西方国家，TRIZ 获得了新的生命力，受到众多领域产品开发人员的高度重视，与 QFD 和稳健设计并称为产品设计三大方法。此时大批俄文 TRIZ 书籍和文章被翻译成英文，对 TRIZ 起到了很好的普及作用
20 世纪 90 年代后期	TRIZ 的应用案例逐渐出现，波音、福特、通用电气等世界级大公司已经利用 TRIZ 理论进行产品创新研究，取得了很好的效果，与此同时，学术界对 TRIZ 理论的改进和西方其他设计理论及方法的比较研究也逐步展开，并取得了一些研究成果，TRIZ 发展进入了新的阶段
21 世纪	TRIZ 的发展和传播处于加速状态，研究 TRIZ 的学术组织和商业公司越来越多，学术会议频频召开，TRIZ 正处于发展的黄金时期

TRIZ 经过 70 多年的发展，在全世界得到广泛的传播，其发展与传播的过程如图 3-2 所示。

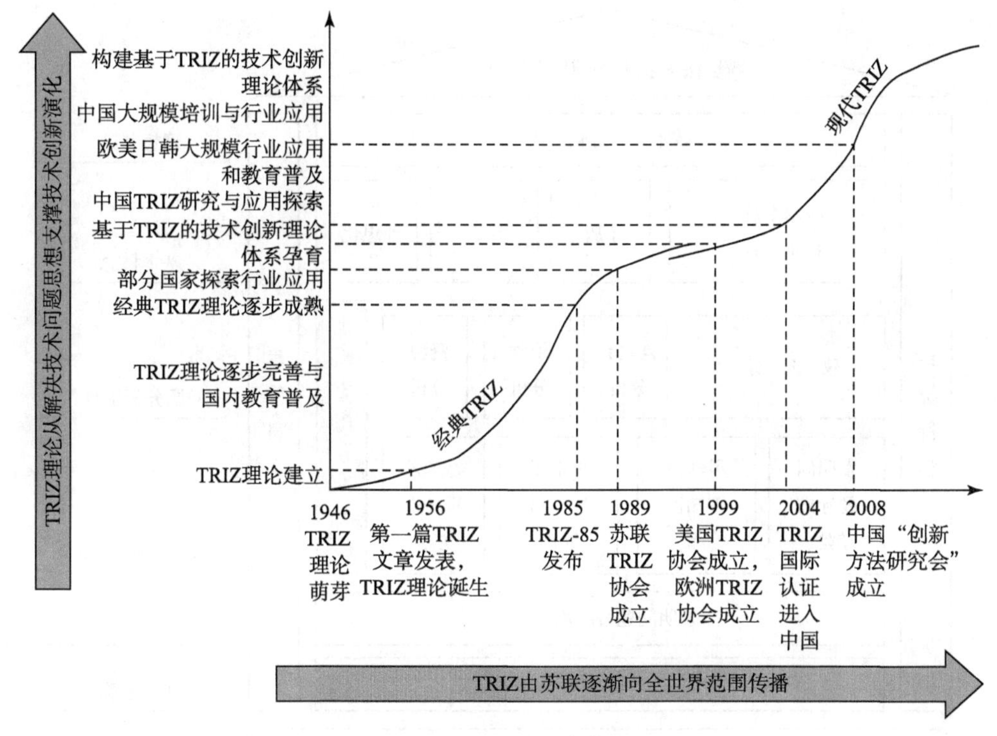

图 3-2 TRIZ 的发展与传播

3.1.2 TRIZ 的核心思想

1. TRIZ 的理论体系

图 3-3 为 TRIZ 理论体系的结构和组成，TRIZ 理论体系分为 TRIZ 理论来源和理论基础层、概念层、分析工具层、问题解决方法层。TRIZ 理论分为三个层面：哲学层、宏观层与操作层，如图 3-4 所示。

哲学层面上提出了“理想解”的概念，认为最终理想解是产品或技术进化的终级状态。目前的技术或产品均处于进化状态，目前的状态是向最终理想解进化的中间状态。

宏观层给出了技术进化定律或模式，每条定律都给出了技术进化的一个方向，使得设计者有可能按每条定律分析预测技术的发展方向，从宏观上判断未来技术的发展，为企业决策提供依据。

操作层给出了很多工具与方法，如 40 条发明原理、76 个标准解、4 条分离原理、ARIZ、物质—场分析、冲突分析、科学效应库等。使设计人员能应用前人积累的知识解决所遇到的问题。

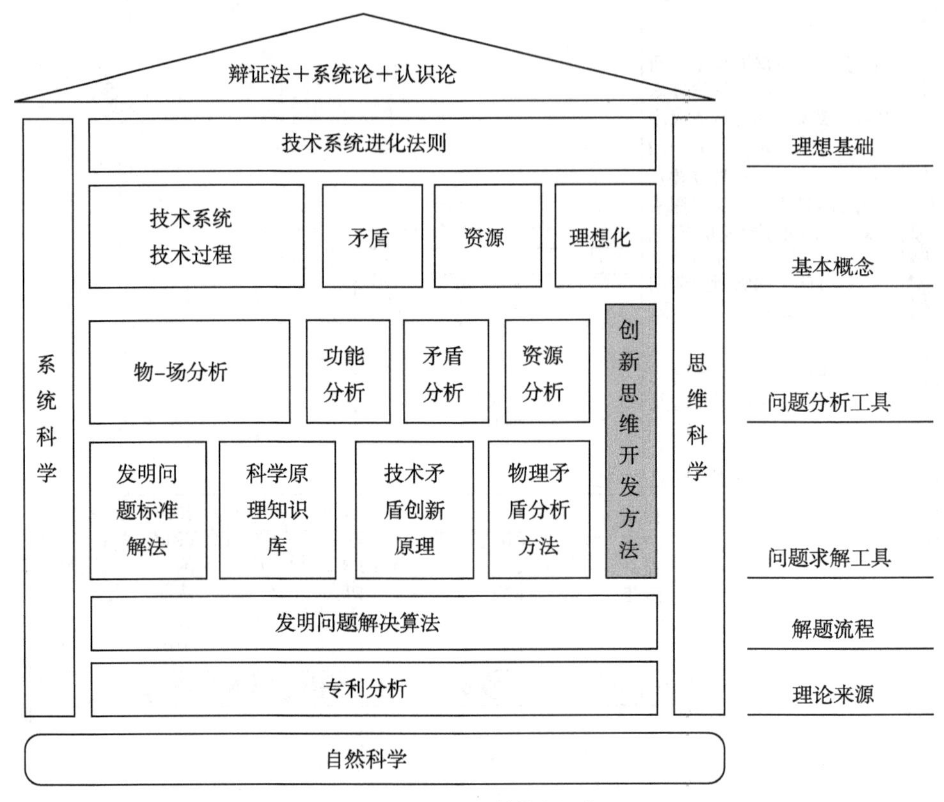

图 3-3　TRIZ 的结构和组成

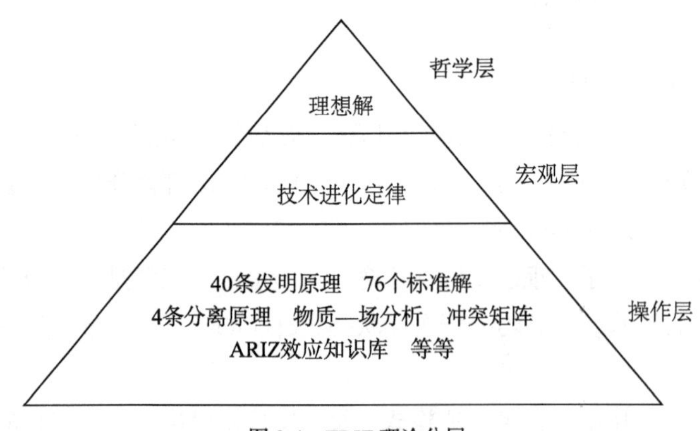

图 3-4　TRIZ 理论分层

任何问题的解决过程都包含两部分：分析问题和解决问题。成功的创新经验表明，分析问题和系统转换对于解决问题都是非常重要的。因此，TRIZ 包含用于分析问题的分析工具、用于系统转换的基于知识的工具和理论基础。图 3-5 所示为经典 TRIZ 的体系结构。

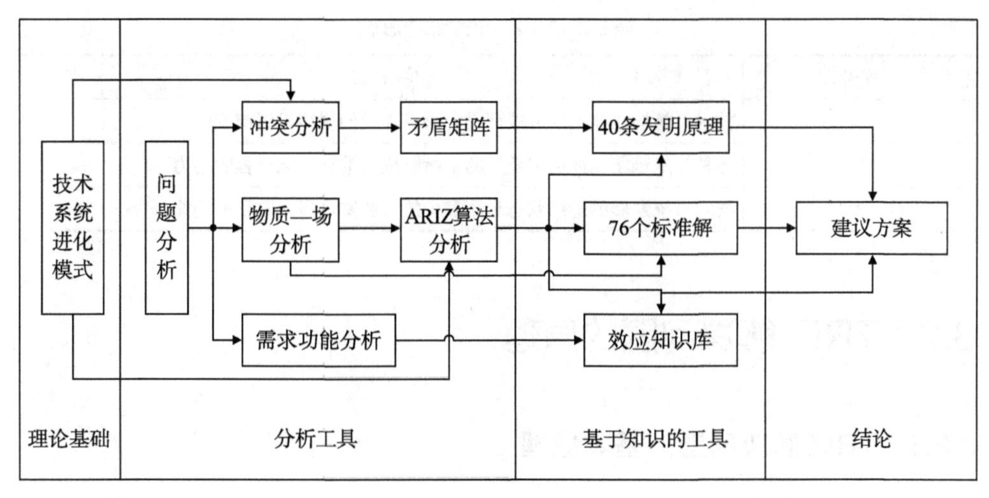

图 3-5 经典 TRIZ 的体系结构

2. TRIZ 的核心思想

阿奇舒勒发现：技术系统进化过程不是随机的，而是有客观规律可以遵循，这种规律在不同领域反复出现。TRIZ 的核心思想如下。

（1）在解决发明问题的实践中，人们遇到的各种矛盾以及相应的解决方案总是重复出现。

（2）用来彻底而不是折中解决技术矛盾的创新原理与方法，其数量并不多，一般科技人员都可以学习、掌握。

（3）解决本领域技术问题的最有效的原理与方法，往往来自其他领域的科学知识。阿奇舒勒发现，“真正的”发明专利往往都需要解决隐藏在问题当中的矛盾。发明问题必须要解决至少一个矛盾（技术矛盾或物理矛盾）的问题。

由于 TRIZ 来源于对高水平发明专利的分析，因此通常人们认为，TRIZ 更适用于解决技术领域里的发明问题。目前，TRIZ 已逐渐由原来擅长的工程技术领域，向自然科学、社会科学、管理科学、生物科学等多个领域逐渐渗透，尝试解决这些领域遇到的问题。据统计，应用 TRIZ 的理论与方法，可以增加 80%~100% 的专利数量并提高专利质量；可以提高 60%~70% 的新产品开发效率；可以缩短 50% 的产品上市时间。

技术系统的进化模式是 TRIZ 理论的基础，该模式包含用于工程技术系统进化的基本规律。TRIZ 分析问题工具提供了对问题的辨认和形式化的方法。在 TRIZ 中，基于知识的问题解决三大工具为 40 条发明创新原理、76 个标准解和科学效应库。

TRIZ 理论的核心思想主要体现在三个方面，如表 3-2 所示。

表 3-2　TRIZ 理论的核心思想

序号	核心思想
1	技术系统核心技术的发展都是遵循着客观的规律发展演变的
2	各种技术难题、冲突和矛盾的不断解决是推动进化过程的动力
3	技术系统发展的理想状态是用最少的资源实现最大数目的功能

3.2　TRIZ 解决问题的原理

3.2.1　TRIZ 解决问题的基本原理

TRIZ 解决问题的原理如图 3-6 所示。利用 TRIZ 解决问题的过程中，设计者首先将待设计的产品表达成 TRIZ 问题，然后利用 TRIZ 中的工具，求出该 TRIZ 问题的普适解。TRIZ 中直接面向解决系统问题的模式有三种，见表 3-3，对于系统改进过程中的统一问题，一般可以同时转化为三类问题，并分别求解。

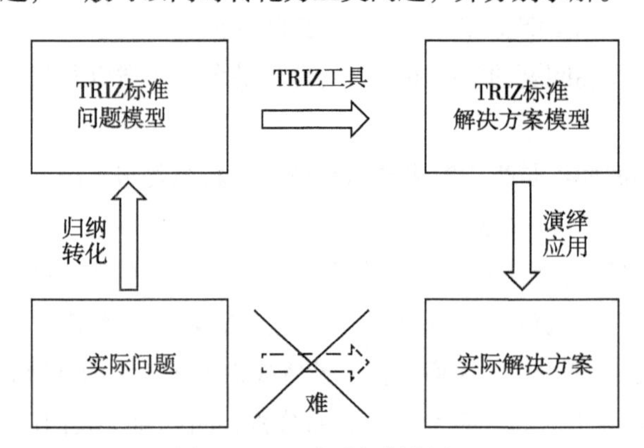

图 3-6　TRIZ 解决问题的原理

表 3-3　TRIZ 中三种问题模型及对应的基于知识的工具

问题模型		基于知识的工具（解）	特　点
矛盾模型	技术矛盾	40 个发明原理	用于解决系统参数改进问题过程中，不同子系统的矛盾的要求
	物理矛盾	4 个分离原理	用于解决系统参数改进过程中，对同一对象提出的相反的要求
物场模型		76 个标准解	用于元件间作用或场交换的过程中出现的问题，标准解描述的是通过物质 - 场交换解决问题的途径
功能模型		科学效应库	集合大量专利实现不同功能的原理所蕴含的效应，为实现跨领域的解提供支持

3.2.2 发明原理

发明原理是 TRIZ 的精髓之一，40 个发明原理见表 3-4。

表 3-4 40 个发明原理与示例

原理内容描述	应用实例简介
1. 分割	
A. 把一个物体分成相互独立的部分 B. 将物体分成易于组装和拆卸的部分 C. 提高物体的分割和分散程度	A. 高音、低音音箱；分类设置的垃圾回收箱 B. 打井钻杆；组合夹具；组合玩具；积木式手机 C. 汽车 LED 尾灯；反装甲子母弹；加密云存储
2. 抽取	
A. 从系统中抽出产生负面影响的部分或属性 B. 从物体中抽出必要的部分和属性	A. 建筑避雷针；透视与 CT 检查；安检设备 B. 手机 SIM 卡；闪存盘；宽带网的 WIFI 发射器
3. 局部质量	
A. 把均匀的物体结构或外部环境变成不均匀的 B. 让物体的各部分执行不同功能 C. 让物体的各部分处于各自动作的最佳状态	A. 轿车座位可分别设定空调温度；模具局部淬火 B. 电脑键盘上的每个键；软件交互操作菜单 C. 工具箱内的凹陷格子存放不同的工具；计算器
4. 不对称	
A. 如果是对称物体，让其变成不对称 B. 已经是不对称物体，进一步增加其不对称性	A.USB 接口；三相电源插头；D 型插头等 B. 豆浆机的搅拌器刀片，上下、左右都不对称
5. 组合	
A. 在空间上将相同或相近的物体或操作加以组合 B. 在时间上将物体或操作连续化或并列进行	A. 多层玻璃组合在一起磨削；叶盘；坦克履带 B. 用生物芯片可同时化验多项血液指标；并行工程
6. 多功能性	
A. 一物具有多用途的复合功能	A. 瑞士军刀；水空两栖无人机；飞行汽车
7. 嵌套	
A. 把一个物体嵌入第二个中空的物体，然后再将这两个物体嵌入第三个中空物体…… B. 让某物体穿过另一物体的空腔	A. 可收缩旅行杯；套筒式起重机；拉杆式钓鱼竿 B. 嵌入桌面的电脑显示屏；飞机起落架
8. 重量补偿	
A. 将某一物体与另一能提供升力的物体组合，以补偿其重量 B. 通过与环境介质（利用空气动力、流体动力、浮力、弹力等）的相互作用实现重量补偿	A. 用直升机为地震灾区吊运大型工程机械；用氦气球送电缆过江 B. 各种航空器 / 航海器；在月球车轮胎里设置球形重物，以降低月球车的重心，保持其稳定性；赛车扰流板
9. 预先反作用	
A. 事先施加反作用，来消除事后可能出现的不利因素 B. 如果一个物体处于或将处于受拉伸状态，预先施加压力	A. 高速路表面的提示语预先拉伸成“横粗竖细”的瘦长方形；公路桥预留膨胀裕量；降低期望值 B. 混凝预应力梁；矫牙器；蜗轴发动机预先轴向锁紧

续表

原理内容描述	应用实例简介
10. 预先作用	
A. 预置必要的功能、技能 B. 在方便的位置预先安置物体，使其在最适当的时机发挥作用而不浪费时间	A. 有预先涂胶和预置撕扯带的快递信封 B. 高速路收费站的电子缴费（ETC）系统；水 / 电 / 煤气预交费卡
11. 事先防范	
A. 针对物体低可靠部位（薄弱环节）设置应急措施加以补救	A. 弹射座椅；建筑消防设施；汽车备胎；超市商品加装防盗磁扣或者做磁化处理
12. 等势	
A. 在势场中改变限制位置（即在重力场中改善运作状态），以减少物体提升或下降	A. 叉车：换路灯的升降台；检修汽车的地道；利用船闸系统调整水位差，使船只顺利通过水坝
13. 反向作用	
A. 用相反的动作替代问题情境中规定的动作 B. 让物体可动部分不动，不动部分可动 C. 将物体上下颠倒或内外颠倒	A. 冷却内置件使两个套紧工件分离，而不是加热外层件 B. 加工中心将工具旋转改为工件旋转；机场步梯 C. 伞骨在外的雨伞；倒置花盆的观赏花卉
14. 曲面化	
A. 将直线、平面变成曲线或曲面，将立体变成球形结构 B. 使用柱状、球体、螺旋状的物体 C. 利用离心力，改变直线运动为回转运动	A. 飞机、汽车的流线型车身；建筑结构上的大量采用弧形、圆拱形、双曲面等形状 B. 圆珠笔和钢笔的球形笔尖；各种轮子；各式轴承 C. 洗衣机；蜗轴发动机螺旋形进气口；离心泵
15. 动态性	
A. 调整物体或环境的性能，使其在工作的各阶段达到最优状态 B. 分割物体，使其各部分可以改变相对位置 C. 使静止的物体可以移动或具有柔性	A. 办公桌椅；形状记忆合金；垂直起降飞机；可调节位置的手术台和病床 B. 可折叠自行车；军用桥梁；舰载机折叠翼 C. 无绳电话；医用微型内窥摄影机；胃镜
16. 不足或过度作用	
A. 所期望的效果难以百分之百实现时，稍微超过或小于结果，可使问题大为简化	A. 产品设计参数裕量；公差；打磨地面时，先在缝隙处抹上较多的填充物，然后打磨平整
17. 多维化	
A. 将物体从一维变到二维或三维结构 B. 用多层结构代替单层结构 C 使物体倾斜或侧向放置 D. 使用给定表面的另一面	A. 三维 CAD；五轴机床；螺旋楼梯 B. 双层巴士；多层集成电路；高层建筑；立交桥 C. 自卸式装载车；飞机发动机矢量喷嘴 D. 地面铺镜子反射阳光到果树叶子背面，可以增产
18. 振动	
A. 使物体振动 B. 提高物体振动频率 C. 利用物体共振频率 D. 利用压电振动代替机械振动 E. 超声波与电磁场综合利用	A. 电动牙刷；公路边缘“搓板”纹；砼振捣器 B. 振动送料机；电动牙刷；电动剃须刀 C. 核磁共振成像；超声波共振击碎体内结石 D. 石英晶体振动驱动高精度钟表；压电电锤 E. 在高频炉中混合合金，使其混合均匀；振动铸造

续表

原理内容描述	应用实例简介
19. 周期性作用	
A. 以周期性或脉冲动作代替连续动作 B. 如果动作已是周期性的，可改变其振动频率 C 利用脉冲间隙来执行另一个动作	A. 硬盘定期杀毒；汽车 ABS 刹车；闪烁警灯 B. 变频空调；调频收音机；火警警笛 C. 在心肺呼吸中，每 5 次胸腔压缩后进行呼吸
20. 有效持续作用	
A. 持续运转，使物体的各部分能同时满载工作 B. 消除工作中所有的空闲和间歇性中断	A. 在汽车暂停时飞轮储能；三班倒；连续浇铸 B. 家用烤面包机；电脑后台杀毒；精益生产
21. 急速作用	
快速完成危险或有害的作业	A. 闪光灯；发动机快速跃过共振转速范围；高速牙钻
22. 分割	
A. 利用有害的因素，得到有益的结果 B. 将有害的要素相结合变为有益的要素 C. 增大有害因素的幅度直至有害性消失	A. 涡轮尾气增压；利用垃圾发热发电；再生纸 B. 发电厂用炉灰生成的碱性废水中和酸性的废气 C. 通常风助火势，但是风力灭火机产生的高速气流可以迅速吹散可燃物，降低燃点，快速灭火
23. 反馈	
A. 引入反馈、提高性能 B. 若都引入反馈，改变其大小或作用	A. 自动浇注电炉根据金属液温度确定电炉输入功率 B. 路灯可依据环境亮度调节照明功率；自寻目标导弹
24. 中介物	
A. 利用中介物实现所需操作 B. 把一个物体与另一个容易去除的物体暂时结合	A. 化学反应催化剂；钻套；中介公司；云盘 B. 失蜡铸造中的蜡模；物流物资贴上 RFID 芯片
25. 自服务	
A. 使物体具有自补充、自恢复功能 B. 灵活运用废弃的材料、能量与物质	A. 有修复缸体磨损作用的发动机润滑油；自充气轮胎 B. 太阳能飞机；路面压电发电；风力发电；飞沙堰
26. 复制	
A. 用简单、廉价的复制品替代复杂、高价、易损、不易获得的物体 B. 用光学复制品（图像）替代实物，可以按一定此例放大或缩小图像 C. 如果已使用了可见光烤贝，用红外线或紫外线替代	A. 虚拟现实实验室；飞行模拟器；用于展览的复制品；沙盘模型；3D 打印 B. 利用太空遥测摄影代替实地勘察绘制地图；虚拟太空游；照相；复印；CAX；电子地图 C. 用于制作超大规模集成电路的紫外掩膜曝光机
27. 廉价替代品	
A. 利用廉价、易耗物品代替昂贵的耐用物品，在实现同样功能的前提下，降低质量要求	A. 所有一次性的用品，如纸杯、打火机、针头、输液管、医用无纺布制成的工作服等；撞车实验假人；靶机

续表

原理内容描述	应用实例简介
28. 替代机械系统	
A. 用视觉系统、听觉系统、味觉系统或嗅觉系统替代机械系统 B. 使用与物体相互作用的电场、磁场、电磁场 C. 用可变场替代恒定场，随时间变化的可动场替代固定场，随机场替代恒定场 D. 把场与场作用粒子组合使用	A. 在天然气中掺入难闻的气味警告用户有泄漏发生；石油钻井时用甲硫醇提示钻头断裂；导盲犬引路 B. 用电磁搅拌替代机械搅拌金属液；超市出口防盗门 C. 相阵雷达采用特殊发射的可变电磁波进行目标搜索，不再使用旋转的天线 D. 用不同的磁场加热含铁磁粒子的物质，当达到一定温度时，物质变成顺磁，不再吸收热量，以达到恒温功能
29. 气动与液压结构	
A. 使用气动或液压部件代替固体部件（利用液体、气体缓冲）	A. 张力控气梁；机翼液压装置；航母弹射器；利用可伸缩液压支柱代替木材坑柱；气垫运动鞋
30. 柔性壳体和薄膜结构	
A. 利用薄片或薄膜取代三维结构 B. 利用柔性薄片或薄膜隔绝物体和外部环境	A. 塑料大棚；隐形眼镜；水凝胶薄膜；防弹衣 B. 化学铣保护膜；保鲜膜；真空铸造空腔造型时在模型和砂型间加一层柔性薄膜以保持铸型有足够的强度
31. 多孔材料	
A. 使物体变为多孔或加入多孔性的物体（嵌入其中或涂敷于表面等） B. 如果物体已是多孔结构，可事先在孔中填入有用物料	A 在两层固定的铝合金板之间加入薄壁空心铝球，可大大提高结构刚性和隔热隔音能力；活性炭；气凝胶 B. 在多孔纳米管中存储氢；药棉；海绵存储液态氮
32. 改变颜色	
A. 改变物体及其周围环境的颜色 B. 改变物体及其周围环境的透明度或可视性 C. 对难以看清的物体使用有色添加剂或发光物质 D. 通过辐射加热改变物体的热辐射性	A. 用石墨片或煤灰加速融冰；灯光秀；焰火 B. 变色镜；化学试纸；跑道指示灯；夜视仪 C. 荧光油墨；生物标本染色剂；红点炒锅 D. 用抛物面集光镜提高太阳能电池板的能量收集
33. 同质性	
A. 把主要物体及与其相互作用的其他物体用同一材料或特性相近的材料制成	A. 以金刚石粉作为切割金刚石的工具，回收余粉；用茶叶做茶叶罐；内含巧克力浆的巧克力；硬底登山鞋；相同或兼容血型输血
34. 抛弃与再生	
A. 采用溶解、蒸发等手段废弃已完成其功能的零部件，或改造其功能 B. 在工作过程中迅速补充消耗或减少的部分	A. 用冰块做模板夯土筑坝；药物胶囊；子弹抛壳；工艺刀片；火箭飞行中逐级分离用过的推进器 B. 机枪弹仓；自来水；自动铅笔；饮料售卖机

续表

原理内容描述	应用实例简介
35. 物理或化学参数改变	
A. 改变物体的状态 B. 改变物体的浓度或黏度 C. 改变物体的柔度 D. 改变物体的温度或体积	A. 煤炭炼焦；液化气；热处理；镜面磨削 B. 洗手皂液比肥皂块使用方便、卫生。用量易掌握 C. 橡胶硫化；弹簧回火；建筑底座加橡胶垫 D. 铁磁性物质升温至居里点以上变成顺磁性物质
36. 相变	
A. 利用物质相变时所发生的某种效应（如体积变化、放热或吸热等）	A. 热泵采暖或制冷都是利用工作介质通过蒸发、压缩或冷凝等过程产生的相变；热管；特殊工作服
37. 热膨胀	
A. 使用热膨胀（或收缩）材料 B. 使用不同热膨胀系数的复合材料	A. 温度计；先烧石头再泼水，可导致石头崩裂 B. 双金属片可在升温和冷却时分别向不同方向弯曲变形，用该效应制造温度计或热敏传感器
38. 强氧化作用	
A. 用富氧空气替代普通空气 B. 用纯氧替代富氧空气 C. 用离子化氧气代替纯氧 D. 使用臭氧替代离子化氧气	A. 高炉富氧送风以提高铁的产量；水下呼吸器 B. 用纯氧－乙炔进行高温切割；高温纯氧杀灭伤口细菌 C. 使用离子化氧气加速化学反应；负离子发生器 D. 臭氧溶于水中去除船体上的有机污染物
39. 惰性环境	
A. 用惰性环境取代普通环境 B. 向物体投入中性或惰性添加剂 C. 使用真空环境	A. 用氩气等惰性气体填充灯泡，做成霓虹灯 B. 用氮气充轮胎；在炼钢炉中充氩气 C. 真空离子镀；真空包装食品以延长食品存储期
40. 复合材料	
A. 用复合材料取代均质材料	A. 用环氧树脂、碳纤维等复合材料制造飞机、汽车、自行车和赛艇；防弹衣；复合木地板

3.3 TRIZ 预测技术发展的应用流程

阿奇舒勒经过分析 250 万件世界专利发现任何领域的产品改进、技术的变革、创新和生物系统一样，都存在产生、生长、成熟、衰老、灭亡的过程，是有规律可循的。通过对世界专利库的分析，发现并确认了技术在结构上进化的趋势，即进化模式与进化路线，而且还发现，在一个工程领域中总结出的进化模式与进化路线可在另一工程领域实现，即技术进化模式与进化路线具有可传递性。这些模式与路线可引导设计者尽快发现新的核心技术，反映的是技术系统、组成元件、系统与环境之间在进化过程中重要的、稳定的和重复性的相互作用。该理论不仅能预测技术的发展，还能展现预测结果的可能状态，对于产品创新具有指导作用。

技术进化的过程不是随机的，通过研究表明：技术的性能随时间变化的规律呈现出 S 形曲线，但进化过程是靠设计者推动的，当前的产品如果没有设计者引进新的技术，它将停留在当前的水平上，设计人员的不断努力，是推动产品的核心技术从低级到高级进化的根本动力。对于一种核心技术，产品应不断地对其子系统或部件进行改进，以提高其性能。

图 3-7 为一条典型的技术系统进化 S 曲线，横坐标代表技术系统的发展时期，纵坐标代表技术系统某个重要的性能参数。性能参数随时间的延续呈现出与人的生命周期相类似的 S 曲线，即所有技术系统的进化一般都要经历由婴儿期、成长期、成熟期、衰退期四个阶段组成的技术生命周期。

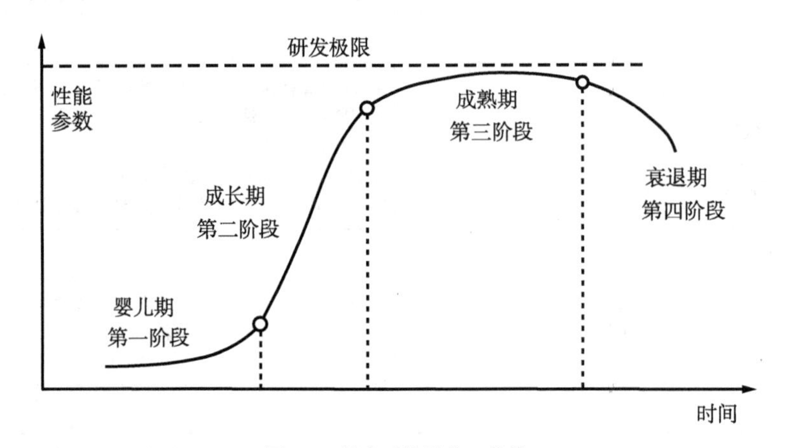

图 3-7　技术系统进化 S 曲线

3.3.1　技术进化

阿奇舒勒通过对世界专利库的分析，发现并确认了技术在结构上进化的趋势，不同领域中技术进化过程的规律是相同的。弗瑞斯指出：TRIZ 中的技术进化理论已提供了强大的技术预测工具，这些工具包括技术进化定律（模式）及进化路线等。

比较经典的是公认的在任何系统都遵循 S 曲线进化趋势基础上所形成的 9 个技术系统进化法则（模式）的经典进化体系结构，如图 3-8 所示。9 个技术系统进化法则（模式）具体如下。

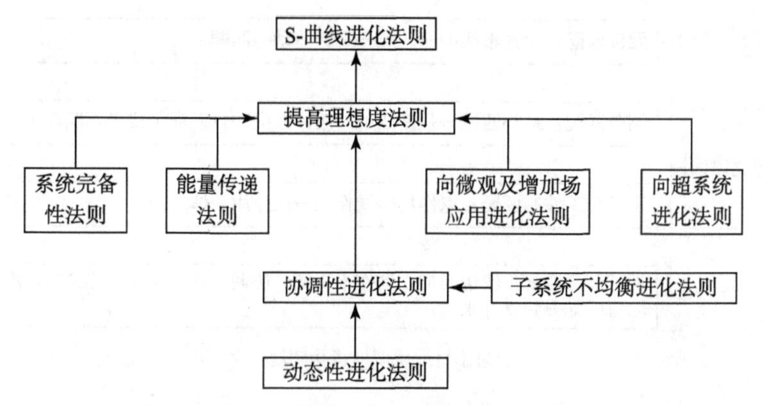

图 3-8 经典 TRIZ 的技术系统进化法则

1. 系统完备性法则

系统不断自我完善，减少人的参与，以提高系统的效率。进化路线如图 3-9 所示。

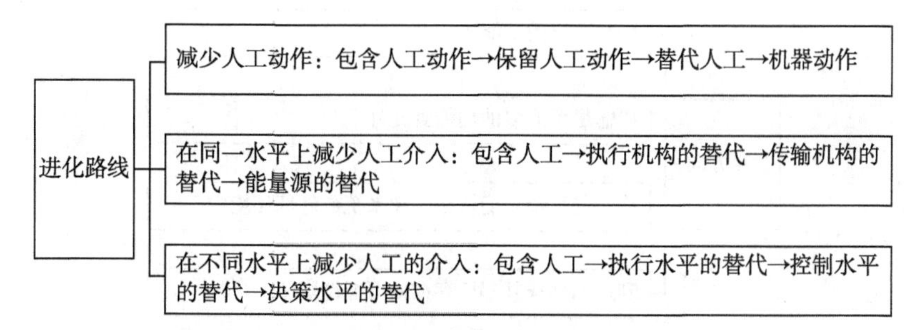

图 3-9 完备性进化路线

2. 能量传递法则

沿着能量流动路径缩短的方向以减少能量损失、顺畅传递、减少能量转换次数为原则。进化路线如图 3-10 所示。

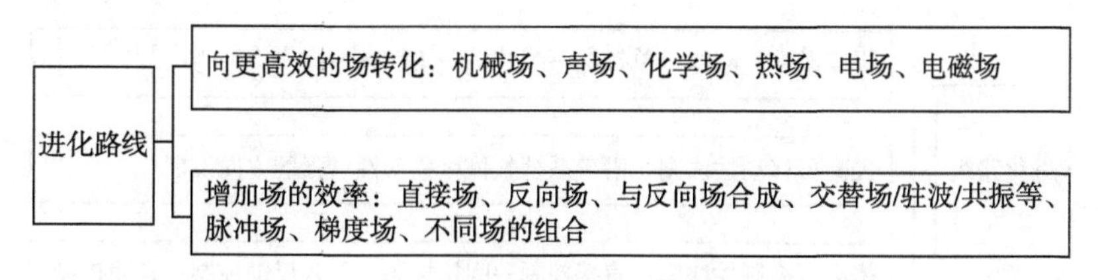

图 3-10 能量传递进化路线

3. 协调性进化法则

沿着整个系统的各子系统相互协调，与超系统更协调的方向进化。进化路线如图 3-11 所示。

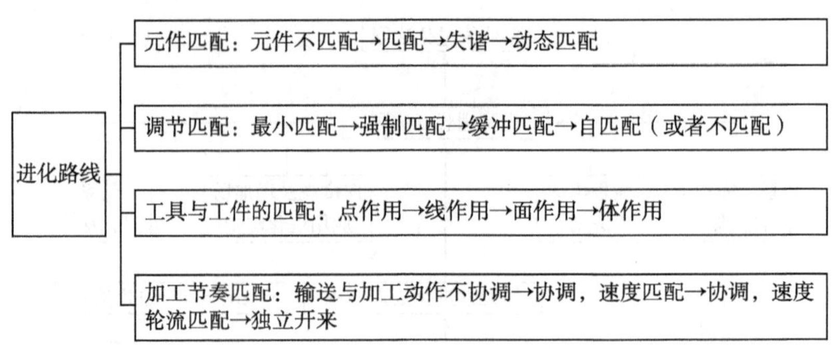

图 3-11　协调性进化路线

4. 提高理想度法则

沿着提高其理想度，向最理想系统的方向进化，系统可以向四个方向发展，如图 3-12 所示。

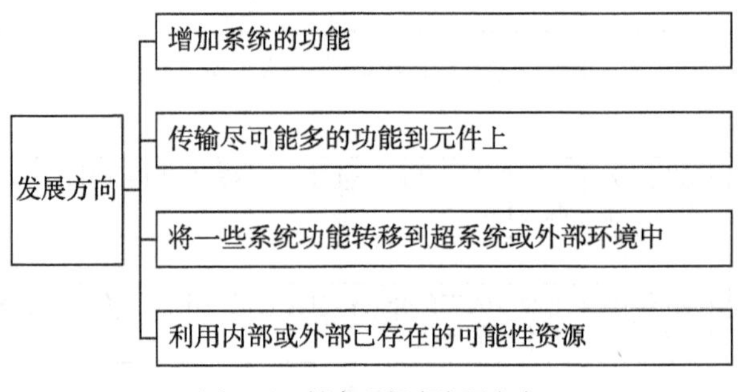

图 3-12　提高理想度发展方向

5. 动态性进化法则

进化路线：固定的系统（单态系统）—可移动的系统（多态系统）—可任意移动（连续状态变化）的系统。进化路线为如图 3-13 所示。

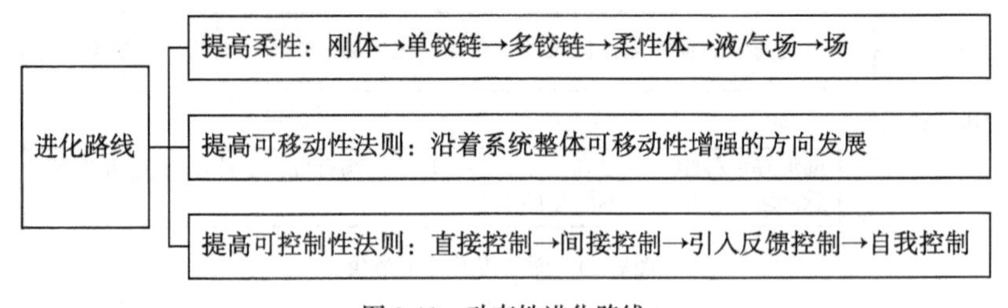

图 3-13　动态性进化路线

6. 子系统不均衡进化法则

改进控制部件、动力部件、传输部件、工具中进化最慢的系统，如图 3-14 所示。

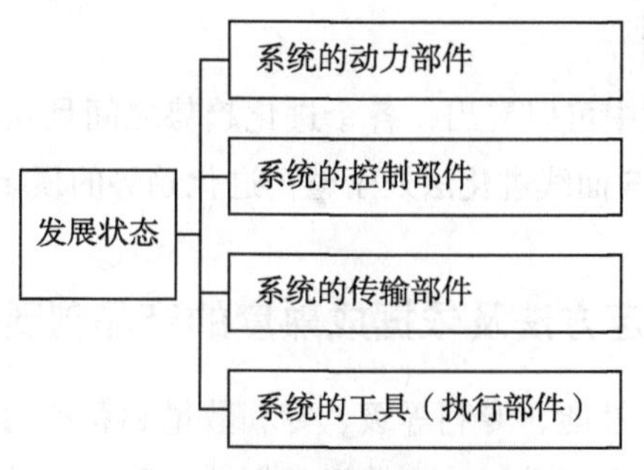

图 3-14 子系统不均衡进化

7. 向微观及增加场应用进化法则

向微观及增加场应用进化，如图 3-15 所示，进化路线如图 3-16 所示。

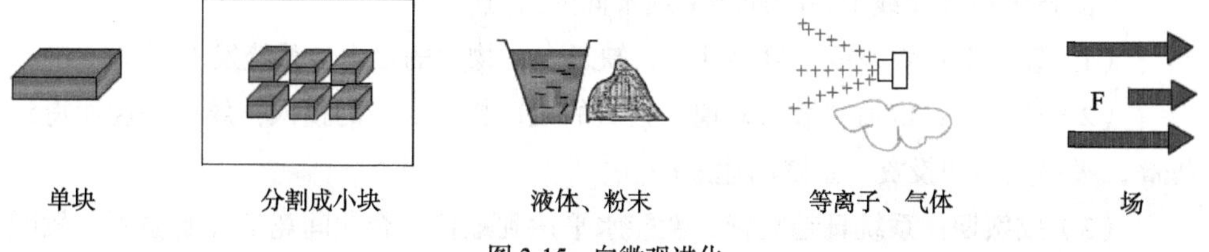

图 3-15 向微观进化

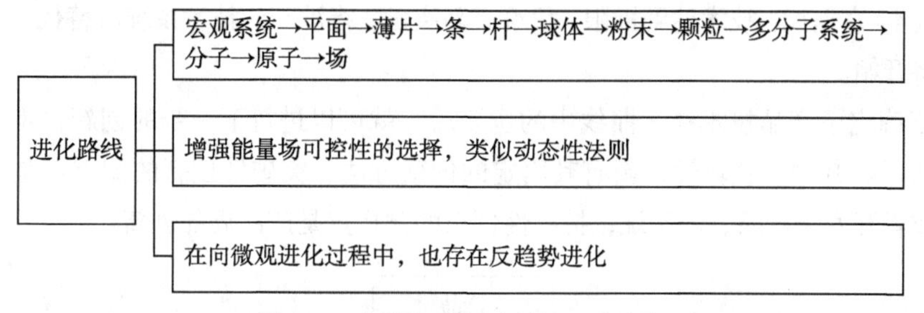

图 3-16 向微观及增加场应用进化路线

8. 向超系统进化法则

进化路线如图 3-17 所示。

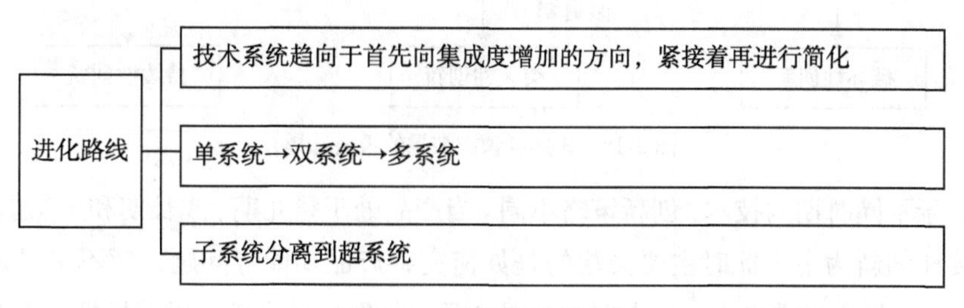

图 3-17 向超系统进化路线

9. S 曲线进化法则

从图 3-8 进化法则中可以看出，各个进化趋势之间是互相联系的。任何系统都遵循 S 曲线进化法则。S 曲线进化法处于整个进化趋势的顶端，统领其他法则。

3.3.2 成熟度的判定方法及依据成熟度的产品创新策略

阿奇舒勒研究产品性能、专利等级、专利数量和获利能力之间的关系来预测产品技术的成熟度，并对专利进行五个等级的划分。戴瑞·曼在此基础上提出，重点考察降低成本及弥补缺陷这两种特殊专利在生命周期曲线中的分布情况，以此来判断产品技术的成熟度，国内学者张换高教授开发了基于阿奇舒勒和戴瑞·曼理论的产品技术成熟度预测系统（TMMS）。

产品技术在 S 曲线上各时期将呈现不同的特点。

（1）婴儿期：效率低，可靠性差，缺乏人、物力的投入，系统发展缓慢。

（2）成长期：价值和潜力显现，大量的人、物、财力的投入，效率和性能得到提高，吸引更多的投资，系统高速发展。

（3）成熟期：系统日趋完善，性能水平达到最佳，企业间竞争开始激烈，发明专利急剧增长，但发明等级下降，利润最大并有下降趋势。

（4）衰退期：技术达到极限，很难有新突破，将被新的技术系统所替代，新的 S-曲线将开始。

当确定了产品技术在 S 曲线中的位置后，就可以进行下一步的创新，步骤如图 3-18 所示。其中，破坏性创新有其固定的创新方法；突破性创新的侧重点是系统的创新或者开发新产品、新系统；持续性创新的侧重点是产品局部创新。

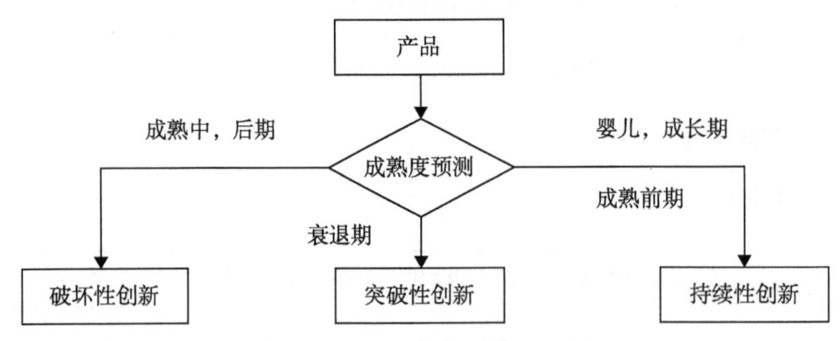

图 3-18 成熟度预测结果的策略选择

处于不同时期的技术，创新策略不同。当产品处于婴儿期、成长期和成熟前期时，以持续性创新为主，此时主要关注的是如何完善产品功能等问题，暂不考虑成本问题；当产品处于成熟度中、后期时，这时产品的性能比较完善，以破坏性创新为主，需要考虑的是如何降低产品成本等问题；当产品处于衰退期时，这时的产品技术已经达到极限，很难有新突破，应以突破性创新为主，开发新技术来替代原来的技术，产品的技术将进入新一轮的 S 曲线。

3.3.3 40 个发明原理与技术系统进化之间的关系

俄罗斯 TRIZ 大师尤里·丹尼洛夫斯基研究 40 个发明原理与技术系统进化之间的关系，表明技术进化法则与 40 个发明原理之间相互匹配，形成树状关联与延伸，如图 3-19 所示。

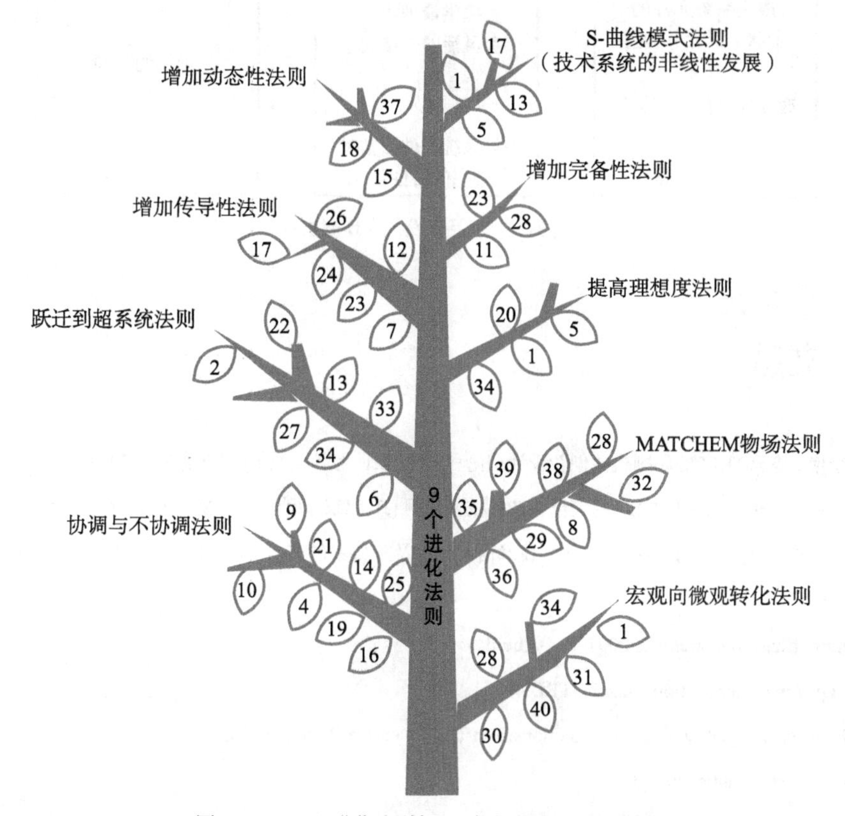

图 3-19 TRIZ 进化法则与 40 个发明原理的关联树

3.3.4 产品研发技术预测步骤

通过分析当前产品的核心技术在技术进化过程中的阶段与状态，分析产品今后可能的进化方向和可能进化的模式，可以预测未来产品的技术发展前景与水平。为产品研发做技术预测的步骤如图 3-20 所示。

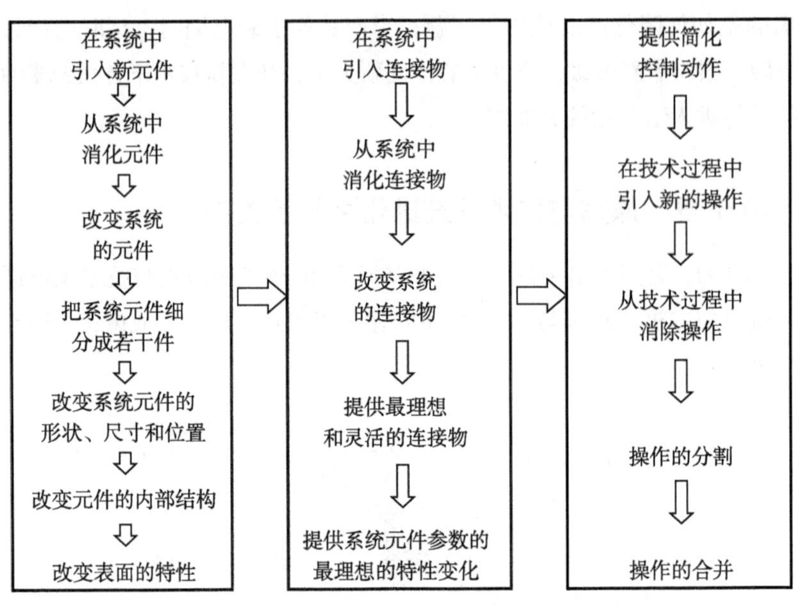

图 3-20　产品研发技术预测步骤

参考文献

[1]　李艳 . 基于 TRIZ 的印刷机械创新设计理论和方法 [M]. 北京 : 机械工业出版社，2014

[2]　张肖，李艳等 . 基于 TRIZ 的喷墨头产品技术预测 [J]. 北京印刷学院学报，2012，(06): 57-60

[3]　尼古拉 · 什帕科夫斯基 . 进化树 : 技术信息分析及新方案的产生 [M]. 北京 : 中国科学技术出版社，2006

[4]　http://triz.sblo.jp/archives/20070814-1.html

[5]　https://www.innovation-triz.com/TRIZ40/

[6]　https://www.quality-assurance-solutions.com/Triz-Inventive-Principles-1.html

[7]　http://triz-evolution.narod.ru

[8]　http://www.gnrtr.com

[9]　www.triz.co.uk

[10]　http://www.whereinnovationbegins.net/office-of-innovation/

[11]　http://pss-system.cnipa.gov.cn/sipopublicsearch/portal/uiIndex.shtml

第四章

静电成像技术

静电成像数字印刷技术由美国人切斯特·卡尔逊于 1938 年发明，最初只是作为一种复印技术被使用，经过多年发展成为数字印刷两大核心技术之一，在印刷品质上的优势又使其成为商业数字印刷中的主力。静电成像技术的核心是光导体的光致导电能力变化特性和静电效应，光导特性是形成静电潜像的基础，静电效应实现了墨粉或油墨在光导体上的附着显影以及墨粉从光导体向中间转印装置或承印物的转移。静电成像数字印刷技术在不断发展中形成两个主要分支，一个是以施乐为代表的色粉静电成像技术，特点是使用干性色粉显影，色粉转移到承印物表面后通过加热使其熔融并与承印物粘接而最终形成图文信息；另一个是以印迪戈为代表的液体电子油墨成像技术，使用液体电子油墨显影并通过中间转移滚筒将油墨转移到承印物上形成图文信息。其中色粉静电成像技术在静电成像数字印刷技术的发明、发展及实际应用中占有重要地位，得到广泛的使用，目前办公用桌面激光黑白打印机、办公一体机及大多数生产型数字印刷机都采用色粉静电成像技术。以印迪戈为代表的液体电子油墨成像技术以其接近于胶印的良好印刷质量而被用于对印刷品质要求较高印刷业务中。总览数字印刷领域，到目前为止，静电成像数字印刷技术，仍然是生产型数字印刷的主流技术，静电成像数字印刷技术及其印刷机是数字印刷设备中种类最多，应用最广泛，印刷质量最好的数字印刷技术。

注：最新的兰达纳米喷墨数字印刷技术声称是现有数字印刷技术中印刷品质最好的技术，由于其仍处于研发阶段，虽然 2019 年已经有印刷企业完成了装机，但还没有获取到相关的印品评估方面的资料。

从 1938 年切斯特·卡尔逊发明干性复制技术到现在生产型静电数字印刷机的广泛应用，静电成像技术已走过了 82 年的风雨历程，经历了婴儿期、成长期、成熟期并开始走向衰退期。静电成像技术发展初期被用于文件复印，随着个人计算机技术的发展逐渐被应用于打印机，最后由于小批量印刷、直邮印刷以及个性化印刷的兴起又逐步进入工业印刷领域，技术的进步和发展主要集中在光导成像部件、扫描部件、呈色剂和整机结构等方面。

4.1 概述

4.1.1 静电成像技术的起源

从 11 世纪（中国北宋时期）毕昇发明活字印刷术开始，印刷技术在经历不断的发展与变迁后逐步满足了人类对图文进行大量复制的需求，但对于办公文件的多份复制不论是谷登堡发明的金属活字印刷术还是后来威廉·罗贝尔发明的胶印技术都无法满足，随着社会的进步和经济的发展，这种需求越发显著，人们开始探索各种能够解决办公文件多份复制的技术。

复写纸由英国人韦奇伍德于 19 世纪发明，这是第一种被发明用于办公文件复制的技术。韦奇伍德用铅笔给客户写信，后一张纸上留下上一张纸的字痕时，萌生研究书写一次获得多份文件的想法，解决方法是将一张薄纸放入蓝墨水中浸润，然后夹在两张吸墨纸之间干燥，书写时将其夹在两张纸之间，在上面一张纸书写的同时下面一张纸就得到相同的复制件。1806 年，韦奇伍德获得一项名为“复制信函文件装置”的专利授权。韦奇伍德的发明问世时，英国的商业活动发达，复写纸有很大的社会需求，韦奇伍德开厂专门生产复写纸。随后，法国人改用甘油和松烟渗透进纸里的方法改进复写纸制造工艺。到 1815 年，德国人对复写纸再次进行改进，以热甘油加上煤焦油中提炼的染料，经精细研磨调制，涂于韧性的薄纸上制成新的复写纸，后来人们又在这种复写纸的色料中加入蜡料，以降低黏度，最终形成今天在办公中普遍使用的复写纸，如图 4-1 所示。复写纸的发明使办公文件多份复制的需求得到一定的满足，复写纸成为当时复制多份文件最常见的手段并一直沿用至今。

图 4-1　复写纸

复写纸可以实现文件的多份复写，但手写的速度和质量限制它的应用，由于复写带来的文件数量及传播范围的扩大，手写文字的不规整和辨识困难逐渐引起人们的注意，人们希望能够有一种设备既能像印刷机那样快速输出规整的文字，又能像复写纸一样便于日常办公使用，打字机实现了这一愿望，1874 年，打印机之父约斯特发明 26 键打字机，如图 1-21 所示，它带来打字机的繁荣时代，之后打字机作为办公室设备被广泛使用，复写纸和打字机在办公场所的共同使用中人们出现了能否将复写纸和打字机组合使用一次打出多份文件的想法，这种“复印”技术在质量和速度上都比手复写有明显的提高。

历史上曾经出现过不少复印工艺，如：卤化银复印、转移复印、平面（图）复印、热敏复印和静电复印等。静电复印又称静电成像复印，这种复制技术应用的广泛性和普遍性几乎成为复印或影印技术的代名词。人们最熟悉的两种复印技术分别是卤化银成像和静电成像，胶片成像中的缩微摄影胶片复制方法就是一种卤化银复印技术，卤化银成像用胶片结构如图 4-2 所示。

转移复印工艺的原稿放置在与处理成带负电性的纸张接触的位置，利用特定光照对原稿和负电性纸张曝光完成复印。扩散转移是转移复印的一种，由负电荷与正电荷接触完成显影，这种显影工艺通过负电荷向正电荷的扩散行为构成图像，得到原稿图像的副本。凝胶转移是转移复印的又一种形式，以负电荷为显影对象，然后与带正电荷的纸张对压而完成复印，最终带负电荷的染色凝胶被正电荷吸附建立图像。与卤化银复印工艺相比，转移复印的成本更低，但转移复印形成的图像质量容易随时间的推移而退化。

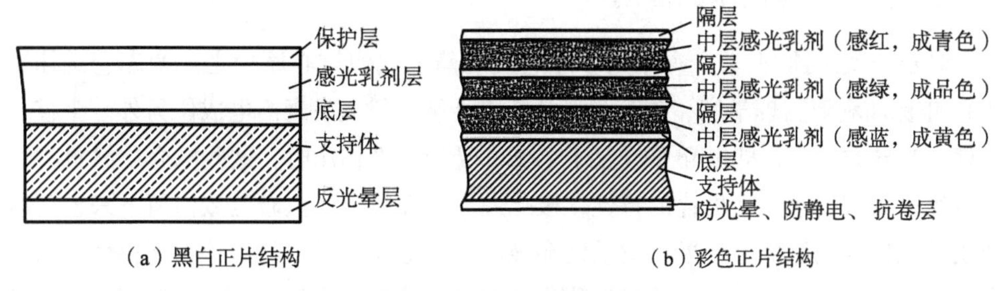

（a）黑白正片结构　　（b）彩色正片结构

图 4-2 卤化银感光材料结构

平面复印主要用于复制建筑图、机械图和工程规划图等技术图纸，晒蓝图是平面复印的一种常见应用，将原稿记录在透明或半透明的薄膜上（常用硫酸纸），复印时纸张放置到涂布重氮基化合物的纸张等片材上，利用紫外线曝光处理，覆盖在被曝光区域的化合物受光照作用而分解，与原稿黑色对应的区域不能被紫外线所曝光，这一层“屏障”通过显影形成图像，即可得到蓝图，目前老式的重氮晒图机大多已退出市场，取而代之的是输出质量更好的新一代蓝图打印机，如图 4-3 所示的惠普 PageWide XL5100 打印机，可输出黑白图和蓝图，最高打印速度为每分钟 11 页 A0 纸。

图 4-3　PageWide　XL5100 打印机

现代办公复印技术是静电复印的一种，由美国人切斯特·卡尔逊于 1938 年发明，施乐公司于 20 世纪 60 年代完成商业化，后来经过不断的发展和进步，成为今天办公复印、打印和生产型数字印刷领域中的主流技术。随着数字技术的进步，早期的老式模拟复印机早已退出市场，数字技术“改造”并“创造”了新一代的复印设备，就是数字复印 / 打印复合设备和多功能打印机，复印工艺是因为由数字方式控制而具备打印机的功能。

4.1.2　静电成像技术的发明

1785 年法国物理学家查尔斯·库仑发现静电成像核心原理之一的库仑定律，1937 年保加利亚物理学家、前苏联科学院院士纳季科夫发现静电成像另外一个核心原理“光导效应”，即电介质放置于电场中受到曝光作用时，这些电介质材料具有在曝光区域获得永久性极化的特性，极化效应可在特定的黑暗区域保留下来，而电介质受到特定光照部分的极化效果则会被破坏，电介质材料的这种物理特性后来被命名为光导性，具有光导性的材料称为光导体。静电成像原始技术的发明要归功于切斯特·卡尔逊（图 4-4），他是美国的物理学家、发明家和专利律师。

图 4-4　切斯特·卡尔逊（1906—1968）

切斯特·卡尔逊用15年时间建立了静电成像的基本原理，早期实验以磷作为光导材斜，后改成硫磺，1938年10月22日，切斯特·卡尔逊和他的助手奥托（德国科学家）在显微幻灯片上写下“10-22-38 ASTORIA”几个字，再将房间变成暗房后，助手奥托用手帕在表面涂覆硫磺的锌板上摩擦，实现对该表面充电；然后将上述写有文字的显微幻灯片放置在锌板涂有硫磺一面的上方，用明亮的白炽灯光对锌板的硫磺涂布层进行曝光处理；曝光完成后取走显微幻灯片并在锌板表面的硫磺涂覆层上喷洒石松属植物的粉末，吹去多余的粉末，将形成图像的石松属植物的粉末转移到蜡纸上；然后加热蜡纸使蜡熔化，石松属植物的粉末就粘接在蜡纸上。通过这样的步骤，得到第一份完美的复制品如图4-5所示，这幅图标志静电复印技术的发明。

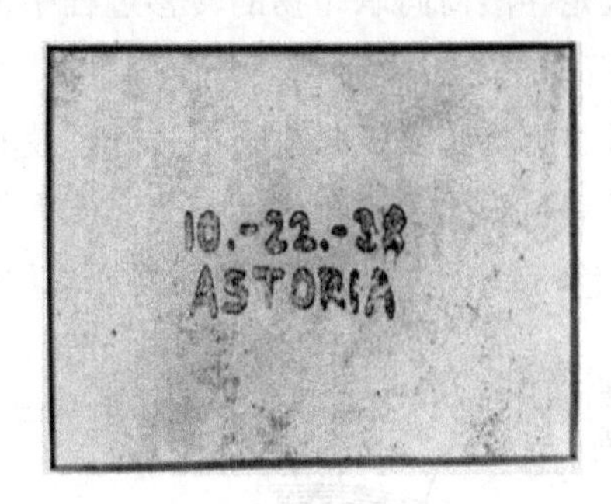

图4-5 第一幅静电复印文件

1938年10月22日成为了静电成像技术的诞生之日，切斯特·卡尔逊为此申请发明专利，专利公开号为US2297691A，专利中这样描述发明的目的和内容：“本发明涉及成像。本发明的一个目的是改进成像方法并提供用于成像的经过验证的装置和设备。本发明的其他目的将从以下描述和与所附权利要求书相关的附图中显而易见。本发明包括构造的特征、元件的组合、部件的布置，以及上面提到的制造和操作的方法，或者将在下文所述的公开内容中提出和举例说明，包括附图中的图示。”专利共有权利要求27项，专利中，切斯特·卡尔逊对其发明的静电成像技术中的充电、曝光、显影、转移四大步骤进行详细的描述，专利中给出四种曝光方法和两种显影方法，并详细地公开了墨粉的转移和加热熔化方法，专利中还提到采用他所发明的成像方法进行彩色复制及灰度复制的方法。1940年施乐公司的前身哈罗伊德公司与他合作完成产业化，1948年，哈罗伊德公司在切斯特·卡尔逊的基础上完成静电成像技术的应用性改进，1949年，世界上第一台静电复印机“MODEL A”问世，至此标志静电复印技术走入应用阶段。

静电成像技术的命名是根据静电成像复制技术的工艺本质，借用希腊语中的两个词根Xero和graphy创造出Xeroxgraphy一词，两者在希腊语中分别代表“干”和“写”的含义。哈罗伊德公司在1961年正式改名为“Xerox”，“Xerox”正是取了

"Xeroxgraphy"一词中的前五个字母。

4.1.3 静电成像技术

静电成像数字印刷技术的核心是光导体的光导特性，即光导材料在黑暗环境中为绝缘体，在一定的光照条件下电阻值下降成为具有一定导电能力的导体，静电成像数字印刷机在黑暗环境下对光导体进行充电，然后利用载有图文信息的光束扫描光导材料对其曝光形成静电潜影，光导体成像面的曝光和不曝光将产生电位差，利用与静电潜影有一定电位差的呈色剂与静电潜影之间的静电吸引力将呈色剂转移到光导滚筒上，在呈色剂从光导滚筒向承印物的转移过程中，色粉静电成像和电子油墨静电成像表现出不同的工艺过程。

色粉静电成像的转移过程为，对纸张进行电晕处理使其与光导滚筒上显影呈色剂有一定的电位差，形成静电吸引力，再借助于热和压力作用，使呈色剂转移到承印物上形成稳定的影像，色粉静电成像数字印刷技术原理如图 4-6 所示。

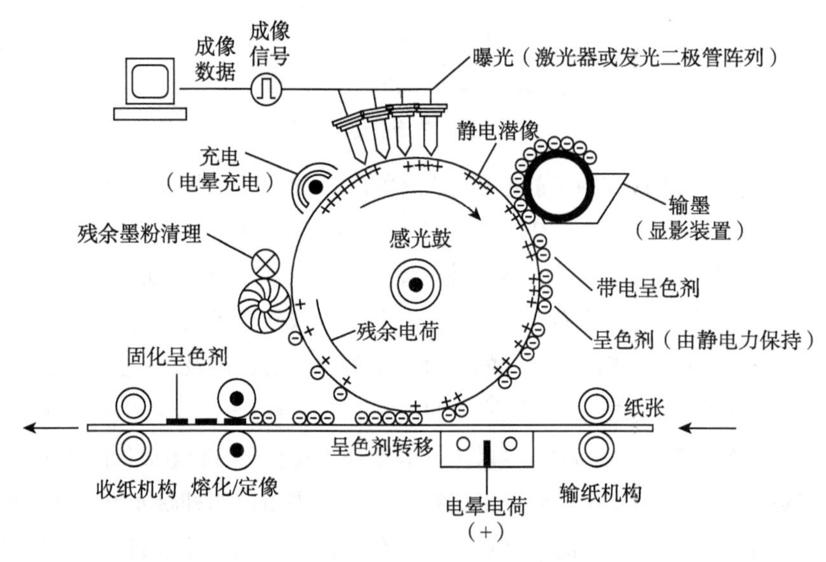

图 4-6 色粉静电成像数字印刷技术原理示意图

液体电子油墨静电成像的油墨转移过程是：光导滚筒（PIP）与覆盖着橡皮布的中间转移滚筒（ITM）在一定压力下相接触，油墨从 PIP 滚筒转移到橡皮布上，橡皮布滚筒设置有加热装置，由于橡皮布温度较高，可将油墨微粒熔化为一层薄膜，橡皮布表面的油墨薄膜在压印滚筒的压力作用下，使熔化的油墨图像转移到纸张表面，凝固定影。印刷装置每旋转一周，则印刷一色，四色印刷则需要纸张经过压印区四次，液体电子油墨静电成像数字印刷技术原理如图 4-7 所示。

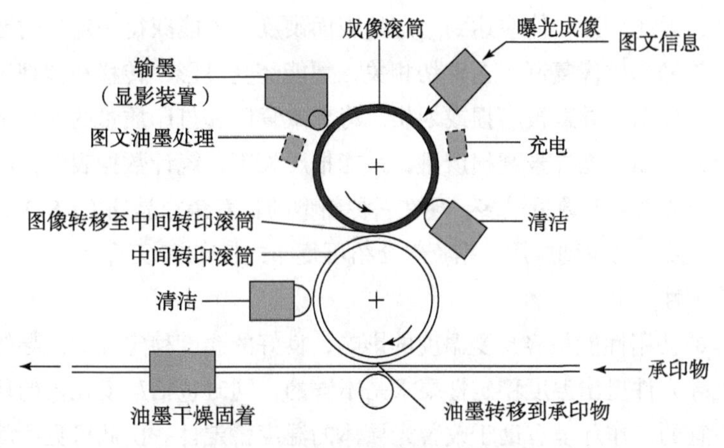

图 4-7　液体电子油墨静电成像数字印刷技术原理示意图

1. 光导体

光导体是特殊类型的半导体，光导体之所以在静电成像技术中得到广泛应用，在于这种特殊的半导体不仅表现出常态下的绝缘体性质，更在于其受到光线照射后改变电阻的能力，光导性是光导材料受光照射后所表现出来的特殊属性，光导性也是一种光电效应的表现形式，物理学上更倾向于用光电效应（Photoelectric Effect）来描述材料的光导现象和光导性，因为光电效应是物理上更严格和准确地描述光导现象的名词。光电效应的主要特点是：伴随着电磁辐射作用到材料表面，会发射出电子，在物理学发展的早期，光电效应也称为"赫兹效应"。光导体结构如图 4-8 所示。

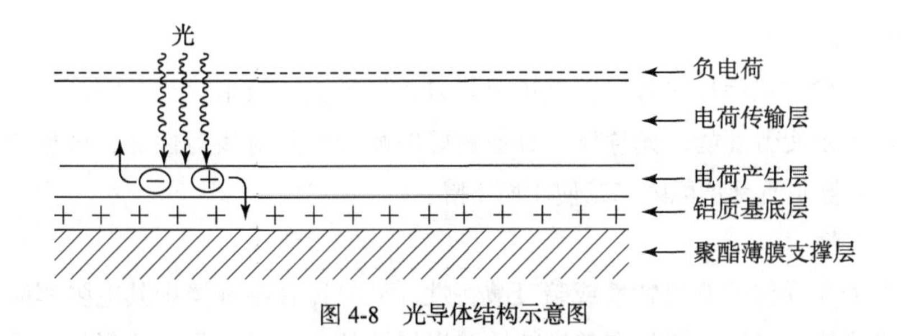

图 4-8　光导体结构示意图

目前无论静电复印机、激光打印机和发光二极管打印机，乃至于输出速度极高的静电成像数字印刷机等硬拷贝输出设备都离不开光导材料。常用的光导材料有硫化镉（CdS）、硒 - 砷（Se-As）合金、非晶硅和硫化铅等非金属材料和有机光导材料。制作光导鼓（由光导材料制成的光导零件）用的材料一般应具备下述特性。

①耐磨性

耐磨性主要体现在表面硬度上，几乎所有的设备对零件的耐磨性都有要求，区别在于程度，因此，光导体应达到一定的表面硬度，才能获得一定的耐磨性。光导体的耐磨性与静电成像复制工艺密切相关，须能经受显影、转移和清理工艺过程中的机械磨损。如果光导鼓被磨损或划伤，将导致复印和打印质量的明显下降，甚至会损坏光导鼓，如果光导鼓磨损严重，只能报废处理，统计数据表明，因磨损和划伤而导致报废的光导鼓数量最多，现在一种新型的长寿命非晶硅（a-Si）光导鼓（也称为陶瓷光导鼓）已得到应用，据资料介绍可复印或打印 30 万印张。

②热稳定性

光导体的使用性能很容易受温度的影响，良好的温度稳定性对光导体很重要，但仅仅对光导元件提出温度稳定性要求是不够的，同时包括湿度在内的环境条件也很重要，适宜的工作环境有助于改善光导体的温度稳定性。由此可见，就光导体的使用环境而言，应特别注意环境温度与湿度的合理性，以免影响图文输出质量。

③光导性

复印机领域称光导性为光电导性，是衡量光导体性能最重要的指标。材料的光导性直接影响复制质量，光导体必须连续地工作在充电和放电的循环过程中，要求充电时电位上升快，表面饱和电位比应用电位要高，否则，初始电位上不去，最终将影响静电成像复印机、打印机或数字印刷机的图文输出质量。在整个充、放电循环中，要求充电后的光导体暗衰减小，否则表面电位无法保持，更不能产生必要的电位差来形成静电潜像；光导体经曝光处理后的放电速度要快，或者说光衰减必须快速实现，通常光导体的放电越彻底越好，剩余电位太高，既影响静电潜像的反差，又会造成“底灰”。

④疲劳耐久性

由于光导体在使用过程中需经历反复且连续的充、放电过程，因而要求光导体具备良好的耐疲劳性能。光导体应具备良好的耐静电效应疲劳性能，这意味着在规定的寿命内复制质量不能因连续使用而下降。

⑤暗特性

也称为光导体的介电特性或暗衰减特性，光导体在暗环境中其电阻率应很高并近似于绝缘体，当然对于具有整流特性的光导体的介电特性是有选择的，不同的光导体适合不同极性的电荷，暗特性好的光导体表面沉积相应极性电荷后，表层静电电位的下降相当缓慢，保证在显影时仍保持有符合要求的静电电位。

⑥明特性

光导体由暗环境进入明亮环境时电阻率应能迅速下降，由近似绝缘体状态变为与光照强弱程度对应电阻值的导体，使在暗环境中充电形成的静电位变为与光强弱对应的电位（这种性质也称为光导体的明衰减特性），再经过显影，才能形成有足够反差和层次丰富的视觉上可见的墨粉图像。

2. 呈色剂

静电成像技术中除核心光导体外，呈色物质也是重要的一部分，在静电成像技术中所使用的呈色物质主要有固体形态的墨粉和液体状的电子油墨，其中墨粉又被称作碳粉或色粉，在无特指的情况下，本书中约定以墨粉统一表述静电成像中的呈色剂。

①墨粉

墨粉早期被称为碳粉，因为早期的墨粉的成分很简单，基本上是单纯的碳粉，后来为改善静电成像系统的输出质量，墨粉开始采用碳粉与聚合物混合的多组分形式。在印刷中墨粉颗粒通过熔化单元产生的热量熔化，熔化后的墨粉与纸张通过润湿作用结合在一起，尽管不同的墨粉制造商可能使用各自特定的聚合物，但大多离不开苯乙烯丙烯酸酯共聚物或聚酯树脂这两种物质，早期墨粉颗粒的平均尺寸大约为 12μm，随着图像分辨率提高到 600dpi 后，墨粉颗粒尺寸的平均值相应地减少到 8μm。在静电成像技术发展的初始阶段，墨粉制造以机械研磨为主，这一工艺沿用相当长的时间，机械研磨工艺的过程是：颗粒状的树脂及制备墨粉的其他原材料在研磨机中加热实现糊化并通过搅拌机构充分搅拌后由一对滚筒碾压成薄片状排出，碾压产生的墨粉薄片冷却成固体，在冷却过程进行的同时，使用高速气流作用于薄片状墨粉，使薄片状的墨粉与粉碎机旋转部件发生强烈撞击而形成微小颗粒，得到最终的墨粉产品，机械研磨工艺产生的墨粉颗粒尺寸变化较大，且呈锯齿状的不规则外形，这在一定程度上影响了静电成像的图文质量。为了能复制出精细的印刷品，有些公司开始研究化学工艺制备墨粉，其技术核心为墨粉颗粒生长法，采用化学方法制备的墨粉颗粒不仅在尺寸上更小，而且形状上更均匀，这种墨粉能产生更精细的图文效果。

按墨粉的结构成分数量考虑，静电成像复制系统使用的墨粉划分为单组分和双组分两大类别，后者是着色剂（即色料）颗粒和载体颗粒的混合物。单组分墨粉就是着色剂本身，双组分墨粉中由于着色剂是起主要作用的成分，因而可以认为着色剂就是墨粉，原因在于显影或输墨时载体颗粒并不转移，只有着色剂转移到纸张表面。因此从结构成分来说，虽然双组分墨粉系统包含载体和墨粉颗粒，但墨粉颗粒自身又包含必要的组成部分，只是为了与载体区别，才用着色剂这一称呼代替墨粉。

单组分墨粉的物理特性与显影工艺有关，如果按墨粉颗粒的绝缘性能划分，则可分为导电型墨粉和绝缘型墨粉；从墨粉颗粒是否带有磁性的角度考虑，则可分类为磁性墨粉和非磁性墨粉；单组分墨粉还可按转移工艺分类，划分为接触型和“跳跃”

型，其中“跳跃”型采用非接触的方式“跳”过显影装置和光导鼓之间的间隙。

由于综合性能方面的优势，双组分墨粉比单组分墨粉使用得更为普遍，对双组分墨粉系统来说，墨粉颗粒经由载体颗粒传送到图像载体（光导滚筒），载体颗粒的直径大约 80μm，用于承载直径小得多的墨粉颗粒（直径约 8μm）。在显影、转移和熔化过程中，墨粉颗粒将被消耗掉，而载体颗粒可在输墨系统（也称为显影装置）中回收，墨粉制备常通过成像和复制系统自我实现，在工作时由显影装置实时地将墨粉颗粒和载体颗粒混合起来。

双组分墨粉使用载体颗粒有两个目的，首先，借助于载体颗粒并通过特定的设备和工艺实施对墨粉颗粒充电，其目的在于使墨粉颗粒的静电特性与光导鼓或光导皮带潜像的静电特性相匹配，即需要在墨粉颗粒与静电潜像间产生电位差，才能为光导体表面的静电潜像所吸附；其次，帮助复制系统将墨粉颗粒传送到静电潜像的邻近区域，因为载体颗粒尺寸要大大超过墨粉颗粒尺寸（约为 10 ：1），且墨粉颗粒附着在载体颗粒表面，所以显影时载体颗粒所起的作用相当于运输工具，墨粉颗粒则充当乘客的角色，在转移到光导体表面时“搭乘”着载体颗粒。某些静电成像数字印刷系统使用液体载体传递成像色料或墨粉颗粒，被称为液体墨粉，液体墨粉也可以认为是一种双组分墨粉，这类墨粉中的液体如同双组分墨粉中的载体，墨粉颗粒则保持其固体状态而存在于液体中，颗粒尺寸仅 1 ~ 3μm。显影（输墨）时，液体墨粉中的带电着色颗粒由显影装置从液体中抽取出来，墨粉颗粒在图像区域内转成高度浓缩的状态，而作为载体使用的液体则必须大量或全部去除，可见真正起信息转移作用的仍然是着色颗粒，即墨粉。一般情况下液体可回收并为以后的印刷过程所用，就目前来看，使用液体墨粉的设备较少。上述液体墨粉和印迪戈的液体电子油墨是两种不同的物质。墨粉在静电成像过程中主要与显影、转移和定影三个过程密切相关。

在显影过程中墨粉与光导滚筒的粘接力是一个关键参数，戈埃尔和斯宾塞及加迪对粘接力进行了研究，但至今墨粉与光导滚筒的粘接力究竟是墨粉表面区域充电的不均匀性为主导还是范德华力为主导，尚未得到明确结论，在如何预测墨粉黏结力方面也存在许多看法，其中较有代表性的看法是墨粉黏结力可借助于图像力公式计算，前提是认为墨粉电荷定位在墨粉颗粒中心部位，称为墨粉电荷中心分布模型，为验证这种电荷按墨粉颗粒中心位置分布模型计算结果的正确性，有学者进行了多次的实验，发现测量数据比中心分布模型预测值高一个数量级，为了计入两者的不一致性导致的影响，补偿理论模型与实验结果的差异，施乐的海斯认为必须考虑电荷沿墨粉颗粒的非均匀分布模型，而加迪及其合作者则利用经典理论计算墨粉黏结的范德华力，此外也有学者提出了新的墨粉黏结力模型，认为墨粉颗粒与导电平面形成的接触点处存在起黏结作用的静电亲和力。或许正是静电成像涉及太多的复杂因素，才导致切斯特·卡尔逊时代的学者们无法理解他的想法和实验结果，以至于切斯特·卡尔逊的专利申请经过相当长的时间才获得批准。

静电成像中墨粉转移与传统印刷机的油墨转移工艺含义相同，定义为显影后吸附于光导体材料表面的墨粉通过静电吸引力转移到通过电晕装置充电的纸张上，静电成像设备承印物的充电过程通常在承印物的反面进行，目的在于使承印物带有与墨粉颗粒极性相反的电荷，转移过程刚好与显影过程相反，显影时要求墨粉转移到光导体，而转移过程则要求墨粉离开光导体。根据安德勒斯和赫德森对墨粉转移工艺的研究，静电成像复制系统对墨粉转移过程的控制取决于两个因素：一是纸张背面充电后形成的分布电荷引起的电场对墨粉颗粒的拉力或吸引力，二是墨粉颗粒与光导鼓或光导皮带表面的黏结力。由此可见，为了成功地实现墨粉颗粒从光导体到纸张的转移，必须保证纸张对墨粉的拉力大于墨粉与光导体的黏结力，于是控制墨粉转移的物理行为与吸引力和黏结力之间的“竞争”有关。

墨粉转移到纸张表面后，完整的转移过程尚未完成。从复制工艺角度看，转移定义为油墨以不可脱离的方式与纸张结合的工艺，可见静电成像硬拷贝输出设备完整的转移过程应该由墨粉转移和墨粉加热两个工艺步骤组成，从光导体表面转移到承印材料的墨粉颗粒还“浮”在纸面，必须加热使之熔化，靠树脂与纸张的黏结力才能以不可脱离的方式实现与纸张的黏结，建立永久性的不可擦除的图像。墨粉熔化并牢固地黏结到纸张的过程本质上属于热动力学研究的范畴，但考虑到墨粉颗粒已经转移到了纸张表面，转移效果主要取决于墨粉的熔化工艺，因而对熔化过程的工程分析主要集中在材料的热动力性能研究上，不但要研究材料的热作用机理，还要研究墨粉结构成分（材料）的流变性能和纸张的渗透性能。对墨粉结构材料热特性的基本要求归结为软硬适中的通俗描述，这意味着显影阶段墨粉颗粒吸附到光导材料表面后要硬到不能熔化，且能承受温度较高的存储和运输环境；到熔化阶段时，墨粉又必须足够软，即在加热装置作用下能迅速变软直至熔化。模拟复印机或静电成像数字印刷机通常使用由两个滚筒组成的熔化装置，加热并挤压已经转移到纸张表面的墨粉颗粒，其中至少有一个滚筒应内置加热装置，聚合物通常适合于用作滚筒熔化装置处理的墨粉结构材料，不会导致熔化后的墨粉黏结到滚筒，且能承受高温作用（熔化装置的加热温度在180℃上下）以及温差引起的热应力。由此可见，静电成像数字印刷技术对墨粉的热特性要求相当高，为此需对墨粉的流变性能做优化处理，要求在制备墨粉时材料能合并为颗粒，转移和熔化时又能迅速扩散并渗透到纸张纤维中。墨粉由热塑性材料构成，其热特性通常以材料的玻璃渐变阈值温度Tg描述，这里提到的Tg表示温度范围，材料以该范围为硬质和脆性与软质和液体的分界线。图 4-9 给出了典型墨粉的黏性梯度，分别对应于使用较为普遍的以苯乙烯基为主要材料和基于聚酯材料制成的两种墨粉。

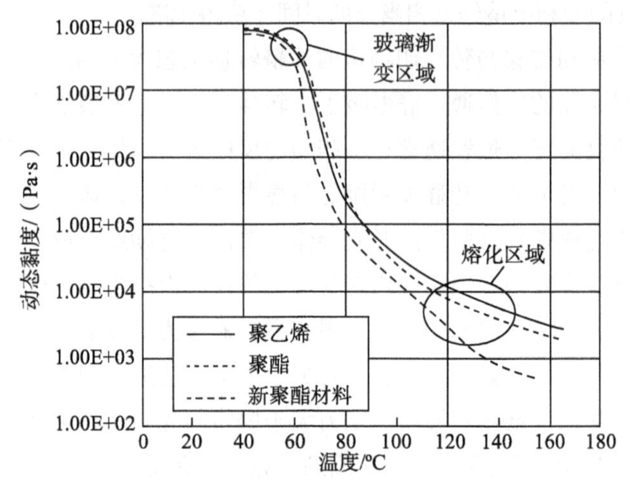

图 4-9 各种墨粉类型的动态黏度

②液体电子油墨

液体电子油墨最早由印迪戈提出并用于其数字印刷机中，因其良好的印刷质量被广泛接受。液体电子油墨由三部分组成，分别是：呈色颗粒、承载颜料颗粒的液体（图像油）、电荷控制剂（导电液）。呈色颗粒是一种平均直径只有几微米的触手状的可被充电的微粒，如图 4-10 所示，触手状的外形使每个颗粒有一个相对大的表面，当受到挤压时，颗粒会相互黏结，不像球型颗粒会趋于分散，呈色颗粒通过不停地搅拌悬浮在图像油中，是油墨的主要呈色物质，图像油是一种高度绝缘且耐高温的高分子液体，是颜料颗粒的载体，导电液是一种促使油墨的呈色颗粒带电的液体，导电液分子的负极与电子油墨呈色颗粒有极强的亲和力，其构成的正负离子间的化学键很不稳定，在电场力的作用下，化学键断裂，正极离开，令电子油墨带负电。

图 4-10 液体电子油墨触手状呈色颗粒

a. 呈色颗粒

呈色颗粒的颗粒尺寸、热稳定性、透明性、色牢度与液体电子油墨的性能密切相关。

颗粒尺寸：色粉颗粒最小尺寸一般为10μm，液体油墨呈色颗粒最小可以达到1μm。颗粒大小决定了印刷的分辨率，颗粒越小，印刷所能达到的分辨率越高，但是干性色粉印刷的颗粒尺寸不能太小，否则色粉颗粒很难控制，容易飘移到空气中，出现“起烟”的问题。

热稳定性：呈色颗粒在转移中必须被加热，使呈色颗粒呈现玻璃态，这样保证在定影之前，油墨颗粒在转移中不会发生渗流。呈色颗粒在加热下必须保证一定的物理状态（体积、黏性、流动性等）才能保证油墨顺利转移。

透明性：呈色颗粒本身都具有一定的不透明性，为了达到良好的叠印效果和色彩表现能力，需要对颜料颗粒本身的组成和颗粒大小进行改进，但是在提高透明性的同时，油墨的色强度又是一个必须考虑的问题。既要满足比较好的色彩强度，又要实现比较好的色彩呈现效果是呈色颗粒必须考虑的问题。

色牢度：色牢度是油墨保持原本色彩的一项衡量指标。不同色牢度的印刷品在放置一段时间或在阳光下都会产生不同程度的褪色现象，所以油墨颗粒的色牢度将极大地影响油墨的使用范围。

b. 连接料

与传统的油墨一样，电子液体油墨的连接料的主要作用就是承载呈色颗粒，并使呈色颗粒能够均匀地分散，连接料的绝缘性、非极性、耐高温性能与液体电子油墨的性能密切相关。

绝缘性：图像油的绝缘性，使油墨呈色颗粒部分和非呈色颗粒部分得以分离，这样有利于在显影时图像油不会填充图文区域，从而提高显影质量。同时图像油的绝缘性还能避免因油墨带电量过大而造成设备局部短路。

非极性：油墨颗粒本身具有极性，这样有利于油墨在纸张上的附着，所以要求油墨的非呈色料部分必须是非极性的，以免影响油墨的附着质量。

耐高温：基于静电数码印刷工艺特点，油墨在定影时，必须经过一定的高温才能实现，所以连接料（图像油）必须具有高的着火点和耐高温劣化特性。

c. 电荷控制剂

静电成像的过程是靠带有一定电荷的呈色颗粒吸附到电势比较低的图像区域，油墨颗粒的带电量必须通过电荷控制剂来调节，由于每种颜色的颗粒所带的电荷不同，所以要求电荷控制剂的电性能也不同，电荷控制剂自身带有的电荷极性和电量必须与油墨呈色颗粒相匹配，并且电荷控制剂本身不能影响油墨的呈色性能。

呈色剂的组成和形态对成像质量有着重要的影响，就目前来看，在成像质量上惠普印迪戈使用的液体电子油墨呈色颗粒比普通墨粉颗粒平均小一个数量级，印刷的图像清晰度和层次的再现能力明显优于其他固体热熔墨粉和液体墨粉技术，惠普印迪戈液体电子油墨和色粉成像质量对比如图 4-11 所示。

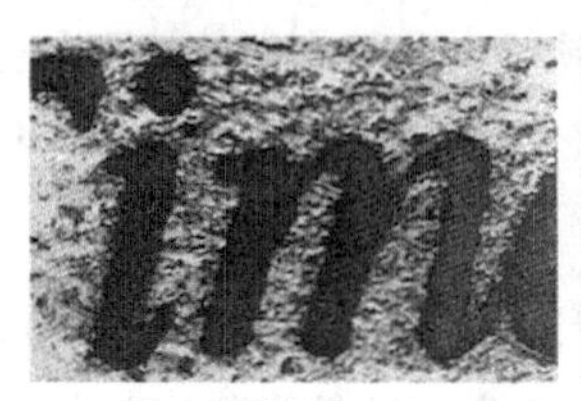
（a）液体电子油墨

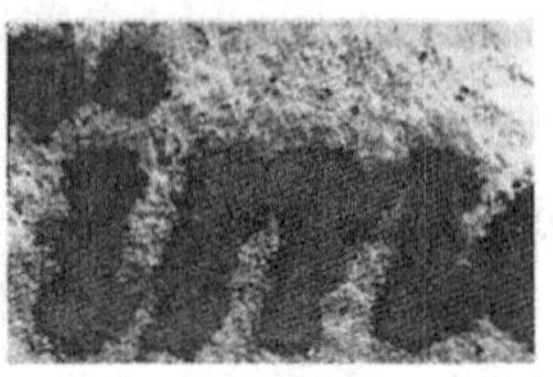
（b）色粉

图 4-11　液体电子油墨和色粉成像质量对比图

3. 静电成像基本工作原理及流程

静电成像复制工艺又称为静电成像工艺，光导体的曝光是静电成像技术的核心，静电成像利用光导材料在黑暗中为绝缘体对其充电使其带电，在特定光照条件下对部分光导体表面曝光使其电阻值下降并表现出一定的导电特性，导电特性的出现导致曝光部分电荷发生移动而产生电位降低，曝光部分与非曝光部分的电位差形成了静电潜像。目前公认的静电成像流程分为六大部分，分别是充电、曝光、显影、转移、定影、净化（残余呈色剂清理）。在静电成像数字印刷机中把光导材料涂敷到圆筒形的鼓形零件上，形成感光鼓，将感光鼓充电，使其均匀地带上电荷，再通过激光或 LED 光扫描使感光鼓曝光，曝光后的区域和未曝光区域将形成一定的电位差，图文信息便以这种电位差的形式被表现出来，称为静电潜像，将带有静电潜像的感光鼓接触带电的油墨或墨粉，在库仑力作用下带电的油墨或墨粉将吸附到感光鼓的静电潜像上形成图像，这一步称为显影，通过电晕等方法对承印物进行处理使其带有与感光鼓上显影油墨或墨粉具有一定电位差的电荷，在承印物与感光鼓的接触中同样利用库仑力使感光鼓上的油墨或墨粉转移到承印物上，最后对转移到承印物上的墨粉加热使其熔化并润湿承印物完成图文的再现，感光鼓上的墨粉往往无法全部转移到承印物上，残留的墨粉会对下一个印刷循环中的图文复制产生不利影响，应予以清除。完整静电印刷过程如图 4-12 所示。

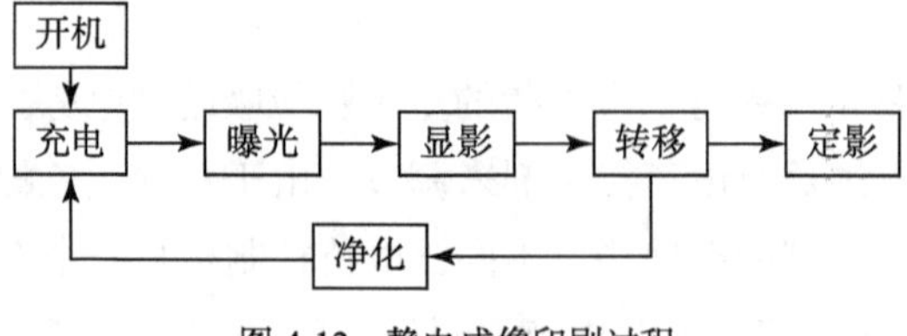

图 4-12　静电成像印刷过程

4. 静电成像数字印刷机组成

静电成像数字印刷机主要组成部分包括：输纸部分、印刷部分、收纸部分，印刷部分又包括感光鼓、充电装置、曝光装置、显影装置、呈色剂转移装置、熔化 / 定影装置、清理装置等。

（1）感光鼓

感光鼓根据感光材料的区别可分为有机光导体感光鼓（OPC 鼓）和无机光导体感光鼓。有机光导体材料主要有聚乙烯咔唑及其衍生物，无机光导体材料主要有硒、硫、硒合金，金属氧化物以及金属硫化物等。一般有机光导体感光鼓有三层如图 4-13 所示，第一层是铝管，第二层是绝缘层，第三层是感光层。而无机光导体感光鼓一般由四到五层物质组成，它的第四层是第一保护层，第五层是第二保护层，第四、第五层用来保护光导体层，以此来保障无机光导体感光鼓的超长寿命。

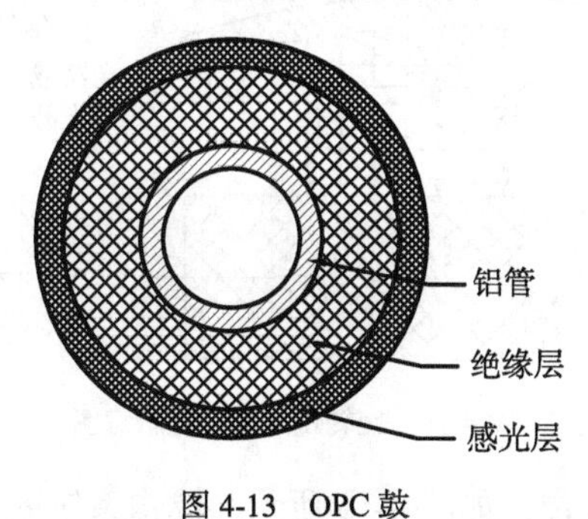

图 4-13　OPC 鼓

硒鼓作为无机光导体感光鼓中常用的一种感光鼓，在结构上有整体式（或称一体式）和分离式两种，整体式硒鼓把墨粉盒和感光鼓集成在一起，当墨粉被用尽或感光鼓被损坏时整个硒鼓就得更换，使用一体化硒鼓的制造商主要是惠普及佳能。分离式硒鼓中碳粉和感光鼓设置在不同的装置上，感光鼓寿命一般都较长，能达到 2 万张的打印寿命，当墨粉耗尽后，只需更换碳粉就能重新使用，分离式硒鼓使用成本较低，适合于商业使用，使用分离式硒鼓的制造商主要是松下和爱普生等。

OPC 感光鼓技术发展较成熟，根据其适应的光谱范围可分为可见光 OPC 鼓和激光 OPC 鼓，目前激光 OPC 鼓应用最为广泛，其适应的激光波长通常在 780nm 上下，代表机型有惠普 LJ 1200、惠普 LJ 5000、柯尼卡 7118 等。可见光 OPC 鼓适应的光谱范围较宽，主要用于模拟复印机，如佳能 E16、佳能 1215、柯尼卡 1015 等。此外，根据 OPC 充电极性可分为正电性和负电性 OPC 鼓，根据感光强度又可以分为高感度和低感度 OPC 鼓。

无机光导体感光鼓主要有硒鼓（Se 硒）和陶瓷鼓（a-Si 陶瓷）。陶瓷鼓可以在 −60 ~ 200℃的极低温和极高温之间，在高湿度和含有化学气体的严酷环境中正常工作，同时陶瓷硒鼓的耐磨性能要比硒鼓高出 12 倍，是 OPC 鼓的 70 倍，可以广泛应用于不同的打印介质，陶瓷鼓的光敏特性也要高出硒鼓和 OPC 鼓 50 倍以上，输出的图像及文本更加清晰。

（2）成像系统

静电成像数字印刷的成像系统主要包括以下 4 种：旋转镜成像系统、LED 成像系统、光源和数字微镜成像系统、光源和光阀成像系统。

①旋转镜成像系统：亦称 ROS 栅格输出系统，如图 4-14 所示，受所要印刷的数字图像信号控制的激光，照射到高速旋转镜上，其中一个或多个激光光束由多面镜和分束镜头偏转，使其投射到经过充电的光导体表面形成图文的静电潜像。

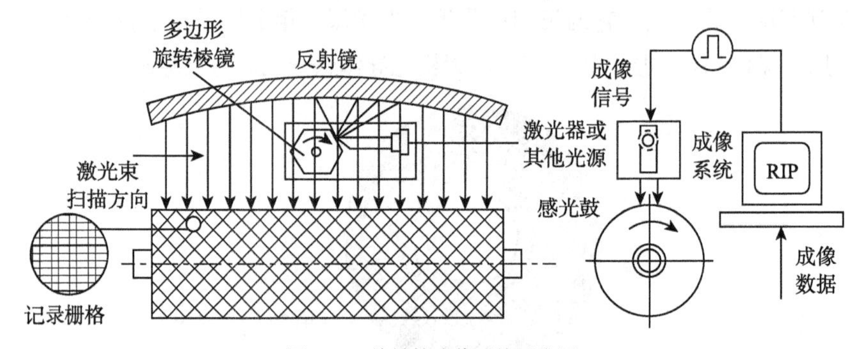

图 4-14 旋转镜成像系统示意图

②光源和数字微镜成像：如图 4-15 所示，成像系统固定，采用一个面阵列数字反射微镜系统和多束紫外光源，微镜系统集成数十万个微小的反射镜，每个反射镜的反射状态（ON/OFF）都由计算机控制，从反射镜反射的光束可以使待曝光的光导体曝光，形成潜像。

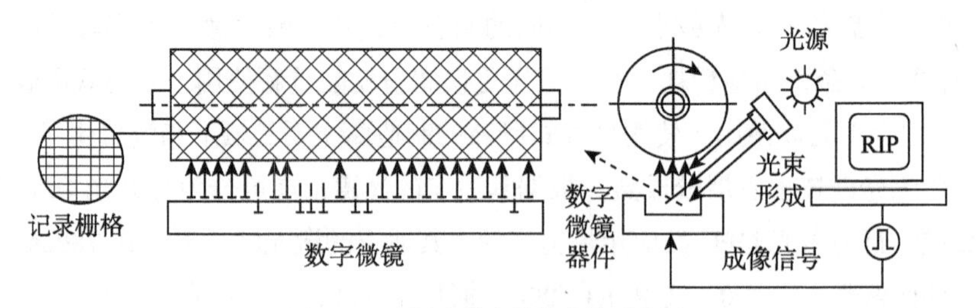

图 4-15 光源和数字微镜成像示意图

③ LED 阵列成像：如图 4-16 所示，成像系统固定，成像系统与印刷页面同宽，在整个页面宽上设置成一个 LED（发光二极管）阵列。所要印刷的数字图像信号经过 LED 阵列控制其在光导体表面曝光，形成潜像，LED 系统采用的波长范围是 660 ~ 740nm，与成像光导体表面特性相一致。

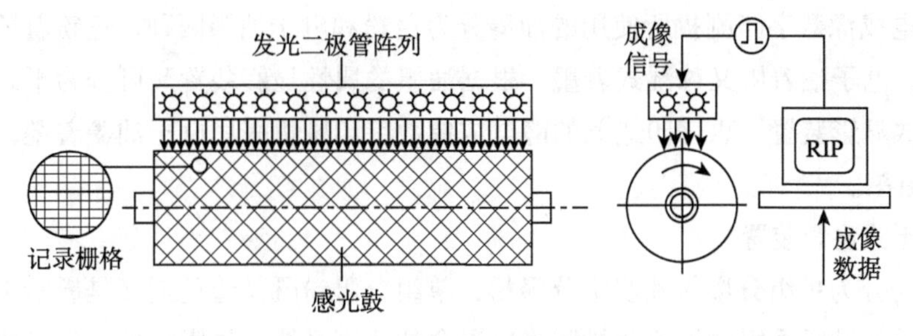

图 4-16 LED 阵列成像示意图

④光源和光阀成像：如图 4-17 所示，使用电子—光学陶瓷制造的特殊光阀，对紫外光束进行调制，控制光束的工作状态（ON/OFF），然后经过成像光学系统，将光束引导至成像光导体，使光导体表面曝光形成潜像。光学成像系统采用多束光，与印刷幅面等宽，整个版面同时曝光，成像速度高。

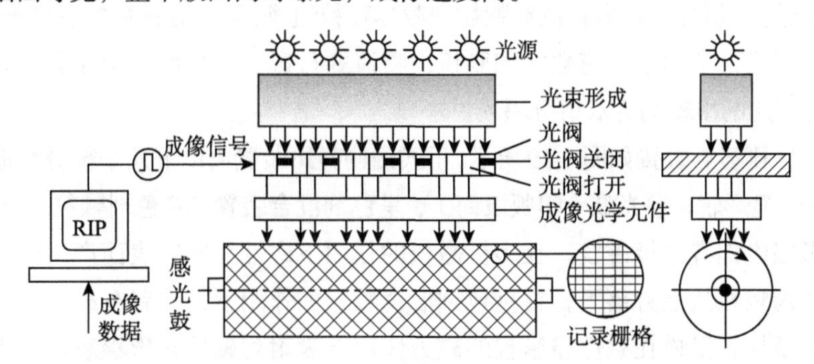

图 4-17 光源和光阀成像示意图

（3）显影装置

静电成像数字印刷机使用的显影方式有：喷流式显影、绝缘型磁刷显影、导电磁刷显影。喷流式显影方式技术相对落后，现已逐步被绝缘型磁刷显影和导电磁刷显影所替代。绝缘型磁刷显影和导电磁刷显影结构相同，主要区别是载体颗粒的形状不同，绝缘型磁刷显影所用双组分呈色剂的载体颗粒为球形，如图 4-18（a）所示，导电磁刷显影则采用形状粗糙的海绵状载体颗粒，如图 4-18（b）所示。

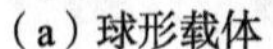

（a）球形载体

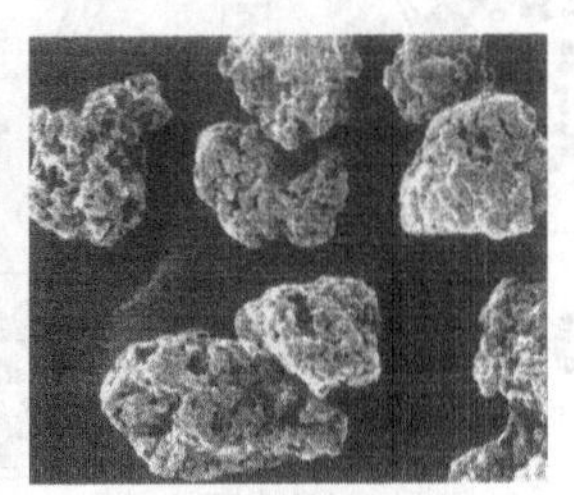

（b）海绵状载体

图 4-18 球形载体颗粒与海绵状载体颗粒

静电成像数字印刷机所使用的油墨分为色粉和电子油墨两种，色粉着墨又称干式着墨，电子油着墨又称湿式着墨。根据油墨的属性显影装置又可分为干式显影装置和湿式显影装置。惠普印迪戈的静电成像数字印刷机采用电子油墨着墨，其余采用色粉着墨。

①干式显影装置

色粉分为单组分墨粉和双组分墨粉，单组分墨粉既是着色剂又是墨粉本身，显影时，无须设置采用磁辊使墨粉和载体混合的显影系统，显影简单，设备成本低，目前主要用于低速数字印刷机，单组分墨粉按照物理性能，又分为磁性墨粉和非磁性墨粉，单组分磁性墨粉的着色剂分布在磁核周围，墨粉颗粒和载体形成一体，目前常用的氧化铁组成的单组分墨粉，由于含有颜色较深的氧化铁，多用于黑色印刷，而印刷其他颜色比较困难。单组分非磁性墨粉生产成本低，由于无磁力作用，墨粉转移效率低。双组分墨粉由着色剂颗粒和载体颗粒组成，双组分墨粉的着色剂颗粒小，显影分辨率高，常用于高速数字印刷机，喷流式显影、绝缘型磁刷显影、导电磁刷显影通常使用的墨粉均为双组分墨粉。

干式磁刷显影装置如图4-19所示，干式磁刷显影装置由以下几个部分组成：墨槽、墨粉、磁性显影辊、感光鼓（印版滚筒）、呈色剂混合装置、着色剂颗粒、载体颗粒。磁性显影辊内部有多极磁核，在多极磁核的作用下磁性显影辊表面产生磁场，墨槽中的着色剂颗粒从上方落下，在呈色剂混合装置的作用下，附着在载体颗粒表面形成双组分墨粉，墨粉在磁性显影辊的磁力作用下吸附到磁性显影辊表面，当磁性显影辊转到与感光鼓相对应的位置时，磁性显影辊表面的墨粉在静电潜影形成的电场力作用下摆脱与载体（当墨粉为单组分时，墨粉摆脱的是磁性显影辊）间的物理吸附力的束缚飞向静电潜影，附着在感光鼓表面实现显影。双组分墨粉在显影后载体可重复利用。

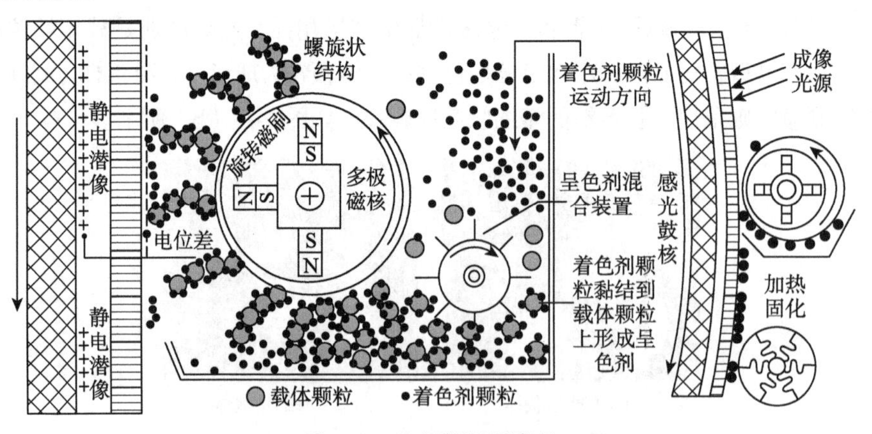

图4-19　干式磁刷显影装置

②湿式显影装置

电子油墨又称液体油墨，液态电子油墨由带电墨粉和绝缘分散介质组成，带电墨粉以微小的颗粒状态悬浮在绝缘分散介质中，类似于胶印油墨，由于电子油墨的油墨颗粒带电，因此可以用电场力控制油墨颗粒在印刷图像中的位置。

最初，只有惠普印迪戈的静电成像数字印刷机采用电子油墨，由于电子油墨在印刷质量和印刷速度上的优势，不少静电成像数字印刷机厂商也开始研究采用电子油墨。2012 年奥西公司研制出使用液体电子油墨的 InfiniStreem 卷筒纸静电成像数字印刷机，赛康公司研制出使用液体电子油墨的单色概念印刷机，宫腰公司也研制出使用液体电子油墨的宫腰 Digital Press8000 静电成像数字印刷机。

印迪戈开创了液体电子油墨数字印刷技术，在液体电子油墨显影方式中也以印迪戈的 E-Print1000 数字印刷机显影方式最具代表性，其显影过程如图 4-20 所示。E-Print1000 数字印刷机采用橡皮滚筒转移图文，印版滚筒 PIP（Photo Imaging Plate）涂有光导体涂层，先将成像滚筒上的光导体充电，使其达到一定的电位，然后利用数字图文信息控制激光在成像滚筒表面光导体层曝光，形成与印刷图文明暗色调一致的静电潜像，液体电子油墨根据印刷需要，通过油墨供给管路送到成像滚筒和显影辊之间，显影辊是一个“磁辊”，显影滚和成像滚筒相反转动，显影辊不停地转动，使墨粉微粒带有与成像滚筒表面潜像部分电荷极性相反的电荷，成像滚筒表面的静电潜像部分的电荷吸引电子油墨中带相反电荷的墨粉微粒，使墨粉微粒从液体电子油墨中分离出来，吸附在成像滚筒图文潜像表面，形成可见的图文。由于非图文部分与墨粉微粒电荷极性相同而排斥墨粉微粒，使这部分墨粉微粒和其他

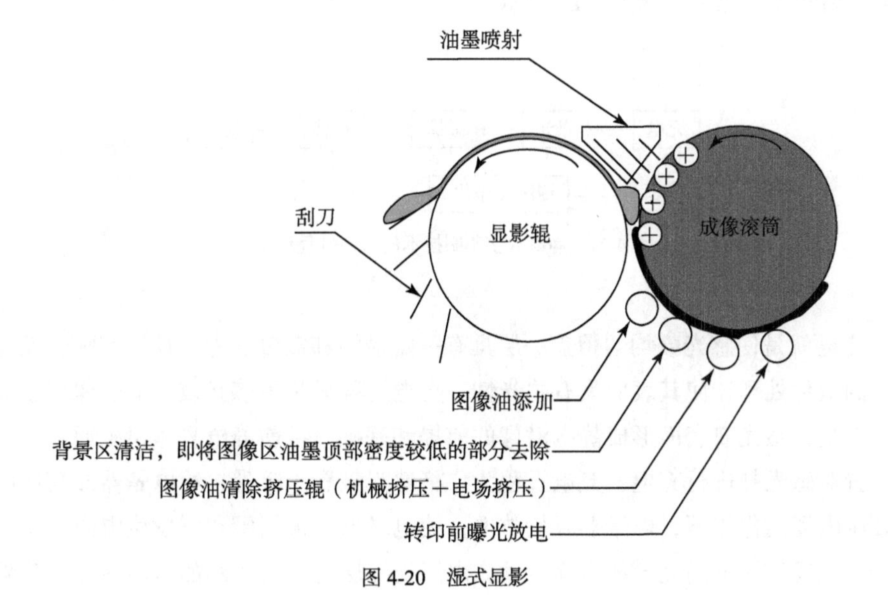

图 4-20 湿式显影

多余的电子油墨进入显影辊上下方的油墨收集装置中，通过管道，将回收油墨进行分离和处理，以备再用。成像滚筒着墨后需要进行适当的“清洗”，即需要借助成像滚筒和相关滚筒之间的机械压力和静电力，清除成像滚筒表面（包括图文部分和非图文部分）多余的油墨，使成像滚筒图文部分的油墨微粒紧密地黏结在一起，以形成轮廓清晰的图文，非图文部分清洁干净，以保证没有任何残留油墨微粒，最终将清晰的图文转移到橡皮滚筒，成像滚筒上被“清洗”去除的多余油墨同样由油墨收集装置回收再利用。

湿式显影的分辨率较高，是干式墨粉显影的 8 ~ 10 倍，其代表产品是惠普印迪戈系列液体电子油墨数字印刷机。

着色剂颗粒大小决定印刷品的图像质量，墨粉成像中着色剂颗粒直径在 6 ~ 8μm，而电子油墨的着色剂颗粒直径在 1 ~ 2μm，墨粉成像印刷墨层较厚，可达 5 ~ 10μm，电子油墨成像墨层较薄，一般在 1 ~ 3μm；由于电子油墨着色剂颗粒小，所以电子油墨印刷品的亮度、边沿清晰度、图像光泽度等比墨粉印刷品要好，使用电子油墨的静电成像数字印刷机，在印刷速度和印刷质量上都有明显的优势。奥西公司的 InfiniStreem 卷筒纸静电成像数字四色机印刷速度可达 120m/min，赛康公司的“量子”电子油墨试验机，彩色印刷速度也超过 100m/min。使用电子油墨的静电成像数字印刷机，不仅具有静电成像数字印刷的高质量，同时具有喷墨印刷的高速度。

5. 静电成像基本工艺过程

静电数字印刷技术的印刷过程分为以下几个部分：充电→曝光→显影→转移→定影→清洗（净化），如图 4-21 所示。

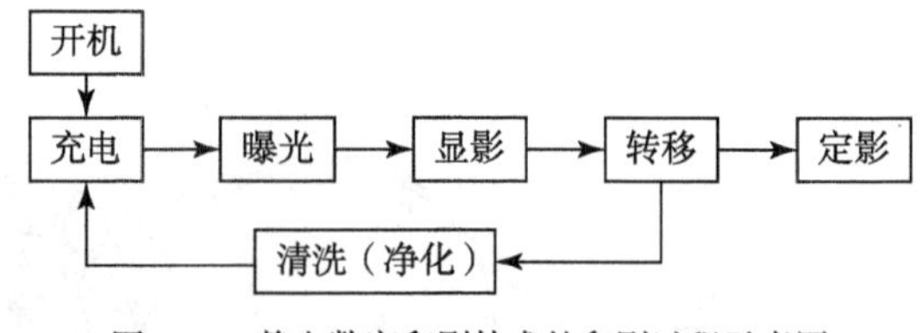

图 4-21　静电数字印刷技术的印刷过程示意图

（1）充电

充电就是使感光鼓均匀覆盖一层具有一定极性和数量的静电荷，实际上就是感光鼓的敏化处理，使其表面具有感光性。充电过程只是为感光鼓接受图像信息准备的，它是在感光鼓表面形成静电潜像的前提和基础。目前静电复印机中通常采用电晕装置对感光鼓进行充电，充电过程为：将感光鼓置于暗处，给电晕器加高压电，在高压电场的作用下，电晕器开始放电，使电晕器电极周围空气发生电离，正极性离子在电场作用下向光导体表面运动，由于光导层与空气接触的自由界面起着阻挡层作用，使电晕离子不能穿越光导层，而只能沉积在光导体表面，于是在光导体表面分布了一层正电荷，与此同时，根据电荷感应原理，在光导体与导电底基的界面处，被感应出等量的反极性电荷，如图 4-22 所示。

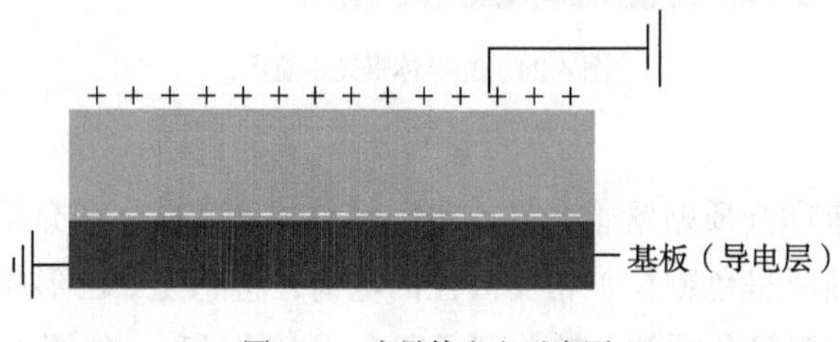

图 4-22 光导体充电示意图

（2）曝光

由于感光鼓的表面涂布具有光导性的涂层，感光鼓见光区域电阻小，表现出导体特性，感光鼓非见光区域电阻大，表现出绝缘体特性。在曝光区域光导体涂层内的电荷产生层吸收光线而产生与涂层表面电荷极性相反的电荷，经电荷转移层转移到光导体涂层表面，中和表面电荷。非曝光区域的表面电荷依然保持，从而在感光鼓的表面形成表面电位随图像明暗变化的静电潜像，其过程如图 4-23 所示。曝光光源是扫描激光光束或 LED 矩阵发出的光束，为了匹配涂层的感色性，光源的波长选择在 700nm 上下。

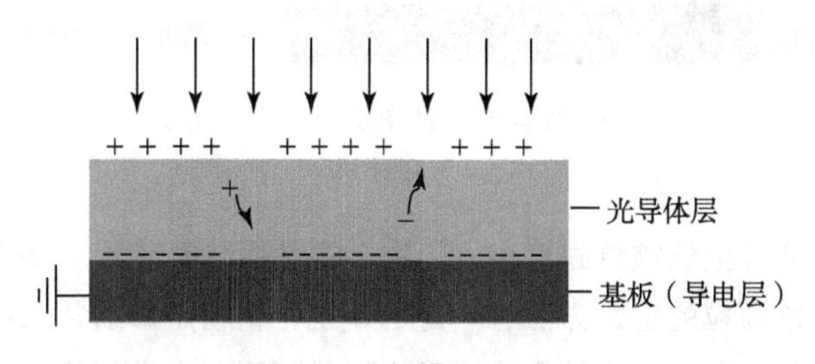

图 4-23 光导体曝光示意图

（3）显影

显影就是用带相反电荷的墨粉使感光鼓上的静电潜像可视化的过程。显影时，在感光鼓表面静电潜像电场力的作用下，墨粉被吸附在感光鼓上，如图 4-24 所示。静电潜像电位越高的部分，吸附墨粉的能力就越强，静电潜像电位相对低的部分，吸附墨粉的能力也相对较弱，对应静电潜像电位（即电荷的多少）的不同，其吸附墨粉量也就不同，这样感光鼓表面不可见的静电潜像就变成了可见的与原稿浓淡一致的不同灰度层次的墨粉图像。

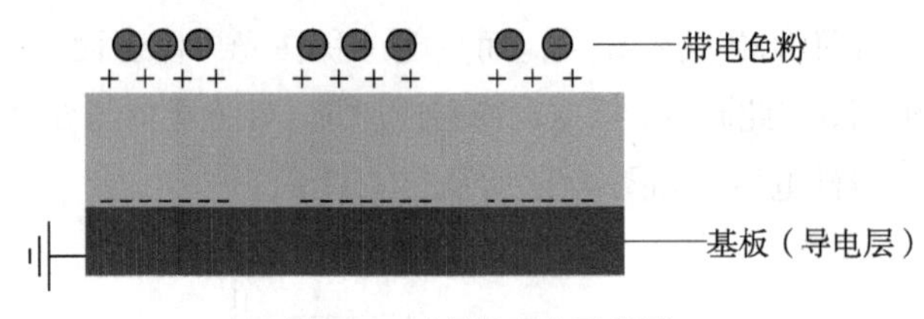

图 4-24　光导体曝光示意图

（4）转移

转移就是用承印介质贴紧感光鼓或中间转移装置，在承印介质的背面施加与图像墨粉（或液体油墨呈色颗粒）相反极性的电荷，将感光鼓已形成的表示图像信息的墨粉（或液体油墨呈色颗粒）转移到承印介质上的过程，如图 4-25 所示，当承印介质与已显影的感光鼓表面接触时，在纸张背面使用电晕装置对其放电，该电晕的极性与充电电晕相同，而与墨粉所带电荷的极性相反，由于转移电晕的电场力比感光鼓吸附墨粉的电场力强得多，因此在静电引力的作用下，感光鼓上的墨粉图像就被吸附到承印物上，完成图像的转移。

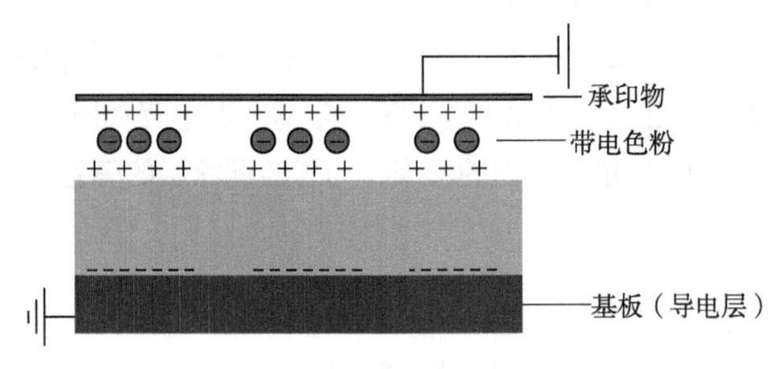

图 4-25　墨粉转移示意图

（5）定影

墨粉或电子油墨呈色颗粒固着在承印物上的过程称为定影，如图 4-26 所示，墨粉和电子油墨呈色颗粒的定影方法有一定的差别，墨粉定影通常采用加热的方法，有时也采用加热和加压相结合的方式。因为墨粉要固着在承印物上，必须先将墨粉由固体变成液体，这个过程往往需要给墨粉加热，因此，加热温度和时间及转移压力大小，对墨粉在承印物上固着的牢固程度有重要影响，其中加热温度控制是定影质量的关键，电子油墨呈色颗粒包含有一定量的液体，通常采用蒸发的方法定影，有时采用蒸发与加热相结合的方式，如惠普印迪戈就采用蒸发与加热相结合的方式定影。

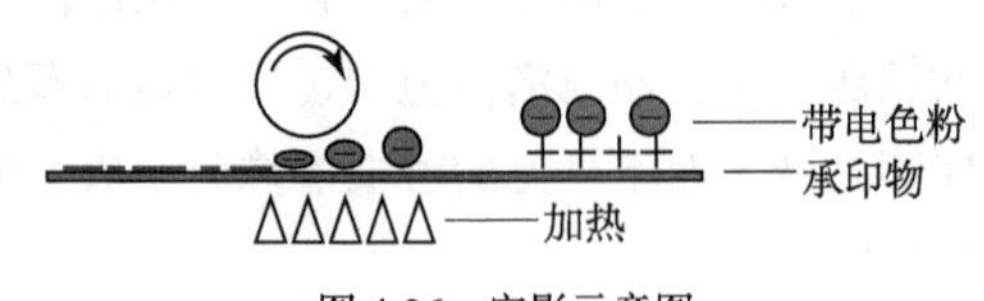

图 4-26　定影示意图

（6）净化

净化是指光导体在完成图文转移后的残余墨粉（油墨）清除和残余电荷去除，残余墨粉（油墨）清除就是清除经转移后残留在感光鼓表面墨粉（油墨）的过程，这也是静电成像无版特征和实现可变信息印刷的重要体现，由于墨粉图像受表面电位、转移电压高低、承印介质干湿度以及与感光鼓接触时间、转移方式等影响，转移效率不可能达到100%，在大部分墨粉（油墨）经转移过程从感光鼓表面转移到承印介质上后，感光鼓表面仍残留一定量的墨粉（油墨），如果不及时清除，将影响到后续印刷品的质量，清除感光鼓表面残余墨粉的主要方法是机械法，即采用刷子或抽气泵清洗滚筒上残余的墨粉（油墨），残余电荷去除就是消除感光鼓表面残余电荷的过程，一般采用曝光装置来对感光鼓进行全面曝光，或用消电电晕装置对感光鼓进行反极性充电，以消除感光鼓上的残余电荷，如图4-27所示。

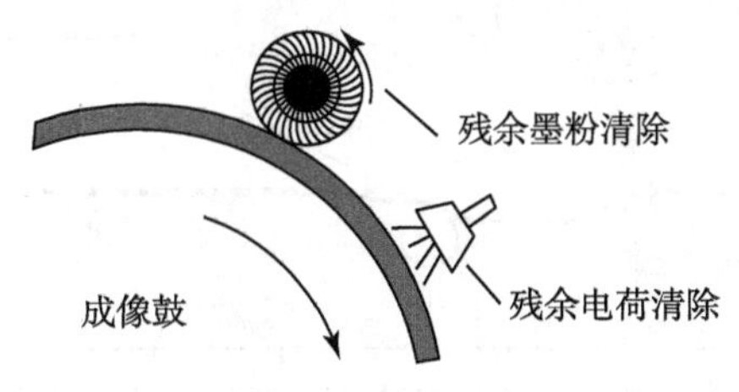

图4-27　光导滚筒净化示意图

6. 静电成像印刷机结构

（1）多次通过和一次通过

黑白和彩色静电成像系统的工作原理并无差异，区别在于结构。同传统彩色印刷机一样，彩色静电成像系统应具有将CMYK四色油墨准确地定位到承印材料的能力，意味着系统必须能够执行四次重复的成像和复制过程，即四次工作原理相同地使光导体表面带均匀分布电荷充电，建立静电潜像曝光，墨粉定位到光导体表面特定位置使静电潜像转换成可见墨粉（油墨）图文的显影，墨粉转移到中间记录介质或纸张，通过加热和压力组合使墨粉熔化并牢固地与承印材料粘接熔化（印迪戈所使用的液体电子油墨不需要加热），恢复光导体初始状态的清理过程等。为降低彩色静电成像设备的制造成本，最早研制和生产的彩色静电成像打印机或数字印刷机普遍采用多次通过结构，即四种主色的充电、曝光、显影和转移过程借助于同一个光导部件完成，与传统彩色印刷设备不同，对彩色静电成像设备来说，每一个待印刷颜色的复制过程总是从成像操作开始，通过充电过程使光导体表面产生均匀的电荷分布，来自数字图像的黄色、品红、青色和黑色信号根据系统自身的复制特性参数成像，从进入工作流程时独立于设备的信号转换到与设备有关的信号，并传送给光记录系统，借助于中间记录介质（转移带或转移鼓）实现预定彩色复制目标的多次通过彩色激光打印机结构如图 4-28 所示，从成像阶段开始按静电成像步骤依次执行所有操作过程，从图中可以看出，这种彩色静电成像系统只使用一个光导体，但设置有多个显影装置，转移带需多次重复与光导体接触，多次通过系统因此而得名，结构与传统卫星式多色胶印机相似。

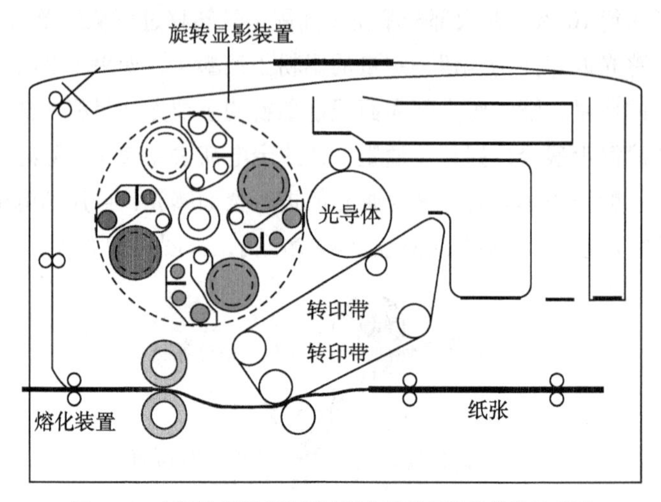

图 4-28 中间转印带多次通过彩色激光打印机结构示意图

若同一台彩色静电成像设备使用多个光导体，且每一个光导体有一个显影装置与其对应设置，从而组成多个印刷单元或色组，则这种彩色静电成像设备称为一次通过系统，图 4-29 为这种系统的结构形式之一。一次通过彩色静电成像数字印刷机采用了胶印机的单元设计理念，每一个印刷单元具备完整的功能，但结构比多次通过系统更复杂，制造成本也更高，结构与传统机组式多色胶印机相似。

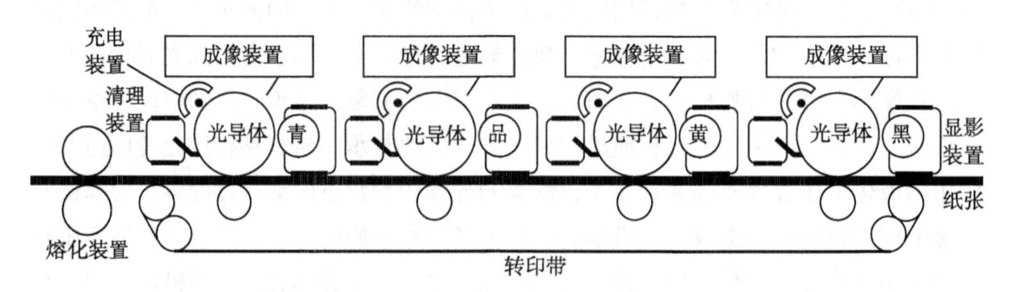

图 4-29 一次通过彩色静电照相系统结构示意图

（2）直接记录到纸张的一次通过系统

很多英文专业文献以 Tandem Architecture 表示彩色静电成像一次通过系统，通常译为直通连接结构。从彩色静电成像设备出现至今，共出现过三种结构类型，前面提到的多次通过系统和一次通过系统根据使用的光导体数量划分，施乐从 1986 年发明非交互式显影技术开始，到 1987 年的免清理复合双组分显影装置，以及 1992 年的分离式重新充电技术等，引发彩色静电成像数字印刷机三次关键性的结构变革，一次通过彩色静电成像系统的直通连接结构如图 4-29 所示，每一种主色印刷单元按计算机生成的逻辑页面图文对象形成静电潜像，由显影装置将墨粉传送到光导体表面的对应位置，纸张走过光导体与滚筒组成的转移间隙时，堆积在光导体表面的墨粉按制造商确定的色序转移到纸张，经熔化装置处理后得到彩色图像。图中结构以纸张依次通过四个转移间隙为主要特点，每通过一个转移间隙完成一种主色墨粉的转移，依次堆积到纸张表面的四色墨粉形成多层墨粉图像，完成转移的四色墨粉往往由同一熔化装置处理，以获得最终的彩色图像。图 4-29 所示的设计是第一代直通连接结构的典型配置，四个印刷单元顺序排列，当然也有卫星式排列的，这种结构的出现显著提高彩色静电成像数字印刷机的速度，曾经在数字印刷领域发挥重要作用。第一代直通连接结构的主要缺点表现在墨粉的转移次数多，共需要 8 次转移，即四色墨粉分别从显影装置转移到光导体各一次、从光导体分别转移到纸张各一次，墨粉的转移次数多不仅导致工作效率下降，也影响最终的印刷品质量。

（3）基于中间转移的一次通过系统

静电成像过程可以划分成两大阶段，充电、曝光和显影属于成像阶段，从转移过程开始进入真正意义上的图文形成阶段，包括转移和熔化两个过程。转移和熔化两个过程都必须建立并处理好工艺控制、纸张和墨粉这三种基本复制要素之间的关系，才有可能提高彩色静电成像设备的生产效率和工作可靠性，获得更高的印刷质量。转移过程借助于不同的原理和不同的途径将已经显影到光导体表面的墨粉图像转移到最终的承印材料上，或通过中间记录介质实现电子油墨图像从光导体到纸张的转移，可使用的方法包括静电力、热能、机械力、不同能量的组合及分子间的吸引力，但不同的转移原理需要利用不同的技术和硬件配置实现。第一代直通连接结构完成墨粉从显影装置到光导体的转移，再从光导体表面转移到纸张，为提高输出速度，改善印刷质量，彩色静电成像数字印刷系统发展到第二代结构，典型印刷单元配置和系统结构如图 4-30 所示。通过对比发现，图 4-29 所示的一次通过系统纸张走过光导体与滚筒形成的转移间隙，其中的转移带起辅助作用；图 4-30 所示的第二代直通连接结构的纸张与光导体没有关系，转移间隙由转移带和滚筒构成，转移带成为转移过程的主体，进一步分析发现，第二代直通连接结构先将四色墨粉图像堆积到转移带表面，再一次性地从转移带转移到纸张，图示结构也称为印刷单元顺序排列集中转移一次通过系统。由于“预先”在转移带表面完成了颜色叠加，得到了彩色图像的雏形，即四色墨粉分别从各自的显影装置转移到光导体，然后在转移带上的四色墨粉图像集中转移到纸张，由于墨粉转移特性和运动稳定性更高的转移带的加入，第二代直通连接结构不仅明显提高了印刷速度，且彩色套印精度也由于转移带的设置得以提高。

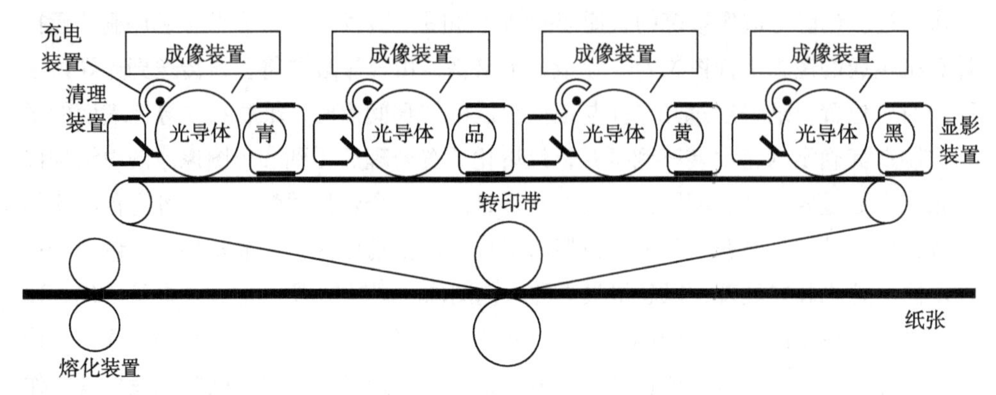

图 4-30　第二代直通连接结构示意图

（4）基于光导体转移的一次通过系统

1994 年，施乐启动爱将 3 彩色静电成像数字印刷机技术开发项目，到 2003 年随着爱将 3 彩色静电成像数字印刷机的推出，一种新的直通连接结构也一并诞生，结构如图 4-31 所示，施乐将这种新结构的静电成像技术命名为 IOI（Image On Image，图像压图像），为了实现 IOI 技术，施乐从 1986 年就开始致力于储备技术的研究，发明了非交互显影、免清理复合双组分显影和分离式重新充电等关键技术，重点解决重新充电、曝光和显影问题。为了区分，称图 4-29 和图 4-30 所示的直通连接结构为常规一次通过结构，而将 IOI 的直通连接结构称为特殊一次通过结构，两种结构的差异在于四色墨粉图像的构造位置。从图 4-31 可知，基于 IOI 技术的特殊一次通过结构在一个光导体上形成四色墨粉图像，之后只需一个步骤就可将堆积在光导体表面的四色墨粉图像转移到承印材料。IOI 结构存在复杂的系统性的交互作用，虽然整机系统只使用一个光导体，但对于同一光导体却需要多次充电和显影步骤，堆积到同一光导体的四色墨粉图像只需一个步骤就完成转移。常规一次通过结构为了避免这种复杂性，采用分解成多步骤的方法，四色墨粉图像先后堆积到纸张或中间记录介质。常规一次通过结构不存在 IOI 结构那样复杂的交互作用，但由于系统的结构部件数量众多，必须十分重视多次墨粉转移和套印精度，为了在彩色静电成像数字印刷系统高速运转的条件下获得高精度的套印效果，要使用大尺寸的光导鼓或精确的光导带模块。然而，多个鼓式光导体的制造成本随尺寸的增加而迅速上升，因此影响彩色静电成像数字印刷机的制造成本。同样，精确的光导带模块的制造成本也很高，彩色静电成像数字印刷机的制造成本必然受到影响，为在按需印刷市场上与其他设

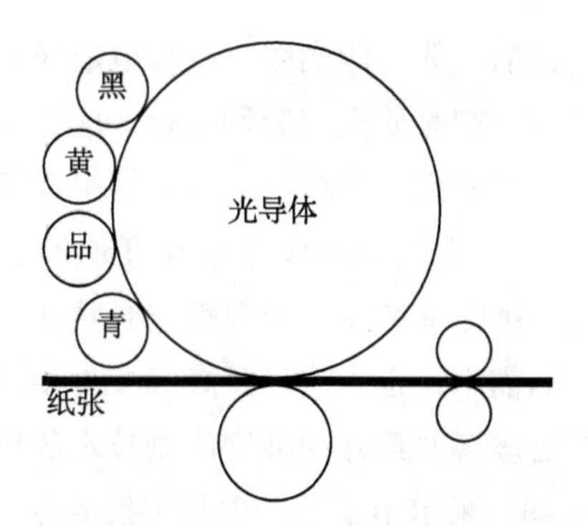

图 4-31　第三代直通连接结构示意图

备竞争，这种一次通过结构必须提高可靠性，必须严格协调数量众多的结构部件，才能控制设备的制造成本。重新充电、曝光和显影阶段的 IOI 技术严格地依赖于非交互墨粉层显影，否则无法在光导体上多次组建（堆积）墨粉图像时获得优良的图像质量。应对这种挑战出现了明显简化的结构，包括采用非交互显影、一步完成四色墨粉层从光导体到纸张的有效转移、对系统交互作用的管理和满足微观层面容差的工程要求等。大量的理论和实验研究结果表明，墨粉转移次数的多少与彩色静电成像数字印刷机的套印误差有直接的关系。由于转移到纸张的最终彩色墨粉图像的套印误差等于多次墨粉转移步骤套印误差的累积值，因而墨粉转移步骤越多，保持总体上的高套印精度将变得越困难，提高彩色复制质量的目标任务只能分配到其他结构部件。真正意义上的一次转移也确保很高的墨粉转移效率，典型值达到 95% 上下，与常规的大约 80% 的转移率相比明显增加，这有利于避免最终的彩色图像因墨粉转移效率低而导致的质量退化。然而，多层墨粉的一次转移不得不面对众多的技术挑战，比如转移电场必须克服墨粉颗粒与光导体表面的黏结力，这一要求对那些与光导体表面接触的底部墨粉层显得尤其困难，往往需要通过对多层墨粉施加电场力和机械力的组合来促使底层墨粉尽可能多地转移到承印物。由转移充电装置建立的电场作为墨粉转移的主要推动力，机械压力则通过刮刀加到纸张与成像后的光导体间，以确保纸张与光导体密切接触。提高多层墨粉从光导体表面到纸张的转移效果还可以采取其他原理，例如对墨粉颗粒施加声能，适合于粗糙表面或纹理结构的承印材料。

4.2　静电成像技术的发展历程

从 11 世纪（中国北宋时期）毕昇发明活字印刷术开始，印刷技术在经历了 10 个世纪的发展与变迁后进入数字化阶段，数字印刷正逐步替代传统印刷并成为当前印刷领域的核心生产力。目前，数字印刷领域以静电成像和喷墨成像两大核心技术为主，静电成像技术因其在印刷品质上与胶印接近，成为现阶段生产型数字印刷的主力，其中色粉静电成像技术应用更为广泛。色粉静电成像数字印刷技术的发展分为 4 个阶段，分别是婴儿期，成长期，成熟期和衰退期。印刷术的发明（1714—1874）解决了人类对文明传播需求和缺乏便捷性记录技术的矛盾，但无法解决人类将思想即刻呈现在纸面上的需求，也无法满足办公文件便捷复制的需求，打字机和复写纸的出现使得这一矛盾缓解并最终因数字印刷技术的出现而得以近乎完美地解决。1714 年英国工程师亨利·米尔申请了一项写字机的专利，就目前查证来看可以认为是最早关于文字输出设备的技术记载，1806 年，英国人韦奇伍德发明复写纸并获得 “复制信函文件装置” 的专利权，1808 年世界上第一台打字机由意大利人佩莱里尼·图发明，之后美国的克里斯托夫·拉森·肖尔斯等也研发出了相应的打字机，不过都未能正式进入市场，但里斯托夫·拉森·肖尔斯的发明对打字机的发展作用巨大，被称为打字机之父（图 1-20）。第一台投入市场并获得成功的是与肖尔斯合作的约斯特发明的 26 键打字机（图 1-21），它于 1874 年正式进入市场并带来了打字机的繁荣时代，之后打字机结合复写纸用来生成多份文档。但打字机效率低、不能打印和复制稍复杂图形的问题致使新的复印技术被人们关注并展开研发。

4.2.1 婴儿期（1785—1948）

美国人切斯特·卡尔逊在库仑定律和光导效应基础上发明了静电成像技术，1939 年 04 月 04 日，提交了公开号为 US2297691A 的专利申请，代表着静电成像技术的初始发明，专利信息见表 4-1，专利共有权利要求 27 项，专利中切斯特·卡尔逊对静电成像技术中的充电、曝光、显影、转移等进行了详细的描述，专利技术原理如图 4-32 所示。

表 4-1 专利 US2297691A 信息

发明名称	申请号	申请日	公开号	公开日
静电成像	US19390265925	1939.04.04	US2297691A	1944.10.06
IPC 分类号	申请人	发明人	优先权号	优先权日
G03G15/26; G03G5/082; G03G9/08	CARLSON CHESTER F;	CARLSON CHESTER F;	US26592539	1939.04.04

切斯特·卡尔逊确立静电复印的基本原理，经过一年努力，在 1940 年底施乐公司的前身哈罗伊德公司购买了切斯特·卡尔逊的技术并展开了商业开发。哈罗伊德公司在距切斯特·卡尔逊发明静电成像技术 10 年后的 1948 年开发出了静电成像新

工艺并申请了公开号为US2588675A的专利，标志着现代静电成像技术的发明。

注：哈罗伊德公司位于美国纽约州罗彻斯特市，早先主要从事成像纸生产。

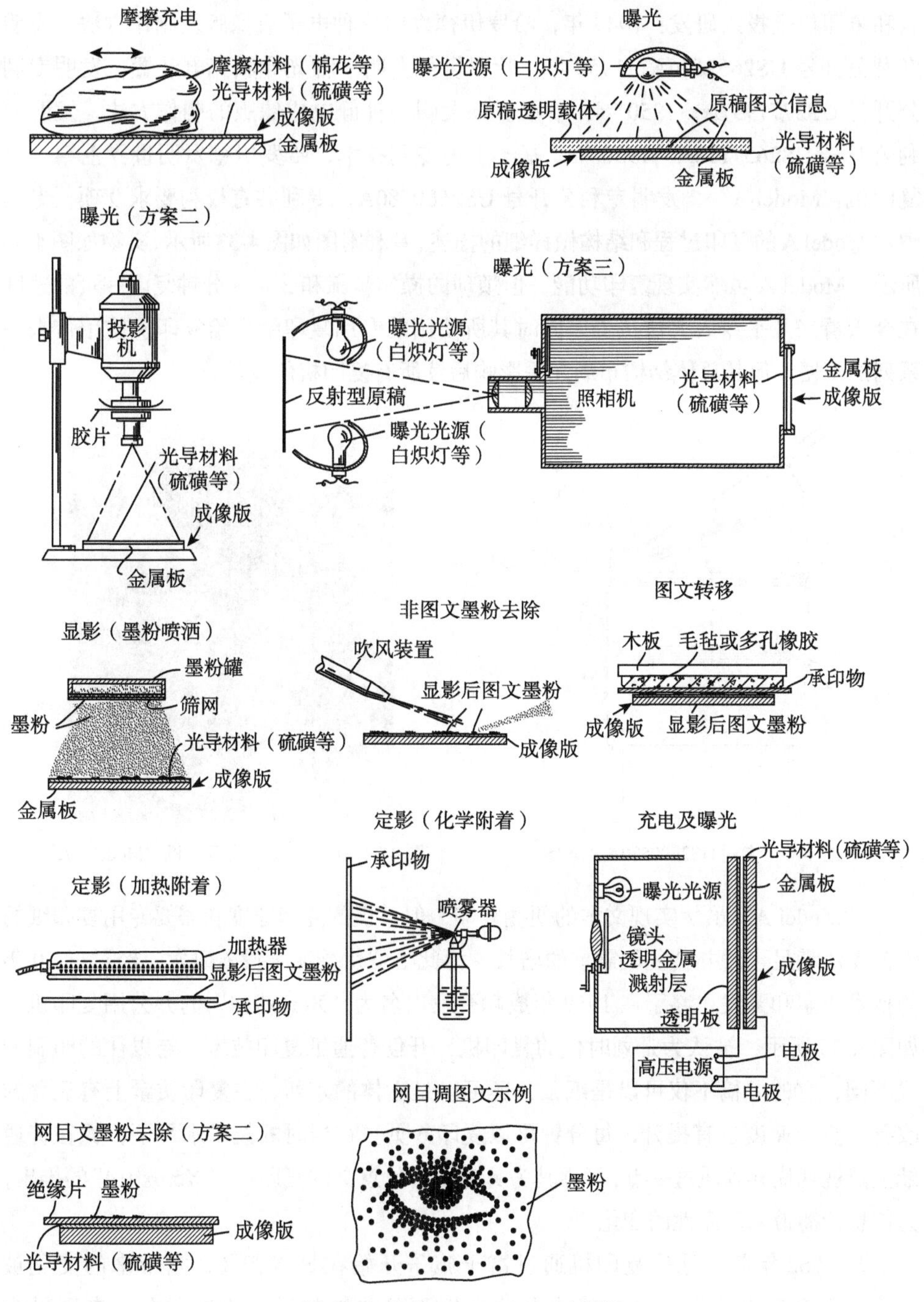

图 4-32　专利　US2297691A 主附图

4.2.2 成长期（1948—2002）

1948 年后，哈罗伊德公司继续在静电成像技术特别是残余电荷消除、光导成像版和复印机上投入研发：1949 年，哈罗伊德发明一种电子成像版及制作方法，发明专利公开号 US2663636A；1950 年，哈罗伊德发明一种光导版充电装置，发明专利公开号 US2777957A；1950 年，哈罗伊德发明一种静电成像版的制作方法，发明专利公开号 US2657152A。1950 年，基于上述专利技术，哈罗伊德发明世界上第一台复印机“Model A”，发明专利公开号 US2600580A，专利共有权利要求 9 项，专利中对 Model A 的复印过程和结构做详细的描述，专利附图如图 4-33 所示，实物如图 4-34 所示。Model A 虽然实现复印功能，但烦琐的操作步骤和 2 ~ 3 分钟复印一页的速度在今天看来几乎令人无法接受，同时其所使用的专用复印纸也给复印机使用带来一系列的不便，但其总体结构布局几乎影响后续所有复印机的设计。

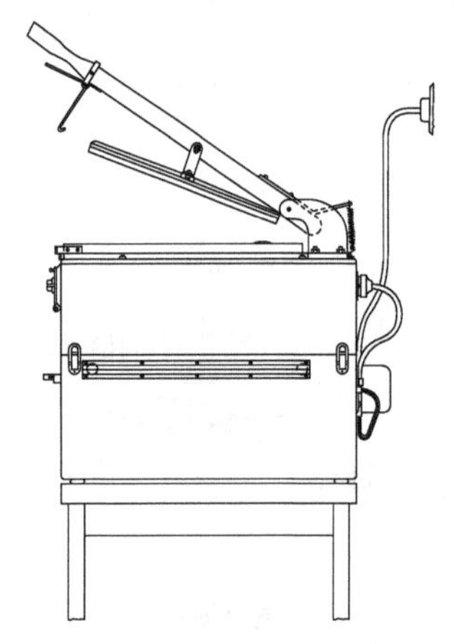

图 4-33　专利 US2600580A 主附图

图 4-34　世界上第一台复印机“Model　A”

“Model A”虽然实现文本的便捷复印，但过慢的复印速度和需要专用复印纸的工艺无法满足当时办公复印需求的增长，为此哈罗伊德继续投入研发，经过近 10 年的技术积累和开发，终于在 1959 年成功开发出名为“Xerox914”的办公用复印机，如图 4-35 所示，被认为是划时代的复印机，开创普通纸复印技术，与以往的印刷方式不同，它的原稿不仅可以是纸张，还可以是立体的东西，在复印质量上有显著的改善，复印速度也有提升，每分钟可以复印 6 页。在当时的技术水平下，凭在普通纸上能展现优异画质这一点，可称其为具有划时代意义的复印机，“Xerox914”的推出，为信息传播带来革命性的变化。

从 1962 年起，施乐复印机通过富士施乐开始在日本普及，它带来的变化被称为“办公室革命”，之后成为办公环境不可或缺的重要组成部分。专利号为

US2945434A的专利对914复印机技术进行较为全面的公开，专利共有权利要求7项，专利中对走纸系统，传动系统，扫描系统，充电系统，曝光系统，显影系统，转移系统及电控系统做较为详细的公开阐述，专利主附图如图4-36所示。

从专利申请人名称分析可知，从1959年之后，哈罗伊德公司开始逐步更名为施乐，1961年公司名称正式更改为施乐股份有限公司。

1959年施乐914的推出，相伴的是施乐大量专利申请，专利对技术的限制一度使施乐成为复印机领域的独霸者，在一定程度上限制静电成像技术的进步，直到1970年施乐大量核心专利到期，才给其他公司以机会，其中佳能是最先抓住此机会的公司，佳能NP-1100黑白复印机的推出证明这一点，如图4-37所示，专利US3784297A对佳能NP-1100黑白复印机进行较为全面的技术公开，其中共有权利要求7条，专利中对供纸系统，走纸路线，光导滚筒支撑及传动系统，原稿扫描系统，整机传动系统，显影系统，墨粉供给系统，光导滚筒清理系统等做详细的阐述，专利主附图如图4-38所示。

图4-35　“Xerox914”的办公用复印机

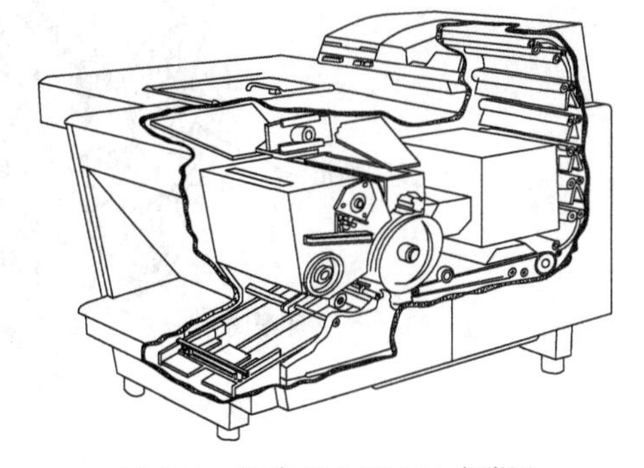

图4-36　专利US2945434A主附图

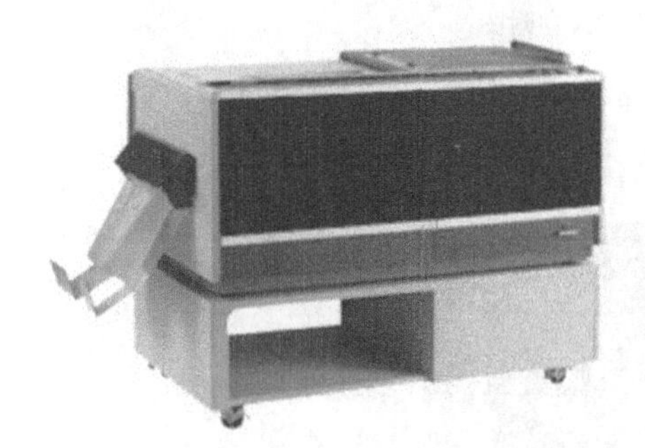

图4-37　佳能NP-1100黑白复印机

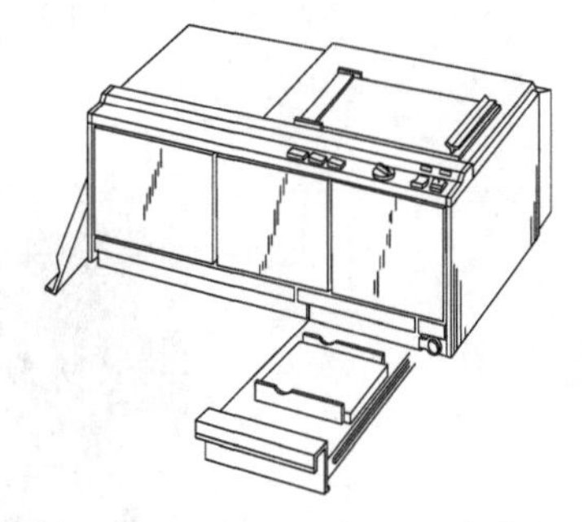

图4-38　专利US3784297A主附图

到20世纪70年代黑白复印机的发明和使用已有20多年的历史，施乐通过专利技术壁垒保护自身在静电成像复印技术领域的独占性，同时也给其带来技术研发上的惰性，从1950年到1970年间虽然佳能推出两款黑白复印机，但总体技术进步太过缓慢，用户对复印技术的增长需求远远超越复印机厂商的技术更新速度，特别是对彩色复印设备的需求。

竞争者的加入推动施乐在技术研发上的速度，1971年，施乐公司发明一种自动显影控制方法，发明专利公开号US3754821A；1973年，施乐公司发明一种彩色标准和校准彩色静电复印机的方法，发明专利公开号US3799668A；1973年，施乐公司发明一种图像密度控制装置，发明专利公开号US3815988A。在上述三项核心发明的基础上，1973年，施乐公司发明一种彩色静电复印机，发明专利公开号US3869203A，专利附图如图4-39所示，1975年世界上第一台普通纸彩色复印机施乐6500推向市场，如图4-40所示，从此进入彩色复印时代。

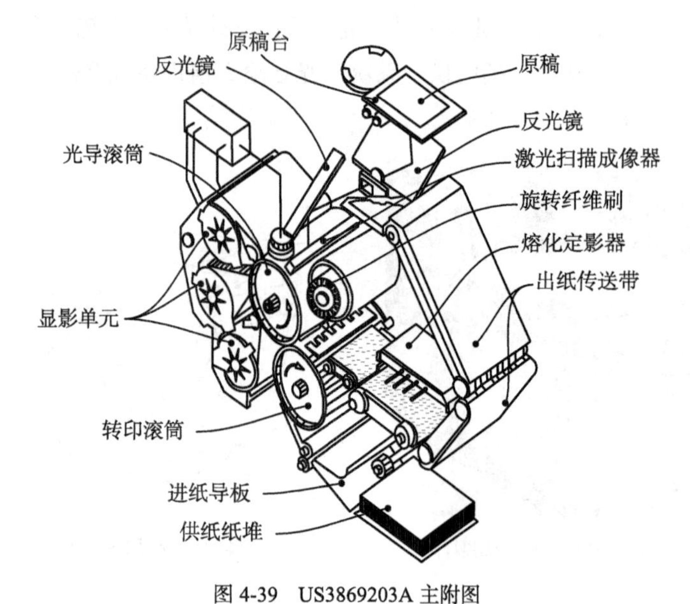

图4-39　US3869203A主附图

图4-40　世界上第一台普通纸彩色复印机施乐6500

在静电成像发展的上述时期中，不论是设备制造商还是用户都把目光聚焦在已有文稿的复印上，1970年开始，大规模和超大规模集成电路出现，推动计算机的发展，特别是台式计算机的发明，打印机成为继复印机之后另一个广泛需求的图文输出设备。世界上最早的以激光为成像光源的静电成像打印机出现在1969年，那时施乐研究中心的加里·斯塔克万斯利用激光束实现以数字方式输出的静电成像硬拷贝输出，激光打印机的名称从此开始被人们使用，但对打印机市场影响最大的是IBM。IBM得益于对计算机市场的了解，发明并推出世界上第一台激光打印机“IBM3800”如图4-41所示，主要用于连续表格打印，专利US4031519A对其结构特别是各功能模块及流程进行全面的描述，专利主附图如图4-42所示，庞大的体积导致其大多用于类似图书馆等需要大量打印的机构使用。之后佳能通过仿制开发出LBF 4000型激光打印机，1977年施乐推出用于办公文档打印的Xerox 9700激光打印机，同年西门子推出激光打印机，其中打印机的快速发展一方面得益于1975年4月MITS制造的第一台微型计算机的问世及后续IBM和苹果在微型计算机发展中所做出的贡献，更得益于后期Adobe发明的Postscript页面描述语言。

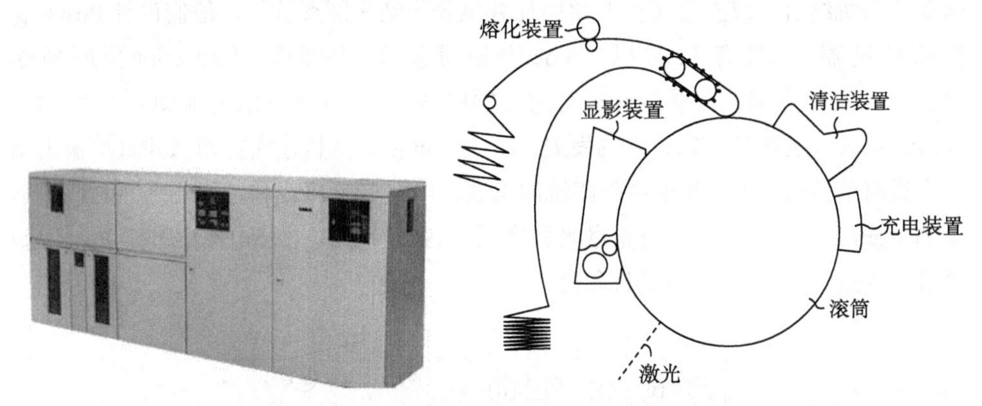

图4-41　世界上第一台激光打印机“IBM3800”　　图4-42　专利US4031519A主附图

早期，由于激光的一系列优良特性，替代卡尔迅发明静电成像时所使用的白炽灯用于复印机中，随着静电成像技术的进步，传统激光器在技术上的不足逐步显露，比如体积大、结构复杂、效率低、价格高等，这在一定程度上制约静电成像技术的发展，因此打印机制造商们开始寻求新的曝光光源，LED光源的高效率、小体积、低成本特性正好能够弥补传统固体或气体激光器在静电成像技术应用中的一系列问题，成为静电成像曝光光源的一个优选方案，1988年西门子专利号为US4780731A的一项名为“用于光学变换字符发生器的曝光能量校正装置及使用该技术的静电打印机”的专利第一次全面阐述LED作为曝光光源的使用，原理如图4-43所示。

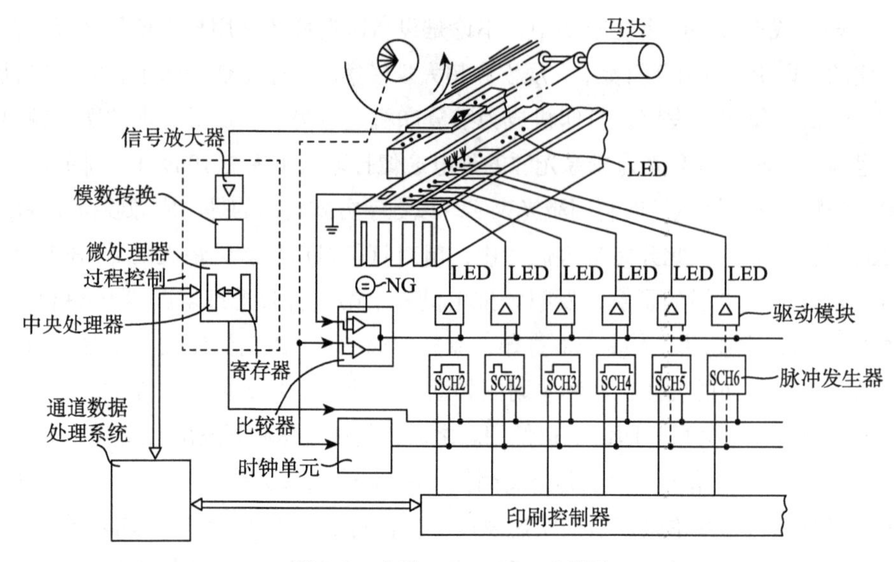

图 4-43 专利 US4780731A 主附图

1982 年，沃诺克和查克·格施克花两年时间定义一种打印标准 Interpress 将工作站和打印机结合，成立公司并开始向计算机公司销售图形软件，他们设计 Postscipt 打印控制器，1982 年 11 月以 Adobe 为公司名称，1988 年，Postscript 页面描述语言申请发明专利，发明专利公开号 US4837613A，专利主附图如图 4-44 所示，Postscript 推动复印和打印技术的发展，Postscript 使计算机连接打印机并直接输出图文变得简单易用，进一步推动打印机的发展，1984 年，惠普和佳能几乎同时推出基于 Postscript 技术的小型办公室激光打印机，1985 年，苹果公司推出基于 Postscript 技术的 Apple Laserwriter 激光打印机。

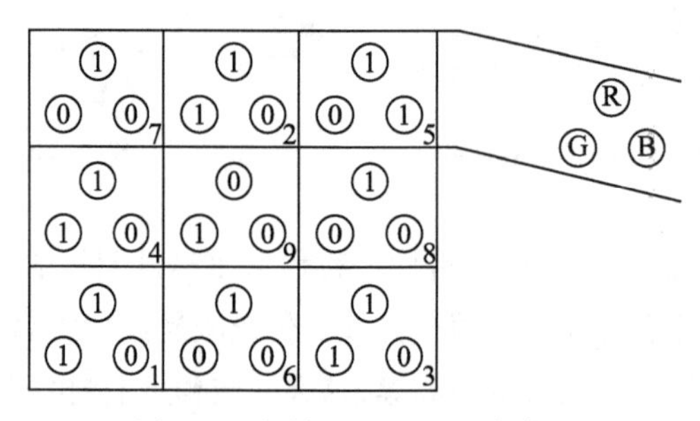

图 4-44 专利 US4837613A 主附图

光导成像版、计算机、页面描述语言三者的出现解决静电成像技术的核心问题，个性化印刷和直邮印刷的兴起使数字印刷成为新的需求。1990 年，施乐公司发明一种高速静电数字印刷机供纸盒，解决静电成像数字印刷技术的印刷速度问题，发明专利公开号 US5081595A，专利附图如图 4-45 所示，同年，施乐基于高速供纸技术推出世界上第一台生产型黑白数码印刷机“DocuTech135”，如图4-46所示，印刷速度为每分钟135页，至此，标志着色粉静电成像数字印刷技术进入商业印刷领域，随后十几年的不断研发及探索，形成著名的DocuTech系列生产型数码印刷机。

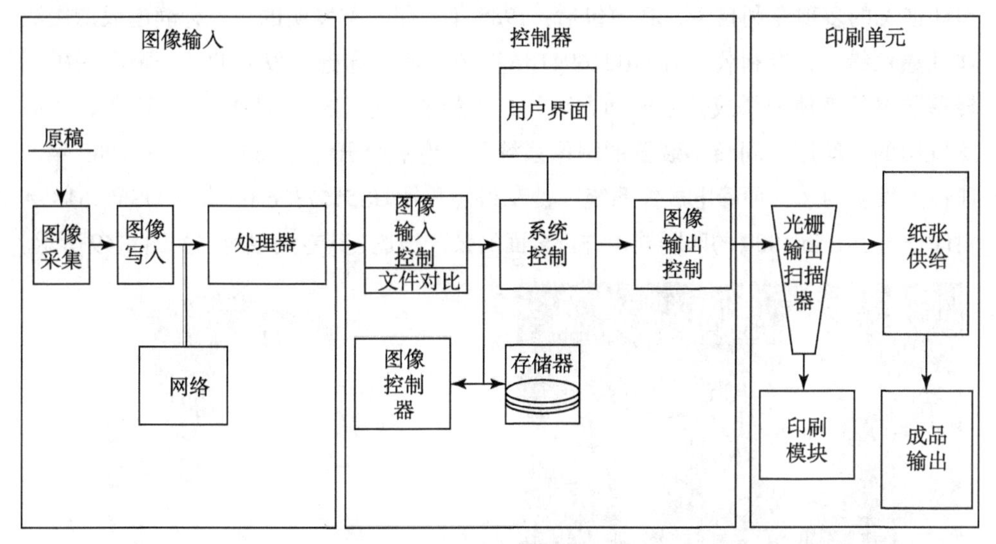

图4-45　专利US5081595A主附图

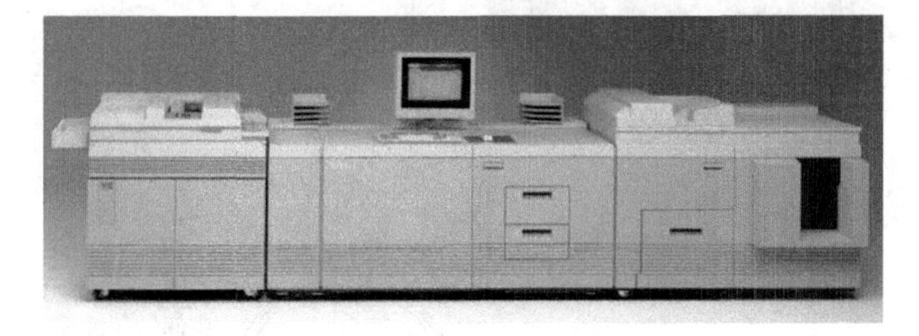

图4-46　世界上第一台生产型黑白数码印刷机“DocuTech135”

色粉静电成像数字印刷技术在50多年的发展中，原理和关键技术已经趋于成熟，在20世纪90年代中后期除施乐外，佳能、IBM、苹果、西门子、赛康、柯达、理光、德尔费克斯等也纷纷加入到色粉成像数字印刷机制造行业，各公司争相推出各自的印刷输出设备，这一现象在1995年德鲁巴展会上尤为显著，但色粉成像技术基本被美国和日本所独占，这些公司所推出的色粉成像数字输出设备大多应用于办公打印和复印领域，生产型设备还是被施乐所引领，随着社会和经济的发展，彩色文件的数字印刷需求逐步增加，彩色打印机及数字印刷机成为新的需求。为此，施乐展开彩色打印机和高速彩色数字印刷技术的研发。第一批桌面彩色静电成像打印机出现于1993年，产品被命名为QMS Colorscript1000，因价格过于昂贵而没有被广泛使用。相比彩色桌面打印机，生产型彩色数字印刷机更受关注。

1977年班尼·兰达（图4-47）创建印迪戈，总部设在荷兰，研发和生产机构设在以色列。1993年6月20日，华尔街杂志宣布世界上第一台彩色静电成像数字印刷机诞生，这就是著名的印迪戈 E-Print 数字印刷机，如图4-48所示。E-Print 的推出汇集印迪戈的多项专利技术，其中包括：1985年，印迪戈发明的“一种静电成像用液体油墨色粉”，专利公开号 GB2169416A；1988年，印迪戈发明的“一种利用中间转移装置的液体油墨成像系统和方法”，专利公开号 US5426491A；1989年，印迪戈发明的“使用中间转移装置的图像系统”，专利公开号 US5555185A；1989年，印迪戈发明的“一种静电成像系统”，专利公开号 US5557376A。专利 US5555185A 对印迪戈 E-Print1000 的印刷结构进行全面的公开描述，其专利主附图如图4-49所示。

图4-47　班尼·兰达（1946年—）

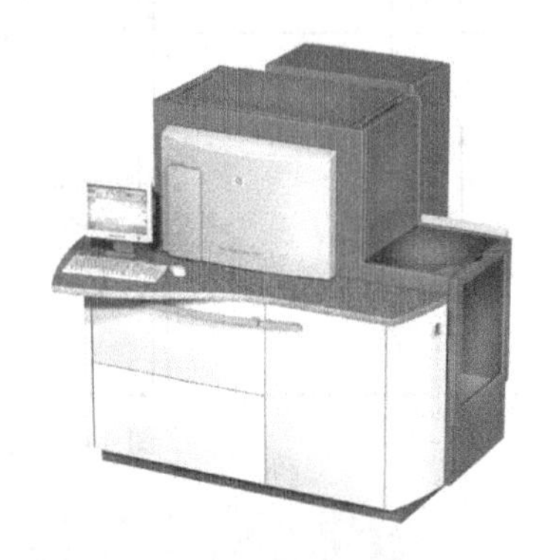

图4-48　印迪戈 E-Print 数字印刷机

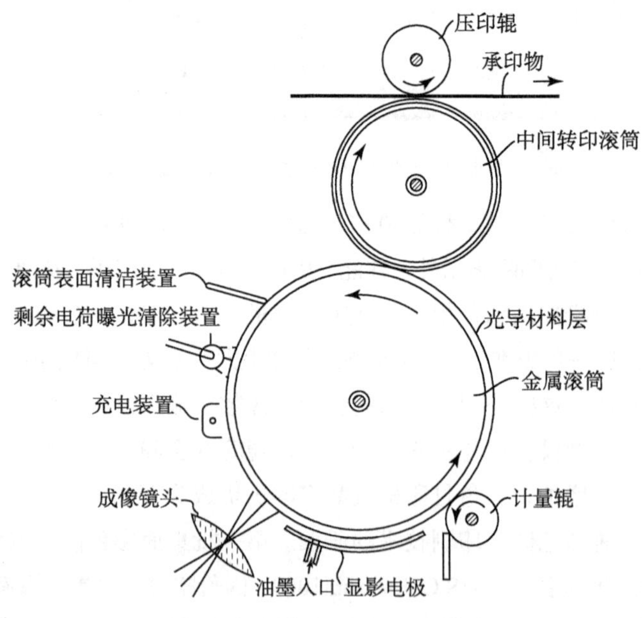

图4-49　专利 US5555185A 主附图

首次面市的印迪戈 E-Print 数字印刷系统印刷介质为单张纸，只具备基础的四色输出能力。同时，这种数字印刷机的可靠性很低，以致只能成对销售，目的在于一台机器停止工作时另一台机器可立即启动。同年，爱克发公司在 Ipex 展会上发布使用干墨粉的 Chromapress 彩色静电成像数字印刷机，这是爱克发与赛康“引擎”合作的结晶。正因为如此，人们认为 1993 年对数字印刷来说是特别重要的一年，该年度印迪戈和爱克发推出的系统终于使数字印刷成为一种可行的印刷方式。

在静电成像领域处于领先地位的施乐也将目光投向生产型彩色数字印刷机，并开始技术研发工作，1992 年，施乐公司发明一种彩色打印机校准架构，对作为彩色形成用的青色（C）、洋红（M）、黄色（Y）和黑色（K）着色剂色度进行描述，给出一种以色度值描述的图像打印校准方法，其中包括灰平衡或线性色度响应、黑色叠加及颜色校正，发明专利公开号 US5305119A；1993 年，施乐公司发明一种用于描述复杂颜色光栅图像的结构化图像格式，发明专利公开号 US5485568A，这一技术不仅对图像处理及打印输出有着重要的意义，也给图像编辑和传输提供更加高效便捷的处理方案；1994 年，施乐公司发明一种用于彩色文档再现的混合量化方法，对原稿色彩分离、网目调描述进行阐述，发明专利公开号 US5394252A；1995 年，富士施乐公司发明一种打印作业调度系统，发明专利公开号 US6213652B1。基于上述技术，1995 年施乐发明世界上速度最快的彩色数字印刷机“Docucolor4040”，如图 4-50 所示。从施乐“Docucolor4040”所集成的核心专利分析可知，当时施乐的主要研发方向已经从基本机构、基本原理及功能方面转向色彩再现控制、印刷精度提升、速度提升及印刷管理等方面，作为色粉为静电成像技术的引领者，施乐的研究方向代表着色粉静电成像数字印刷关键技术开始趋于成熟。

1995 年后，静电成像数字印刷技术朝着提高印品质量和优化系统操作的方向发展。为此施乐公司发明多项对应技术，如：1998 年，施乐公司发明“一种用于定向锐度分割的分辨率压缩和解压缩的系统和方法”，发明专利公开号 US6771827B1；1999 年，施乐公司发明“一种打印作业处理调度系统”，发明专利公开号 US7630092B1；1999 年，施乐公司发明“一种打印引擎调度方法和装置”，发明专利公开号 US6850336B1；1999 年，施乐公司发明“一种熔化单元清理装置”，发明专利公开号 US6215975B1；1999 年，施乐公司发明“一种用于基于实时表单获取时间数据动态设置空气系统压力的系统和方法”，发明专利公开号 US6279896B1；1999 年，施乐公司发明“一种用于成像系统调色剂浓度的反馈控制系统”，发明专利公开号 US6167213A。基于上述多项专利技术的直接应用或衍生应用，2000 年，施乐推出包含“Docucolor2045”和“Docucolor2060”的“Docucolor2000”系列彩色色粉静电成像数字印刷机，如图 4-51 所示。至 2004 年 Docucolor2000 系列在全球装机量就超过了 10000 台。

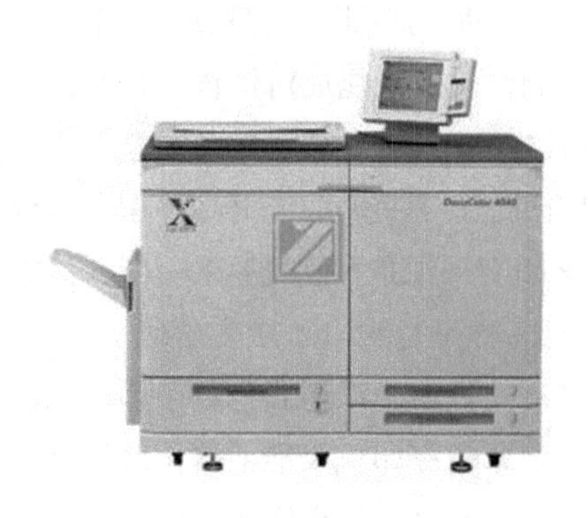

图 4-50　施乐 Docucolor4040

图 4-51　施乐 Docucolor2000

2000 年开始，静电成像数字印刷技术朝着智能化、高效率、高印刷品质方向发展。伴随 2000 年 Docucolor2000 系列的问世，施乐重新回归生产型色粉静电成像数字印刷技术的领导地位，2001 年，施乐公司发明 “一种对象优化的打印系统和方法”，发明专利公开号 US6327043B1；2001 年，施乐公司发明 “一种用于清洗和准备打印机的方法和系统”，发明专利公开号 US6517066B2。基于上述目的和发明专利，2002 年施乐推出智能高效的“Smartpress”技术和基于此技术的 Docucolor iGen3 数字印刷机，如图 4-52 所示。

图 4-52　施乐 Docucolor iGen3

4.2.3　成熟期（2002—2010）

2002 年开始，色粉静电成像技术发展开始进入成熟期，这一时期，众多公司开始进入色粉静电成像数字印刷行业并将研发力量投入到提高分别率、提高成像质量、提高印刷速度、降低能耗、设备小型化、缩短印刷准备时间、降低成本等方面，基于上述目的，一大批先进技术和产品推出。如：2002 年美能达推出基于聚合墨粉成像技术分辨率为 2400dpi × 600dpi 的激光打印机技术；2003 年柯尼卡和美能达合并推出 7085 黑白数码印刷机和 8085 彩色数码印刷机（2003 年 8 月柯尼卡和美能达合并成立柯尼卡美能达控股株式会社），方正集团推出色彩控制技术、可变数据技术、网络平台技术并与柯尼卡美能达合作推出具有自主知识产权的方正印捷系统；2004 年施乐继续发力，推出 Nuvera 系列生产型黑白数码印刷机，同年在德鲁巴展会上美国德尔费克斯公开展出声称世界上速度最快的黑白数码印刷机 CR2000，标称印刷速度可达 2000 张 / 分，奥西展出面向生产的分辨率为 600dpi 的 CPS900 型彩色数码印刷机；2005 年柯尼卡美能达推出针对大批量印刷需求的 Bizhub 系列多功能彩色数字印刷机；2007 年施乐发布采用 LED 成像光源的 ApeosPort- Ⅲ C3300/C2200 及 DocuCentre- Ⅲ C3300/C22004 彩色数码多功能印刷机；2008 年国际印刷展上，柯达在 NEXPRESS 系列的基础上进行再研发，推出 NEXPRESS S2100、S2500、S3000 生产型彩色数码印刷机，施乐推出 iGen4 技术，比上一代 iGen3 印刷速度提高约 30%，基于 iGen4 技术，施乐在 2009 年国际印刷展上推出 iGen 4220 型概念数字印刷机，由 2 台施乐 iGen 4110 串联而成，正是由于此种串联技术，iGen 4220 达到 220 页 / 分的印刷速度；2010 年，施乐发明透明干粉技术，基于透明干粉技术的应用，施乐推出 iGen5 系列数字印刷机，具体技术见表 4-2。

表 4-2　2002 年后色粉静电成像技术代表设备

发明人	时间	技术（设备）名称	专利公开号	发明目的	特点
美能达	2002	静电成像色粉	US6475690B2	提高分别率	2400dpi × 600dpi 分辨率
柯尼卡美能达	2003	7085 黑白数码印刷机，8085 彩色数码印刷机	—	降低成本	生产型数字印刷机
佳能（奥西）	2003	低温墨粉粘接定影技术	US7245866B2	提高成像质量	印品质量接近胶印品质，被称为“柯式印刷技术”
德尔费克斯	2003	一种电荷沉积打印头和打印方法（CR2000 数字印刷机）	US5886723A	提高印刷速度	电子束曝光（Electron beam exposure），声称世界上速度最快（2000 张 / 分）
奥西	2004	双子星打印技术（CPS 900）	US7266335B2	提高印刷速度	一次走纸完成双面印刷
伊斯曼柯达	2004	串联式印刷方法“nexpresss”	US7502582B2	提高成像质量	具有至少五个彩色印刷站，定影后将透明的调色剂施加到图像上，并通过带式光泽器增强图像光泽度以改善色域
理光	2006	一种墨粉技术（PXP EQ 碳粉技术）	US7374851B2	提高成像质量、降低能耗	能以最小量的碳粉提供绚丽的图像色彩，从而降低能源消耗使成本降到最低

续表

发明人	时间	技术（设备）名称	专利公开号	发明目的	特点
富士施乐	2006	一种 LED 阵列头和图像记录设备	US2007109395A1	提高成像质量、小型化	采用的 LED 打印头，多个 LED 集成在一款驱动电路上
富士施乐	2006	一种聚合墨粉技术	US7858285B2	提高图像质量、降低能耗	碳粉颗粒尺寸更小，定影温度更低
理光	2007	一种激光打印头	US8089498B2	提高分辨率	打印头可同时发射40束激光，并能够获得2400dpi × 4800dpi打印分辨率
富士施乐	2007	一种 LED 白光扫描技术	US7864381B2	降低能耗提高复印速度	是以往使用的氙气灯扫描光源亮度的 1.5 倍，耗电量的 30%
佳能（奥西）	2007	变速打印技术	US8231287B2	提高打印速度	为打印作业提供快速启动和更短的处理时间
富士施乐	2008	一种串联印刷方法（iGen 4220）	US7894739B2	提高打印速度	由 2 台施乐 iGen 4110 串联而成，被称为“iGean4”技术，比 iGen3 印刷速度提高约 30%，可达 220 页 / 分的宣称印刷速度
富士施乐	2009	一种加热装置、定影装置和成像装置	US8041278B2	降低能耗，缩短了打印预热时间	IH 定影技术
富士施乐	2010	透明墨粉技术	US8859175B2	提高成像质量	以透明色粉模拟传统印刷中的上光工艺提高印刷品质

4.2.4 衰退期（2010 年至今）

2010 年之后，静电成像技术领域发展趋缓，2015 年施乐发明联机折页技术，随后推出带有选配联机折页单元的 Versant 数字印刷机；2017 年，施乐发明金属色墨粉技术，在此基础上推出 6 色 CMYK+ 特殊色的“Iridesse”数字印刷机。具体技术见表 4-3。到目前为止，除施乐将印后折页功能融合在数字印刷设备中和发明金、银等特殊色墨粉技术外，未有过多代表性技术推出，静电成像技术开始进入衰退期，包括施乐在内的一些原本主要从事静电成像技术的企业不断转向喷墨成像技术领域。

表 4-3 2010 年后色粉静电成像技术代表设备

发明人	时间	技术（设备）名称	专利公开号	发明目的	特点
富士施乐	2015	联机折叠技术	US2016185564A	扩展应用多样性	联机配置折页单元，具有较为简单的折页功能
富士施乐	2017	金、银等特殊色墨粉技术	US2017261877A1	扩展色域及表现能力	以特殊金属色粉模拟传统印刷中的烫印工艺以扩展数字印刷功能

通过上述对 1938 年至 2019 年静电成像技术专利及代表产品的研究，总结静电成像技术的发展历程如图 4-53 所示。

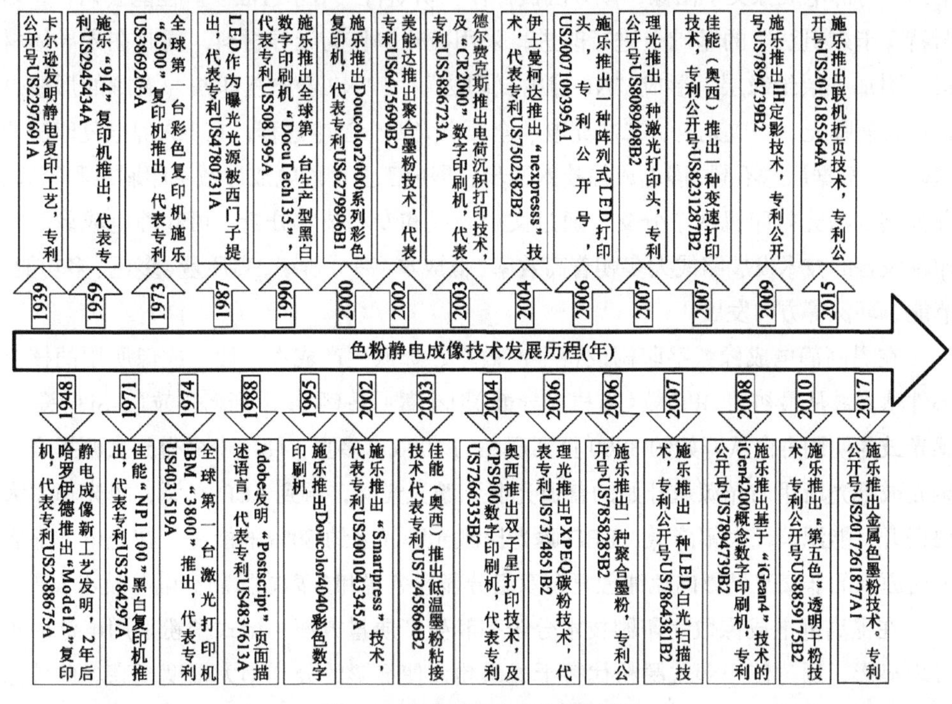

图 4-53 静电成像技术的发展历程

数字印刷技术起源于人们对文件复制的需求，切斯特·卡尔逊完成了静电成像初始技术的发明，“哈罗伊德”公司在切斯特·卡尔逊的基础上改进并发明了现代静电成像技术，在色粉静电成像技术的发展中，施乐公司（原哈罗伊德公司）将静电成像技术从发明带到了成熟，同时 Adobe 和 IBM 分别在打印软件和打印机发明上做出巨大贡献，色粉静电成像技术在 2000 年至 2002 年发展至成熟阶段，之后多个企业在这一领域发力并发明了各种用于提高分别率、提高成像质量、提高印刷速度、降低能耗、小型化、缩短准备时间、降低成本方面的新技术和新设备。在专利检索及代表性企业的研究中发现，一些原本在色粉静电成像技术领域的引领型企业不约而同地开始了喷墨成像技术的研发，兰达纳米喷墨技术的提出及喷墨头 MEMS 制造技术的不断成熟意味着新一代喷墨成像技术会成为数字印刷技术的未来。

4.3 静电成像技术路线图

1938 年 10 月 22 日，切斯特·卡尔逊在保加利亚物理学家、苏联科学院院士纳季·科夫发现的光导性理论的基础上，发明了静电成像技术，并成功复制出世界上第一份静电成像文字图像，该方法被称作“切斯特·卡尔逊法”。佳能公司在“切斯特·卡尔逊法”的基础上进行改进，采用硫化镉作为光导材料，同时在光导体材料上附加一层绝缘层，形成“NP 静电复印法”，“NP 静电复印法”潜影的形成过程包含前曝光、一次充电、二次充电、全面曝光四个基本过程，在 NP 静电复印法的基础上，根据用途不同，静电成像技术逐步发展成工业用静电成像数字印刷机和家庭、办公用的激光打印机两个分支。通过文献查找和专利技术分析，可知静电成像数字印刷设备的技术发展路线大多朝着高效率、低成本、高分辨率、高质量、多色、多功能、节能、环保等方向发展。

在提高静电成像数字印刷设备生产效率、降低生产成本方面，成像所用的核心部件感光鼓从最初的 OPC 鼓（有机光导鼓）到硒鼓（Se 硒），再到陶瓷鼓（a-Si 陶瓷），感光鼓的使用寿命从开始的 3000 页到现在的 100000 多页，使用寿命得到大幅提升。感光鼓曝光所用的光源从开始的普通光源到激光光源，再到 LED 光源，曝光速率大幅提升，能源消耗大幅降低，LED 曝光比激光曝光节约 80% 的能源。在充电、显影上由原来的非交互显影向免清理复合双组分显影装置和分离式重新充电等技术发展。

在提高静电成像数字印刷技术分辨率和生产质量方面，湿式墨粉采用电泳原理实现显影，通过使用湿式墨粉代替干式墨粉，使显影的分辨率大幅度提高。此外惠普公司通过研发超精细碳粉，采用色彩分层技术，实现颜色的精细控制；佳能公司采用自动图像精细技术，实现彩色图像分辨率的增强；爱普生公司采用色阶扩展技术将像素点进行细分，实现图像的高清晰复制。

在提高静电成像数字印刷设备结构紧凑性和颜色数量方面，静电成像的色彩数量从开始的单色到现在的多色，目前已十分普及；静电成像设备的结构由开始的第一代直通连接结构发展到第二代、第三代直通连接结构，设备紧凑程度得到大幅提升；在节能环保方面，静电成像数字印刷设备生产商在进行多项尝试，尝试研发可进行脱墨处理的纸制印刷品，可以进行完全回收的墨盒包装材料，实现印刷耗材的可回收利用。静电成像数字印刷设备发展技术路线如图 4-54 所示。

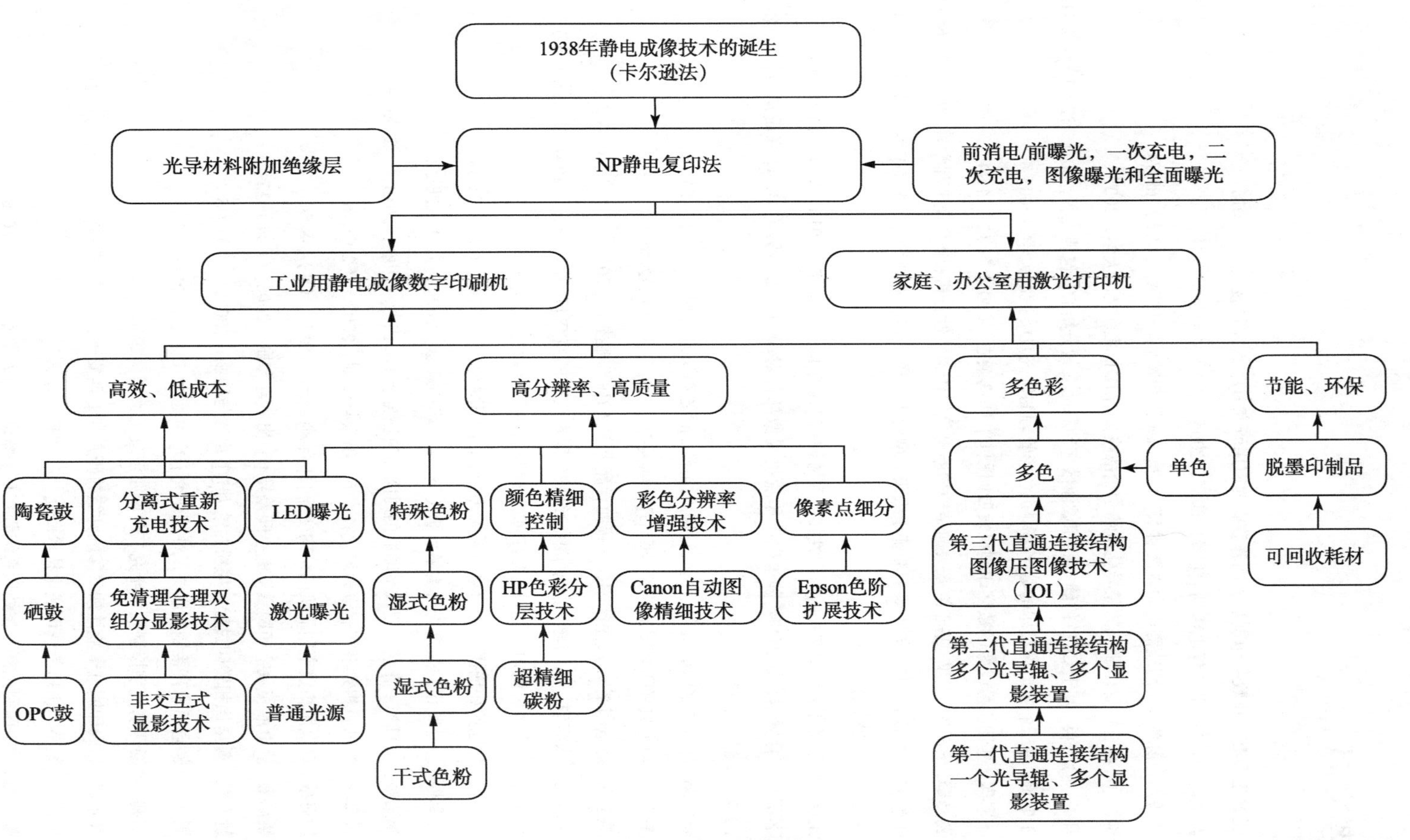

图 4-54 静电成像技术发展路线图

参考文献

[1] 任雪花 . MFC 在数字印刷纸表面施胶中的应用研究 [D]. 天津科技大学，2018

[2] 马金涛 . NIP 技术与静电印刷 [J]. 丝网印刷，2006，（3）:40-43

[3] 朱传乃，陈贵荣 . 高速静电印刷装置 [J]. 计算机研究与发展，1974，（02）:69-74

[4] 徐坤元 . 惠普数字印刷机的差异化市场营销战略分析 [D]. 北京交通大学，2007

[5] 郑亮，金张英 . 基于 CCD 的静电照相成像数字印刷品质量分析 [J]. 包装工程，2011，32（7）:112-116

[6] 王四珍 . 基于静电成像技术的数字印刷机色彩管理的研究 [D]. 武汉大学，2005

[7] 王彩印 . 基于色粉成像的数字印刷机发展回顾 [J]. 印刷杂志，2006，（12）:46-49

[8] 葛乃馨，柴江松，王琪 . 基于纸张表面结构的静电色粉传递特性分析 [J]. 林业工程学报，2018（2）:64-69

[9] 王琪 [1]，柴江松 [1]，刘洪豪 [1]. 基于纸张类型的静电数字印刷复制性能研究 [J]. 科学技术与工程，2015，15（23）:178-183

[10] 王跃 . 静电复印 / 打印文书的周期性转印痕迹研究 [J]. 中国司法鉴定，2016，V87（4）:49-56

[11] 李不言，管雯珺，黄慧华 . 静电数字印刷机成像部件对印刷质量的影响 [J]. 印刷质量与标准化，2012，（8）:51-53

[12] 樊丽娜 . 静电数字印刷机和印刷质量保障措施 [J]. 数字印刷，2017，（12）:54-56

[13] 王立立 . 静电数字印刷质量评价研究 [J]. 印刷杂志，2016，（9）:42-46

[14] 陈卫东 . 静电印刷 vs 喷墨印刷，得幅面者赢天下 ?[J]. 印刷技术，2011，（11）:36-38

[15] 王双飞，宋海农，杨崎峰 . 静电印刷废纸膨化脱墨工艺的研究 [J]. 中国造纸，2001，20（6）:4-7

[16] 张守仁，胡罗生 . 静电印刷机 [J]. 计算机研究与发展，1978，（07）:17-23

[17] 姚海根 . 静电照相输墨方法与输墨系统（上）[J]. 印刷杂志，2004，（01）:31-34

[18] 姚海根 . 静电照相输墨方法与输墨系统（下）[J]. 印刷杂志，2004，（02）:20-22

[19] 施宏敏，罗朝辉 . 静电照相数字印刷的时间均匀性分析 [J]. 出版与印刷，2010，（2）:6-9

[20] 姚海根 . 静电照相数字印刷滚筒熔化技术 [J]. 出版与印刷，2008，（2）:2-6

[21] 姚海根 . 静电照相数字印刷机的结构变迁 [J]. 印刷杂志，2013，（9）:48-54

[22] 姚海根 . 静电照相数字印刷质量的空间差异 [J]. 出版与印刷，2008，（04）:12-15

[23] 姚海根，静电照相转印过程与墨粉黏结力 [J]. 出版与印刷，2009，（1）:2-6

[24] 周文华 . 静电照像直接制版版材及性能研究 [D]. 北京化工大学，2000

[25] 刘鹏 . 喷墨印刷数字控制技术研究 [D]. 哈尔滨理工大学，2014

[26] 林定武 . 数码印刷电子液体油墨印刷性能的研究 [D]. 西安理工大学，2008

[27] 朱斯文 . 数字印刷超色域可视化技术研究 [D]. 齐鲁工业大学，2017

[28] 曾淑英 . 数字印刷光栅图像处理系统研究 [D]. 华北电力大学（北京），2010

[29] 王世勤 . 数字印刷技术的发展及现状 [J]. 影像技术，2009，21（3）:3-14

[30] 蒲嘉陵 . 数字印刷技术的现状与发展趋势 [J]. 数码印刷，2002，（1）:69-74

[31] 汤学黎 . 数字印刷技术发展概述 [J]. 广东印刷，2010，（3）:12-16

[32] 孙娜 . 数字印刷阶调处理系统研究 [D]. 华北电力大学（北京），2010

[33] 姜桂平 . 数字印刷品文本清晰度感知质量的评价方法研究 [D]. 曲阜师范大学，2011

[34] 董玉珍 . 数字印刷输入值的确定及实用程序的开发 [D]. 西安理工大学，2004

[35] 崔晓萌 . 数字印刷图像质量检测与质量控制工程理论与应用研究 [D]. 华南理工大学，2013

[36] 姚海根 . 网点结构对静电照相印刷图像噪声的影响 [J]. 出版与印刷，2010，（4）:2-5

[37] 亢静曙 . 微型静电成像系统设计与仿真 [D]. 北京理工大学，2015

[38] 张震一 . 我国数字印刷基本状况报告 [J]. 印刷质量与标准化，2011，（9）:52-64

[39] 王强，杨业高 . 现代数字印刷技术及其应用 [J]. 中国印刷与包装研究，2003，（5）:17-19

[40] 王瑜，魏先福，杜晓娟 . 液体电子油墨流变性能的研究 [C]. 中国印刷与包装学术会议 . 2010

[41] 何高升，李艳 . 基于专利分析的色粉静电成像数字印刷技术发展的研究 [J]. 北京印刷学院学报，2019，（9）:88-96

[42] 孙永伟，（美）谢尔盖・伊克万科 . TRIZ: 打开创新之门的金钥匙 [M]. 北京：科学出版社，2015.11

[43] 赵敏，张武城，王冠殊 . TRIZ 进阶及实战——大道至简的发明方法 [M]. 北京：机械工业出版社，2015.10

[44] 齐福斌 . 静电成像数字印刷技术的发展和市场定位 [J]. 中国印刷，2017，（11）:72-76

[45] （白俄)尼古拉·什帕科夫斯基 . 进化树——技术信息分析及新方案的产生 [M]. 郭越红，孔晓琴，林乐，等译 . 北京：中国科学出版社，2010.5

[46] Gaosheng He，Yan Li. Study on the Development of Toner Xerography Digital Printing Technology[C]. MeTrApp 2019: Recent Advances in Mechanisms，Transmissions and Applications，2019：576-585

[47] http://www.whereinnovationbegins.net/office-of-innovation/

[48] https://www.fujixerox.com.cn/

[49] http://www. 佳能 .com.cn/overview/printertob.html

[50] https://panasonic.cn/

[51] http://www. 爱普生 .com.cn/

[52] https://www.konicaminolta.com.cn/business/

[53] https://www. 惠普 .com/cn/zh/commercial-printers/ 印迪戈 -presses/products.html

[54] http://www. 佳能 .com.cn/oce/

[55] http://www.kodak.com.cn/product/product-list.aspx?Id=5

[56] https://www.delphaxsolutions.com/

[57] http://www. 理光 .com.cn/

[58] https://www.ibm.com/cn-zh

[59] http://pss-system.cnipa.gov.cn/sipopublicsearch/portal/uiIndex.shtml

[60] https://worldwide.espacenet.com/Espacenet

[61] https://cn.bing.com/images/search

[62] http://image.baidu.com/search/

[63] http://www.gnrtr.com

第五章

基于TRIZ理论的静电成像技术专利分析

TRIZ 理论来源于专利，如果将 TRIZ 理论反向用于专利分析，势必会从专利中挖掘出技术是如何应用 TRIZ 理论的，这将给工程师进行创新设计提供思路，提高新产品研发效率。通过第二章的专利查找，在几千个专利里筛选关键专利，通过专利引证分析，进行关键专利的确定，对关键专利进行专利分析，专利文件涵盖信息多，包括专利说明书、权利要求书、说明书、附图等，在对专利进行分析时，着重分析专利文件的专利说明书和权利要求书，专利说明书包括专利的背景和解决的问题，从明确发明的目的，权力要求书则说明该发明区别于其他解决方案的技术特征，介绍新的解决问题的原理。应用 TRIZ 的发明原理和科学效应对专利说明书中提出的问题和解决的方案进行原理分析。在对专利文献的原理分析基础上，对专利内容进行提炼，提取专利文献要点，便于技术查阅及技术预测。

5.1 关键专利的引证分析

专利的引证包括引证其他专利和被其他专利引证两项，两项引证数据对专利的技术价值判断都有一定的意义，但一项专利被其他专利引证的数量对专利技术价值的判断具有更大的参考价值，被引证量在一定程度上反映了其在技术上的重要性及其对整个技术领域或技术分支的影响，专利被引证量有如下特性。

（1）具有很强的时间特性，一般时间越长的专利被引证量越大；

（2）专利被引证数量在分析专利价值方面有一定的局限性，个别时候，专利技术价值重要性和专利被引证数量不对等；

（3）被引次数还会受到技术领域差异的影响，由于不同领域的技术发展速度不同，对前期成果的依赖程度不同，导致不同技术领域专利的被引次数差异较大。

Goldfire在专利引证分析上有着强大的功能和良好的可视性，但有局限性，例如：Goldfire引证信息分析中专利收录是从1969年开始的，同时1969年以后个别专利的引证信息存在缺失的问题。针对上述问题，采取以Goldfire为主要检索工具检索各代表专利的引证情况，以欧洲专利局为补全，通过专利的引证筛选关键专利。

5.1.1 代表性关键专利引证信息（2002年之前）

1. 静电成像 US2297691A

专利信息见表5-1，引证出自欧洲专利局，如图5-1所示。

表5-1 US2297691A 专利信息

发明名称	申请号	申请日	公开号	公开日	同族数
静电成像	US2659239A	1939.04.04	US2297691A	1942.10.06	
IPC 分类号	**申请（专利权）人**	**发明人**	**优先权号**	**优先权日**	**被引证数**
G03G15/26; G03G5/082; G03G9/08	CARLSON CHESTER F;	CARLSON CHESTER F;	US26592539	1939.04.04	820

Espacenet

引用文献列表: US2297691 (A) — 1942-10-06

大约820件文献引用US2297691 (A)
仅显示了最开始的500个结果。

1. TONER CARTRIDGE WITH MEMORY FOR IMAGE FORMING APPARATUS					
发明人： HOMMA TORU [JP] HASHIDUME HIROSHI [JP] (+4)	申请人： TOSHIBA TEC KK [JP] TOSHIBA AMERICA BUSINESS SOLUTIONS INC [US]	CPC: G03G15/0849 G03G15/0863 G03G15/0868 (+3)	IPC: G03G15/08 G03G21/18	公开信息： US2018196371 (A1) 2018-07-12 US10175606 (B2) 2019-01-08	优先权日： 2007-10-29
2. ADDITIVE MANUFACTURING USING DENSITY FEEDBACK CONTROL					
发明人： BATCHELDER J SAMUEL [US]	申请人： STRATASYS INC [US]	CPC: B29C64/141 B29C64/147 B29C64/153 (+12)	IPC: B29C64/153 B29C64/264 B29C64/393 (+3)	公开信息： US2018029300 (A1) 2018-02-01 US10011071 (B2) 2018-07-03	优先权日： 2014-03-18

图5-1 专利US2297691A 引证信息

2. 静电复印设备 US2588675A

专利信息见表5-2，引证出自欧洲专利局，如图5-2所示。

表 5-2　US2588675A 专利信息

发明名称	申请号	申请日	公开号	公开日	同族数
静电复印设备	US6392248A	1948.12.07	US2588675A	1952.03.11	4
IPC 分类号	申请（专利权）人	发明人	优先权号	优先权日	被引证数
G03G15/26	HALOID CO ;	WALKUP LEWIS E; COPLEY HAROLD E; BECKDAHL WALTER A;	US6392248	1948.12.07	24

Espacenet

引用文献列表: US2588675 (A) — 1952-03-11

24 件文献引用了US2588675 (A)

1. Charging and developing apparatus for electrostatic printing					
发明人: SIDNEY TEISER SASSAMAN WALTER R	申请人: MAGNEFAX CORP	CPC: G03G15/09 G03G15/26	IPC: G03G15/09 G03G15/26	公开信息: US3019714 (A) 1962-02-06	优先权日: 1958-03-31
2. Preparation of copies by xerography					
发明人: WALTER LIMBERGER	申请人: ZINDLER LUMOPRINT KG	CPC: G03G15/26	IPC: G03G15/26	公开信息: US2950661 (A) 1960-08-30	优先权日: 1956-04-24

图 5-2　专利 US2588675A 引证信息

3. 静电成像光导板及其制造方法 US2663636A

专利信息见表 5-3，引证出自欧洲专利局，如图 5-3 所示。

表 5-3　US2663636A 专利信息

发明名称	申请号	申请日	公开号	公开日	同族数
静电成像光导板及其制造方法	US9537449A	1949.05.25	US2663636A	1953.12.22	5
IPC 分类号	申请（专利权）人	发明人	优先权号	优先权日	被引证数
G03G5/10; G03G5/087; H01B3/30; G03G5/05	HALOID CO;	MIDDLETON ARTHUR E;	US9537449	1949.05.25	80

Espacenet

引用文献列表: US2663636 (A) — 1953-12-22

大约80件文献引用US2663636 (A)

1. Electrophotographic reproduction material					
发明人: HEINZ SCHLESINGER	申请人: AZOPLATE CORP	CPC: C07D253/065 C07D401/04 C07D401/14 (+5)	IPC: C07D253/065 C07D401/04 C07D401/14 (+4)	公开信息: US3130046 (A) 1964-04-21	优先权日: 1959-01-07
2. Member for electrophotographic reproduction and process therefor					
发明人: HEINZ SCHLESINGER	申请人: AZOPLATE CORP	CPC: G03G5/0618 G03G5/0629 G03G5/0637 (+1)	IPC: G03G5/06	公开信息: US3066023 (A) 1962-11-27	优先权日: 1958-12-19

图 5-3　专利 US2663636A 引证信息

4. 一种静电潜像显影装置 US2618551A

专利信息见表 5-4，引证出自欧洲专利局，如图 5-4 所示。

表 5-4　US2618551A 专利信息

发明名称	申请号	申请日	公开号	公开日	同族数
一种静电潜像显影装置	US5564548A	1948.10.20	US2618551A	1952.11.18	5
IPC 分类号	**申请（专利权）人**	**发明人**	**优先权号**	**优先权日**	**被引证数**
G03G15/08; G03G9/113	HALOID CO;	WALKUP LEWIS E;	US5564548	1948.10.20	79

Espacenet

引用文献列表: US2618551 (A) — 1952-11-18

大约79件文献引用US2618551 (A)

1. Electron beam curable toners and processes thereof					
发明人: CHENG CHIEH-MIN [US] NG TIE H [CA]	申请人: XEROX CORP	CPC: G03G2215/00421 G03G2215/00447 G03G2215/209 (+2)	IPC: G03G13/20 G03G15/20 G03G9/08 (+3)	公开信息: US2005287464 (A1) 2005-12-29 US7208257 (B2) 2007-04-24	优先权日: 2004-06-25
2. Reversal type electrostatic developer powder					
发明人: HENRY WIELICKI	申请人: RCA CORP	CPC: G03G9/08 G03G9/0906 G03G9/09708	IPC: G03G9/08 G03G9/09 G03G9/097	公开信息: US3041169 (A) 1962-06-26	优先权日: 1958-03-28

图 5-4　专利 US2618551A 引证信息

5. 一种光导版充电装置 US2777957A

专利信息见表 5-5，引证出自欧洲专利局，如图 5-5 所示。

表 5-5　US2777957A 专利信息

发明名称	申请号	申请日	公开号	公开日	同族数
一种光导版充电装置	US15429550A	1950.04.06	US2777957A	1957.01.15	5
IPC 分类号	**申请（专利权）人**	**发明人**	**优先权号**	**优先权日**	**被引证数**
G03G15/02	HALOID CO;	WALKUP LEWIS E;	US15429550	1950.04.06	69

Espacenet

引用文献列表: US2777957 (A) — 1957-01-15

大约**69**件文献引用**US2777957 (A)**

1. CHEMICAL VAPOR SENSOR WITH IMPROVED TEMPERATURE CHARACTERISTICS AND MANUFACTURING TECHNIQUE

发明人:	申请人:	CPC:	IPC:	公开信息:	优先权日:
DOLAN PATRICK [US]	DOLAN PATRICK [US] PATRICK DOLAN [US]	G01N33/0047 G01N33/225	B05D5/12 G01N30/00	US2012121467 (A1) 2012-05-17 US8815160 (B2) 2014-08-26	2010-11-15

2. CHEMICAL VAPOR SENSOR WITH IMPROVED AGING AND TEMPERATURE CHARACTERISTICS

发明人:	申请人:	CPC:	IPC:	公开信息:	优先权日:
DOLAN PATRICK [US]		G01N27/125 G01N33/0047 G01N33/225	B05D5/12 G01N27/04	US2011200487 (A1) 2011-08-18	2010-02-18

图 5-5　专利 US2777957A 引证信息

6. 感光片的生产工艺 US2657152A

专利信息见表 5-6，引证出自欧洲专利局，如图 5-6 所示。

表 5-6　US2657152A 专利信息

发明名称	申请号	申请日	公开号	公开日	同族数
感光片的生产工艺	US15305250A	1950.03.31	US2657152A	1953.10.27	6
IPC 分类号	**申请（专利权）人**	**发明人**	**优先权号**	**优先权日**	**被引证数**
H01L21/10; G03G5/082	HALOID CO;	MENGALI OTAVIO J; MIDDLETON ARTHUR E;	US15305250	1950.03.31	12

Espacenet

引用文献列表: US2657152 (A) — 1953-10-27

12 件文献引用了US2657152 (A)

1. Bird Repellant Distribution System					
发明人: DONOHO BRUCE [US]	申请人: BIRD B GONE INC [US]	CPC: A01M29/12 A01N2300/00 A01N25/06 (+6)	IPC: A01M7/00 A01N37/44 A01P17/00	公开信息: US2009260272 (A1) 2009-10-22	优先权日: 2008-04-16
2. Spray painting apparatus					
发明人: BOK HENDRIK F EDWARD BOK	申请人:	CPC: B05B7/162 B05B7/1686	IPC: B05B7/16	公开信息: US2942787 (A) 1960-06-28	优先权日: 1959-06-11

图 5-6　专利 US2657152A 引证信息

7. 辐射敏感光电导元件 US2901348A

专利信息见表 5-7，引证出自欧洲专利局，如图 5-7 所示。

表 5-7　US2901348A 专利信息

发明名称	申请号	申请日	公开号	公开日	同族数
辐射敏感光电导元件	US34285653A	1953.03.17	US2901348A	1959.08.25	5
IPC 分类号	**申请（专利权）人**	**发明人**	**优先权号**	**优先权日**	**被引证数**
G03G5/14; G03G5/147	HALOID XEROX INC;	DESSAUER JOHN H; CLARK HAROLD E;	US34285653	1953.03.17	66

Espacenet

引用文献列表: US2901348 (A) — 1959-08-25

大约66件文献引用US2901348 (A)

1. Verfahren zur Herstellung eines durch Lichteinwirkung unbeeinflusst bleibenden Ladungsbildes auf einer Isolatorschicht					
发明人: HARRISON HALL RICHARD	申请人: RANK XEROX LTD	CPC: G03G13/22	IPC: G03G13/22	公开信息: DE1295374 (B) 1969-05-14 DE1295374 (C2) 1974-08-22	优先权日: 1962-03-22
2. Electrophotographic imaging member having unmodified hydroxy methacrylate polymer charge blocking layer					
发明人: SPIEWAK JOHN W [US] YUH HUOY-JEN [US] (+8)	申请人: XEROX CORP [US]	CPC: G03G5/142	IPC: G03G5/14 (IPC1-7): G03G5/05 G03G5/14	公开信息: US5385796 (A) 1995-01-31	优先权日: 1989-12-29

图 5-7　专利 US2901348A 引证信息

8. 复印机 US3784297A

专利信息见表 5-8，引证出自 Goldfire，如图 5-8 所示，其中上图为该专利的引证情况，下图为该专利发明者的专利引证情况。

表 5-8　US3784297A 专利信息

发明名称	申请号	申请日	公开号	公开日	同族数
复印机	US3784297DA	1971.03.02	US3784297A	1974.01.08	19
IPC 分类号	**申请（专利权）人**	**发明人**	**优先权号**	**优先权日**	**被引证数**
G03G21/16 ; G03G15/30 ; G03G15/08 ; G03G15/00 ;	CANON KK;	ITO Y; NITANDA H; YAMAGUCHI M;	JP2007570; JP3211270	1970.03.11; 1970.04.15	28

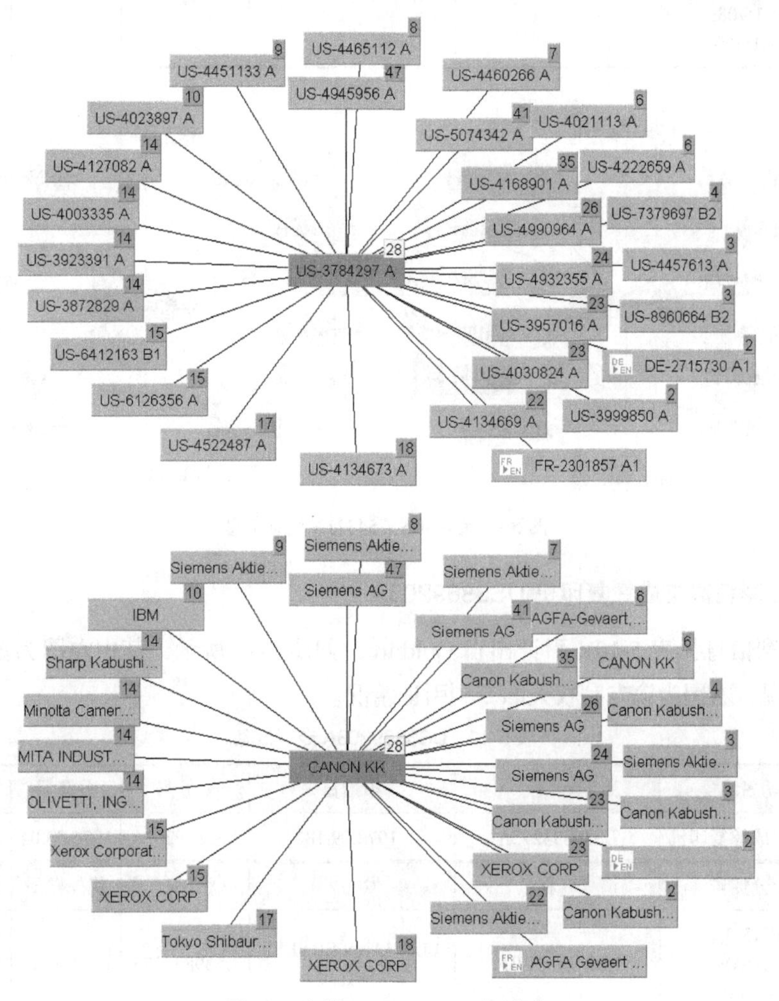

图 5-8　专利 US3784297A 引证信息

9. 自动显影控制 US3754821A

专利信息见表 5-9，引证出自 Goldfire，如图 5-9 所示，其中左图为该专利的引证情况，右图为该专利权人的专利引证情况。

表 5-9　US3754821A 专利信息

发明名称	申请号	申请日	公开号	公开日	同族数
自动显影控制	US3754821DA	1971.12.28	US3754821A	1973.08.28	24
IPC 分类号	**申请（专利权）人**	**发明人**	**优先权号**	**优先权日**	**被引证数**
G03C7/00; G03G15/01; G03C5/08; G03G13/06; G03G15/08; G03G15/00	XEROX CORP;	WHITED C;	US21305671	1971.12.28	14

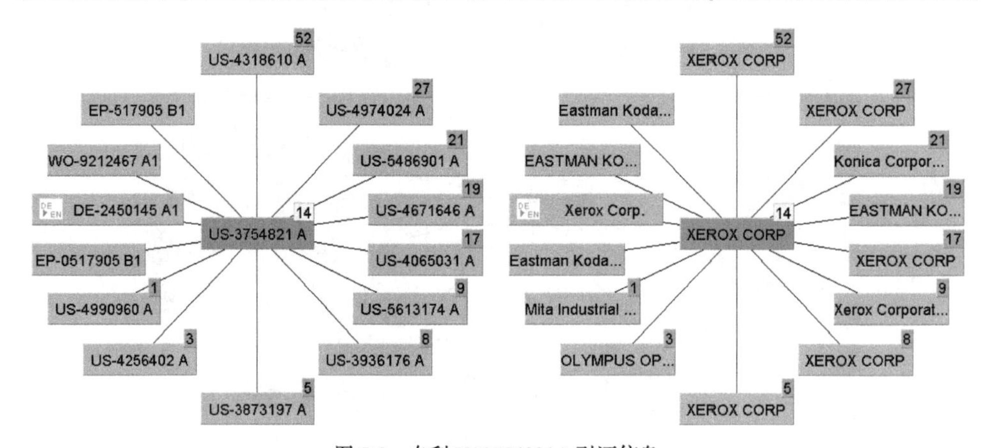

图 5-9　专利 US3754821A 引证信息

10. 彩色静电成像复印机 US3869203A

专利信息见表 5-10，引证出自 Goldfire，如图 5-10 所示，其中左图为该专利的引证情况，右图为该专利权人的专利引证情况。

表 5-10　US3869203A 专利信息

发明名称	申请号	申请日	公开号	公开日	同族数
彩色静电成像复印机	US39834273A	1973.09.18	US3869203A	1975.03.04	15
IPC 分类号	**申请（专利权）人**	**发明人**	**优先权号**	**优先权日**	**被引证数**
G03G15/01; G03G15/08; G03G15/00	XEROX CORP;	LEHMANN ERNEST H;	US39834273	1973.09.18	3

专利 US3869203A 虽然被直接引证的次数较少，但其标志着世界上第一台彩色静电成像复印机的诞生，在静电成像技术及复印机的发展过程中具有里程碑意义。

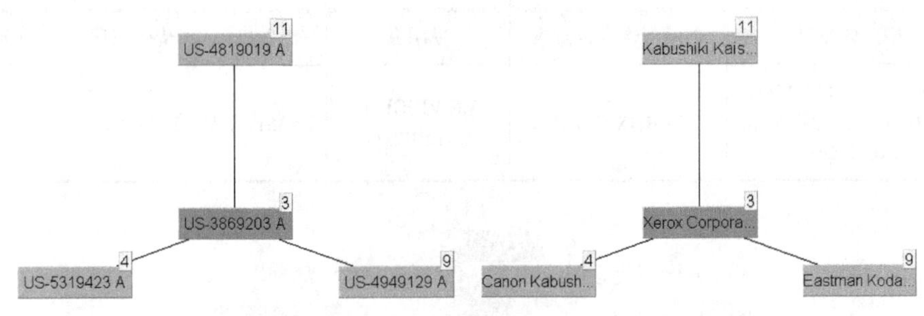

图 5-10　专利 US3869203A 引证信息

11. 彩色静电成像印刷机的颜色标准与校准方法 US3799668A

专利信息见表 5-11，引证出自 Goldfire，如图 5-11 所示，其中左图为该专利的引证情况，右图为该专利权人的专利引证情况。

表 5-11　US3799668A 专利信息

发明名称	申请号	申请日	公开号	公开日	同族数
彩色静电成像印刷机的颜色标准与校准方法	US34041373A	1973.03.12	US3799668A	1974.03.26	17
IPC 分类号	**申请（专利权）人**	**发明人**	**优先权号**	**优先权日**	**被引证数**
G03G15/01; G03G15/00	XEROX CORP;	MCVEIGH J;	US34041373	1973.03.12	26

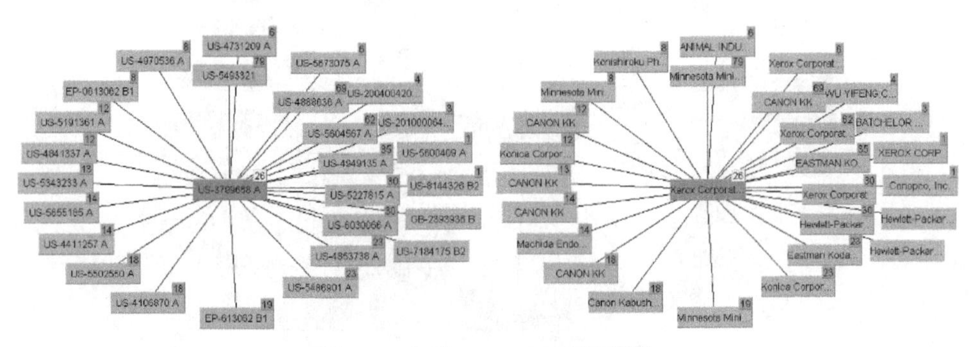

图 5-11　专利 US3799668A 引证信息

12. 图像密度控制装置 US3815988A

专利信息见表 5-12，引证出自 Goldfire，如图 5-12 所示，其中上图为该专利的引证情况，下图为该专利权人的专利引证情况。

表 5-12　US3815988A 专利信息

发明名称	申请号	申请日	公开号	公开日	同族数
图像密度控制装置	US36111273A	1973.05.17	US3815988A	1974.06.11	20
IPC 分类号	**申请（专利权）人**	**发明人**	**优先权号**	**优先权日**	**被引证数**
G03G15/09; G03G15/01; G03G15/06; G03G15/08; G03G15/00	XEROX CORP;	MC VEIGH J; TSILIBES G;	US36111273	1973.05.17	

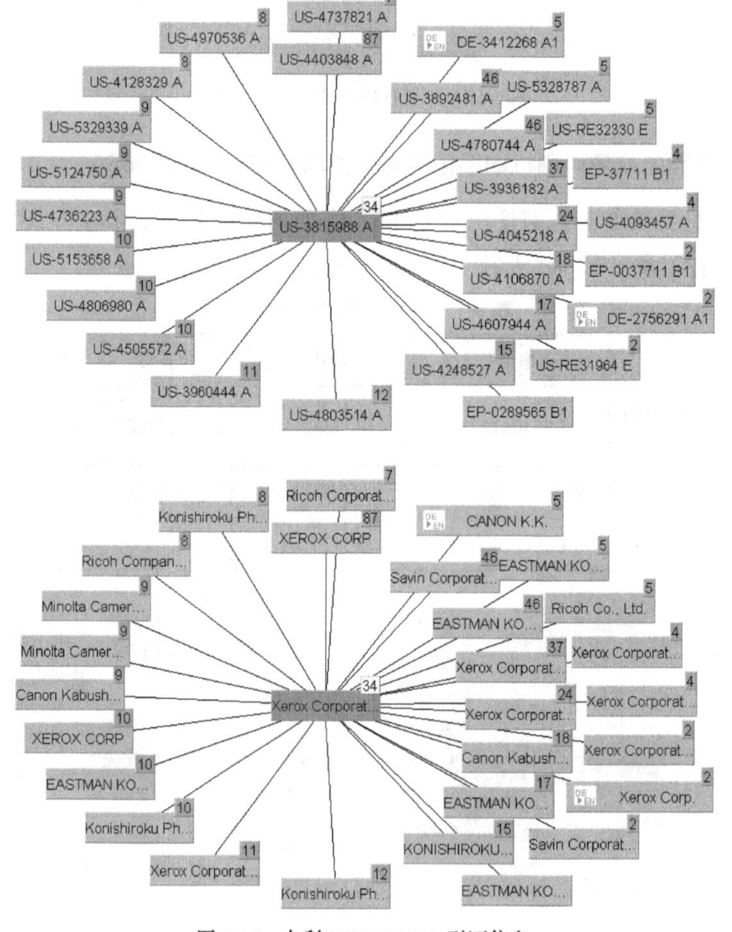

图 5-12　专利 US3815988A 引证信息

13. 打印机 US4031519A

专利信息见表 5-13，引证出自 Goldfire，如图 5-13 所示，其中上图为该专利的引证情况，下图为该专利权人的专利引证情况。

表 5-13　US4031519A 专利信息

发明名称	申请号	申请日	公开号	公开日	同族数
打印机	US52299874A	1974.11.11	US4031519A	1977.06.21	21
IPC 分类号	**申请（专利权）人**	**发明人**	**优先权号**	**优先权日**	**被引证数**
G06K15/00; G06T11/00; G03G15/36; H04N1/00; G03G21/00; G06K15/12; B41J21/00; G06K15/02; B41B19/00; B41J2/44; G06F3/12; G06F13/00; G06F7/34; B41B27/00; G09G5/00	IBM;	FINDLEY GERALD I;	US52299874	1974.11.11	83

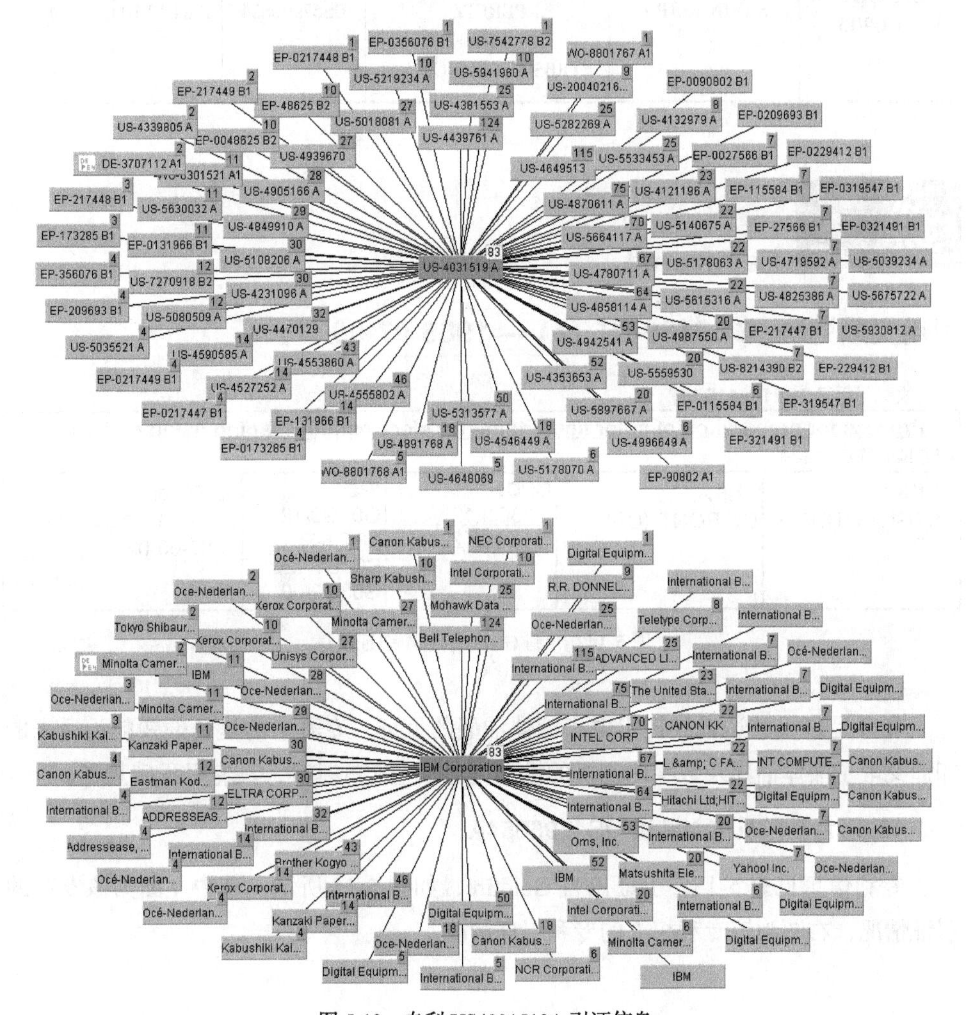

图 5-13　专利 US4031519A 引证信息

14. 静电成像用液体油墨呈色颗粒 GB2169416A

专利信息见表 5-14，引证出自欧洲专利局如图 5-14 所示。

表 5-14　GB2169416A 专利信息

发明名称	申请号	申请日	公开号	公开日	同族数
静电成像用液体油墨呈色颗粒	GB8530131A	1985.12.07	GB2169416A	1986.07.09	19
IPC 分类号	**申请（专利权）人**	**发明人**	**优先权号**	**优先权日**	**被引证数**
G03G9/12; G03G9/13	SAVINCORP；	LANDA BENZION; BEN–AURAHAM PERETZ; HALL JOSEPH; GIBSON GEORGE A;	US67990684	1984.12.10	24

Espacenet

引用文献列表: GB2169416 (A) — 1986-07-09

24 件文献引用了GB2169416 (A)

1. Process for preparation of color liquid toner for electrostatic imaging using carbon steel particulate media					
发明人: TAGGI ARTHUR J [US]	申请人: DU PONT [US]	CPC: G03G9/12 G03G9/122	IPC: G03G9/12 (IPC1-7): B02C17/20 G03G9/00	公开信息: US4670370 (A) 1987-06-02	优先权日: 1986-04-03

图 5-14　专利 GB2169416A 引证信息

专利是班尼兰达最先提出电子液体油墨的见证，专利中的呈色剂颗粒为后来的印迪戈电子液体油墨及数字印刷机的推出奠定了坚实的基础，具有里程碑意义。

15. 彩色复印机控制装置 US4796054A

专利信息见表 5-15，引证出自 Goldfire，如图 5-15 所示，其中左图为该专利的引证情况，右图为该专利权人的专利引证情况。

表 5-15 US4796054A 专利信息

发明名称	申请号	申请日	公开号	公开日	同族数
彩色复印机控制装置	US86202086A	1986.05.12	US4796054A	1989.01.03	8
IPC 分类号	**申请（专利权）人**	**发明人**	**优先权号**	**优先权日**	**被引证数**
G03B27/50; G03G15/01; G03G21/14; G03G15/041; H04N1/04; G03G15/00	FUJI XEROX CO LTD; SHINKO ELECTRIC CO LTD;	MAENO SATORU; INOUE KENJI; TANAKA MASAAKI; OGITA AKIRA;	JP10419885	1985.05.16	13

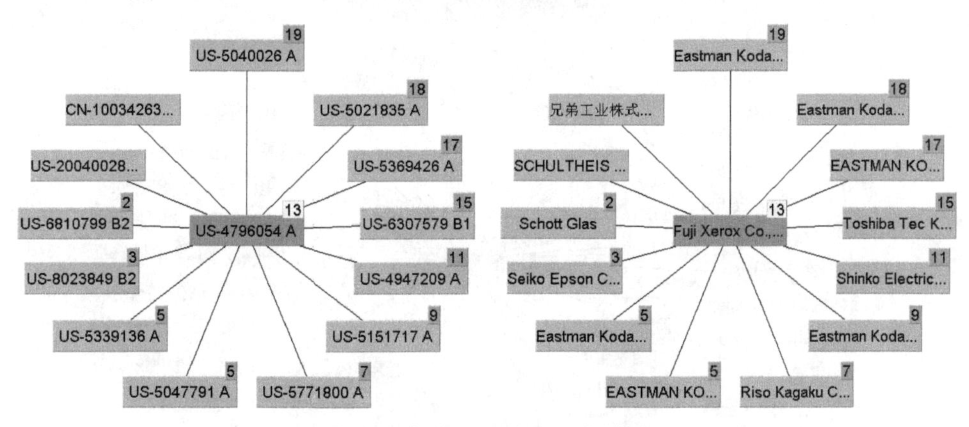

图 5-15 专利 US4796054A 引证信息

16. 一种用于光学字符发生器的曝光能量校正装置及使用该曝光能量校正装置的静电成像打印机 US4780731A

专利信息见表 5-16，引证出自 Goldfire，如图 5-16 所示，其中上图为该专利的引证情况，下图为该专利权人的专利引证情况。

表 5-16 US4780731A 专利信息

发明名称	申请号	申请日	公开号	公开日	同族数
一种用于光学字符发生器的曝光能量校正装置及使用该曝光能量校正装置的静电成像打印机	US5589387A	1987.05.26	US4780731A	1988.10.25	8
IPC 分类号	**申请（专利权）人**	**发明人**	**优先权号**	**优先权日**	**被引证数**
G03G15/04; G06K15/12; G01D9/42; B41J2/455; B41J2/44; B41J2/45; H04N1/23	SIEMENS AG;	CREUTZMANN EDMUND; MAIER MANFRED;	DE3534338	1985.09.26	67

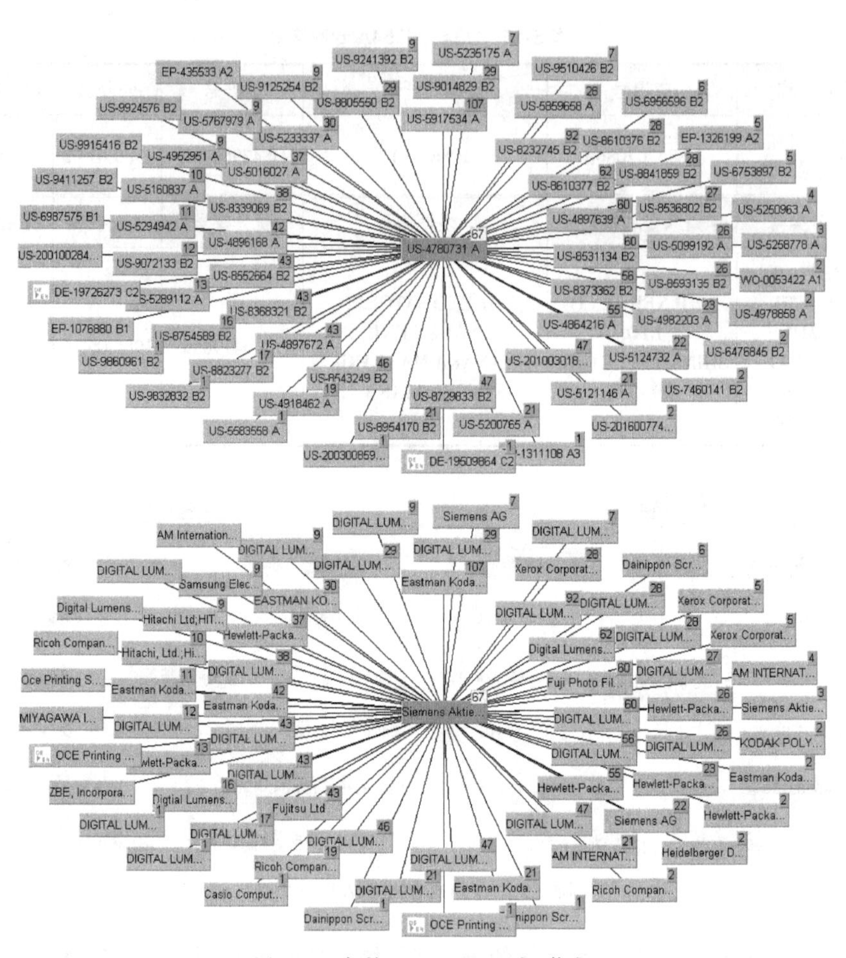

图 5-16　专利 US4780731A 引证信息

17. 用于显示和打印的颜色选择方法 US4837613A

专利信息见表 5-17，引证出自 Goldfire，如图 5-17 所示，其中上图为该专利的引证情况，下图为该专利权人的专利引证情况。

表 5-17　US4837613A 专利信息

发明名称	申请号	申请日	公开号	公开日	同族数
用于显示和打印的颜色选择方法	US23929988A	1988.09.01	US4837613A	1989.06.06	9
IPC 分类号	**申请（专利权）人**	**发明人**	**优先权号**	**优先权日**	**被引证数**
H04N1/46; G06F3/153; H04N0014; H04N1/40; H04N1/52	ADOBE SYSTEMS INC;	PAXTON WILLIAM H; SCHUSTER MICHAEL D; WARNOCK JOHN E;	US23929988	1988.09.01	36

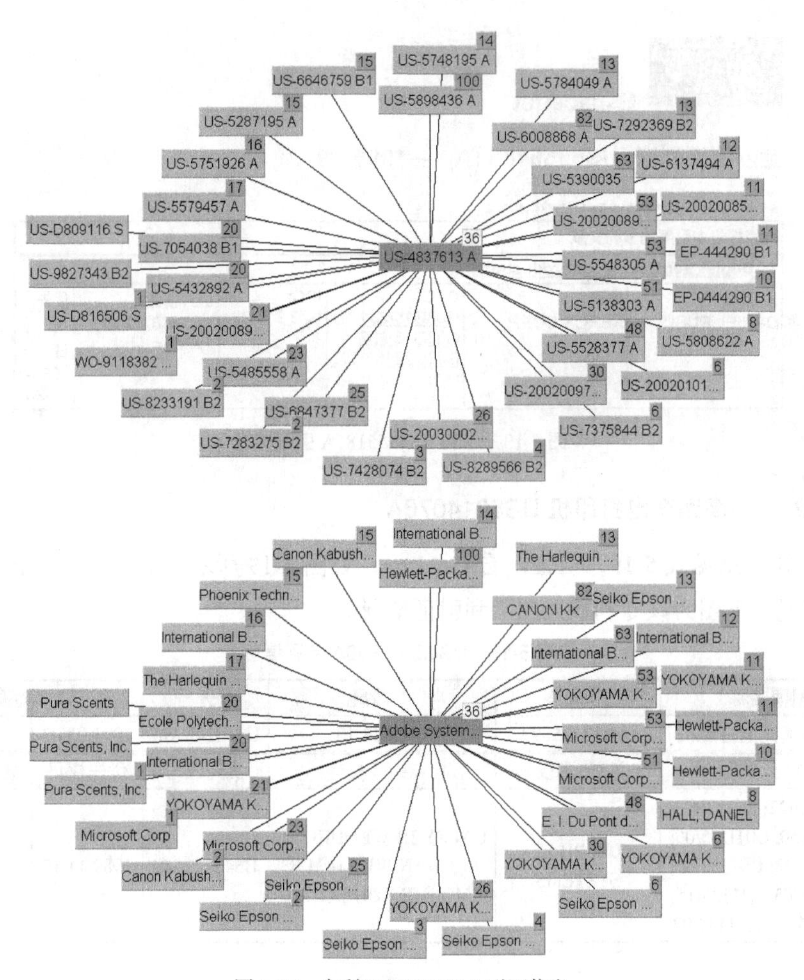

图 5-17 专利 US4837613A 引证信息

18. 使用中间转印装置的图像系统 US5555185A

专利信息见表 5-18，引证出自欧洲专利局，如图 5-18 所示。

表 5-18 US5555185A 专利信息

发明名称	申请号	申请日	公开号	公开日	同族数
使用中间转印装置的图像系统	US40071789A	1989.08.30	US5555185A	1996.09.10	1
IPC 分类号	**申请（专利权）人**	**发明人**	**优先权号**	**优先权日**	**被引证数**
G03G5/04; G03G15/23; G03G15/10; G03G15/16	INDIGO NV;	LANDA BENZION;	US40071789; CA2075948; GB8821180; GB8823256; US29345689	1989.08.30; 1990.14.13; 1988.09.08; 1988.10.04; 1989.01.04	18

全部引证列表: US5555185 (A) — 1996-09-10

有18个个关于US5555185 (A)的被引用文献

检索报告中引用的专利文献					
1. Duplex xerographic reproduction					
发明人： DANIEL RUBIN	申请人： XEROX CORP	CPC: G03G15/231 G03G15/232 G03G2215/0027 (+1)	IPC: G03G15/23	公开信息： US3318212 (A) 1967-05-09	优先权日： 1965-09-20

图 5-18 专利 US5555185A 引证信息

19. 一种高速充电打印机 US5014076A

专利信息见表 5-19，引证出自 Goldfire，如图 5-19 所示，其中上图为该专利的引证情况，下图为该专利权人的专利引证情况。

表 5-19 US43442859A 专利信息

发明名称	申请号	申请日	公开号	公开日	同族数
一种高速充电打印机	US43442589A	1989.11.13	US5014076A	1991.05.07	94
IPC 分类号	**申请（专利权）人**	**发明人**	**优先权号**	**优先权日**	**被引证数**
G03G15/22; B41J2/41; G01D0150; G01D15/06; G03G15/32; H01J33/00; G03G15/05; B41J2/415; G03G15/00; H01J33/02	DELPHAX SYSTEMS	CALEY JR WENDELL J; BUCHAN WILLIAM R; MOORE ROBERT A;	US43442589	1989.11.13	32

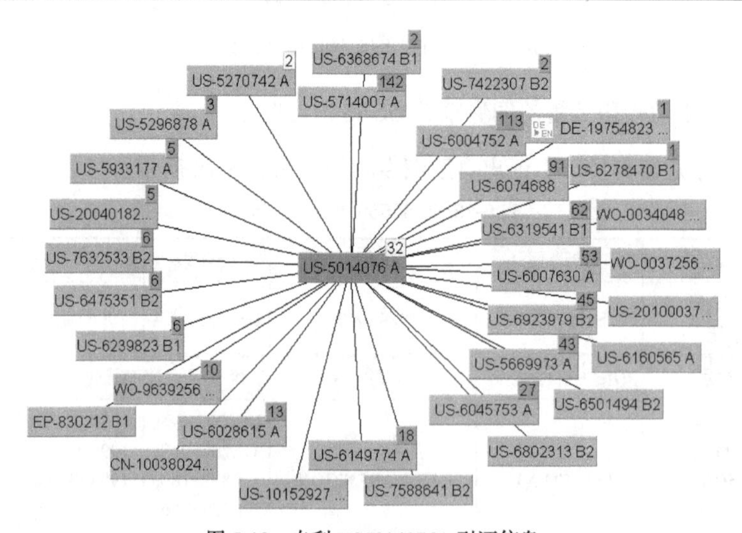

图 5-19 专利 US5014076A 引证信息

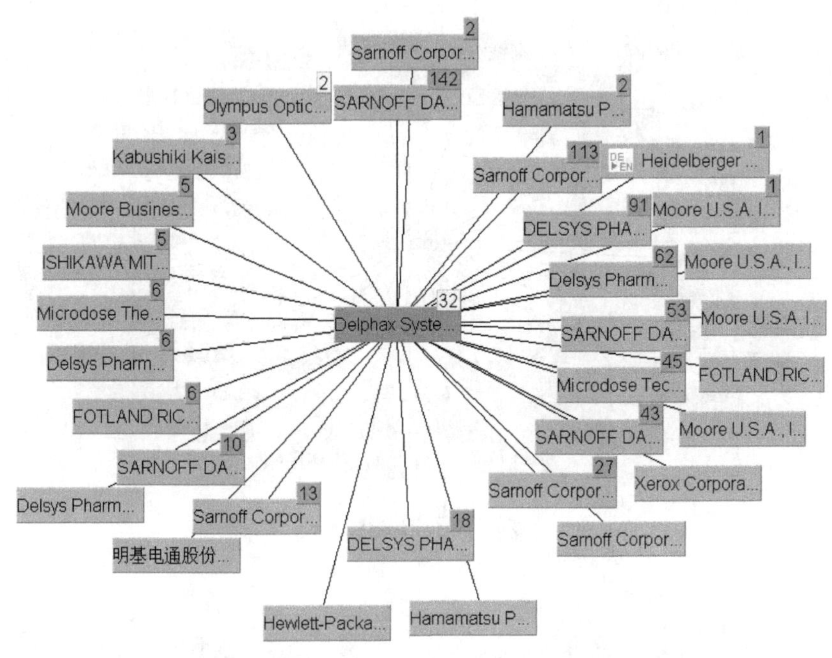

图 5-19　专利 US5014076A 引证信息（续）

20. 一种打印机纸张供应盘 US5081595A

专利信息见表 5-20，引证出自 Goldfire 如图 5-20 所示，其中上图为该专利的引证情况，下图为该专利权人的专利引证情况。

表 5-20　US5081595A 专利信息

发明名称	申请号	申请日	公开号	公开日	同族数
一种打印机纸张供应盘	US59010190A	1990.09.28	US5081595A	1992.01.14	10
IPC 分类号	**申请（专利权）人**	**发明人**	**优先权号**	**优先权日**	**被引证数**
G06K15/00; B65H3/44; B41J29/42; H04N1/00; G03G21/00; B41J2/44; H04N1/32; B41J29/38; B41J13/00; G03G15/00	XEROX CORP;	MORENO JOSEFINA; VALLIERE PAUL J; ROURKE JOHN L; WEBSTER GEORGE W; DUMAS GLEN A; KIRCHNER KRIS D; RATCLIFFE II JACK R; PARSONS CAROL P;	US59010190	1990.09.28	60

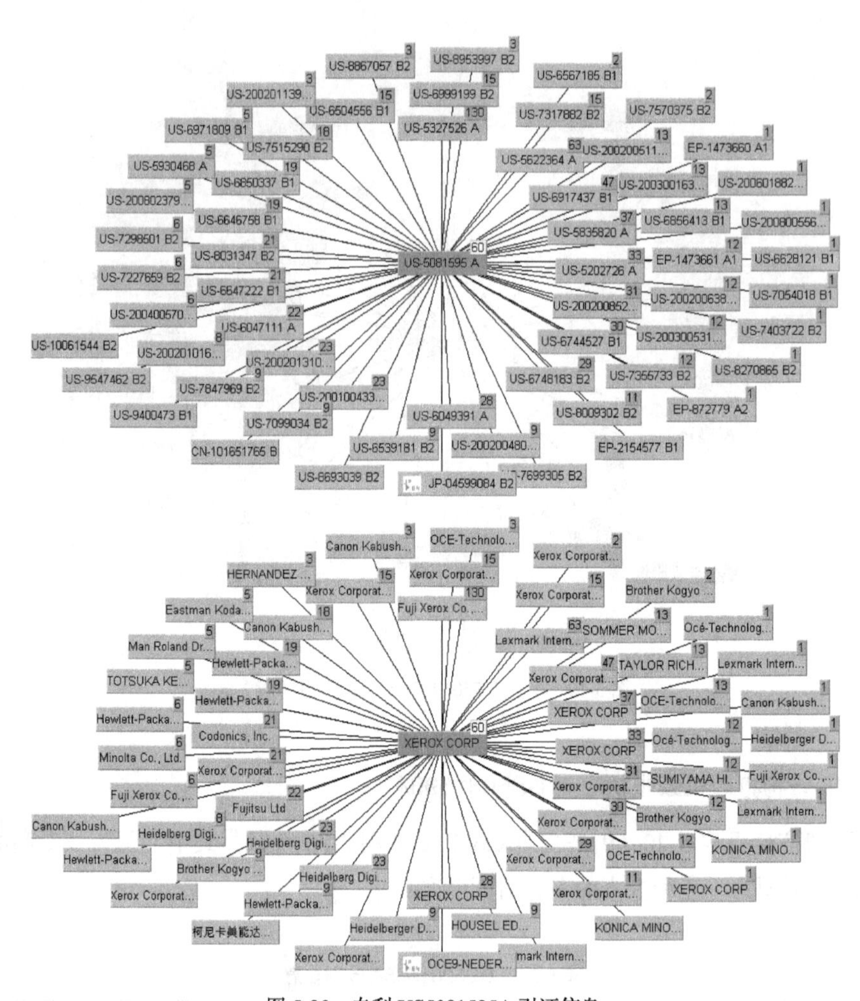

图 5-20　专利 US5081595A 引证信息

21. 彩色打印机校准结构 US5305119A

专利信息见表 5-21，引证出自 Goldfire，如图 5-21 所示，其中上图为该专利的引证情况，下图为该专利权人的专利引证情况。

表 5-21　US5305119A 专利信息

发明名称	申请号	申请日	公开号	公开日	同族数
彩色打印机校准结构	US95507592A	1994.10.01	US5305119A	1994.04.19	8
IPC 分类号	**申请（专利权）人**	**发明人**	**优先权号**	**优先权日**	**被引证数**
H04N1/46; G03G15/01; H04N1/60; B41J2/525	XEROX CORP;	ROLLESTON ROBERT J; MALTZ MARTIN S; STINEHOUR JUDITH E;	US95507592	1992.10.01	84

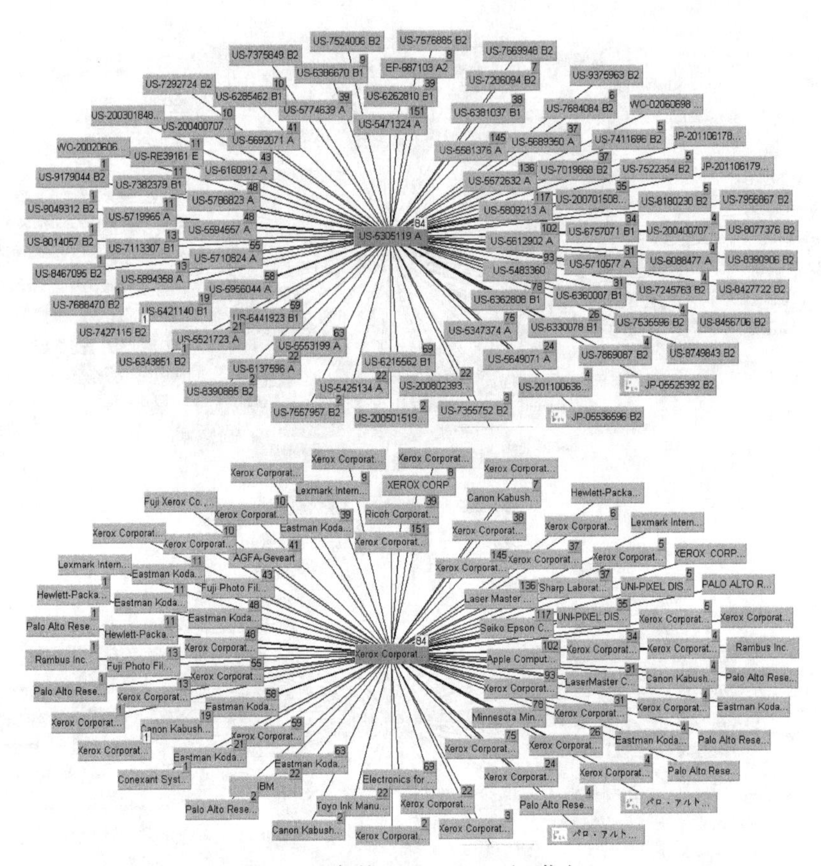

图 5-21　专利 US5305119A 引证信息

22. 描述复杂彩色光栅图像的结构化图像（SI）格式 US5485568A

专利信息见表 5-22，引证出自 Goldfire，如图 5-22 所示，其中上图为该专利的引证情况，下图为该专利权人的专利引证情况。

表 5-22　US5485568A 专利信息

发明名称	申请号	申请日	公开号	公开日	同族数
描述复杂彩色光栅图像的结构化图像（SI）格式	US13342293A	1993.10.08	US5485568A	1996.01.16	29
IPC 分类号	**申请（专利权）人**	**发明人**	**优先权号**	**优先权日**	**被引证数**
G06F3/14; G06T11/60; G06T11/80	XEROX CORP; FUJI XEROX CO LTD;	VENABLE DENNIS L; CAMPANELLI MICHAEL R; FUSS WILLIAM A; BOLLMAN JAMES E; NAGAO TAKASHI; YAMADA TOSHIYA; YAMADA KAZUYA;	US13342293	1993.10.08	104

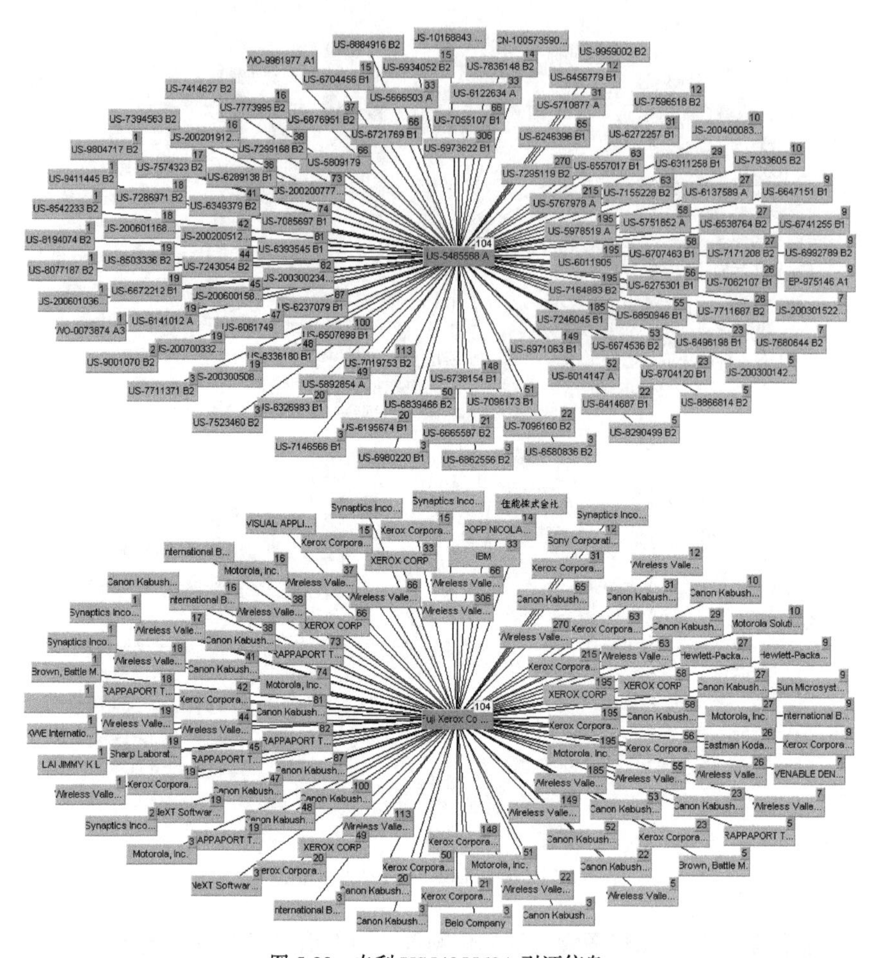

图 5-22　专利 US5485568A 引证信息

23. 彩色文档再现的混合量化方法 US5394252A

专利信息见表 5-23，引证出自 Goldfire，如图 5-23 所示，其中上图为该专利的引证情况，下图为该专利权人的专利引证情况。

表 5-23　US5394252A 专利信息

发明名称	申请号	申请日	公开号	公开日	同族数
彩色文档再现的混合量化方法	US20492194A	1994.03.02	US5394252A	1995.02.28	8
IPC 分类号	**申请（专利权）人**	**发明人**	**优先权号**	**优先权日**	**被引证数**
H04N1/46; B41J2/52; G03G15/01; H04N1/40; H04N1/52; B41J2/525	XEROX CORP;	HOLLADAY THOMAS M; ESCHBACH REINER;	US20492194	1994.03.02	54

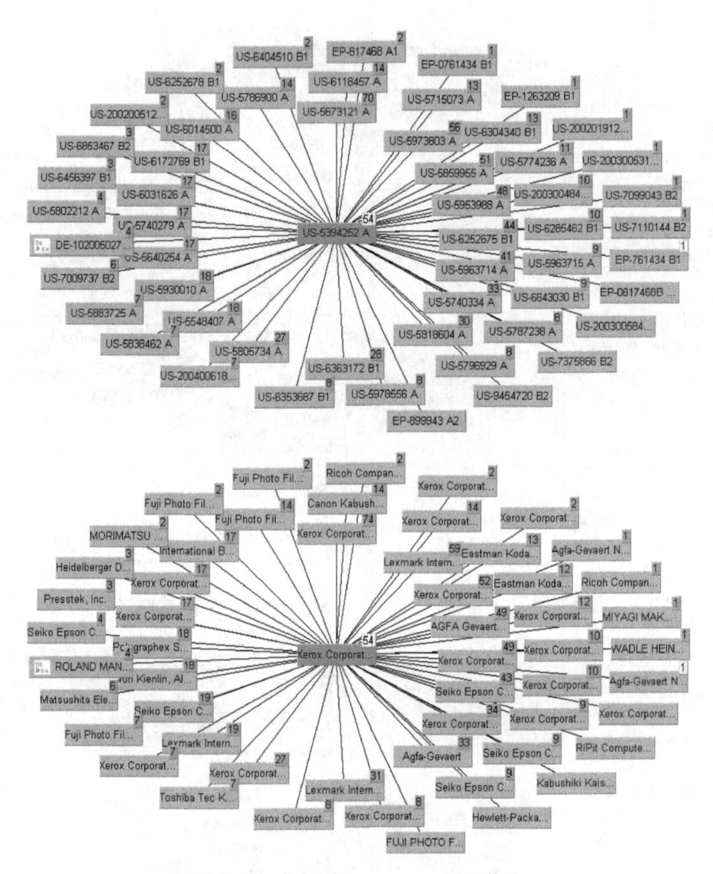

图 5-23　专利 US5394252A 引证信息

24. 打印作业调度系统 US6213652B1

专利信息见表 5-24，引证出自 Goldfire，如图 5-24 所示，其中上图为该专利的引证情况，下图为该专利权人的专利引证情况。

表 5-24　US6213652B1 专利信息

发明名称	申请号	申请日	公开号	公开日	同族数
打印作业调度系统	US54407695A	1995.10.17	US6213652B1	2001.04.10	18
IPC 分类号	**申请（专利权）人**	**发明人**	**优先权号**	**优先权日**	**被引证数**
G06K15/00; G06F3/12	FUJI XEROX CO LTD;	SUZUKI AKIHIRO; YAMADA KENTARO; NISHIYAMA KOJI; NAKATANI TOORU; NAKAMURA YOH;	JP9261595; JP9381895; JP9381995; JP9382095; JP9544795; JP11798295; JP9544895; JP9544995	1995.04.18； 1995.04.19； 1995.04.20	159

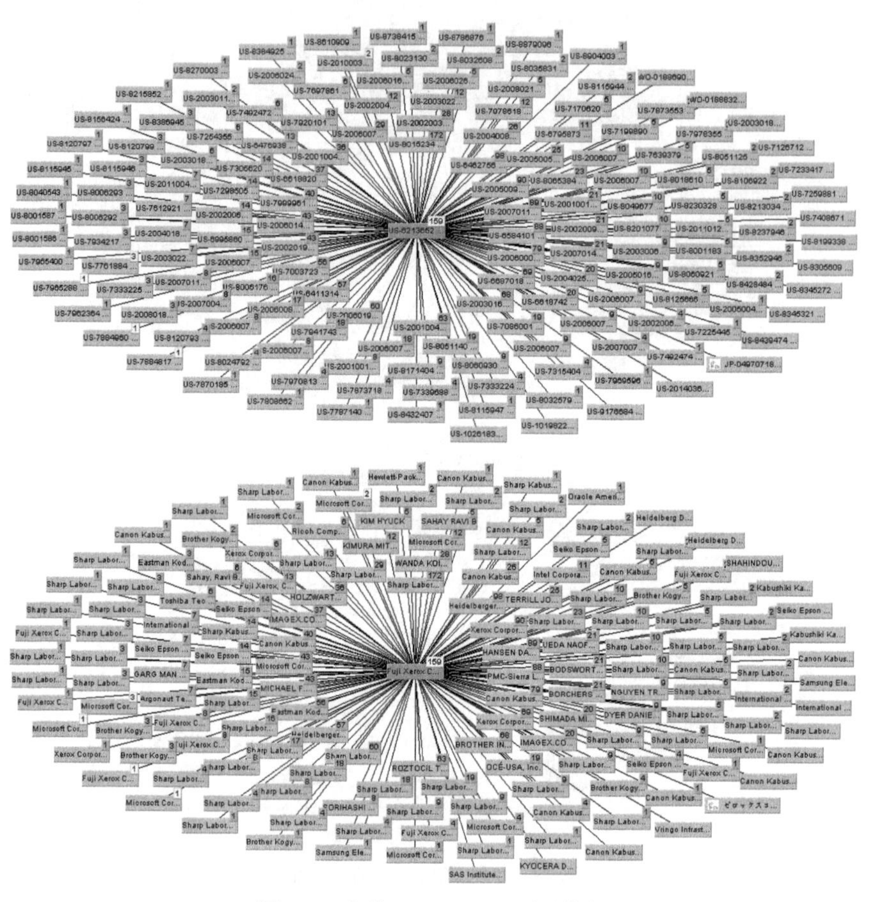

图 5-24　专利 US6213652B1 引证信息

25. 基于实时数据采集的空气系统压力动态设定系统和方法 US6279896B1

专利信息见表 5-25，引证出自 Goldfire，如图 5-25 所示，其中上图为该专利的引证情况，下图为该专利权人的专利引证情况。

表 5-25　US6279896B1 专利信息

发明名称	申请号	申请日	公开号	公开日	同族数
基于实时数据采集的空气系统压力动态设定系统和方法	US41641799A	1999.10.12	US6279896B1	2001.08.28	10
IPC 分类号	**申请（专利权）人**	**发明人**	**优先权号**	**优先权日**	**被引证数**
B65H3/14; B65H7/16; B65H3/12; B65H3/48; B65H3/08; B65H1/18	XEROX CORP;	LINDER MICHAEL J; MOORE KENNETH P; DECHAU RICHARD L; HAAG WILLIAM R;	US41641799	1999.10.12	33

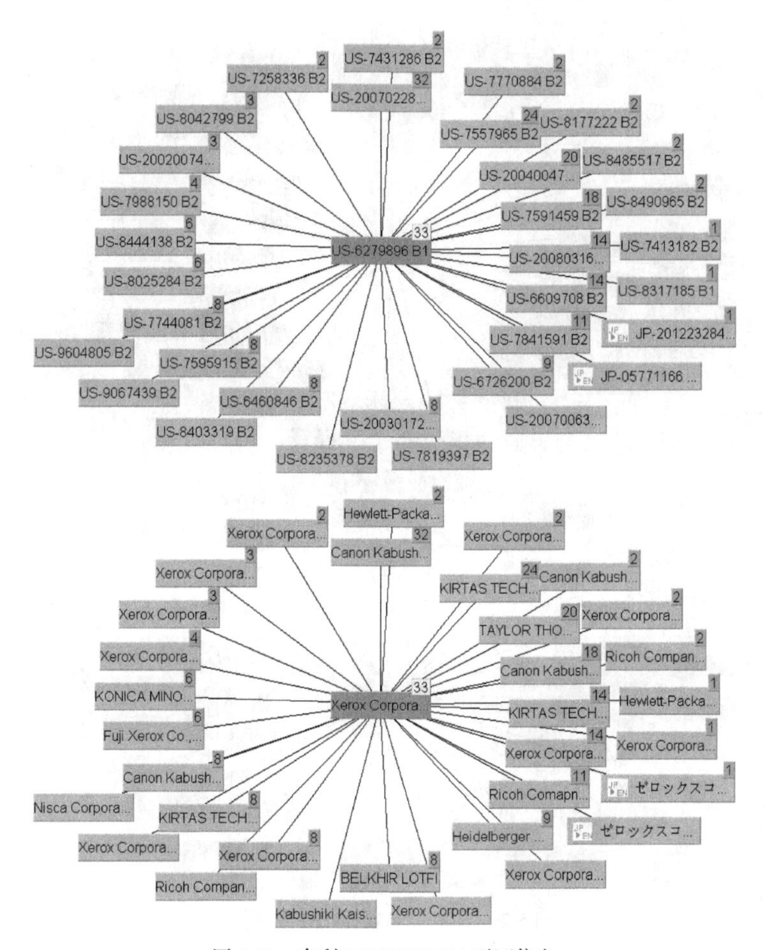

图 5-25　专利 US6279896B1 引证信息

26. 对象优化打印系统和方法 US6327043B1

专利信息见表 5-26，引证出自 Goldfire，如图 5-26 所示，其中上图为该专利的引证情况，下图为该专利权人的专利引证情况。

表 5-26　US6327043B1 专利信息

发明名称	申请号	申请日	公开号	公开日	同族数
对象优化打印系统和方法	US71566496A	1996.09.18	US6327043B1	2001.12.04	4
IPC 分类号	**申请（专利权）人**	**发明人**	**优先权号**	**优先权日**	**被引证数**
G06K15/00; H04N1/40; G06F3/12	XEROX CORP;	RUMPH DAVID E; COLEMAN ROBERT M; HAINS CHARLES M; KENEALY JAMES K; CORL MARK T; ATKINSON RUSSELL R; PLASS MICHAEL F; NICKELL ERIC S; GREEN L DALE; BUCKLEY ROBERT R;	US71566496; US24532094	1996.09.18; 1994.05.18	46

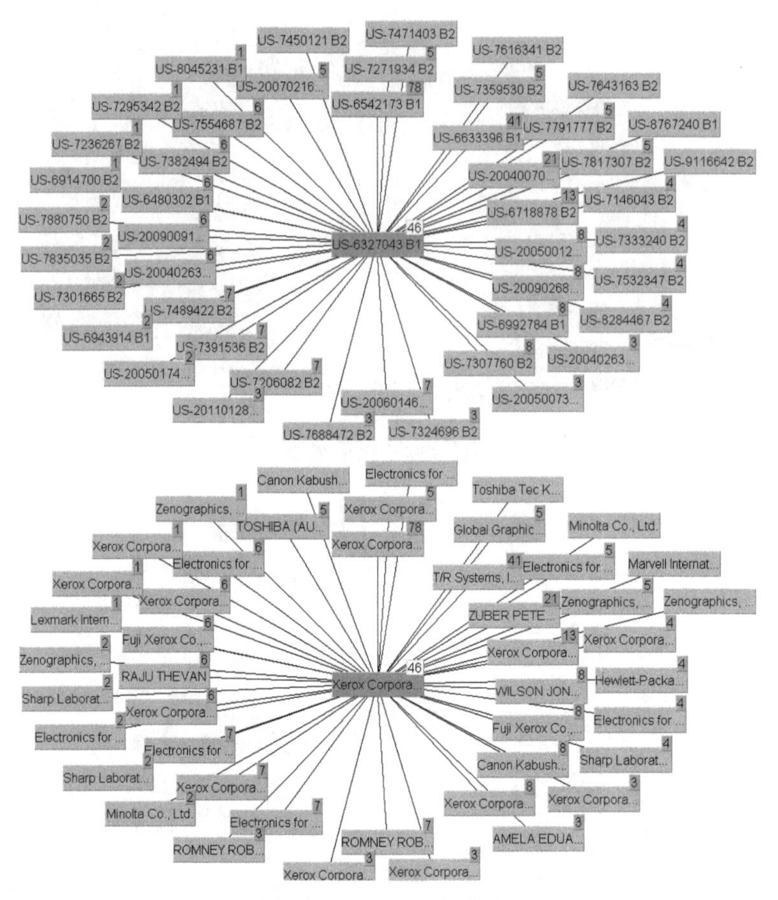

图 5-26　专利 US6327043B1 引证信息

5.1.2　代表性关键专利引证信息（2002 年之后）

1. 一种用于降低支撑材料热应力的打印和 / 或复制的装置和方法 US7245866B2

专利信息见表 5-27，引证出自 Goldfire，如图 5-27 所示，其中左图为该专利的引证情况，右图为该专利权人的专利引证情况。

表 5-27　US7245866B2 专利信息

发明名称	申请号	申请日	公开号	公开日	同族数
一种用于降低支撑材料热应力的打印和 / 或复制的装置和方法	US31223703A	2003.07.10	US7245866B2	2007.07.17	9
IPC 分类号	**申请（专利权）人**	**发明人**	**优先权号**	**优先权日**	**被引证数**
G03G15/20	OCE PRINTING SYSTEMS GMBH;	FROEHLICH GEORG;	DE10030739; EP0107106	2000.06.23; 2001.06.22	6

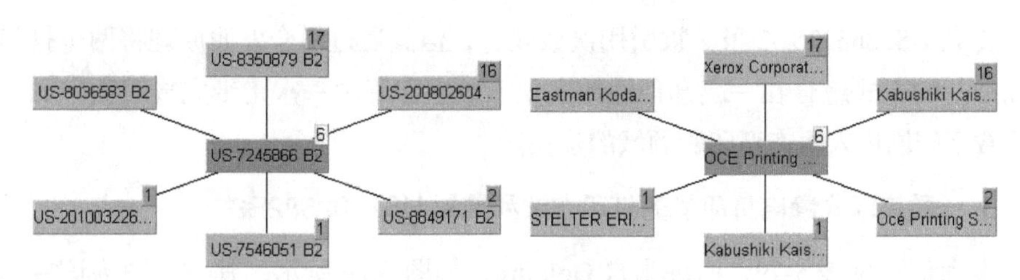

图 5-27　专利 US7245866B2 引证信息

专利 US7245866B2 虽然被引用次数较少，但其对色粉静电成像数字印刷定影技术的革新和提高印刷品质量具有重要的意义，专利中通过将高温定影单元进行拆分，使墨粉在转移到纸张后分别经两次加热实现墨粉在纸张上的附着，减少墨粉单次熔融在纸张上的渗透量，降低因墨粉对承印物润湿导致的铺展，提高图文的印刷质量，最终提高色粉静电成像技术的印刷质量。

2. 一种打印方法及使用这种方法的打印机和一种调整打印机的方法 US7266335B2

专利信息见表 5-28，引证出自欧洲专利局，如图 5-28 所示。

表 5-28　US7266335B2 专利信息

发明名称	申请号	申请日	公开号	公开日	同族数
一种打印方法及使用这种方法的打印机和一种调整打印机的方法	US98373804A	2004.11.09	US7266335B2	2007.09.04	10
IPC 分类号	**申请（专利权）人**	**发明人**	**优先权号**	**优先权日**	**被引证数**
B41J3/54; G03G15/01; G03G21/00; G03G21/14; G03G15/23; G03G15/16; G03G15/00	OCE TECH BV;	VAN DEN BERG ROELAND C; VENNER CORNELIS WM; EIJSSEN JACOBUS MG;	NL1024767	2003.11.12	6

以公开号 US7266335B2 在 Goldfire 中查询显被引证数为 4，在欧洲专利局网站上同样以公开号 US7266335B2 查询，得到同族专利 US2005100370A1 的被引证数为 6，由于同族专利的特性，可以等同认为专利 US7266335B2 的被引证数为 6。

Espacenet

引用文献列表: US2005100370 (A1) — 2005-05-12

6 件文献引用了US2005100370 (A1)

1. Formation of a Crease and an Image on Media					
发明人： SHAUL ITZIK [IL] GREENBERG GILAD [IL] (+1)	申请人： HEWLETT PACKARD INDIGO BV [US] HEWLETT PACKARD INDIGO BV [US]	CPC: B41J2/0057 B41J3/38 B41M1/24 (+4)	IPC: B41J2/005	公开信息： US2015343762 (A1) 2015-12-03 US10150285 (B2) 2018-12-11	优先权日： 2012-11-13

图 5-28　专利 US7266335B2（同族专利 US2005100370A1）引证信息

专利 US7266335B2 虽然被引用次数较少，但其通过组合发明原理将两个打印单元以并行的方式组合在一起开创性地实现了数字印刷中一次走纸完成双面印刷，加速了数字印刷进入生产型印刷领域的步伐。

3. 一种串联式静电打印机的打印方法和装置 US7502582B2

专利信息见表 5-29，引证出自 Goldfire，如图 5-29 所示，其中上图为该专利的引证情况，下图为该专利权人的专利引证情况。

表 5-29　US7502582B2 专利信息

发明名称	申请号	申请日	公开号	公开日	同族数
一种串联式静电打印机的打印方法和装置	US2111904A	2004.12.22	US7502582B2	2009.03.10	13
IPC 分类号	**申请（专利权）人**	**发明人**	**优先权号**	**优先权日**	**被引证数**
G03G13/06; G03G15/16; G03G15/20; G03G13/01	EASTMAN KODAK CO;	NG YEE S; LOGEL ROBERT C;	US2111904	2004.12.22	24

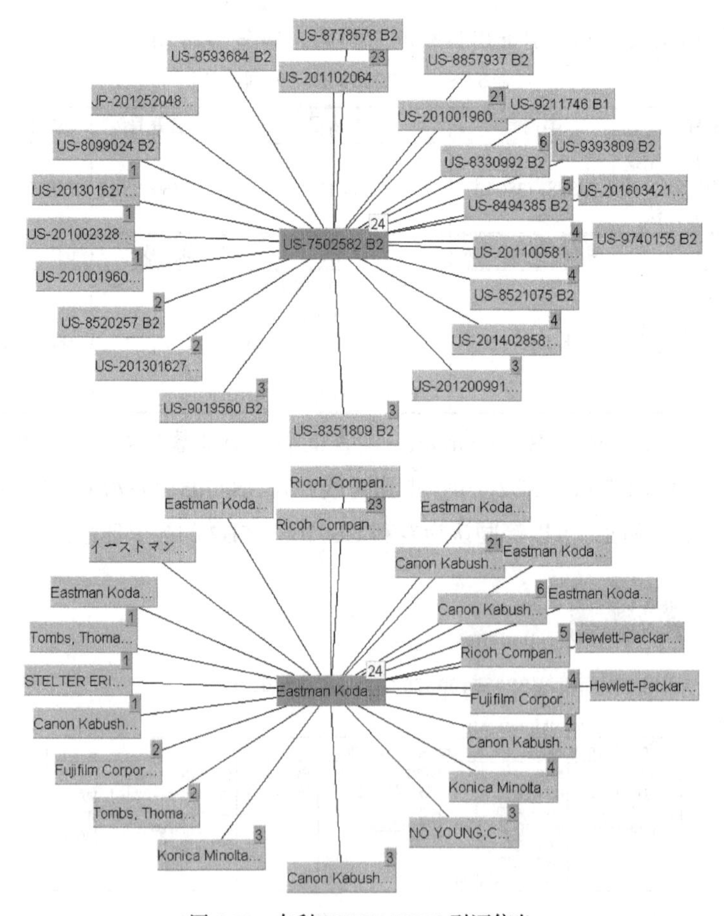

图 5-29　专利 US7502582B2 引证信息

4. 色粉、显影剂、色粉容器、处理盒、图像形成装置和图像形成方法 US7374851B2

专利信息见表 5-30，引证出自 Goldfire，如图 5-30 所示，其中上图为该专利的引证情况，下图为该专利权人的专利引证情况。

表 5-30　US7374851B2 专利信息

发明名称	申请号	申请日	公开号	公开日	同族数
色粉、显影剂、色粉容器、处理盒、图像形成装置和图像形成方法	US37865306A	2006.03.20	US7374851B2	2008.05.20	32
IPC 分类号	**申请（专利权）人**	**发明人**	**优先权号**	**优先权日**	**被引证数**
G03G5/08; G03G9/00; G03G9/087; G03G; G03G9/08	RICOH KK;	NAKAYAMA SHINYA; MOCHIZUKI SATOSHI; IWAMOTO YASUAKI; ASAHINA YASUO; KOTSUGAI AKIHIRO; ISHII MASAYUKI; UCHINOKURA OSAMU; NAKAJIMA HISASHI; ICHIKAWA TOMOYUKI; UTSUMI TOMOKO; SAKATA KOICHI; SUGIURA HIDEKI; EMOTO SHIGERU; AWAMURA JUNICHI; TOMITA MASAMI; HONDA TAKAHIRO; YAGI SHINICHIRO; SUZUKI TOMOMI; 山田 HIROSHI; NANYA TOSHIKI; HIGUCHI HIROTO; SASAKI FUMIHIRO; SHIMOTA NAOHITO;	JP2003325532; JP2004004424; JP2004013559	2003.09.18; 2004.01.09; 2004.09.16	47

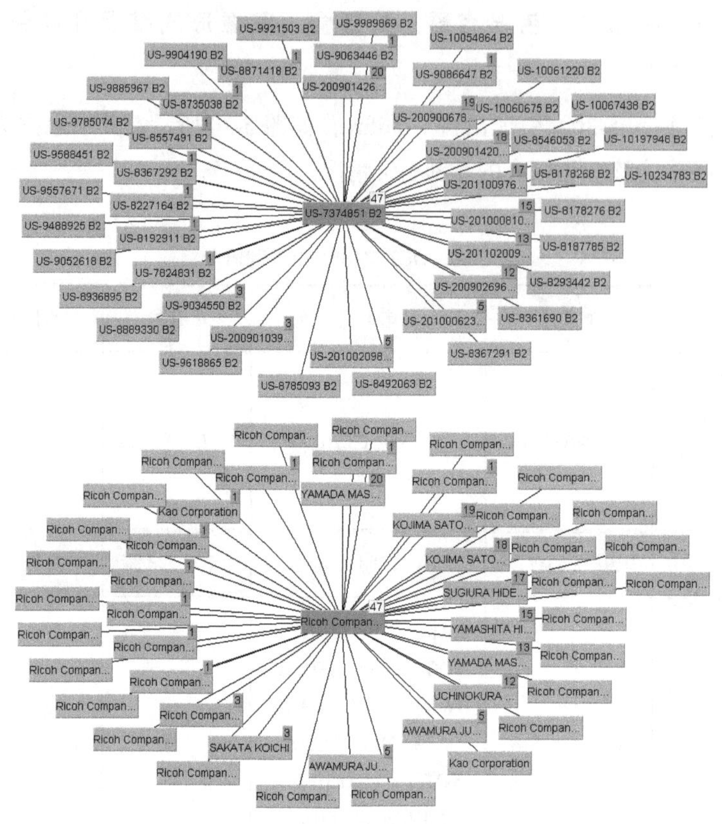

图 5-30　专利 US7374851B2 引证信息

5. LED 阵列头和图像记录装置 US2007109395A1

专利信息见表 5-31，引证出自欧洲专利局，如图 5-31 所示。

表 5-31　US2007109395A1 专利信息

发明名称	申请号	申请日	公开号	公开日	同族数
LED 阵列头和图像记录装置	US44797906A	2006.06.07	US2007109395A1	2007.05.17	6
IPC 分类号	**申请（专利权）人**	**发明人**	**优先权号**	**优先权日**	**被引证数**
B41J2/45; H01L33/62	FUJI XEROX CO LTD;	WATANABE YOICHI; SUZUKI YOSHIO; SONODA EITOKU	JP2005330305	2005.11.15	1

以公开号 US2007109395A1 在 Goldfire 中查询显示无数据，在欧洲专利局网站上同样以公开号 US2007109395A1 查询，得到的被引证数为 1。

专利 US2007109395A1 的被引证数量为 1，且为富士施乐自身，但该技术对静电成像技术中曝光技术的发展和成像质量的提高有着重大的意义，经过分析，作者认为较少的被引证数有如下原因：①原从事静电成像数字印刷的企业逐步转向喷墨成像，进而无心继续在曝光装置上投入过多的研发力量；②施乐的专利具有较高的技术壁垒，在其上继续改进的难度较大。

Espacenet

引用文献列表: US2007109395 (A1) — 2007-05-17

1 件文献引用了US2007109395 (A1)

1. LIGHT-EMITTING ELEMENT ARRAY WITH MICRO-LENSES AND OPTICAL WRITING HEAD					
发明人： HAMANAKA KENJIRO [JP] HASHIMOTO TAKAHIRO [JP]	申请人： FUJI XEROX CO LTD [JP]	CPC: B41J2/451 H01L2224/48463 H01L2224/4847 (+3)	IPC: H01L33/00	公开信息： US2010001296 (A1) 2010-01-07 US8089077 (B2) 2012-01-03	优先权日： 2006-04-04

图 5-31　专利 US2007109395A1 引证信息

6. 乳液聚合聚酯色粉 US7858285B2。

专利信息见表 5-32，引证出自欧洲专利局，如图 5-32 所示。

表 5-32　US7858285B2 专利信息

发明名称	申请号	申请日	公开号	公开日	同族数
乳液聚合聚酯色粉	US55692606A	2006.11.06	US7858285B2	2010.12.28	14
IPC 分类号	**申请（专利权）人**	**发明人**	**优先权号**	**优先权日**	**被引证数**
G03G9/08	XEROX CORP;	SACRIPANTE GUERINO G; CHEN ALLAN K;	US55692606	2006.11.06	66

以公开号 US7858285B2 在 Goldfire 中查询显示被引证数为 8，在欧洲专利局网站上同样以公开号 US7858285B2 查询，得到同族专利 US2008107989A1 的被引证数为 66，由于同族专利的特性，可以等同认为专利 US8041278B2 的被引证数为 66。

Espacenet

引用文献列表: US2008107989 (A1) — 2008-05-08

大约66件文献引用US2008107989 (A1)

1. METHOD OF SELECTIVE LASER SINTERING					
发明人： KEOSHKERIAN BARKEV [CA] WOSNICK JORDAN H [CA] (+4)	申请人： XEROX CORP [US]	CPC: B29C64/135 B29C64/153 B29K2021/003 (+4)	IPC: B29C67/00 B33Y10/00 B33Y70/00	公开信息： US2018022043 (A1) 2018-01-25 US10315409 (B2) 2019-06-11	优先权日： 2016-07-20
2. PROCESS TO PREPARE POLYESTER PHASE INVERSION LATEXES					
发明人： ВАН Юйлинь, МОФФАТ Карен А., (+3)	申请人： КСЕРОКС КОРПОРЭЙШН	CPC: C08G63/42 C08G63/88 C08G63/90 (+11)	IPC: C08F220/34	公开信息： RU2014129283 (A) 2016-02-10 RU2652988 (C2) 2018-05-04	优先权日： 2013-07-18

图 5-32　专利 US7858285B2（同族专利 US2008107989A1）引证信息

7. 面发光激光阵列、光学扫描装置和图像形成装置 US8089498B2（理光 VCSEL 激光技术）

专利信息见表 5-33，引证出自 Goldfire，如图 5-33 所示，其中左图为该专利的引证情况，右图为该专利权人的专利引证情况。

表 5-33　US8089498B2 专利信息

发明名称	申请号	申请日	公开号	公开日	同族数
面发光激光阵列、光学扫描装置和图像形成装置	US99340607A	2007.04.27	US8089498B2	2012.01.03	18
IPC 分类号	**申请（专利权）人**	**发明人**	**优先权号**	**优先权日**	**被引证数**
B41J2/45	SATO SHUNICHI; ITOH AKIHIRO; SHOUJI HIROYOSHI; HAYASHI YOSHINORI; ICHII DAISUKE; HARA KEI; FUJII MITSUMI; RICOH CO LTD;	SATO SHUNICHI; ITOH AKIHIRO; SHOUJI HIROYOSHI; HAYASHI YOSHINORI; ICHII DAISUKE; HARA KEI; FUJII MITSUMI;	JP2006126074; JP2006126076; JP2007035652; JP2007057955; JP2007059563	2006.04.28; 2007.02.16; 2007.03.08; 2007.04.27	12

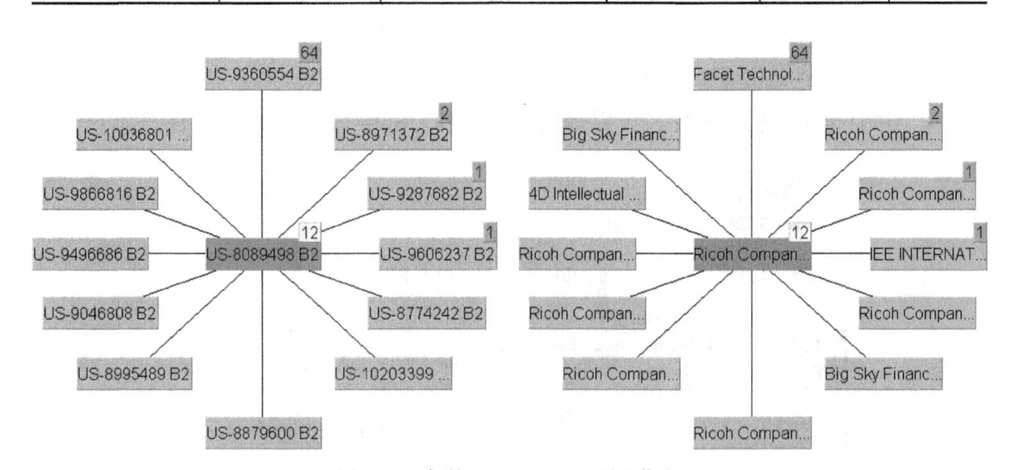

图 5-33　专利 US8089498B2 引证信息

8. LED 驱动荧光粉发光的文件照明器 US7864381B2

专利信息见表 5-34，引证出自 Goldfire，如图 5-34 所示，其中上图为该专利的引证情况，下图为该专利权人的专利引证情况。

表 5-34　US7864381B2 专利信息

发明名称	申请号	申请日	公开号	公开日	同族数
LED 驱动荧光粉发光的文件照明器	US72586007A	2007.03.20	US7864381B2	2011.01.04	8
IPC 分类号	**申请（专利权）人**	**发明人**	**优先权号**	**优先权日**	**被引证数**
H04N1/04	XEROX CORP;	SCOTT THOMAS R	US72586007	2007.03.20	18

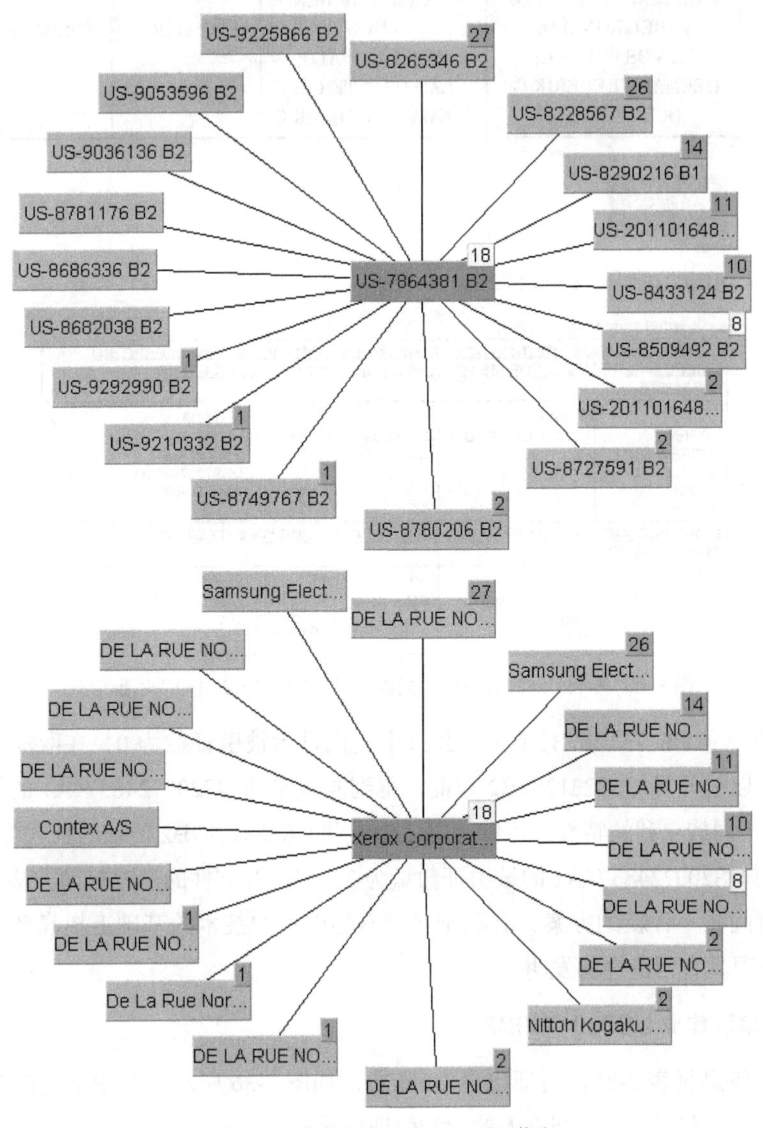

图 5-34　专利 US7864381B2 引证信息

9. 变速打印 US8231287B2

专利信息见表 5-35，引证出自欧洲专利局，如图 5-35 所示。

表 5-35　US8231287B2 专利信息

发明名称	申请号	申请日	公开号	公开日	同族数
变速打印	US78569007A	2007.04.19	US8231287B2	2012.07.31	10
IPC 分类号	**申请（专利权）人**	**发明人**	**优先权号**	**优先权日**	**被引证数**
B41J11/44	BURGER JOHAN H; WAARSING BEREND JW; FABEL RONALD; LA VOS PETER G; HEEMAN FREDERIK G; OCE TECH BV;	BURGER JOHAN H; WAARSING BEREND JW; FABEL RONALD; LA VOS PETER G; HEEMAN FREDERIK G;	EP06112924	2006.04.21	3

Espacenet

引用文献列表: US2007248374 (A1) — 2007-10-25

3 件文献引用了US2007248374 (A1)

1. MULTI-FUNCTION PRINTING DEVICE HAVING LIGHT GUIDES BETWEEN PRINTING ENGINE AND SCANNER FOR MEASUREMENT OF PRINT ENGINE OR OTHER PARAMETERS

发明人:	申请人:	CPC:	IPC:	公开信息:	优先权日:
NOREN ANDREW S [GB] ASCROFT DAVID R [GB] (+4)	XEROX CORP [US]	H04N1/02805 H04N1/02835	H04N1/028	US2017223213 (A1) 2017-08-03 US9729748 (B1) 2017-08-08	2016-02-02

2. METHOD AND SYSTEM FOR ADJUSTING PRINT PRICING ON SELECTIVELY VARYING OPERATING SPEED

发明人:	申请人:	CPC:	IPC:	公开信息:	优先权日:
THOMAS DAVID A [GB]	THOMAS DAVID A [GB] XEROX CORP [US]	G03G21/02	G03G15/00 G03G21/00 G03G21/02	US2012051776 (A1) 2012-03-01	2010-09-01

图 5-35　专利 US8231287B2（同族专利 US2007248374A1）引证信息

以公开号 US8231287B2 在 Goldfire 中查询显示被引证数为 0，在欧洲专利局网站上同样以公开号 US8231287B2 查询，得到同族专利 US2007248374A1 的被引证数为 3，由于同族专利的特性，可以等同认为专利 US8231287B2 的被引证数为 3。

专利 US2007248374A1 的被引证数量为 3，但其开创性的变速打印方法对缩短打印准备时间是一种新的方案，有利于在现有静电成像技术的基础上提高数字印刷效率，是一项具有创造性的发明。

10. 串联作业 US7894739B2

专利信息见表 5-36，引证出自 Goldfire，如图 5-36 所示，其中上左图为该专利的引证情况，右图为该专利权人的专利引证情况。

表 5-36　US7894739B2 专利信息

发明名称	申请号	申请日	公开号	公开日	同族数
串联作业	US14224708A	2008.06.19	US7894739B2	2011.02.22	7
IPC 分类号	申请（专利权）人	发明人	优先权号	优先权日	被引证数
G03G15/00	XEROX CORP;	GRAMOWSKI JEFFREY; MILILLO RICHARD J; CZEBINIAK NICHOLAS W;	US14224708	2008.06.19	2

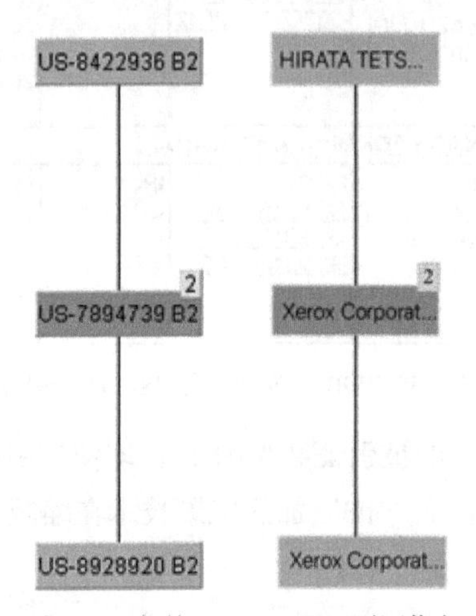

图 5-36　专利 US7894739B2 引证信息

专利 US7894739B2 的被引证数量为 2，虽然被引证数甚少，但其开创性地将处理速度相对较慢的印后处理系统通过串联和并联的方式接入处理速度较快的印刷单元，以一种低成本易实现的方案解决了印后处理系统与数字印刷系统的整合。

11. 加热装置、定影装置和成像装置 US8041278B2

专利信息见表 5-37，引证出自欧洲专利局，如图 5-37 所示。

表 5-37　US8041278B2 专利信息

发明名称	申请号	申请日	公开号	公开日	同族数
加热装置、定影装置和成像装置	US42964209A	2009.04.24	US8041278B2	2011.10.18	8
IPC 分类号	申请（专利权）人	发明人	优先权号	优先权日	被引证数
G03G15/20	FUJI XEROX CO LTD;	BABA MOTOFUMI; UCHIYAMA TAKAYUKI;	JP2008136079 JP2009054043	2008.05.23 2009.03.06	10

以公开号 US8041278B2 在 Goldfire 中查询显示被引证数只有 1，在欧洲专利局网站上同样以公开号 US8041278B2 查询，得到同族专利 US2009290917A1 的被引证数为 10，由于同族专利的特性，可以等同认为专利 US8041278B2 的被引证数为 10。

Espacenet

引用文献列表: US2009290917 (A1) — 2009-11-26

10 件文献引用了US2009290917 (A1)

1. FIXING DEVICE AND IMAGE FORMING APPARATUS INCLUDING SAME					
发明人: HASEGAWA MOTOKAZU [JP] ISOE YUKARI [JP] (+1)	申请人: HASEGAWA MOTOKAZU [JP] ISOE YUKARI [JP] (+1)	CPC: G03G15/2053 G03G2215/2032	IPC: G03G15/20	公开信息: US2014205333 (A1) 2014-07-24 US9280107 (B2) 2016-03-08	优先权日: 2013-01-21
2. FIXING DEVICE AND IMAGE FORMING APPARATUS					
发明人: TOKUHIRO EIICHIRO [JP] IWAI KIYOSHI [JP]	申请人: TOKUHIRO EIICHIRO [JP] IWAI KIYOSHI [JP] (+1)	CPC: G03G15/2039 G03G15/2046 G03G15/2053	IPC: G03G15/20	公开信息: US2013164055 (A1) 2013-06-27 US8892017 (B2) 2014-11-18	优先权日: 2011-12-21

图 5-37　专利 US7894739B2（同族专利 US2009290917A1）引证信息

专利 US2009290917A1 的被引证数量为 10，即使被引证数较少，但也不能掩盖其在定影技术突破上的贡献，“IH”加热定影技术在缩减静电成像图文设备启动时间和节能方面有着显著的效果。

5.2　关键技术的核心内容及发明原理

色粉静电成像数字印刷技术从 1938 年美国物理学家兼律师切斯特・卡尔逊发明静电复印工艺（静电成像）到现在已经走过 80 多年，静电成像数字印刷技术虽然相比喷墨成像数字印刷技术初始发明晚 80 年，但因其在印刷品质上与胶印的接近，很快被商业印刷认可并迅速发展，其中色粉静电成像数字印刷技术在多年的发展中成为静电成像中的主要技术，基于色粉静电成像数字印刷技术的生产型数字印刷机在市场份额上占有绝对的优势，其中的成就离不开作为色粉静电成像技术鼻祖的富士施乐近 50 年的潜心研究，也得益于其他公司在该领域所进行的持续投入。技术的发展一定伴随着大量专利的申请，色粉静电成像数字印刷技术从 1938 年发明到 2010 年施乐推出集多项专利技术的 Color800/1000 presses 数字印刷机的 62 年中，几十项核心专利阐述了静电成像数字印刷技术从婴儿期到衰退期的关键技术。通过专利引证筛选出关键专利，对静电成像数字印刷关键技术的专利内容及对应采用的 TRIZ 理论中的 40 个发明原理和科学效应进行分析。

5.2.1 关键技术的专利核心内容

1. 干性复制技术 – 发明专利公开号 US2297691A

切斯特·卡尔逊 1938 年发明干性复制技术，是静电成像技术的基础技术。

专利主要内容是发明一种基于光导特性和静电引力的静电复印方法。具体实现流程是：在光导材料表面通过摩擦使其带有静电荷，利用从透明原稿载体透射的光或者是从非透明原稿表面反射的光照射带有静电荷的光导材料成像版使其曝光，形成静电潜像，然后将墨粉喷到具有静电潜像的成像版上，在静电力的作用下，图文部分的墨粉被吸附在成像版上，用吹风装置吹去未粘接的墨粉，将承印物覆盖于成像版上并施加一定的压力可将成像版上图文部分的墨粉转移到承印物上，通过对转移到承印物上的墨粉进行加热使其熔化并与承印物牢固地结合，完成图文的复制，整个过程如图 4-32 所示。

2. 静电成像新工艺 – 发明专利公开号 US2588675A

施乐公司的前身哈罗伊德公司 1948 年在切斯特·卡尔逊干性复制技术专利 US2297691A 的基础上开发静电成像新工艺。

专利主要内容是将切斯特·卡尔逊发明的干性复制技术中所涉及的各个操作步骤整合到一台设备上代替手工操作，用光导材料代替发明专利 US2297691A 中切斯特·卡尔逊使用的涂布硫磺的金属版，设备上设置一个能够使光导版移动的装置，所述装置可以使光导版在充电、曝光、显影、转移位置循环移动，该设备还设置一个墨粉喷洒装置用于实现发明专利 US2297691A 中切斯特·卡尔逊所阐述的墨粉喷洒和多余墨粉的去除。设备如图 5-38 所示。

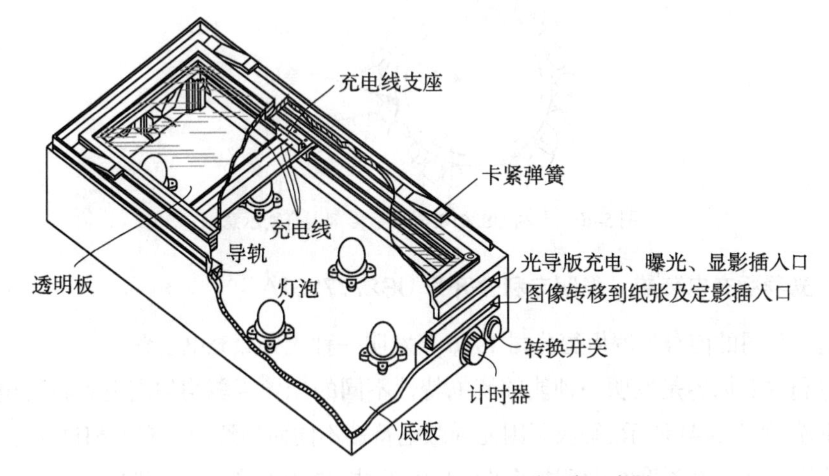

图 5-38 专利 US2588675A 中静电成像设备示意图

3. 电子照相制版及制作方法 – 发明专利公开号 US2663636A

施乐公司的前身哈罗伊德公司 1949 年发明一种电子照相版及制作方法。

专利主要内容是发明一种制备光导成像版的方法并给出一组用于制备由导电载体和光电导体绝缘材料组成的光导成像版的材料。其中一组材料及制备流程示意如图 5-39 所示。

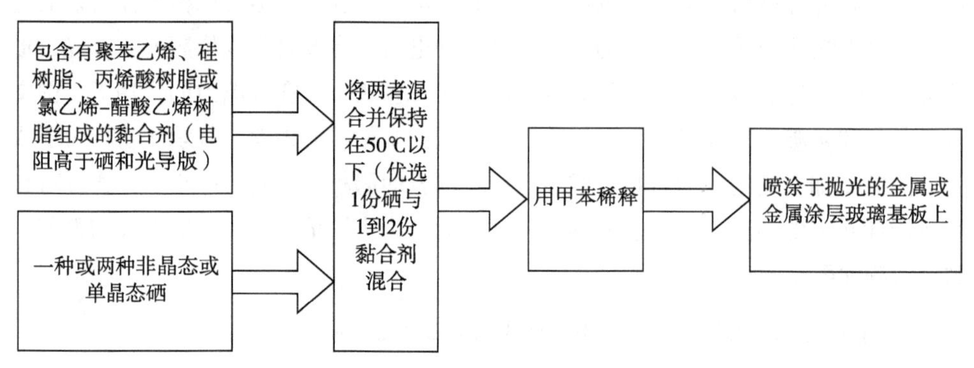

图 5-39　专利 US2663636A 照相制版材料及流程

4. 静电显影色粉 – 发明专利公开号 US2618551A

施乐公司的前身哈罗伊德公司 1948 年发明一种静电显影色粉。

专利主要内容是发明一种包括带电色粉和粒状载体材料组成的用于静电成像的显影剂混合物。如图 5-40 所示，其中每个载体颗粒包括具有选定比重的核心和涂层，涂层与色粉混合时摩擦产生电荷，涂层通常通过黏合剂黏附到核芯上。

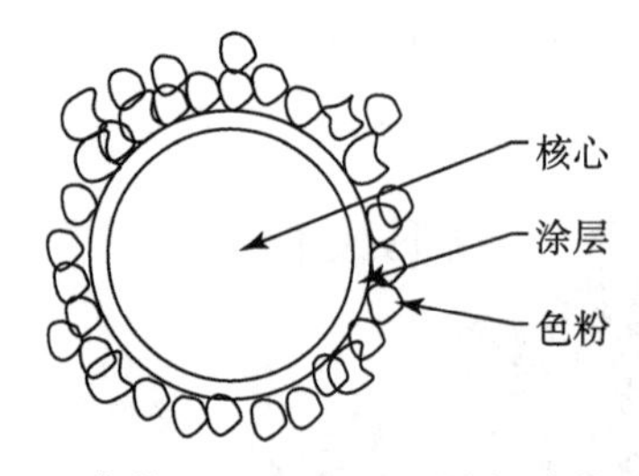

图 5-40　专利 US2618551A 显影剂混合物示意图

5. 光导版充电装置 – 发明专利公开号 US2777957A

施乐公司的前身哈罗伊德公司 1950 年发明一种光导版充电装置。

专利主要内容是发明一种能够使电特性不同的光导版能均匀充电到合适电压的充电装置，如图 5-41 所示。解决了因光导版电特性不同而导致的欠充电和过充电问题，提高了静电成像图文质量并解决了光导版由于过充电导致的击穿问题。

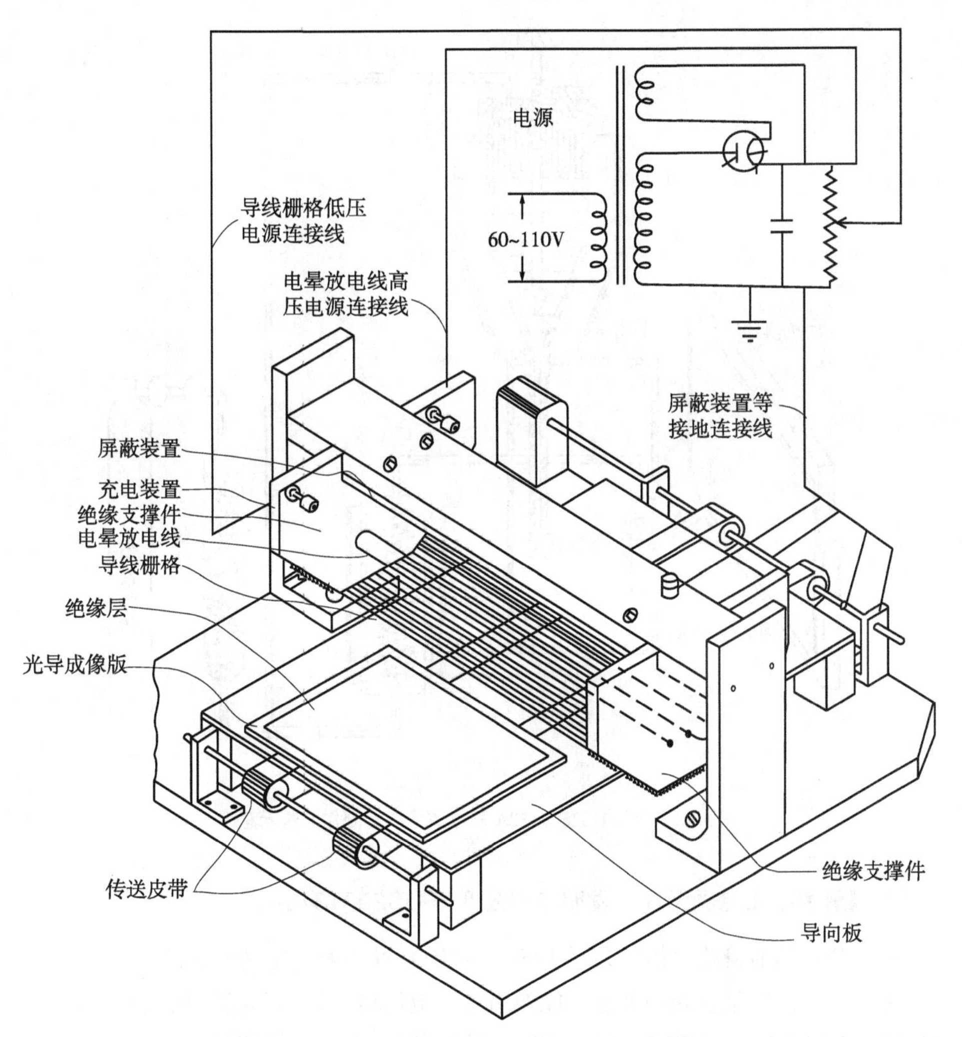

图 5-41　专利 US2777957A 光导版充电装置示意图

6. 静电成像版的制作方法 – 发明专利公开号 US2657152A

施乐公司的前身哈罗伊德公司 1950 年发明一种静电成像版的制作方法。

专利主要内容是发明一种将硒采用热喷涂方式喷涂在一定载体上以形成具有光导特性的光导体的方法，也是今天硒鼓制作最早的一种方法。具体方法是通过与熔融硒相同温度的惰性气体流将熔融的硒喷射到预热的电阻率比硒低的载体上，冷却后形成主要为玻璃质的硒涂覆层，优选 0.0005 ~ 0.002 英寸厚，然后用氧化铬的液体悬浮液抛光。使用的硒应含有少于 0.002%的金属杂质，但可含有 3%的硫作为助熔剂。载体可以选择铝、玻璃、镀铝玻璃、不锈钢、镍和钢，厚度为 0.003 ~ 0.0625 英寸。喷涂示意如图 5-42 所示。

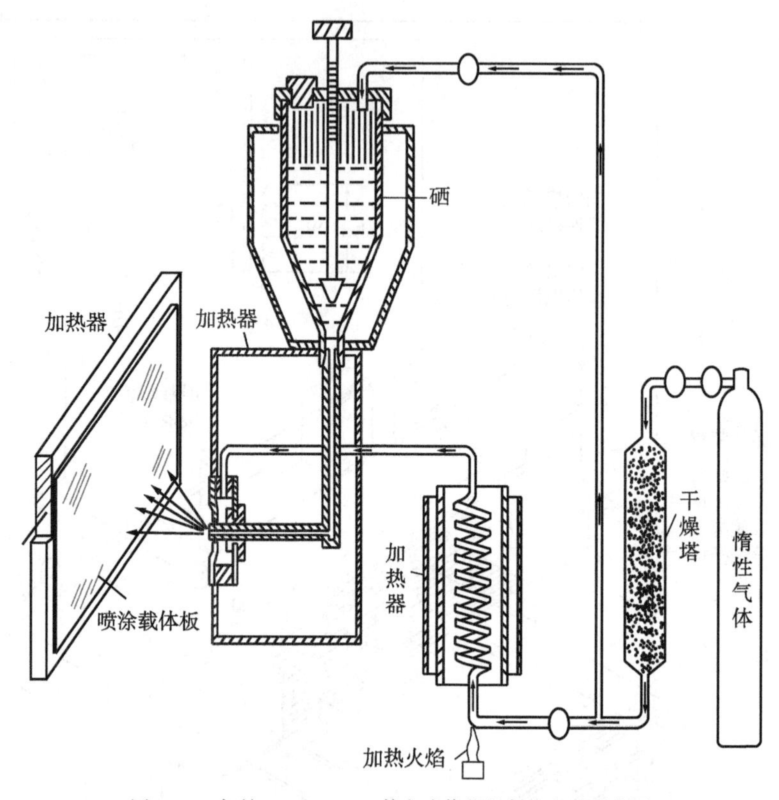

图 5-42 专利 US2657152A 静电成像版的制作方法示意图

7. 辐射敏感光电导元件 – 发明专利公开号 US2901348A

施乐公司的前身哈罗伊德公司 1953 年发明一种辐射敏感光电导元件。

专利主要内容是发明一种静电成像用光导版材料，共包括 4 层，依次为导电基层、在基层上设置的第一绝缘层、具有大于 1013 欧姆暗电阻率的光导材料层、第二绝缘层。第一和第二绝缘层的电阻率至少为 1013 欧姆。导电基层可以由金属板、箔，导电塑料、纸或玻璃组成，光导材料可以由无定形或玻璃质硒、硫、蒽或硒和硫的混合物组成。绝缘层可以由烃、蜡、聚苯乙烯、尿素聚合物、苯酚聚合物、三聚氰胺 - 甲醛树脂、纤维素基、乙烯基树脂、丁二烯聚合物、丙烯酸和甲基丙烯酸的共聚物组成，结构示意如图 5-43 所示。

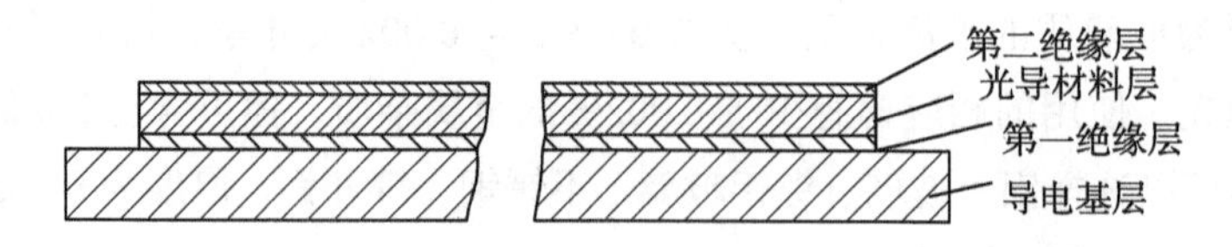

图 5-43 专利 US2901348A 辐射敏感光电导元件结构示意图

8. 静电复印方法（长寿命光导滚筒及相关多重放电方法）– 发明专利公开号 US3784297A

佳能公司 1971 年发明新的静电复印方法，涉及长寿命光导滚筒及相关多重放电方法。

专利主要内容是发明一种静电复印方法及复印机，静电复印法的是前消电 / 前曝光、一次充电（主充电）、二次充电 / 图像曝光、全面曝光、显影、转印、分离、定影、鼓清洁 9 个步骤。复印机的特征为：电子照相感光构件可旋转地固定到支撑装置上，在电子照相感光构件的上表面设置有往复运动的原稿保持器。充电装置布置在感光构件的一侧。复印机还包括用于狭缝曝光的光学系统，显影装置，定影装置和清洁装置，它们设置在感光构件的另一侧。纸张进给装置，图像转印装置布置在感光构件下方。复印机外形如图 4-37 所示。

9. 自动显影控制方法 – 发明专利公开号 US3754821A

施乐公司 1971 年发明一种自动显影控制方法。

专利主要内容是发明一种用于调节多色显影系统的显影装置。调节装置通过采集光导成像版上图像密度控制相应显影剂材料中调色剂浓度，实现控制图像密度并保持色彩平衡，控制流程如图 5-44 所示。

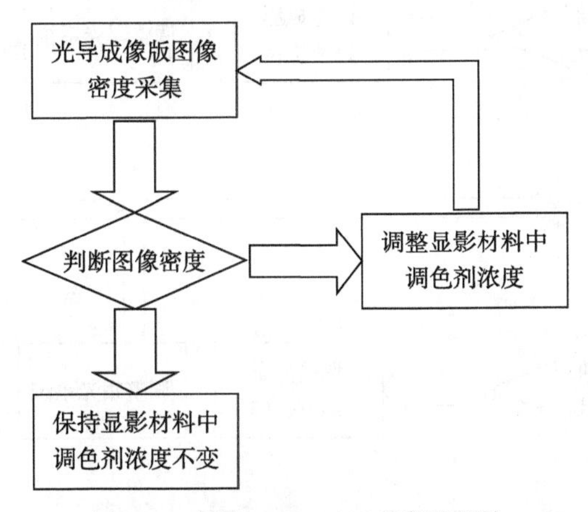

图 5-44　专利 US3754821A 控制流程图

10. 彩色静电复印机 – 发明专利公开号 US3869203A

施乐公司 1973 年发明一种彩色静电复印机。

专利主要内容是发明一种彩色静电成像印刷机，可以从原始文件形成黑白复印件或彩色复印件。在所述印刷机的一种操作模式中，印刷机通过使用黑色调色剂颗粒产生黑白复印件，另一种操作模式通过青色和红色墨粉颗粒的组合创建彩色复印件。复印机结构示意如图 4-39 所示。

11. 彩色标准和校准彩色静电复印机的方法 – 发明专利公开号 US3799668A

施乐公司 1973 年发明一种彩色标准和校准彩色静电复印机的方法。

专利主要内容是发明一种颜色标准和校准彩色静电复印机的方法，用于校准多色电子照相机控制印刷品色彩平衡和图像密度，流程如图 5-45 所示。

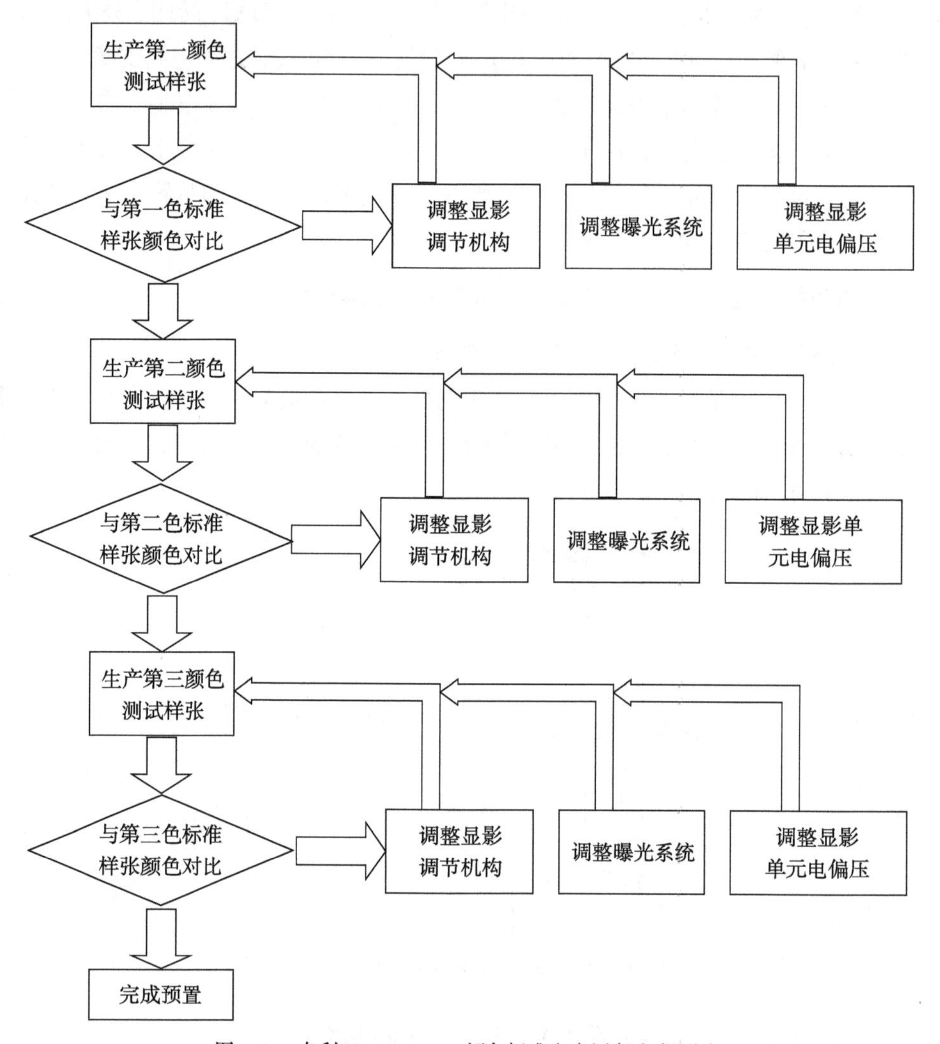

图 5-45 专利 US3799668A 颜色标准和应用方法流程图

12. 图像密度控制装置 – 发明专利公开号 US3815988A

施乐公司 1973 年发明一种图像密度控制装置。

专利主要内容是发明一种通过检测光导版表面静电潜像电位调整显影装置色粉

充电电压的方法和装置。用于控制沉积在光导版表面上的色粉浓度实现印刷品质的稳定一致，控制流程如图 5-46 所示。

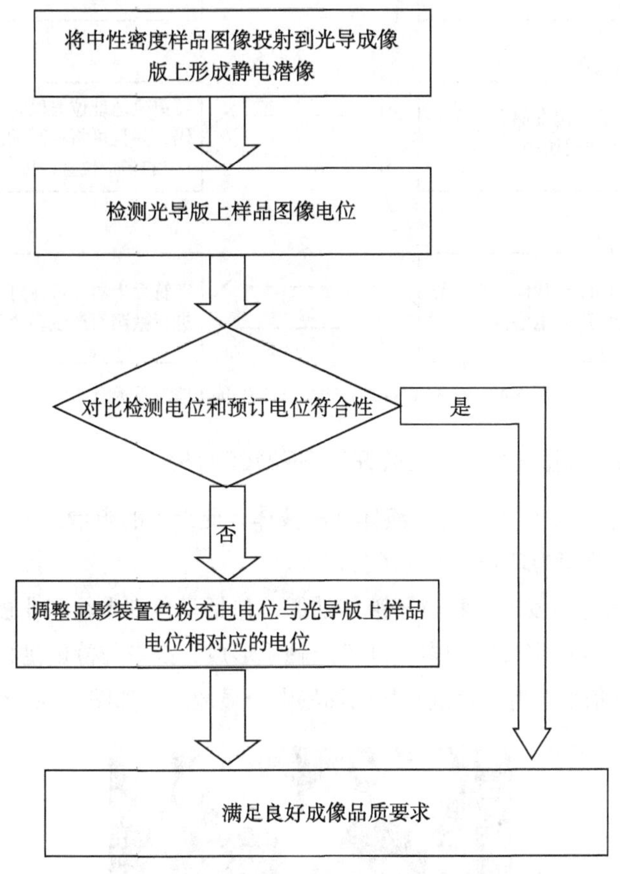

图 5-46 专利 US3815988A 图像密度控制流程图

13. 激光打印机（世界上第一台）– 发明专利公开号 US4031519A

IBM 公司 1974 年发明世界上第一台激光打印机。

专利主要内容是发明一种打印机数据处理方法及使用该方法的打印机。打印数据处理的具体方法为：打印机接收的编码数据，首先采用预定翻译代码的翻译表翻译成相应的图形代码或地址，然后图形代码使用地址来定位存储在多个字符发生器模块中，每组字符图形用于调制印刷鼓的激光扫描实现所需字符的打印。翻译表和字符发生器模块的程序都是可变的，存储在其中的数据可以直接根据数据处理单元的数据和指令执行加载或变更。打印数据处理流程示意如图 5-47 所示，打印机技术原理如图 4-42 所示。

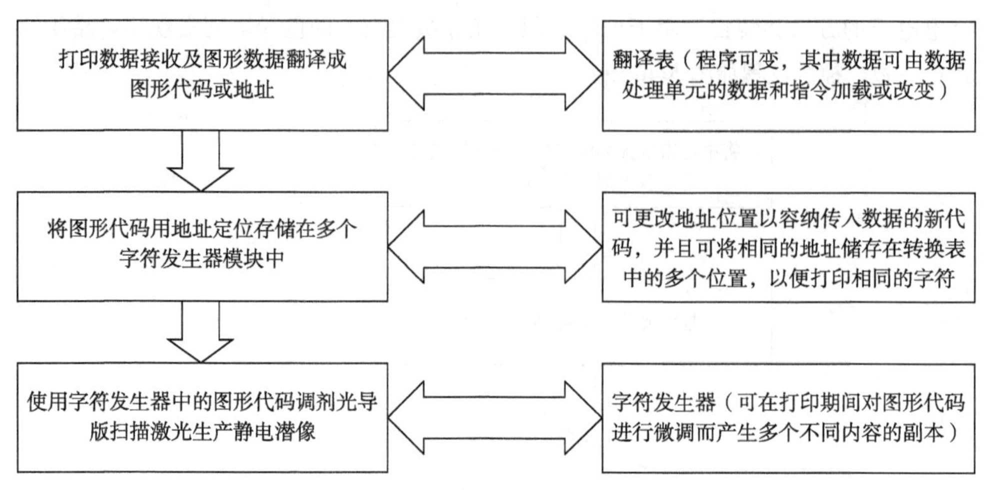

图 5-47　专利 US4031519A 打印数据处理流程示意图

14. 电子液体油墨 – 发明专利公开号 GB2169416A

班尼·兰达 1985 年发明电子液体油墨液体。此专利的申请人是印迪戈的前身萨文公司（现萨文公司为理光旗下的子公司）。

专利主要内容是发明一种电子液体油墨，包括呈色剂颗粒和非极性溶液，呈色剂颗粒由来自热塑性聚合物的多个纤维或触手形成，携带与静电潜像极性相反的电荷。放大 13000 倍的含有呈色剂颗粒的油墨电镜显微照片如图 5-48 所示。

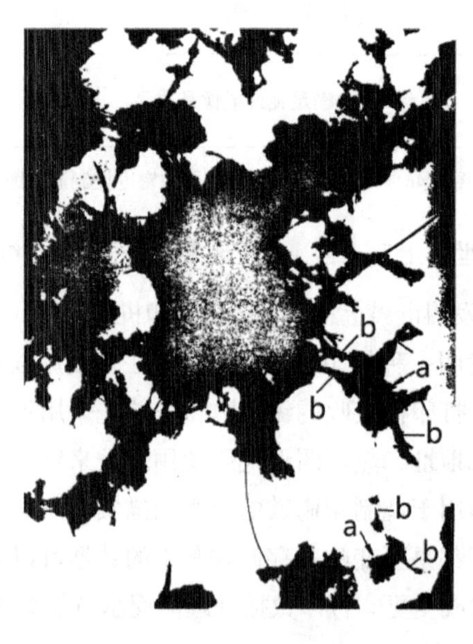

图 5-48　专利 GB2169416A 中放大 13000 倍的含有呈色剂颗粒的油墨电镜显微照片

a—呈色剂颗粒；b—呈色剂颗粒触手

15. 彩色复印控制装置 – 发明专利公开号 US4796054A

富士施乐 1986 年发明一种彩色复印控制装置。

专利主要内容是发明一种彩色复印机控制装置，包括由马达驱动的扫描单元，用于将彩色扫描光束施加到原稿上，光导鼓以旋转方式暴露于扫描光束下，在其外周表面上形成原稿的静电潜像。主控制器根据记录纸上形成的复制图像的放大率计算原稿图像与电动机速度的相关比率并输出脉冲率与计算出的速度数据成比例的脉冲信号。主控制器将脉冲信号输出到控制器，该控制器以脉冲信号的脉冲速率确定的速度驱动电动机。原理示意如图 5-49 所示。

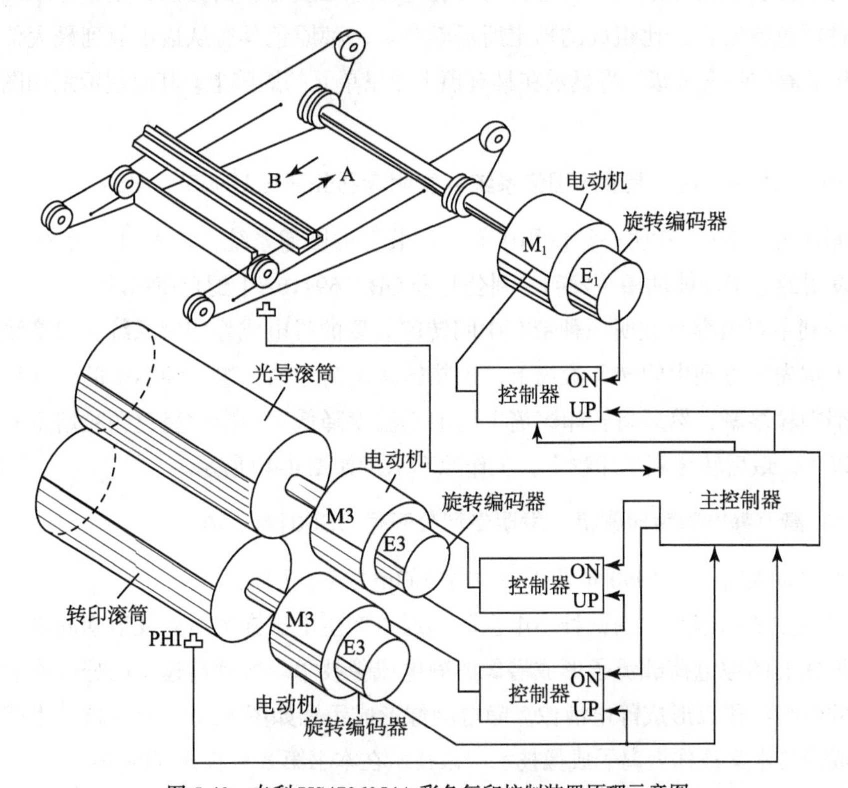

图 5-49　专利 US4796054A 彩色复印控制装置原理示意图

16. 用于光学变换字符发生器的曝光能量校正装置及使用该技术的静电打印机 – 发明专利公开号 US4780731A

西门子公司 1987 年发明一种用于光学变换字符发生器的曝光能量校正装置及使用该技术的静电打印机。

专利主要内容是发明一种具有光学字符发生器和用于光学字符发生器中由发光二极管阵列形成的曝光能量校正装置。在使用曝光能量校正系统时，用于监测的光电元件获取在规定的正常操作条件下每个发光元件传输到记录介质上的辐射强度，通过比较各发光二极管的发光强度自动发出调整发光时间的信号。信号发送到发光元件控制装置。控制装置为每个发光元件分配单独的驱动时间存储在存储器中。每个发光元件可向光导版提供相同的辐射能量。曝光能量校正装置工作原理如图 4-43 所示。

17. 用于显示和打印的颜色选择方法 – 发明专利公开号 US4837613A

Adobe 公司 1988 年发明一种用于显示和打印的颜色选择方法。

专利主要内容是发明一种选择每种打印原色强度等级的方法，用于显示或打印由每种原色特定百分比组成的预定所需颜色。每种原色具有从最小值到最大值的预定数量的离散强度等级，将显示在具有预定数量单元的矩阵上。其原理示意如图 4-44 所示。

18. 使用中间转印装置的图像系统 – 发明专利公开号 US5555185A

印迪戈 1989 年发明一种使用中间转印装置的图像系统，该发明与 1985 年班尼兰达发明的电子液体油墨（发明专利公开号 GB2169416A）配合使用。

专利主要内容是发明一种带有中间转印装置的静电成像印刷系统，成像滚筒上的油墨首先转移到中间转印滚筒上，加热转印滚筒上的油墨使油墨中的溶剂挥发和呈色剂颗粒熔融，然后将转印滚筒上的油墨温度降低至油墨中呈色颗粒熔融和溶剂沸点以下，最后转移到承印物上。工作原理示意如图 4-49 所示。

19. 高速静电数字印刷机 – 发明专利公开号 US5014076A

德尔费克斯公司 1990 年发明一种高速静电数字印刷机。

专利主要内容是发明一种由电极阵列通过产生电击穿区域并发射朝向成像滚筒表面加速的图像电荷载流子形成潜像的静电成像技术。实现高速，高分辨率和高均匀性的电荷沉积以形成静电潜像。静电潜像形成示意如图 5-50 所示。这一发明所涉及的成像技术又被称为离子成像技术，该技术在本书第 8 章有详细的介绍。

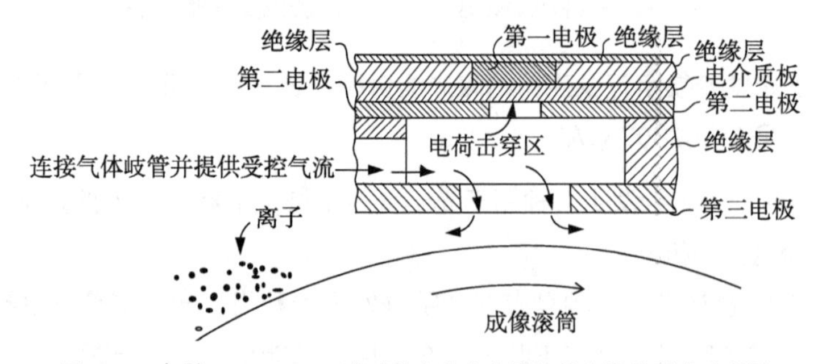

图 5-50　专利 US5014076A 高速静电数字印刷机静电潜像形成示意图

20. 高速静电数字印刷机供纸盒 – 发明专利公开号 US5081595A

施乐公司 1990 年发明一种高速静电数字印刷机供纸盒。

专利主要内容是发明一种用于在打印时及时识别缺失纸张的高速打印系统及供纸盒，能够根据打印纸张缺失情况预先通知操作人员添加纸张，不间断地处理打印作业。打印介质识别系统如图 5-51 所示。

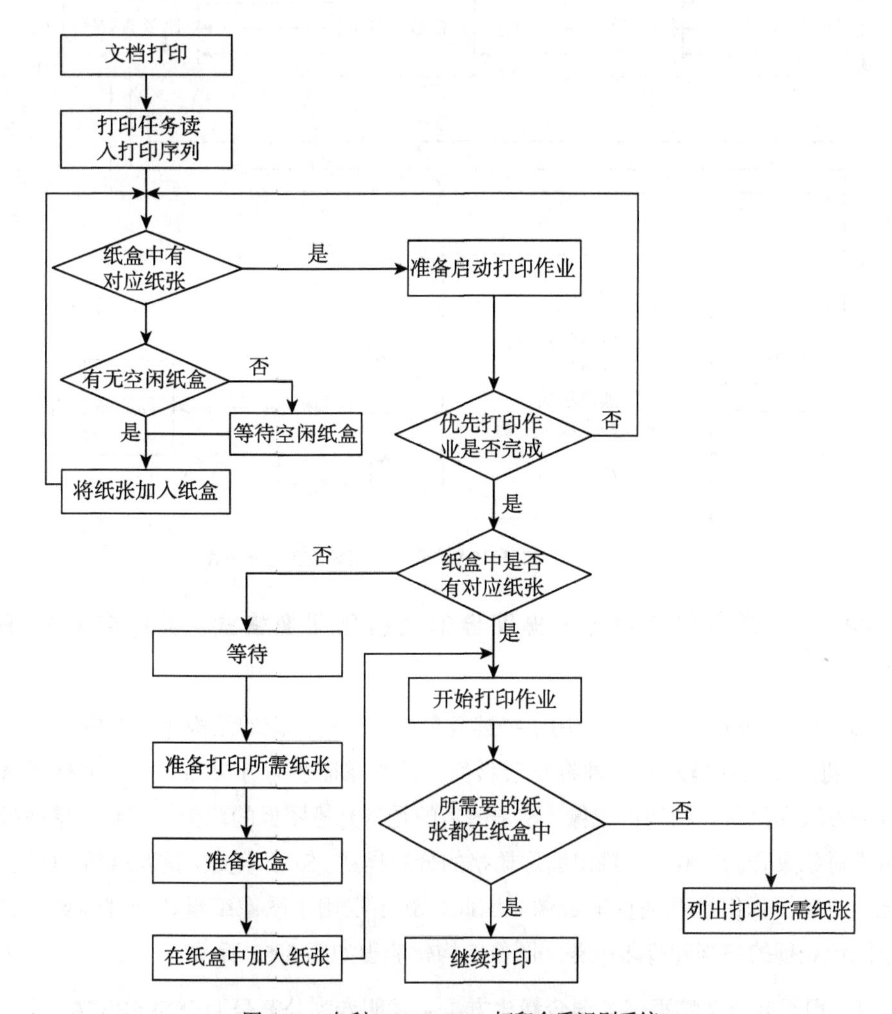

图 5-51 专利 US5081595A 打印介质识别系统

21. 彩色打印机校准架构 – 发明专利公开号 US5305119A

施乐公司 1992 年发明一种彩色打印机校准架构。

专利主要内容是发明一种根据图像的设备无关颜色数据在彩色打印输出件上产生青色（C）、品红色（M）、黄色（Y）和黑色（K）着色剂组合图像的方法和使用该方法的打印机。核心是一种校准打印机图像比色值响应的方法，包括：一、灰平衡或线性化颜色数据；二、在理想设备条件下，根据预定的黑色添加过程将黑色添加到彩色图像中；三、通过在查询表中插值来校正颜色变换，查询表考虑实际响应值及随后的黑色添加和颜色数据线性化。流程示意如图 5-52 所示。

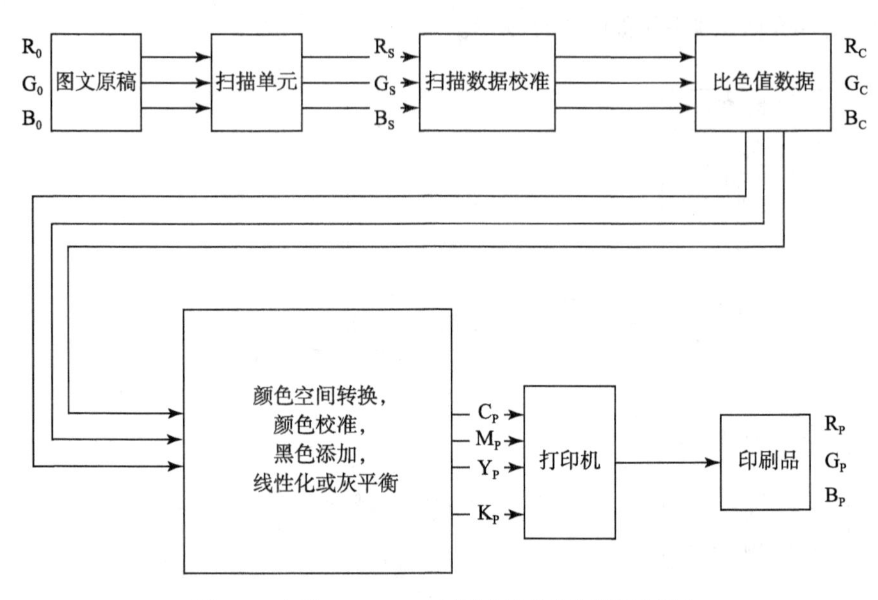

图 5-52 专利 US5305119A 彩色打印机校准流程示意图

22. 用于描述复杂颜色光栅图像的结构化图像格式 – 发明专利公开号 US5485568A

施乐公司 1993 年发明一种用于描述复杂颜色光栅图像的结构化图像格式。

专利主要内容是发明一种将复杂彩色光栅图像描述为分层和设备无关格式对象集合的方法和设备。结构化成像（SI）的目的是将光栅图像的范围扩展到可单独操作的组件对象集合。SI 是单个输出图像栅格的分层描述。SI 技术支持重新编辑、自定义、增强、自动图像组装和高性能成像。因此，SI 不仅用于图像编辑和处理领域，也可用于图像处理的归档和打印服务。图像结构化流程如图 5-53 所示。

23. 用于彩色文档再现的混合量化方法 – 发明专利公开号 US5394252A

施乐公司 1994 年发明一种用于彩色文档再现的混合量化方法。

专利主要内容是发明一种图像处理系统，用于彩色文档打印前的分色处理，具体操作方法是将图像的每一分色进行网目调处理，所述分色中的至少一个采用非周期网目调方法处理，其他分色中的至少一个以周期模式处理，如图 5-54 所示。

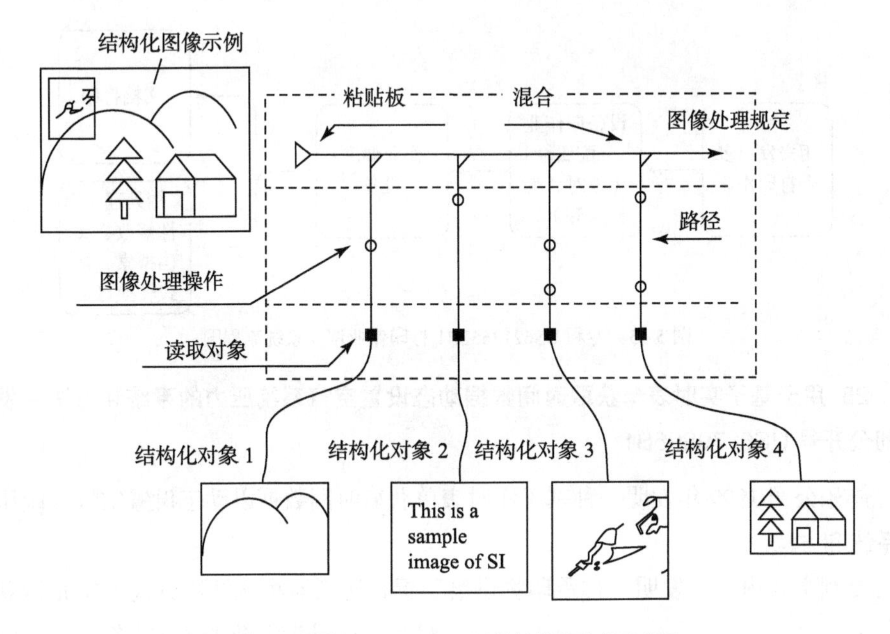

图 5-53 专利 US5485568A 图像结构化流程示意图

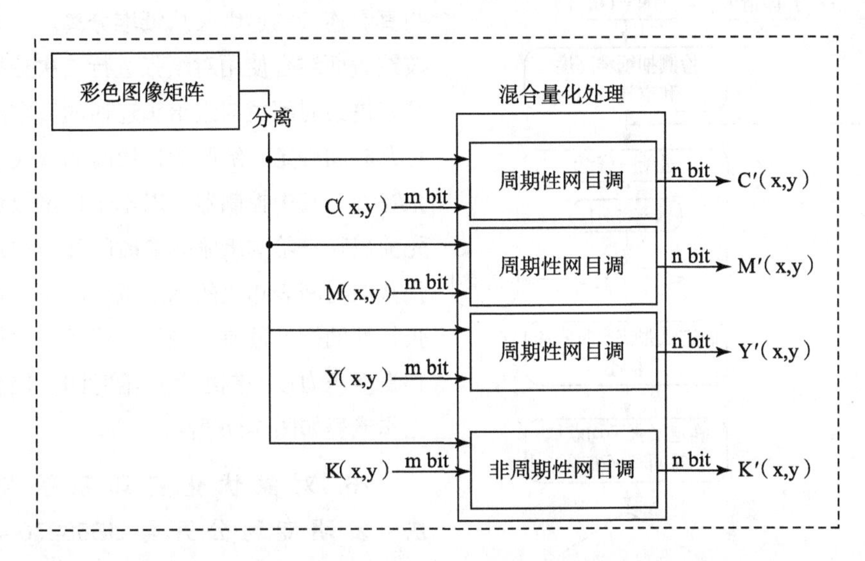

图 5-54 专利 US5394252A 彩色文档再现的混合量化方法示意图

24. 用于处理打印作业的调度系统 – 发明专利公开号 US6213652B1

施乐公司 1994 年发明一种用于处理打印作业的调度系统。

专利主要内容是发明一种多个文档打印作业调度系统，系统的主要操作流程如图 5-55 所示。

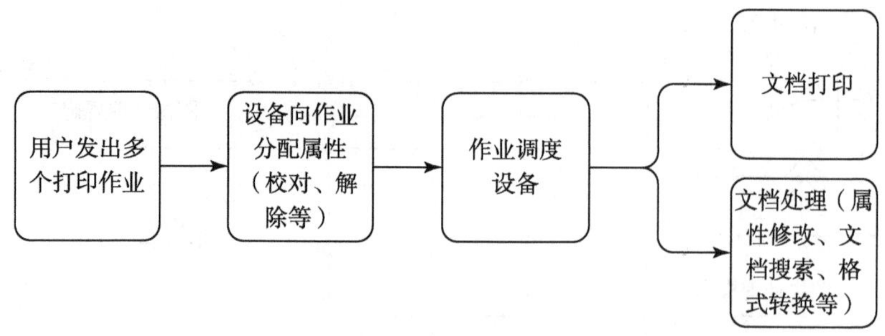

图 5-55　专利 US6213652B1 打印作业调度系统流程图

25. 用于基于实时表单获取时间数据动态设置空气系统压力的系统和方法 – 发明专利公开号 US6279896B1

施乐公司 1999 年发明一种基于实时表单获取时间数据以动态设置空气系统压力的系统和方法。

专利主要内容是发明一种承印物供给装置，送纸器将从纸堆分离的纸张送到送料头，送料头将纸张送入进纸辊。纸张被与真空连接的递纸头从纸堆分离。气刀与波纹表面结合使用对纸张进行二次分离。纸张进给时间由与进给头连通的真空阀的打开时间确定。纸张的进给时间取决于纸张特性。其中控制器，以基于预定数量的先前成功进给的纸张获取时间和与预定纸张获取时间表相比的标准偏差以及特定纸张特性的标准偏差来调节气流压力、气刀和真空压力以控制纸张进给时间。控制器工作流程如图 5-56 所示。

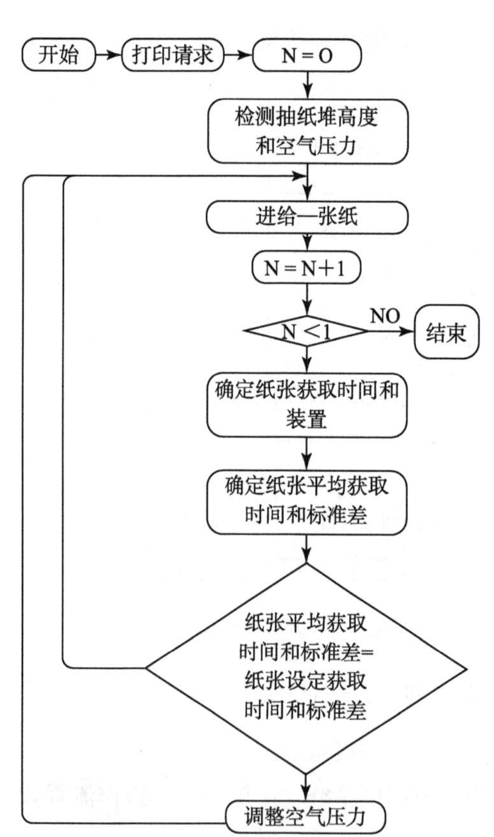

图 5-56　专利 US6279896B1 控制器工作流程图

26. 对象优化打印系统和方法 – 发明专利公开号 US6327043B1（US2001043345A1）

施乐公司 2001 年发明一种对象优化打印系统和方法。

专利主要内容是发明一种包括页面描述语言分解系统、命令指令和数据生成系统以及图像输出终端控制器的对象优化打印系统。系统工作流程如图 5-57 所示。

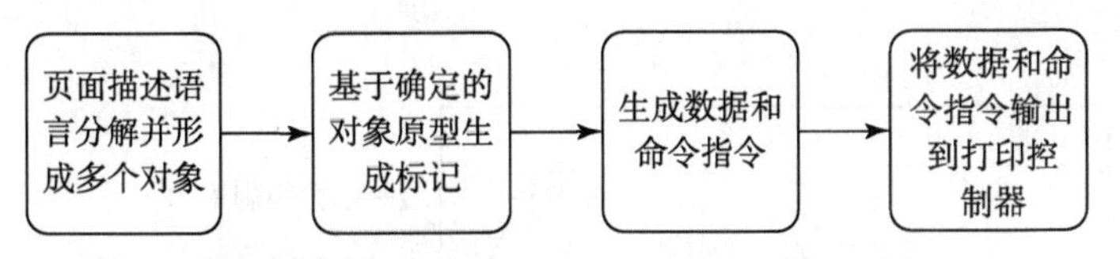

图 5-57　专利 US6327043B1 打印系统工作流程图

27. 低温墨粉粘接定影技术 – 发明专利公开号 US7245866B2

佳能（奥西）2003 年发明低温墨粉粘接定影技术，奥西称其为“柯式印刷技术”。

专利主要内容是发明一种由一次定影和二次定影组合的定影方法及印刷机，该定影方法可以降低墨粉在定影过程中的加热温度并最终达到良好印刷品质的目的。定影流程示意如图 5-58 所示。

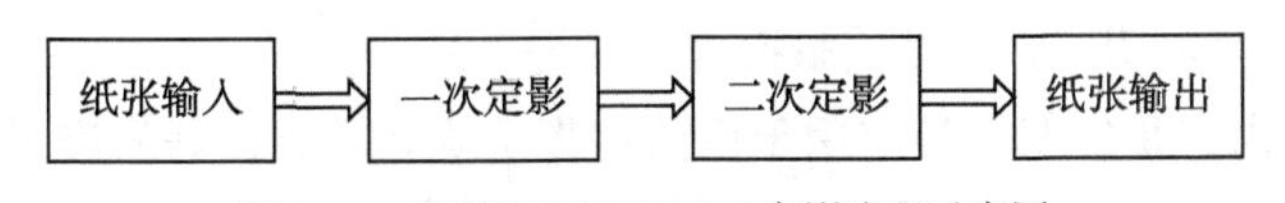

图 5-58　专利 US7245866B2 定影流程示意图

28. 双子星打印技术 – 发明专利公开号 US7266335B2

佳能（奥西）2004 年发明双子星打印技术。

专利主要内容是发明一种采用一对相向设置的印刷单元实现一次走纸双面印刷的印刷方法及使用该方法的印刷机，结构原理如图 5-59 所示。

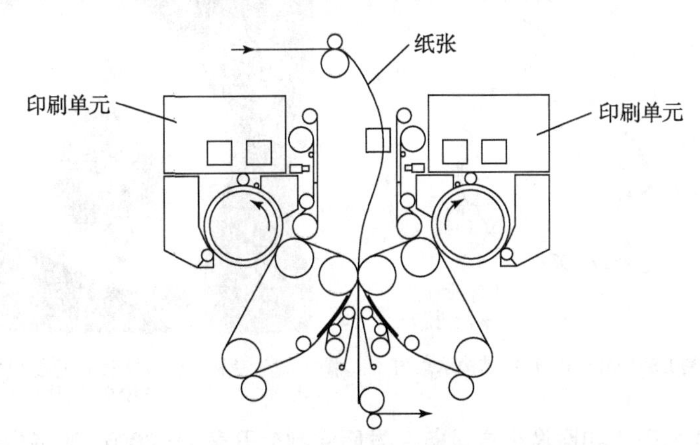

图 5-59　专利 US7266335B2 双子星打印技术结构原理图

29. “nexpresss” 技术 – 发明专利公开号 US7502582B2

伊斯曼柯达 2004 年发明串联式印刷方法，柯达称其为“nexpresss”技术。

专利主要内容是发明一种将透明的色粉施加到熔融的彩色图像上，通过增强图像光泽度改善色域的印刷方法及使用该方法的印刷机。印刷方法及总体结构示意如图 5-60 所示。

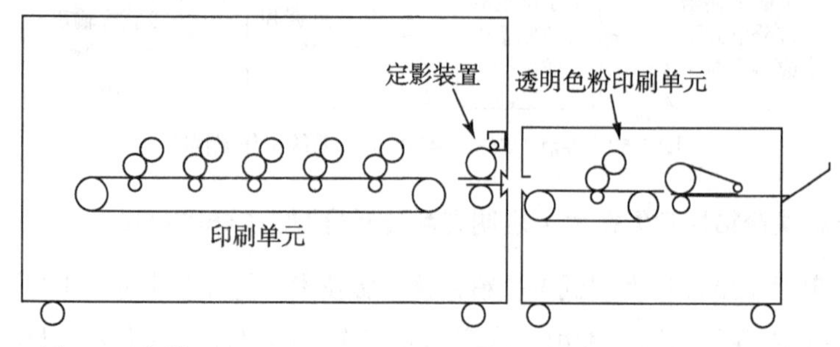

图 5-60 专利 US7502582B2 "nexpresss" 技术印刷方法及总体结构示意图

30. 高品质墨粉 – 发明专利公开号 US7374851B2

理光 2006 年发明一种高品质墨粉。

专利主要内容是发明一种应用于低温定影系统并具有良好耐透印性以及热稳定性的色粉及其制造方法。该色粉经长时间多次反复使用后仍具有良好的流动性、转印性、定影性和抗凝聚性，同时对于各种转印介质都可以形成稳定的图像并减少转印脱墨现象的发生，并且不会污染定影装置以及图像。色粉结构示意如图 5-61 所示，色粉扫描电子显微镜照片如图 5-62 所示。

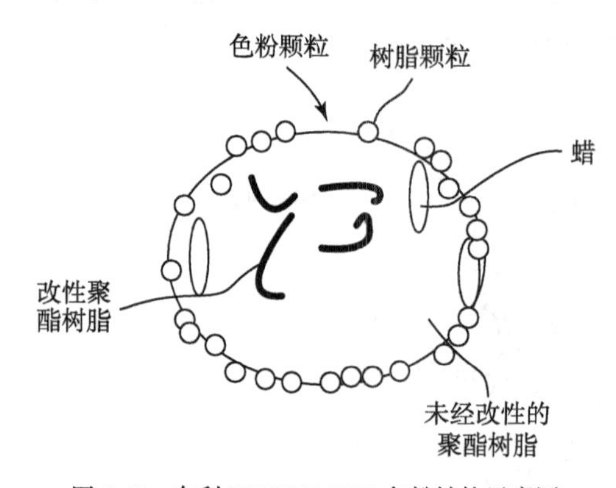

图 5-61 专利 US7374851B2 色粉结构示意图

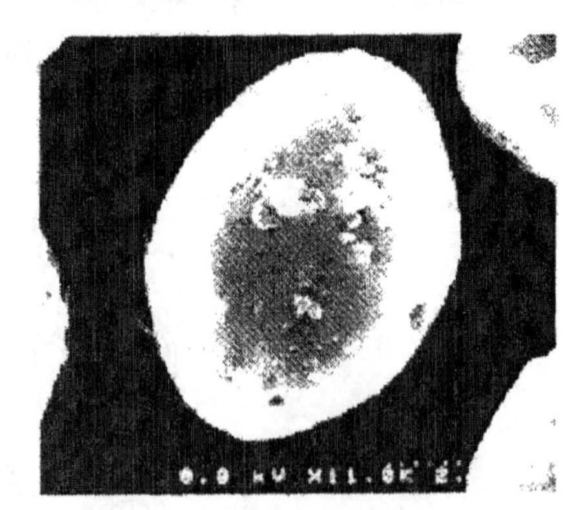

图 5-62 专利 US7374851B2 色粉扫描电子显微镜（SEM）照片

31. LED 阵列头和图像记录设备 – 发明专利公开号 US2007109395A1

富士施乐公司 2006 年发明一种 LED 阵列头和图像记录设备。

专利主要内容是发明一种通过集成电路将多个 LED 集成在一块电路板上的方法。它能够以高精度的发光量控制技术控制多个 LED 颗粒的发光量，同时集成电路的采用大量减少 LED 驱动引线的数量，减少因驱动引线对光线散射造成的曝光区域光亮度不均匀的现象。最终实现LED打印头的小型化和高画质。LED阵列头示意如图5-63所示。

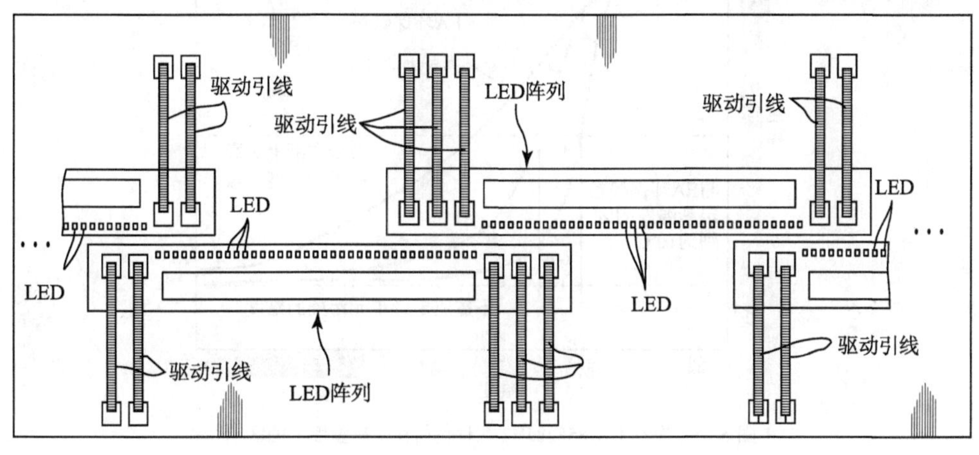

图 5-63　专利 US2007109395A1 LED 阵列头示意图

32. 聚合墨粉技术－发明专利公开号 US7858285B2

施乐公司2006年发明一种聚合墨粉技术。

专利主要内容是发明一种乳液聚集聚酯色粉及其化学制造方法。所述色粉具有较小的颗粒度和较低的定影温度特性，采用这种微小碳粉可实现图像质量的提升，同时该色粉具有较好的节能效果，施乐称其为超级EA环保色粉，超级EA环保色粉与原EA环保色粉相比颗粒度更小，定影所需温度更低，电子显微镜下两种色粉的图像如图5-64所示，两种色粉在定影温定上的区别如图5-65所示。

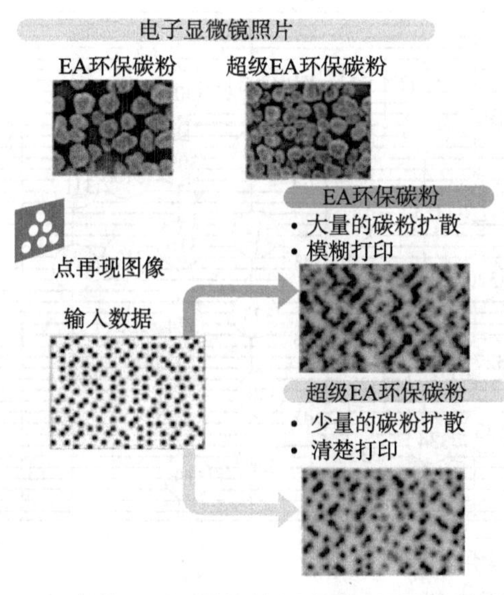

图 5-64　专利 US7858285B2 电子显微镜下两种色粉的图像

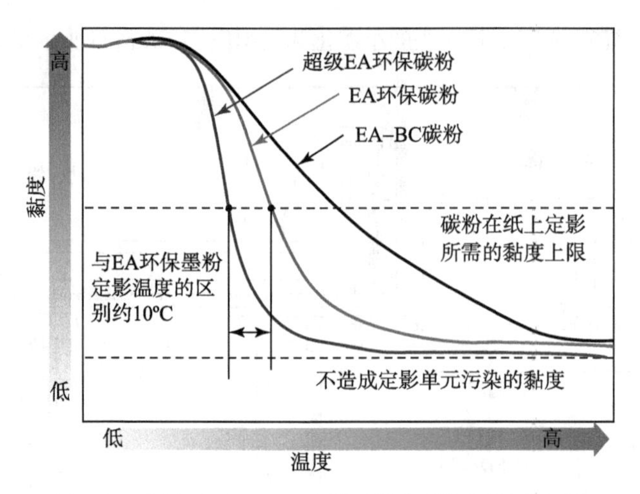

图 5-65　专利 US7858285B2 两种色粉在定影温度上的区别

33. 激光打印头 – 发明专利公开号 US8089498B2

理光 2007 年发明一种激光打印头。

专利主要内容是发明一种面发光激光阵列，包括设置成二维阵列形式的多个面发光激光二极管元件。通过在二维阵列中优化面发光激光器的排布实现多个面发光激光器的密集布置，解决了处于中央区域的激光器因受其他激光器热辐射和散热条件差所带来的性能下降问题。激光二极管排布示意如图 5-66 所示，其中 X1 ＞ X2 ＞ X3，d3 ＞ d2。

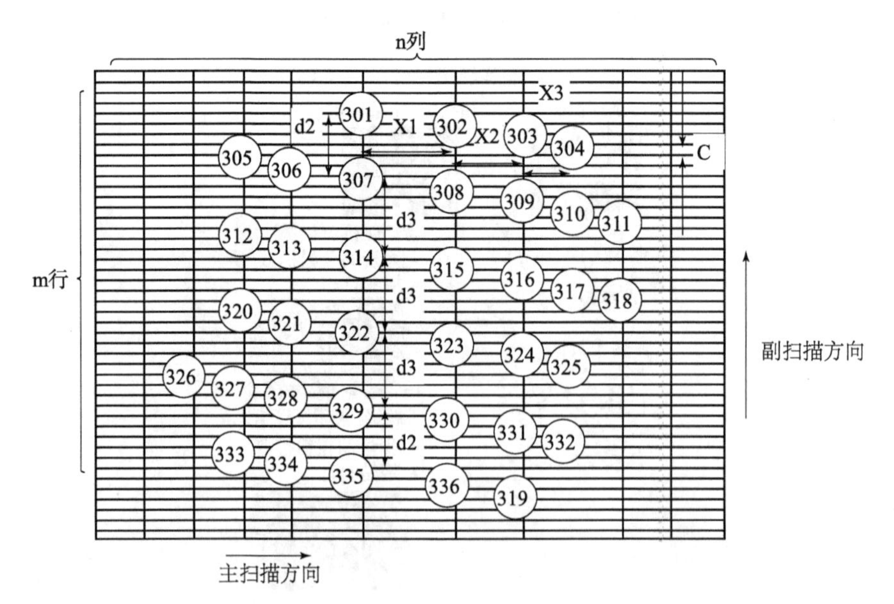

图 5-66　专利 US8089498B2 激光打印头激光二极管排布示意图

34. LED 白光扫描技术 – 发明专利公开号 US7864381B2

施乐 2007 年发明一种 LED 白光扫描技术。

专利主要内容是发明一种扫描装置用于照亮待扫描文件的发光器。该发光器包括至少一个光源和光学元件，该光学元件用于重新定向光源发射的光。光学元件除了设置有用于散射光源光线的棱镜外，还设置有匀光板，匀光板中设置有荧光体材料以拦截由光学元件中棱镜散射的部分光束并对其再次散射以将其分解为多束方向不同的光束，发光器结构示意如图 5-67 所示。

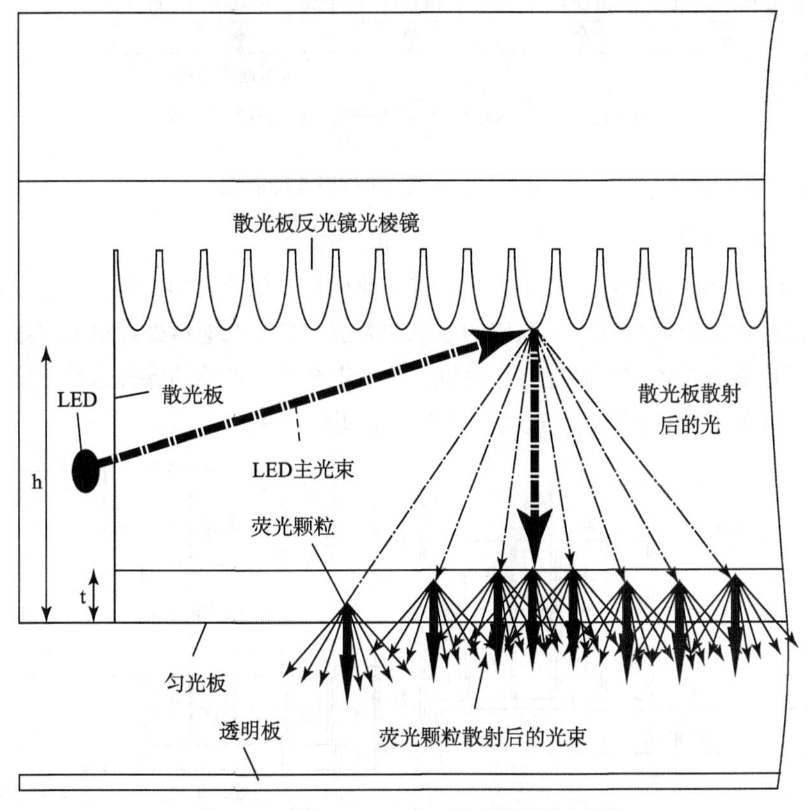

图 5-67 专利 US7864381B2 发光器结构示意图

35. 变速打印技术 – 发明专利公开号 US8231287B2

佳能（奥西）2007 年发明变速打印技术。

专利主要内容是发明一种能够根据打印质量要求调整打印速度的技术。一个应用是可根据打印质量的不同而调整打印速度，使打印作业灵活可变，另一个应用是打印作业能以增大的处理速度启动打印作业，然后逐渐回退到标称速度，为短版打印作业提供快速启动和更短的处理时间。变速打印控制系统示意如图 5-68 所示。

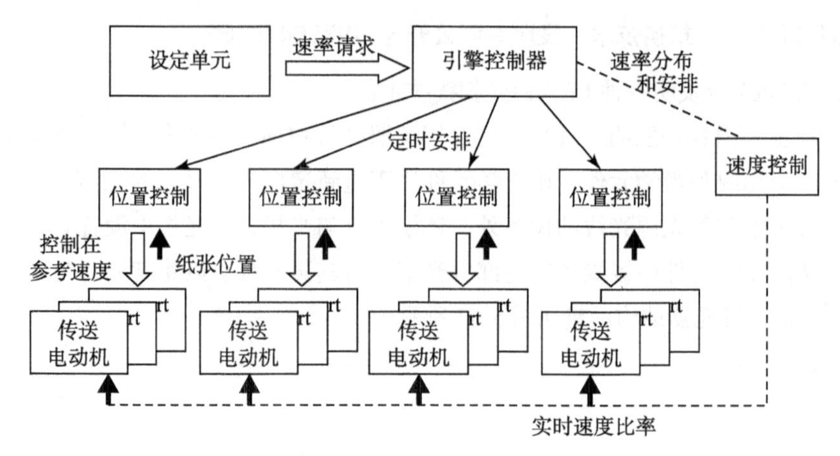

图 5-68　专利 US8231287B2 变速打印控制系统示意图

36. 串联型印刷方式 – 发明专利公开号 US7894739B2

富士施乐公司 2008 年发明一种串联型印刷方式。

专利主要内容是发明一种有助于允许高速标记系统或打印机以最大速度运行而不受相对慢的低速后处理单元阻碍的系统和方法。多个低速后处理单元以串联和可选的平行串联布置连接到高速打印系统，其中组合后处理器的综合运行速度等于或大于高速打印系统的最大运行速度。结构示意如图 5-69 所示。

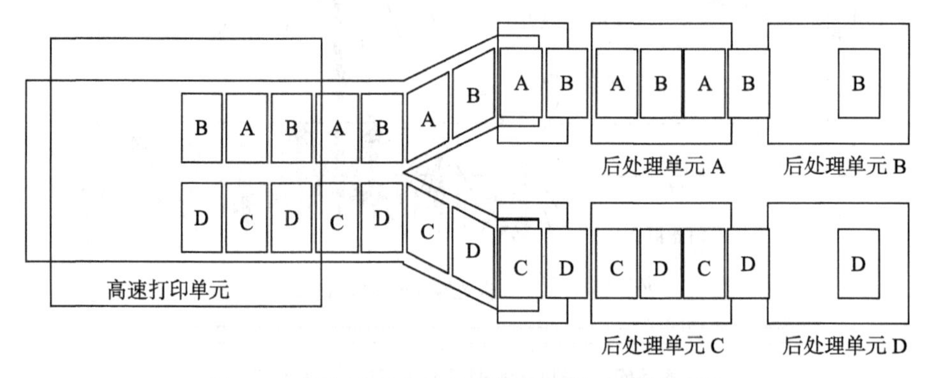

图 5-69　专利 US7894739B2 串联型印刷方式结构示意图

37. 智电技术（IH 定影技术）– 发明专利公开号 US8041278B2

富士施乐公司 2009 年发明一种加热、定影和成像装置，富士施乐称其为“智电技术”，也就是“IH 定影技术”。

专利主要内容是发明一种采用电磁感应原理的定影加热技术。包括：产生磁场的磁场产生单元、发热构件和温度敏感元件。结构示意如图 5-70 所示。

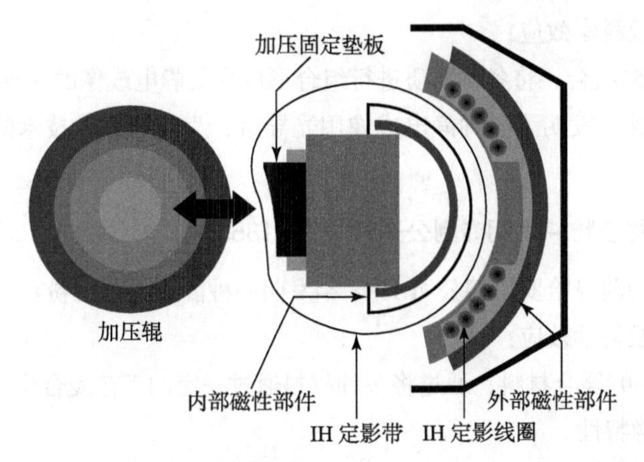

图 5-70　专利 US8041278B2“IH 定影技术”加热装置结构示意图

5.2.2　基于 TRIZ 理论的关键技术分析

1. 干性复制技术 – 发明专利公开号 US2297691A

切斯特 · 卡尔逊 1938 年发明干性复制技术，即静电成像技术的基础技术。

发明原理及科学效应：

采用光导效应致光导版上的图文部分带有一定电量的电荷，采用库伦力将墨粉微粒吸附到光导版上实现图文复制。

技术进步性：

将光导效应和库伦定律应用于图文复制技术，开启图文便捷复制的新时代。

2. 静电成像新工艺 – 发明专利公开号 US2588675A

施乐公司的前身哈罗伊德公司 1948 年在切斯特 · 卡尔逊干性复制技术专利 US2297691A 的基础上开发出静电成像新工艺。

发明原理及科学效应：

发明原理 5. 组合，即将各种机构整合到一台设备上实现切斯特 · 卡尔逊当初分步独立进行的干性复制技术。

技术进步性：

对切斯特 · 卡尔逊的静电复制技术进行应用性改进，开启了静电复制技术的实际应用。

3. 电子照相版及制作方法 – 发明专利公开号 US2663636A

施乐公司的前身哈罗伊德公司 1949 年发明一种电子照相版及制作方法。

发明原理及科学效应：

发明原理 5. 组合，将各种物质进行组合形成满足静电成像的光导版结构。

技术进步性：发明了一种静电成像用光导版，为静电成像技术的发展提供了基础保证。

4. 静电显影色粉 – 发明专利公开号 US2618551A

施乐公司的前身哈罗伊德公司 1948 年发明一种静电显影色粉。

发明原理及科学效应：

发明原理 40. 复合材料，通过将多种材料通过一定的工艺复合生成一种色粉，色粉具有静电成像特性。

技术进步性：

通过化学的方法将多种材料进行复合，形成了具有良好静电成像特性的色粉。

5. 光导版充电装置 – 发明专利公开号 US2777957A

施乐公司的前身哈罗伊德公司 1950 年发明一种光导版充电装置。

发明原理及科学效应：

发明原理 24. 中介物，通过在电晕放电电极和光版之间加入导电栅格并通过控制导电栅格电压实现光导版充电的便捷控制。

技术进步性：

解决了不同电特性光导版在静电成像装置中欠充和过充的问题，改善了由于充电电压不足导致的静电成像质量下降问题，同时也避免了由于过充电对光导版的损害。

6. 静电成像版的制作方法 – 发明专利公开号 US2657152A

施乐公司的前身哈罗伊德公司 1950 年发明一种静电成像版制作方法。

发明原理及科学效应：

发明原理 40. 复合材料，将硒通过热喷涂的方法与基体材料（铝、玻璃、镀铝玻璃、不锈钢、镍、钢）复合在一起以获得静电成像所需要的光导特性。

技术进步性：

发现了硒在静电成像版上的适用性及其制成静电成像版后所具有的良好成像和残余墨粉去除特性，同时用热喷涂硒的方式所制成的光导版具有良好的抗裂、抗剥离特性，解决了静电成像发展中关键技术之一的光导成像版制造技术。

7. 辐射敏感光电导元件 – 发明专利公开号 US2901348A

施乐公司的前身哈罗伊德公司 1953 年发明一种辐射敏感光电导元件。

发明原理及科学效应：

发明原理 40. 复合材料，将导电基层、绝缘层、光导层、绝缘层依次复合在一起形成了可用于静电成像的光导版。

技术进步性：

通过多层复合材料技术获得了暗环境电荷保持性、光照条件下电荷耗散性、残余电荷清除特性均良好的静电成像版，为静电成像技术的发展提供了基础保障。

8. 静电复印方法涉及长寿命光导滚筒及相关多重放电方法 – 发明专利公开号 US3784297A

佳能公司 1971 年发明新的静电复印方法，涉及长寿命光导滚筒及相关多重放电方法。

发明原理及科学效应：

发明原理 1. 分割，将传统静电成像中的充电和曝光工艺过程进行了分割和重新组合。

技术进步性：

提供了一种与施乐模式有所不同的静电成像新方案，在复印机体积小型化、光导滚筒维护便捷性、成像质量提高等方面有了显著的进步。

9. 自动显影控制方法 – 发明专利公开号 US3754821A

施乐公司 1971 年发明一种自动显影控制方法。

发明原理及科学效应：

发明原理 23. 反馈，通过反馈系统对光导成像版上图像密度的监控来调整相应显影剂材料中调色剂浓度，以达到控制图像密度并保持色彩平衡的目的。

技术进步性：

通过反馈，实现了多色显影系统图像密度和色彩平衡的控制。

10. 彩色静电复印机 – 发明专利公开号 US3869203A

施乐公司 1973 年发明一种彩色静电复印机。

发明原理及科学效应：

发明原理 5. 组合，通过将三原色色料组合熔化显影实现一次走纸完成彩色印刷。

技术进步性：

将多次通过系统改进为单次通过系统，提高了彩色印刷的效率。

11. 彩色标准和校准彩色静电复印机的方法 – 发明专利公开号 US3799668A

施乐公司 1973 年发明一种彩色标准和校准彩色静电复印机的方法。

发明原理及科学效应：

发明原理 10. 预先作用，通过预先校准多色静电成像数字印刷机以控制印品的颜色平衡和密度。

技术进步性：

开发出了一种简单的预先校准方法，保证了多色静电成像数字印刷机印品的颜色平衡和密度。

12. 图像密度控制装置 – 发明专利公开号 US3815988A

施乐公司 1973 年发明一种图像密度控制装置。

发明原理及科学效应：

发明原理 10. 预先作用，通过预先调整以补偿光导版电特性随温度、连续使用等引起的变化，进而保证静电成像设备图像输出品质的一致性。

技术进步性：

开发出了一种简单的色粉充电电压预先调整方法和装置，保证了多色静电成像数字印刷机图像输出品质的一致性。

13. 激光打印机（世界上第一台）– 发明专利公开号 US4031519A

IBM 公司 1974 年发明世界上第一台激光打印机。

发明原理及科学效应：

发明原理 5. 组合，将数据的接收、翻译、存储、修改系统与以往静电成像复印机除原稿扫描之外的部分组合，实现由数字数据直接输出印刷品的功能。

发明原理 15. 动态特性，采用动态思想将打印数据的接收、翻译、存储、修改集合在一起，能够实现不同页面副本的多样性输出。

技术进步性：

研发出了世界上第一台打印机，解决了计算机图文直接输出的问题。

14. 电子液体油墨 – 专利公开号 IT1215321B

班尼 · 兰达 1985 年发明电子液体油墨。

发明原理及科学效应：

发明原理 5. 组合，将呈色剂颗粒与非极性溶液进行组合，形成了一种新的静电成像显影剂，克服了原有显影用色粉颗粒较大而导致的成像效果较差的问题。

发明原理 17. 空间维数变化，将呈色剂颗粒制造成具有多触手的形式，增加了呈色剂颗粒之间的结合力。

技术进步性：

开创性地发明了与以往静电成像用色粉完全不同的电子液体油墨，促使之后印迪戈数字印刷机的成功推出。

15. 彩色复印控制装置 – 发明专利公开号 US4796054A

富士施乐 1986 年发明一种彩色复印控制装置。

发明原理及科学效应：

发明原理 23. 反馈，安装于光导滚筒和成像滚筒上的编码器分别检测光导滚筒初始位置和纸张前边缘并反馈给旋转速度控制器和主控制器，以此生成补偿信号并消减光导滚筒扫描和转印误差。

发明原理 28. 机械系统替代，用复印机原稿放大倍率数据通过控制系统控制光导滚筒旋转速度以代替以往复印机中通过机械方式控制光导滚筒旋转速度的方案。

技术进步性：

通过自动控制系统实现原稿放大倍率对光导滚筒旋转速度的控制，并增加了误差检测反馈系统，避免了机械控制方式随着设备使用老化带来的彩色图文叠印不准的问题，提高了复印机原稿放大成像的品质。

16. 用于光学变换字符发生器的曝光能量校正装置及使用该技术的静电打印机 – 发明专利公开号 US4780731A

西门子公司 1987 年发明一种用于光学变换字符发生器的曝光能量校正装置及使用该技术的静电打印机。

发明原理及科学效应：

发明原理 10. 预先作用，通过对曝光二极管发光强度的监测，实时调整发光二极管发光时间控制脉冲发生器，以实现不同二极管曝光辐射能量的一致性。

技术进步性：

通过反馈系统解决了静电成像打印机中曝光二极管阵列曝光辐射能量的一致性问题，提高了采用发光二极管曝光数字印刷技术的印刷品质和图文画面的均匀性。

17. 用于显示和打印的颜色选择方法 – 发明专利公开号 US4837613A

Adobe 公司 1988 年发明了一种用于显示和打印的颜色选择方法。

发明原理及科学效应：

发明原理 1. 分割，将连续的三原色中的每种原色分割为离散的单元并用矩阵表示，每个矩阵中又分成若干个子单元。

技术进步性：

通过将颜色采用矩阵分割表示的方法降低了颜色数据的存储空间，为后续打印机和复印机的发展，特别是高速打印机和复印机的发展及打印数据传输、共享提供了坚实的基础。

18. 使用中间转印装置的图像系统 – 发明专利公开号 US5555185A

印迪戈 1989 年发明一种使用中间转印装置的图像系统。

发明原理及科学效应：

发明原理 10. 预先作用，通过将转移到中间转印滚筒的油墨预先加热使油墨中的溶剂挥发并使呈色剂颗粒熔合，降低了油墨转移到承印物上的扩散程度，提高了最终图文的印刷质量。

发明原理 24. 中介物，引入中间转印装置对油墨进行预先处理。

发明原理 35. 物理 / 化学状态变化，通过将转移到中间转印滚筒的油墨预先加热使油墨中的溶剂挥发并使呈色剂颗粒熔合，改变了油墨的物理状态，提高了最终图文的印刷质量。

技术进步性：

通过设置中间转印滚筒实现了类似胶印的印刷工艺，同时也极大地提高了静电成像数字印刷机的印刷质量。

19. 高速静电数字印刷机 – 发明专利公开号 US5014076A

德尔费克斯公司 1990 年发明一种高速静电数字印刷机。

发明原理及科学效应：

静电效应，应用离子的带电特性生成静电潜像。

技术进步性：

提供了一种新的高速、高分辨率静电成像方法。

20. 高速静电数字印刷机供纸盒 – 发明专利公开号 US5081595A

施乐公司 1990 年发明一种高速静电数字印刷机供纸盒。

发明原理及科学效应：

发明原理 10. 预先作用，根据控制系统对当前纸盘及印刷情况信息的判定，预先发出加纸或更换纸张的提示，以避免由于加纸和更换纸张带来的停机。

发明原理 23. 反馈，将当前纸盘使用情况反馈给控制系统，控制系统根据当前印刷用纸情况及当前纸盘情况做出加纸或更换纸张的提示。

技术进步性：

通过反馈系统及预先作用机制降低了数字印刷的停机时间，提高了数字印刷机的效率。

21. 彩色打印机校准架构 – 发明专利公开号 US5305119A

施乐公司 1992 年发明一种彩色打印机校准架构。

发明原理及科学效应：

发明原理 2. 抽取，抽取出三原色色彩值中的黑色部分用黑色色粉单独成像，避免因使用三色叠印带来的黑色密度不足和色粉过量使用的问题，从而实现良好的色彩再现。

发明原理 10. 预先作用，通过色彩校准对色彩值做预先调整，以实现图像打印输出色彩的准确再现。

技术进步性：

通过色彩校准和黑色分离保证了色彩的精准再现。

22. 用于描述复杂颜色光栅图像的结构化图像格式 – 发明专利公开号 US5485568A

施乐公司 1993 年发明一种用于描述复杂颜色光栅图像的结构化图像格式。

发明原理及科学效应：

发明原理 1. 分割，将复杂颜色光栅图像分割为分层和设备无关格式对象的集合。

技术进步性：

将光栅图像的范围扩展到可单独操作的组件对象的集合，方便了图像编辑、处理、归档和打印。

23. 用于彩色文档再现的混合量化方法 – 发明专利公开号 US5394252A

施乐公司 1994 年发明了一种用于彩色文档再现的混合量化方法。

发明原理及科学效应：

发明原理 10. 预先作用，采用预先对图像分色中的至少一个颜色采用非周期网目调方法处理，其他分色中的至少一个颜色以周期模式处理的方法改善图像输出质量。

技术进步性：本发明中所采取的彩色文档再现的混合量化方法具有莫尔条纹不敏感性，能够改善图像打印输出品质。

24. 用于处理打印作业的调度系统 – 发明专利公开号 US6213652B1

施乐公司 1994 年发明了一种用于处理打印作业的调度系统。

发明原理及科学效应：

发明原理 1. 分割，通过将一个功能单元分成两部分，分别对目标体进行渐进式作用，以此来提高目标体的某些性能。

技术进步性：

通过本专利中发明的打印调度系统实现了多个打印作业的协同处理，提高了文档打印效率。

25. 基于实时表单获取时间数据动态设置空气系统压力的系统和方法 – 发明专利公开号 US6279896B1

施乐公司 1999 年发明一种基于实时表单获取时间数据动态设置空气系统压力的系统和方法。

发明原理及科学效应：

发明原理 23. 反馈，根据纸张特性、先前成功数据和预先设定值对比来调节进纸装置中气压和真空度，以此来提高纸张进给的精准度，避免双张等故障的发生。

技术进步性：

通过系统优化，采用反馈思想提高了纸张进给的精准度，进而提高了数字印刷机的整体运行稳定性。

26. 对象优化的打印系统和方法 – 发明专利公开号 US6327043B1

施乐公司 2001 年发明一种对象优化的打印系统和方法。

发明原理及科学效应：

发明原理 10. 预先作用，通过页面描述语言分解系统对打印对象进行预先处理，已达到优化打印特性并最终得到良好印刷品质的目标。

技术进步性：

优化了数字印刷打印系统，其允许单独优化各个对象的打印特性，最终实现一幅页面中不同对象的均衡表现。

27. 柯式印刷技术 – 发明专利公开号 US7245866B2

佳能（奥西）2003 年发明低温墨粉粘接定影技术，奥西称其为“柯式印刷技术”。

发明原理及科学效应：

发明原理 1. 分割，通过将一个功能单元分成两部分，分别对目标体执行渐进式作用，以此来提高目标体的某些性能。

技术进步性：

该发明通过将高温定影单元进行拆分，使墨粉在转移到纸张后分别经两次加热实现墨粉在纸张上的附着，两次加热减少墨粉熔融后在纸张上的渗透量，降低了因墨粉对承印物润湿导致的铺展，提高了图文的印刷质量，最终提高了色粉静电成像技术的印刷质量。

28. 双子星打印技术 – 发明专利公开号 US7266335B2

佳能（奥西）2004 年发明了双子星打印技术。

发明原理及科学效应：

发明原理 5. 组合，通过将两个功能相同的打印单元组合使其能够实现并行工作，以提高工作效率。

技术进步性：

该发明通过组合发明原理将两个打印单元以并行的方式组合在一起，使得一次走纸就能完成双面印刷，在无须大量投入基础研发的条件下实现了打印效率的提高。

29. “nexpresss”技术 – 发明专利公开号 US7502582B2

伊斯曼柯达 2004 年发明串联式印刷方法，柯达称其为“nexpresss”技术。

发明原理及科学效应：

发明原理 5. 组合，首先通过将第 5 色及更多印刷单元与原有 4 色印刷单元组合成一个 5 色及以上印刷单元组，再将 5 色印刷单元和光泽增强单元组合实现多色、多功能及色彩增强印刷。

技术进步性：

通过添加透明色单元改善了印刷品的品质，并能够实现常规彩色印刷无法实现的特种印刷效果。

30. 高品质墨粉 – 发明专利公开号 US7374851B2

理光 2006 年发明一种高品质墨粉。

发明原理及科学效应：

发明原理 40. 复合材料，通过化学方法将多种材料复合，使新的色粉调色剂具有优良的性能，提高了色粉静电成像技术的图像质量，同时降低了能耗。

技术进步性：

该发明中的墨粉具有良好的耐透印性、残留墨粉易去除性、低温定影性和流动性，其提升了印刷颜色浓度及饱和度，能以最小量的碳粉提供绚丽的图像色彩，同时降低了能源消耗，理光称其为 PXP-EQ 化学碳粉技术。

31. LED 阵列头和图像记录设备 – 发明专利公开号 US2007109395A1

富士施乐公司 2006 年发明一种 LED 阵列头和图像记录设备。

发明原理及科学效应：

发明原理 23. 反馈，将高精度、高速度的光量测量技术和能够校准 LED 发光特性、透镜光学特性的图像处理新技术集成到一个芯片中。从而实现了与激光光栅输出扫描方式效果等同，但体积降低到原有激光扫描方式 1/40 和分辨率提高到 1200dpi × 2400dpi 的 LED 打印头。

技术进步性：

该发明中的 LED 阵列头将多个 LED 集成在一起，大幅减少了线路数量，与传统的 LED 打印头相比，体积更为小巧，与传统的激光光栅扫描方式相比，其体积更是达到了 1/40 的比例（富士施乐产品比较的结果）。如使用在多功能机上，可以缩减 1 个纸盘的空间，设备体积大幅减小。另一方面，分辨率越高，控制 LED 发光量的均一性难度就越高。本发明将高精度、高速度的光量测量技术和能够校准 LED 发光特性、透镜光学特性的图像处理技术集成到一个芯片中。从而实现了与激光光栅输出扫描方式同等效果的、具有高分辨率（1200dpi × 2400dpi）的 LED 打印头。

32. 聚合墨粉技术 – 发明专利公开号 US7858285B2

施乐公司 2006 年发明一种聚合墨粉技术。

发明原理及科学效应：

发明原理 40. 复合材料，通过化学方法将多种材料复合，使新的色粉具有优良的性能，以解决图像质量提升和节能的问题。

技术进步性：

施乐称乳液聚集聚酯色粉为超级 EA 环保碳粉，超级 EA 环保碳粉实现了更小尺寸的墨粉颗粒，通过采用这种微小墨粉可打印出更出色的图像，可精确再现点、线条及灰度。同时超级 EA 环保碳粉通过将新开发的具有精确熔点的聚酯添加至优化后的碳粉结构中，相比传统碳粉（EA 环保碳粉），可将定影温度降低约 10℃。从而进一步达成节能效果。所述发明在设备等硬件不变的情况下通过化学方法提升了色粉成像的品质。

33. 激光打印头 – 发明专利公开号 US8089498B2

理光 2007 年发明一种激光打印头。

发明原理及科学效应：

发明原理 10. 预先作用，将激光器阵列中不同位置激光器之间的距离根据发热量预先调整到系统能够承受的数值，以解决多个激光器同时工作时处于中央区域的激光器不至于因为受其他激光器热辐射和散热条件差所带来的性能下降问题。

利用热传导效应和热辐射效应解决激光器阵列温度稳定的问题。

技术进步性：

通过合理布置面激光器，提高了激光器阵列的密度并解决了激光器阵列中处于中央区域的激光器不至于因受其他激光器热辐射和散热条件差所带来的性能下降问题，激光器阵列可同时发射多束激光，提高了成像分辨率和打印速度，理光官方称此技术为“VCSEL 激光技术”，其宣称可同时发射 40 束激光，能够获得 2400dpi × 4800dpi 打印分辨率。

34. LED 白光扫描技术 – 发明专利公开号 US7864381B2

施乐公司 2007 年发明一种 LED 白光扫描技术。

发明原理及科学效应：

发明原理 1. 分割，将通过棱镜散射的光束用匀光板中的荧光颗粒通过二次散射分割成更多的光束。

发明原理 17. 空间维数变化，将通过棱镜散射的某一单一方向光束用匀光板中的荧光颗粒通过二次散射分割成更多维度的光束。

发明原理 31. 多孔材料，在匀光板中加入荧光颗粒使其成为类似的多孔材料，以实现对光束的进一步散射。

采用折射效应和散射效应提高光线的分散度。

利用荧光效应提高光线的散射，实现均匀照射。

技术进步性：

一直以来，多功能一体机的扫描单元的光源主要采用氙气灯。而更高的扫描速度需要更快速的启动速度和更高的照明亮度，同时更快的启动速度和更高的亮度也带来了更高的电力消耗。为了解决快速启动、高亮度与不断增加的能耗问题，LED 的特性使其逐渐被作为扫描单元的光源使用，相比氙气灯 LED 具有快速开关的特性，能在短时间内达到稳定的光照亮度，从而节省了一体机从节能模式到工作状态的启动时间，同时 LED 光源是氙气灯亮度的 1.5 倍，耗电量只有氙气灯的 30%，但无数个 LED 点光源并列在一起发光容易产生局部的亮度差异，同时由于白色 LED 具有比氙气灯宽 4 倍以上的色度分布，也容易造成发光颜色产生不均匀，LED 这些特性导致了图像品质和稳定性的显著下降。

发明中采用荧光颗粒作为散射体将由 LED 阵列或 LED 经棱镜散射的不均匀光束再次散射，以简单的结构和低成本的方式改善了 LED 扫描光源的照射不均匀性，确保被照部分具有与氙气灯几乎相同的、均一的亮度分布，因此能够在保证图像品质的前提下充分利用 LED 光源的快速启动、高亮度和节能特性。LED 与通常使用的氙气灯性能比较如表 5-38。

表 5-38 LED 与通常使用的氙气灯的性能比较

LED 与氙气灯的性能比较			
比较内容	氙气灯（传统设备）	LED	LED 与氙气灯的对比
对原告的光照强度（lx）	14000	22000	1.5 倍
功耗（W）	12	3.5	减少 70%（1/3 以下）
开关感应性（s）	1×10^{-1}	$1 \times 10^{-4} \sim 10^{-5}$	0.1%
功效（lx/W）	1170	6290	5.4 倍

35. 变速打印技术 – 发明专利公开号 US8231287B2

佳能（奥西）2007 年发明变速打印技术。

发明原理及科学效应：

发明原理 15. 动态特性，打印速度根据打印条件在控制系统的控制下实现动态变化。

技术进步性：

采用变速打印控制系统以较高处理速度启动打印作业，然后逐渐退回到标称速度，从而为短版打印作业提供快速启动和更短的处理时间，在现有设备固有打印速度下实现了高效率的短版打印，间接提升了打印速度。

36. 串联型印刷方式 – 发明专利公开号 US7894739B2

富士施乐公司 2008 年发明一种串联型印刷方式。

发明原理及科学效应：

发明原理 5. 组合，将多个速度低于打印单元的后处理单元并联后再与高速打印单元串联实现整体高速运行。

技术进步性：

通过系统的并联和串联将多个相对高速打印单元速度较慢的后处理单元与高速打印单元形成一个整体，在现有后处理单元速度不变的情况下提高了设备整体运行速度。

37. 智电技术（IH 定影技术）– 发明专利公开号 US8041278B2

富士施乐公司 2009 年发明一种加热、定影和成像装置，富士施乐称其为“智电技术”，也就是“IH 定影技术”。

发明原理及科学效应：

发明原理 28. 机械系统替代，用交变磁场在铁磁性物质中产生的交变电流加热被加热体来代替使用电流直接加热。

采用电磁效应，利用电—磁—电的变换实现加热，改善了加热效率，提高了加热功率。

技术进步性：

节能与高效是一对矛盾，在办公数字印刷及商业数字印刷中，设备从节能模式到可用状态的过渡时间一直是用户关注的核心问题，为了能够使数字化印刷设备快速投入工作状态，设备制造商往往采用加大功率来缩短预热时间或者采用待机状态持续供电的方式来缩短从节能模式到可用状态的过渡时间，这些发明无不使设备的能耗增加，而这其中大多的电能都消耗在定影装置上。富士施乐官方给出的数据显示，在采用静电复印技术的复印机中，70% 的电力都消耗在定影器将碳粉熔化固定在纸张上的过程中，而定影器又将 70% 的电力消耗在待机及预热中。所以缩短预热时间是一项重要而可行的发明原理。IH（电磁感应加热）定影技术在一定程度上解决了这一需求，IH 定影技术可以迅速加热，仅仅 3 秒钟就可以使设备从待机状态进入工作状态，不需要在待机和节能模式下进行预热，因而可以实现大幅度的节能。IH 定影技术与传统定影技术在启动时间上的对比如图 5-71 所示。

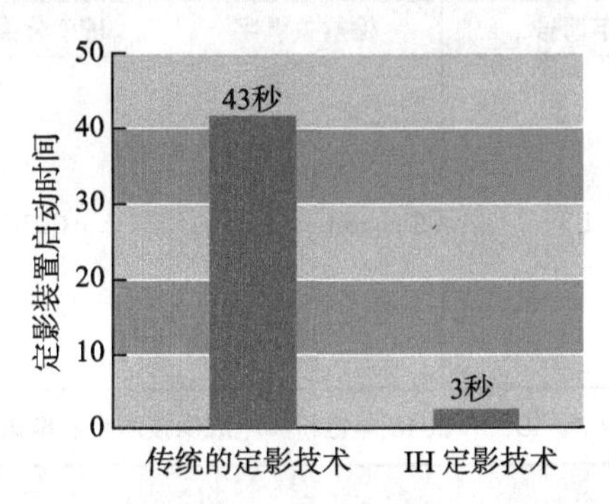

图 5-71　IH 定影技术与传统定影技术启动时间对比

5.3　静电成像技术发展趋势

技术的发展一定伴随着专利的申请，静电成像数字印刷技术从 1938 年美国物理学家兼律师切斯特·卡尔逊发明静电复印工艺（静电成像技术）至今已走过了 80 多年的风雨历程，静电成像技术在印刷速度、色彩输出能力、印刷品质、综合功能等方面发生了巨大的变化，静电成像数字印刷技术因其在印刷品质上与胶印的接近，成为生产型数字印刷的主力，特别是印迪戈液体电子油墨技术及相应数字印刷机的推出更是确立了静电成像技术在生产型数字印刷领域的绝对优势地位，但限于静电成像技术的一些固有特性，其持续发展的速度受到了一定的限制，这些特性与喷墨成像技术相比主要包括：静电成像数字印刷设备结构相对复杂；不能在曲面及一些特殊物体上印刷；印刷幅面不像喷墨印刷那样灵活。静电成像技术的未来会有怎样的发展，专利分析和 TRIZ 进化预测能够在一定程度上给出预测。

专利申请数量是技术发展的晴雨表，相关专利申请数量在一定程度上反映了一个行业或者领域的发展情况，采用书中第二章表 2-16“数字印刷英文核心关键词对应专利数量”中静电成像中专利数量占比最大的关键词“Electrostatic image”及其他检索条件形成新的检索方案，如表 5-39 所示，以表 5-39 检索方案在“国家知识产权局”专利检索平台进行检索，检索结果统计数据如表 5-40 所示，根据检索数据建立色粉静电成像技术专利数量堆叠折线图，如图 5-72 所示，引入 TRIZ 理论专利数量分析曲线和技术进化曲线，对比分析可得，喷墨成像技术在 2010 年左右进入成长期，如图 5-73 和图 5-74 所示，对比分析可得，色粉静电成像技术在 1978 年进入成长期，1986 年开始进入成熟期，在 2012 年开始进入衰退期。

表 5-39　色粉静电成像技术专利检索方案

申请人（公司）	申请号	检索关键字	IPC 分类号	申请日
施乐	US	Electrostatic imaging	G03G	19380101-20190101
佳能				
理光				
夏普				
柯达				
柯尼卡美能达				

表 5-40　1938—2018 年色粉静电成像技术专利申请数量

企业名称	年份													
	1938—1945	1946	1947	1948	1949	1950	1951	1952	1953	1954	1955	1956	1957	1958
施乐	1	0	0	0	0	0	0	0	1	2	6	5	11	7
佳能	0	0	0	0	0	0	0	0	0	0	0	0	0	0
理光	0	0	0	0	0	0	0	0	0	0	0	0	0	0
柯达	0	0	0	0	0	0	0	0	0	0	0	0	0	0

企业名称	年份														
	1959	1960	1961	1962	1963	1964	1965	1966	1967	1968	1969	1970	1971	1972	1973
施乐	6	12	12	25	13	23	38	53	39	42	121	99	110	97	158
佳能	0	0	0	0	0	0	0	1	1	1	3	3	9	4	7
理光	0	0	0	0	0	0	0	0	1	7	13	2	7	11	16
柯达	2	4	2	2	2	2	2	3	6	12	7	12	7	9	5

企业名称	年份														
	1974	1975	1976	1977	1978	1979	1980	1981	1982	1983	1984	1985	1986	1987	1988
施乐	220	259	170	107	36	70	71	61	70	75	85	71	84	109	102
佳能	21	23	13	26	32	31	35	26	23	35	41	56	40	38	45
理光	7	17	21	26	42	32	36	20	30	33	27	24	21	27	27
柯达	13	13	14	31	22	24	18	29	30	28	14	12	32	31	37

续表

企业名称	年份														
	1989	1990	1991	1992	1993	1994	1995	1996	1997	1998	1999	2000	2001	2002	2003
施乐	140	156	183	154	198	195	186	203	202	173	195	204	250	274	294
佳能	47	71	56	72	56	98	97	67	106	102	96	129	163	242	304
理光	23	21	17	27	24	21	15	24	21	30	38	60	117	107	106
柯达	65	73	104	73	57	42	35	90	79	117	79	105	178	214	181

企业名称	年份														
	2004	2005	2006	2007	2008	2009	2010	2011	2012	2013	2014	2015	2016	2017	2018
施乐	287	478	511	334	420	516	437	391	509	353	224	253	316	136	24
佳能	265	323	220	197	290	308	355	346	418	356	342	428	416	303	118
理光	138	140	158	168	182	173	167	158	152	144	114	130	82	45	12
柯达	164	119	66	65	50	70	64	67	64	24	37	8	9	1	0

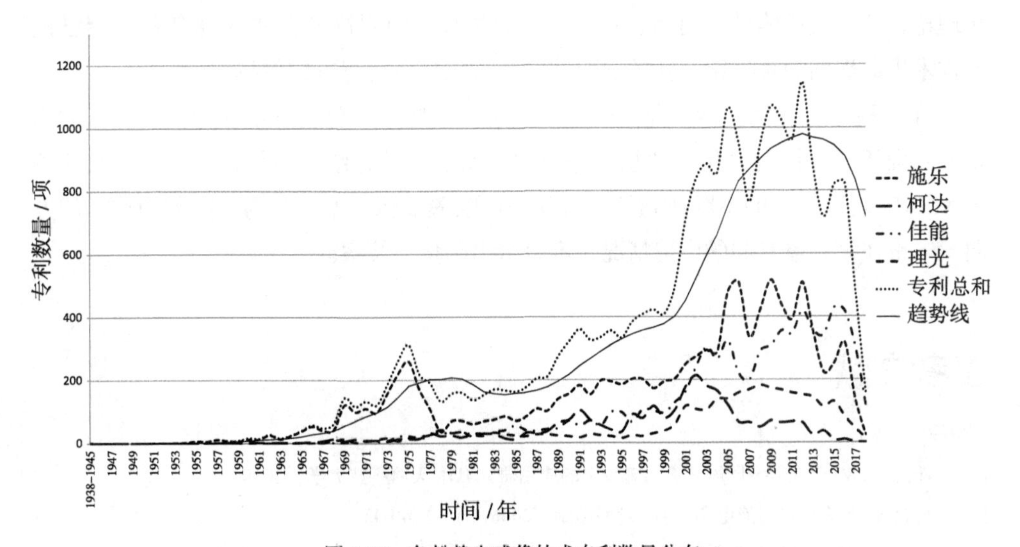

图 5-72　色粉静电成像技术专利数量分布

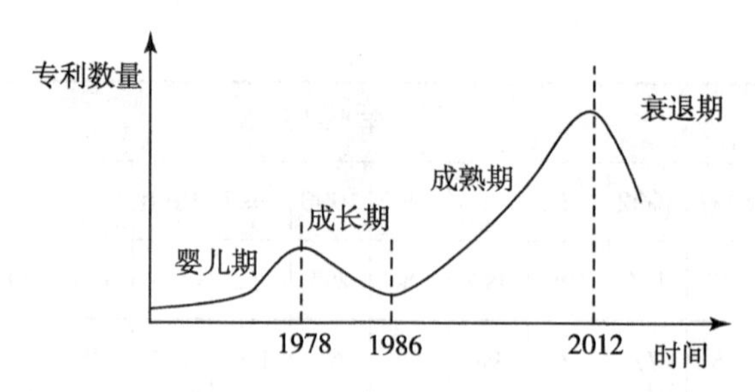

图 5-73 色粉静电成像技术成熟度预测曲线（专利数量）

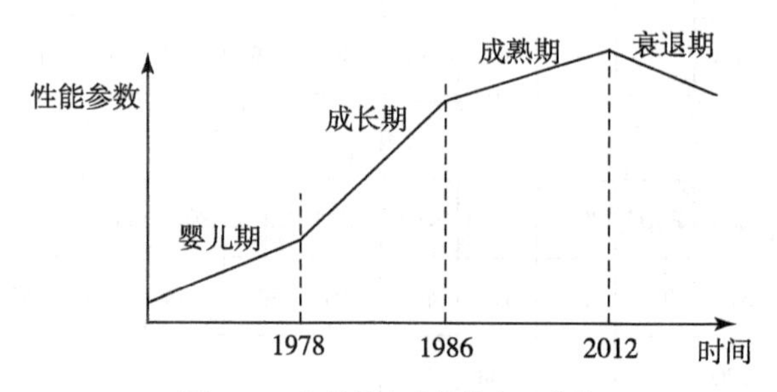

图 5-74 色粉静电成像技术 S 曲线

基于专利对静电成像技术的起源，色粉静电成像技术的发明、发展及色粉静电成像技术的未来发展趋势进行了研究，专利是技术发展的见证，静电成像技术从专利 US2297691A 的申请开始伴随着专利的不断申请而发展、成熟，依据 TRIZ 技术进化理论，从专利检索数据可得，色粉静电成像数字印刷技术经过 60 多年的发展已进入技术生命周期的衰退期，新的成像技术必将代替色粉静电成像技术。

在专利检索及代表性企业的研究中发现，一些原在色粉静电成像技术领域的引领型企业不约而同地开始了喷墨成像技术的研发，兰达纳米喷墨技术的提出及喷墨头 MEMS 制造技术的不断成熟意味着新一代喷墨成像技术会成为数字印刷技术的方向，未来在该领域专利的申请情况一定会给出确切的答案。

参考文献

[1] 任雪花 . MFC 在数字印刷纸表面施胶中的应用研究 [D]. 天津科技大学，2018

[2] 马金涛 . NIP 技术与静电印刷 [J]. 丝网印刷，2006，（3）:40-43

[3] 朱传乃，陈贵荣 . 高速静电印刷装置 [J]. 计算机研究与发展，1974，（2）:69-77

[4] 徐坤元 . 惠普数字印刷机的差异化市场营销战略分析 [D]. 北京交通大学，2007

[5] 郑亮，金张英 . 基于 CCD 的静电照相成像数字印刷品质量分析 [J]. 包装工程，2011，32（7）:112-116

[6] 王四珍 . 基于静电成像技术的数字印刷机色彩管理的研究 [D]. 武汉大学，2005
[7] 王彩印 . 基于色粉成像的数字印刷机发展回顾 [J]. 印刷杂志，2006，（12）:46-49
[8] 葛乃馨，柴江松，王琪等 . 基于纸张表面结构的静电色粉传递特性分析 [J]. 林业工程学报，2018（2）:64-69
[9] 王琪，柴江松，刘洪豪 . 基于纸张类型的静电数字印刷复制性能研究 [J]. 科学技术与工程，2015，15（23）:178-183
[10] 王跃 . 静电复印 / 打印文书的周期性转印痕迹研究 [J]. 中国司法鉴定，2016，V87（4）:49-56
[11] 李不言，管雯珺，黄慧华 . 静电数字印刷机成像部件对印刷质量的影响 [J]. 印刷质量与标准化，2012，（8）:51-53
[12] 樊丽娜 . 静电数字印刷机和印刷质量保障措施 [J]. 数字印刷，2017，（12）:54-56
[13] 王立立 . 静电数字印刷质量评价研究 [J]. 印刷杂志，2016，（9）:42-46
[14] 陈卫东 . 静电印刷 vs 喷墨印刷，得幅面者赢天下 [J]. 印刷技术，2011，（11）:36-38
[15] 王双飞，宋海农，杨崎峰 . 静电印刷废纸膨化脱墨工艺的研究 [J]. 中国造纸，2001，20（6）:4-7
[16] 姚海根 . 静电照相输墨方法与输墨系统（上）[J]. 印刷杂志，2004，（01）:31-34
[17] 姚海根 . 静电照相输墨方法与输墨系统（下）[J]. 印刷杂志，2004，（02）: 20-22
[18] 施宏敏，罗朝辉 . 静电照相数字印刷的时间均匀性分析 [J]. 出版与印刷，2010，（2）:6-9
[19] 姚海根 . 静电照相数字印刷滚筒熔化技术 [J]. 出版与印刷，2008，（2）:2-6
[20] 姚海根 . 静电照相数字印刷机的结构变迁 [J]. 印刷杂志，2013，（9）:48-54
[21] 姚海根 . 静电照相数字印刷质量的空间差异 [J]. 出版与印刷，2008，（4）: 12-15
[22] 姚海根 . 静电照相转印过程与墨粉黏结力 [J]. 出版与印刷，2009，（1）:2-6
[23] 周文华 . 静电照像直接制版版材及性能研究 [D]. 北京化工大学，2000
[24] M.A. 卡尔采夫，B.B. 克尼亚节夫，B.Π 库兹湟佐娃，等 . 快速静电印刷装置 [J]. 计算机研究与发展，1960
[25] 刘鹏 . 喷墨印刷数字控制技术研究 [D]. 哈尔滨理工大学，2014
[26] 林定武 . 数码印刷电子液体油墨印刷性能的研究 [D]. 西安理工大学，2008
[27] 朱斯文 . 数字印刷超色域可视化技术研究 [D]. 齐鲁工业大学，2017
[28] 曾淑英 . 数字印刷光栅图像处理系统研究 [D]. 华北电力大学（北京），2010
[29] 王世勤 . 数字印刷技术的发展及现状 [J]. 影像技术，2009，21（3）:3-14
[30] 蒲嘉陵 . 数字印刷技术的现状与发展趋势 [J]. 数码印刷，2002，（1）:69-74
[31] 汤学黎 . 数字印刷技术发展概述 [J]. 广东印刷，2010，（3）: 12-16
[32] 孙娜 . 数字印刷阶调处理系统研究 [D]. 华北电力大学（北京），2010
[33] 姜桂平 . 数字印刷品文本清晰度感知质量的评价方法研究 [D]. 曲阜师范大学，2011
[34] 董玉珍 . 数字印刷输入值的确定及实用程序的开发 [D]. 西安理工大学，2004
[35] 崔晓萌 . 数字印刷图像质量检测与质量控制工程理论与应用研究 [D]. 华南理工大学，2013
[36] 姚海根 . 网点结构对静电照相印刷图像噪声的影响 [J]. 出版与印刷，2010，（4）:2-5
[37] 亢静曙 . 微型静电成像系统设计与仿真 [D]. 北京理工大学，2015
[38] 张震一 . 我国数字印刷基本状况报告 [J]. 印刷质量与标准化，2011，（9）:52-64

[39] 王强，杨业高．现代数字印刷技术及其应用 [J]. 中国印刷与包装研究，2003，（5）:17-19
[40] 王瑜，魏先福，杜晓娟．液体电子油墨流变性能的研究 [C]. 中国印刷与包装学术会议．2010
[41] 何高升，李艳．基于专利分析的色粉静电成像数字印刷技术发展的研究 [J]. 北京印刷学院学报，2019，（9）:88-96
[42] 孙永伟，（美）谢尔盖．伊克万科．TRIZ: 打开创新之门的金钥匙 [M]. 北京：科学出版社，2015.11
[43] 赵敏，张武城，王冠殊．TRIZ 进阶及实战——大道至简的发明方法 [M]. 北京：机械工业出版社，2015.10
[44] 齐福斌．静电成像数字印刷技术的发展和市场定位 [J]. 中国印刷，2017，011:72-76
[45] （白俄）尼古拉．什帕科夫斯基．进化树——技术信息分析及新方案的产生 [M]. 郭越红，孔晓琴，林乐，等译．北京：中国科学出版社，2010.5
[46] Gaosheng He，Yan Li. Study on the Development of Toner Xerography Digital Printing Technology[C]. MeTrApp 2019: Recent Advances in Mechanisms，Transmissions and Applications，2019:576-585
[47] https://www.quality-assurance-solutions.com/Triz-Inventive-Principles-1.html
[48] www.triz.co.uk
[49] http://triz-evolution.narod.ru
[50] http://www.triz40.com
[51] https://www.innovation-triz.com/TRIZ40/
[52] http://www.gnrtr.com
[53] http://www.whereinnovationbegins.net/office-of-innovation/
[54] https://www.fujixerox.com.cn/
[55] http://www. 佳能 .com.cn/overview/printertob.html
[56] https://panasonic.cn/
[57] http://www. 爱普生 .com.cn/
[58] https://www.konicaminolta.com.cn/business/
[59] https://www.hp.com/cn/zh/commercial-printers/indigo-presses/products.html
[60] http://www. 佳能 .com.cn/oce/
[61] http://www.kodak.com.cn/product/product-list.aspx?Id=5
[62] https://www.delphaxsolutions.com/
[63] http://www. 理光 .com.cn/
[64] https://www.ibm.com/cn-zh
[65] http://pss-system.cnipa.gov.cn/sipopublicsearch/portal/uiIndex.shtml
[66] https://worldwide.espacenet.com/Espacenet
[67] http://www.gnrtr.com
[68] http://www.whereinnovationbegins.net/office-of-innovation/
[69] http://pss-system.cnipa.gov.cn/sipopublicsearch/portal/uiIndex.shtml
[70] https://worldwide.espacenet.com/Espacenet

第六章

喷墨成像技术

喷墨成像原理萌生于1858年，相比静电成像早80年，最终喷墨成像数字印刷技术由美国广播公司于1946年推出，相比静电成像技术的发明晚了8年，但美国广播公司未能将这一技术转化为产品。西门子是最早将喷墨成像技术产品化的公司，其第一台喷墨成像设备用于记录模拟电压信号，1951年，西门子为其发明的第一台喷墨设备申请公开号为US2566443A的专利。喷墨成像技术经过多年发展已成为数字印刷两大核心技术之一，广泛的承印物适应性和应用灵活性使其在数字印刷技术中占比逐渐提高，成为继静电成像技术之后被大力发展的数字印刷技术，并逐步成为商业数字印刷中的新主力。喷墨成像技术的核心理论是墨流断裂理论和静电效应。

墨流断裂理论是形成墨滴的基础，静电效应实现墨滴的飞行路径控制并在承印物表面形成预期的图文信息。喷墨成像数字印刷技术在不断发展中形成两个主要分支，分别是按需喷墨和连续喷墨，按需喷墨方式因喷射动力的来源不同又分为热泡喷墨和压电喷墨。

按需喷墨无须墨滴充电和偏转系统，结构简单，但在喷墨成像技术发展早期，其间断性的喷射方式在一定程度上导致喷墨速度相对较低，常用于办公及家用喷墨打印机，最新的按需喷墨技术在喷射速度上有极大的提高，已广泛用于生产型数字印刷机。相比按需喷墨技术，连续喷墨需要一套完善的墨滴充电和偏转系统，结构相对复杂，但墨滴为连续喷射，所以印刷速度较快，多用于生产型喷墨印刷机或者喷绘机。在不同的喷墨动力源中，热泡喷墨对油墨特性有一定的要求，一定程度上限制了应用范围，但体积相对较小的薄膜电阻更容易实现喷墨头的小型化；相对热泡喷墨，压电喷墨具有广泛的油墨适应性。

喷墨数字印刷技术的发展主要分为三个方面：喷墨头技术；喷墨用墨水（油墨）；喷墨数字印刷机整机结构。其中喷墨头是喷墨数字印刷技术的核心，经过多年的发展，特别是MEMS技术的不断进步，喷墨头制造技术已趋于成熟，目前我国已有多家公司开展喷墨头的研发，并取得了良好的成绩，如苏州锐发的喷墨头已经开始进入小批量生产阶段。喷墨墨水的发展主要集中在喷墨头适应性和承印物适应性上，兰达公司推出的纳米喷墨墨水的研发目的与以往喷墨墨水的研发目的有着显著的不同，它把核心放在提高喷墨数字印刷品质上，声称是目前数字印刷技术中印刷品质最高的技术。在喷墨数字印刷机结构的发展中，兰达公司推出的设置有中间转印带的纳米喷墨数字印刷机是近年来喷墨成像数字印刷机结构的一次颠覆性创新。

6.1 概述

6.1.1 喷墨成像技术的起源

喷墨成像和静电成像作为数字印刷中的两大主要技术，分别源于生产和生活中对图文记录和复制的需求，是传统印刷技术在图文输出上的一种补充，喷墨成像技术起源于人们对信号记录的需求，与静电成像技术起源于人们对办公文件多份复制的需求有所不同，但最终目的都是为了在承印物上形成可见的图文信息，之后两种成像技术由数字印刷汇集归一。喷墨成像技术的发明同样是对当时传统印刷技术的弥补，这一需求的根源在于社会的进步和经济的发展与传统印刷技术单一的复制方式之间的矛盾。

目前查证，与喷墨成像技术相关性较高的最早记录是英国数学家、物理学家及工程师威廉·汤姆森（图6-1，威廉·汤姆森又称开尔文勋爵）于1858年发明的Siphon记录装置，由于用到虹吸原理而得名Siphon，虹吸装置的原理如图6-2所示。1873年，基于墨水喷射原理发明的图形（图案）输出设备被认为是真正意义上的喷墨印刷装置，但这一设备与今天的喷墨数字印刷技术相差甚远，在学术上不被认为是喷墨数字印刷技术的发明起源。

6.1.2 喷墨成像技术的发明

1831年迈克尔·法拉第在实验中发现了电磁感应现象，1867年威廉·汤姆森完成了通过静电控制墨滴释放的试验，1878年瑞利勋爵发现从喷嘴射出的液体射流施加周期性能量或振动能够形成尺寸大小和间距均匀的液滴，20世纪40年代，美国无线电公司的克拉伦斯·汉塞尔发明了世界上第一台按需喷墨设备，被认为是最早出现的压电喷墨打印机，克拉伦斯·汉塞尔借助于压电材料制成的圆盘的变形作用产

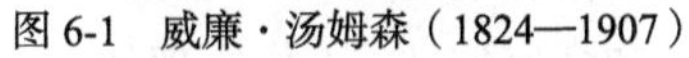
图 6-1　威廉 · 汤姆森（1824—1907）

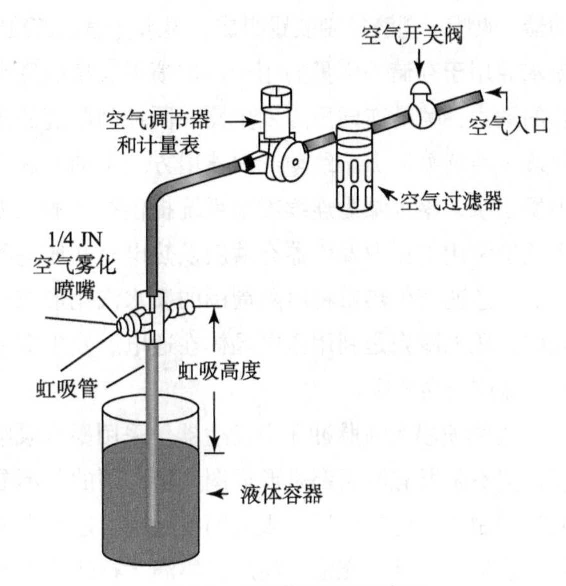

图 6-2　虹吸装置原理示意图

生压力波，形成喷射墨滴，然而，这一打印机仅仅停留在发明阶段，未形成产品，1951 年，西门子工程师埃尔姆奎斯特发明并开发了名为 Mingograph 的用于图形记录的喷墨打印设备，用于心电图记录仪的图形输出，Mingograph 的推出翻开喷墨成像技术发展的新篇章。Mingograph 图形记录仪通过向预置电荷的连续喷射墨滴施加电场力控制其落到印刷介质表面或落入墨滴回收装置中。Mingograph 的推出被公认为是喷墨成像技术发明的标志。

6.1.3　喷墨成像技术

喷墨成像印刷是将墨水以一定的速度从微细的喷嘴（直径 30 ~ 50μm）喷射到承印物上，通过油墨与承印物的相互作用，使油墨在承印物上形成稳定的影像。喷墨成像数字印刷技术的基础是墨滴的形成，1833 年，法国人萨伐特指出处于层流喷射条件下的流体可以在某一特定点上发生射流断裂而分解成液滴链，射流发生断裂的原因是液体表面张力的作用。英国物理学家和数学家瑞利提出，墨水射流在离开喷嘴后有自发断裂的倾向，必然会形成墨滴，但如果在喷嘴口附近有干扰因素存在（例如压电换能器的振动），则可加快墨滴成型速度。绝大多数学者认为，喷墨印刷墨水的黏性力不能忽略，层流喷射是保证连续喷墨不间断形成墨滴的基本条件。

喷墨成像数字印刷技术的核心在喷墨头，喷墨头由墨水补偿通道、墨水腔、致动器、喷嘴、墨滴控制装置组成。墨水补偿通道给喷墨头提供形成墨滴所需的墨水，墨水腔用于存储一定量的用于形成喷射墨滴的墨水，致动器用于提供墨水喷出喷嘴孔的动力，喷嘴连同压力发生器一同控制墨滴的体积，墨滴控制器控制墨滴的飞行轨迹（连续喷墨）。致动器因喷墨方式不同有区别，通常，在连续喷墨中，致动器为墨水泵，墨水泵为连续喷墨系统提供持续的压力供墨水连续喷出并形成墨滴；按需喷墨常用的压力发生器有薄膜发热电阻和压电陶瓷，薄膜发热电阻在施加脉冲电压后，急速产生热量将电阻周围的墨水汽化形成气泡推动墨水喷出，应用了电的热效应；压电陶瓷是利用压电晶体在通电后发生变形而形成墨水的喷出压力，应用了压电效应的逆效应。

连续喷墨无须脉冲压力发生器，采用墨水泵给墨水腔提供持续压力形成连续墨滴，但不是所有墨滴都是形成图文所必须的，不参与图文形成的墨滴必须通过墨滴偏转控制装置将其引导至墨滴回收通道。通常在喷嘴出口处根据是否参与图文形成将墨滴进行选择性充电，随后在墨滴飞行轨迹上通过设置控制电场对墨滴飞行方向进行引导，根据充电方式不同，连续喷墨分为二值偏转和多值偏转，工作原理如图 6-3 所示，连续喷墨是由美国斯坦福大学斯维塔教授系统归纳提出的，被称为斯维塔喷墨。另一种连续喷墨方式是赫兹喷墨，以赫兹教授为主的瑞典罗德理工学院的技术研究所工作小组发明而得名。这种连续喷墨工艺以环状电极控制墨滴飞行，操作方法是：当墨滴不参与形成图文时，环状电极工作，给墨滴充电使其在静电作用下分解成细小的墨雾而不能形成图文，而当墨滴参与形成图文时则环状电极不工作，墨滴正常飞行并落到承印物上，工作原理如图 6-4 所示。

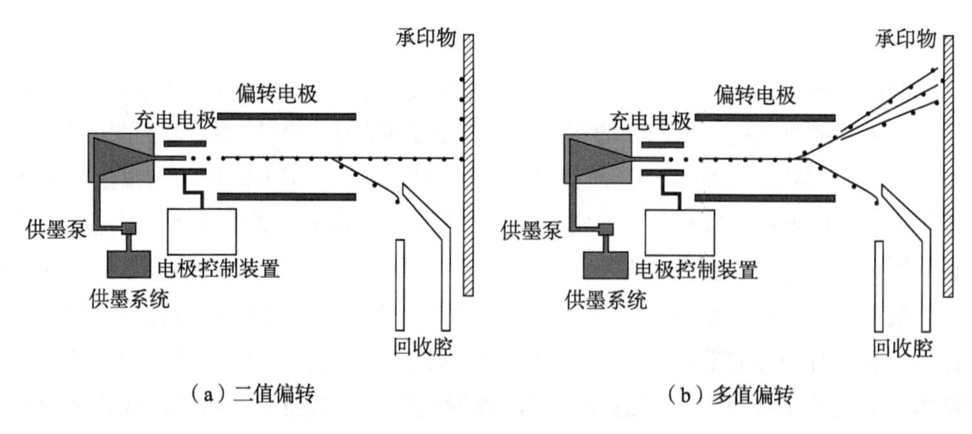

（a）二值偏转　　（b）多值偏转

图 6-3　斯维塔连续喷墨工作原理示意图

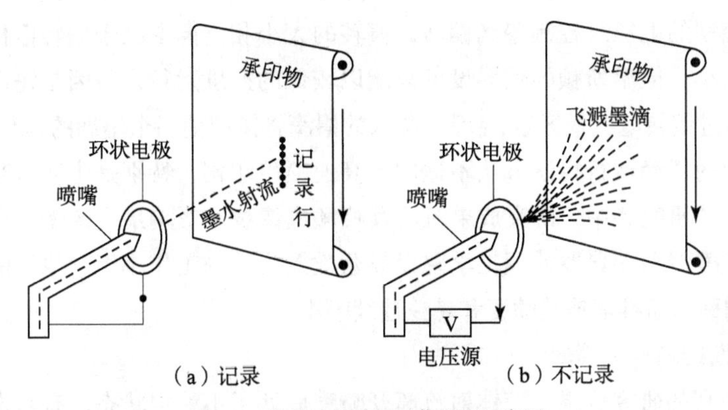

图 6-4　赫兹连续喷墨工作原理示意图

按需喷墨与连续喷墨相比，按需喷墨系统根据图文的有无控制墨滴的喷与不喷，限于控制系统的计算速度和致动器的开关速度，初期的按需喷墨速度相对较慢，但随着控制技术和喷墨致动器技术的发展，现在按需喷墨已经解决了速度的问题。按需喷墨在印刷中没有多余的不参与图文形成的墨滴从喷嘴喷出，所以无须连续喷墨中复杂的墨滴控制装置，其喷头结构简单，易于大规模集成，近年来，基于 MEMS 技术的按需喷墨头逐渐成为喷墨打印的主力。按需喷墨根据压力发生器的种类，分为热泡喷墨和压电喷墨两种，工作原理如图 6-5 所示。

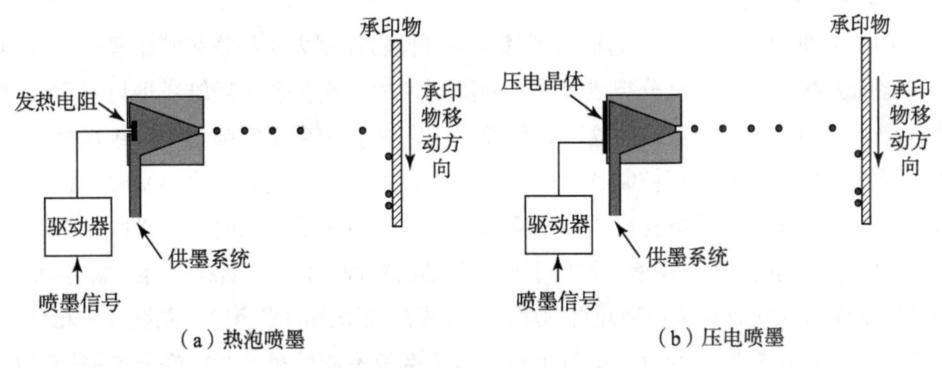

图 6-5　按需喷墨工作原理示意图

1. 连续喷墨

喷墨印刷的理论研究始于连续喷墨，最早的喷墨印刷设备也属于连续喷墨技术的范畴。连续喷墨因其具有较高的印刷速度，随着数字印刷技术的不断发展，开始逐步替代静电成像数字印刷技术，用于生产型印刷设备中。众多学者对连续喷墨进行过研究，温斯顿第一个成功将技术转化为实用设备，1962 年，他为设备申请了专利（专利号 US3060429A），并以 Teletype Inktronic 商标进行销售，该设备首先在所形成的连续墨滴上施加统一电荷，然后在设置于墨滴飞行路径中的电极板上施加由图文信息控制的电压来控制墨滴偏转，偏转的大小和方向取决于偏转电极板上施加的电压值大小，但温斯顿的喷墨设备只能以较低的速度运行，原因是每次只能允许一个墨滴通过偏转电极板区域，否者，闯入的墨滴将按照前一个墨滴的运行轨迹飞行，显然温斯顿的墨滴运行控制方法不适用于高速喷墨印刷，特别是生产型喷墨数字印刷。在众多的研究者中，研究成果对后续喷墨成像技术影响最大的是美国斯坦福大学的斯维塔教授和瑞典罗德理工学院以赫兹教授为首的工作小组。他们的连续喷墨方法，分别称为斯维塔连续喷墨和赫兹连续喷墨。

（1）斯维塔连续喷墨

根据瑞利的研究成果，液体射流离开喷嘴后处于不稳定状态，有自发断裂并形成液滴的倾向。如果对连续生成的墨滴喷射到承印物上的位置不加控制，则无法在纸面上产生预期的印刷图文，因此如何控制墨滴落在承印物上的目标位置形成预期的图文信息是一个重要的问题，按照图文信息设法移动墨滴或移动承印物均能达到上述目的。但在高速运行的连续喷墨中移动质量相对墨滴巨大的承印物显然不是一个可行的方案，因此设法移动质量相对微小的墨滴，即通过控制系统使墨滴偏转更为可行。20 世纪 60 年代早期，美国斯坦福大学的斯维塔教授偶然在研究水中输送气泡提供氧气的鱼缸，探究氧气是如何通过气泡传送到水里这一问题的过程中，开始了对连续喷墨技术的研究。

1964 年斯维塔·瑞奇艾德提出了基于墨滴偏转控制方法的连续喷墨理论，并通过实验的方法验证墨水流分裂成尺寸和间隔均匀的墨滴，鉴于斯维塔理论对后续喷墨成像技术的贡献，学者们将这一连续喷墨工艺命名为斯维塔喷墨。斯维塔发现，如果墨滴断裂机制处于可控制状态，则可在连续的墨水射流分裂成墨滴时有选择并可靠地对墨滴充不同的电荷；当带电墨滴通过电压恒定的电场时，墨滴因其带电量不同而发生不同的偏转，在承印材料上形成预期的图像；未充电墨滴将由拦截器捕获，最终输送到墨水回收系统处理并再利用，这与温斯顿采用的墨滴偏转系统几乎相反。斯维塔的设备比温斯顿的设备运行更快，多个携带不同数量电荷的墨滴能够同时在恒定电压的电场中运行，斯维塔的设备运行速度仅受墨滴形成速率的限制。斯维塔发现，他的设备每秒能够产生 12000 个墨滴，记录速度是温斯顿设备的数百倍。尽管不少研究者曾经对上述通过偏转控制实现的连续喷墨技术做出过贡献，但系统性的工作是由斯维塔完成，并根据墨滴的偏转控制原理实现了这种重要的连续喷墨工艺，因而将连续喷墨成像技术以他的名字命名。

瑞利射流不稳定性理论指出，墨水射流有自发断裂的倾向，但自发断裂形成墨滴无法满足喷墨成像要求，即墨滴不具备喷射到纸面的初始动能，同时只靠自发断裂无法以高频率生成墨滴，如果这些问题不解决，则仅靠射流的自发断裂形成的墨滴无法构造出符合使用要求的喷墨设备。因此，如何能够以合理的速度生成墨滴，并保证墨滴喷射后有足够的初始动能成为将喷墨成像技术应用于生产的一大难题，经研究发现，在喷嘴口处施加振动可以辅助墨滴形成，其中在喷嘴口附近设置压电换能器是一种理想的方案，只要换能器的振动频率等于墨滴自发形成速率，则压电换能器的强制性机械振动会有助于产生质量均匀的墨滴。在喷射动能方面，通过墨水泵对墨水加压，能够强制性地使墨水获得更高的喷射动能，使墨滴具有喷射到承印物表面的动能。

连续喷墨技术应用于实际设备，除了要解决墨滴生成的问题，还要解决墨滴飞行轨迹控制的问题，因为不是所有的墨滴都参与图文形成并落到承印物上，必须将参与图文形成与不参与图文形成的墨滴加以区分，如前所述，墨水流从喷嘴口连续地喷射是构成斯维塔喷墨的基本特征，必须加以控制才能区分参与和不参与记录的墨滴。因此，为了控制墨滴喷射后的运动轨迹，必须对其运动方向加以干预，一种简单可行的方法被斯维塔找到，即通过设置一对电极并利用其形成的变化电场在墨滴形成位置附近对墨滴充电，只要合理选择电极电压和墨水的导电性，则墨滴充电完全可行，充电后的墨滴带有数量不同的静电荷，在恒定电场中将会受力发生不同的偏转，因此，在墨滴运行的路径上设置一对电极板，当带有不同数量电荷的墨滴通过电极板时将受电场力的作用而发生不同程度的偏转，不参与印刷的墨滴将统一向一定的方向偏转并喷射到墨水回收装置中，参与印刷的墨滴根据偏转量不同在承印物上形成预期的图文信息，斯维塔的这一墨滴形成及轨迹控制方法被称为多值偏转。

斯维塔多值偏转系统的墨滴离开控制电极后，将穿过由一对偏转电极产生的电场，加到“偏转电极一”和“偏转电极二”上的电压（HV）符号相反，数值达几千伏。由于墨滴在偏转电场中的偏转量正比于墨滴的带电量，因而墨滴抵达记录材料表面时就有垂直方向的位置差异，在纸张表面产生一个记录列，墨滴的垂直位置差异反映了信号电压通过控制电极加到墨滴上的电压差异。若信号电压为时间的函数，则可以在连续运动的纸张上记录下一个个的墨滴列，它们的垂直位置与信号电压对应，如图 6-6 所示。

1962 年年末，在斯维塔的工作原理上，博瑞斯仪器公司的阿林·布朗和亚瑟·路易斯为斯维塔的墨滴印刷设备增加一种字符或函数生成器，使之能够印刷文字字符与数字。字符生成器是一台能够存储文字和数字并根据文字和数字信息发出电压信号的仪器，阿林 · 布朗和亚瑟 · 路易斯对斯维塔技术的扩充如图 6-7 所示。

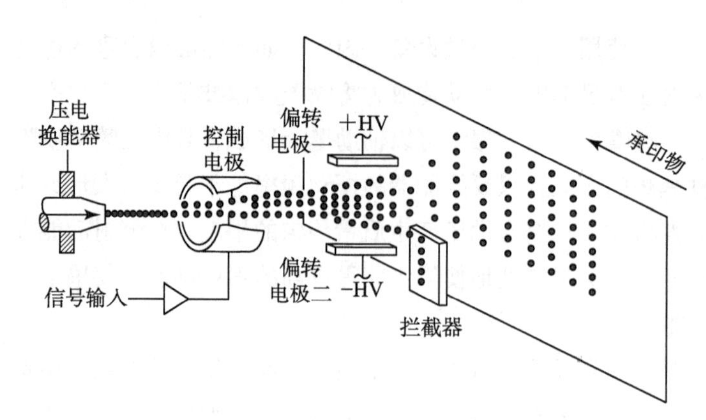

图 6-6　斯维塔多值偏转系统

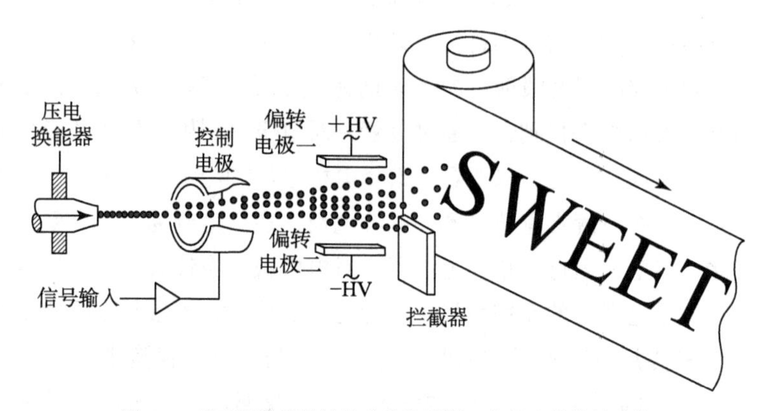

图 6-7　基于斯维塔偏转技术的路易斯—布朗多值偏转系统

多值偏转技术在喷墨成像上的优势，引起众多公司的研发兴趣并进一步推动多值偏转技术的进步，加速技术转化为产品的步伐。夏普和阿普利康两家公司参与墨滴多值偏转技术研究，前者于 1973 年发布 Jetprint 产品，后者在 1977 年推出阿普利康彩色图像打印机。

① 墨滴形成

墨滴形成是喷墨技术的关键。瑞利根据法国科学家萨伐特的射流断裂理论提出在喷嘴口附近设置换能器扰动射流控制墨滴生成参数的设想，德国学者马格努斯和斯坦福大学的斯维塔等人对此问题展开深入的研究，不但证实了瑞利设想的可行性，还提出了通过墨滴充电和偏转电极控制墨滴喷射后飞行路径的方法，最终以斯维塔技术实现连续喷墨。

1833 年，萨伐特指出，处于层流喷射条件下的流体可以在某一特定点上发生射流断裂而分解成液滴链，射流发生断裂的根本原因是液体表面张力的作用。原因是，球状液体的表面能小于包含相同容积圆柱状液体的表面能，而流体总是趋向于表面能最小的状态。因此，处在不稳定状态的圆柱状射流（比如墨水射流）中的部分液体将自发地从射流母体分离出来而转换为球状液滴，如图 6-8 所示。

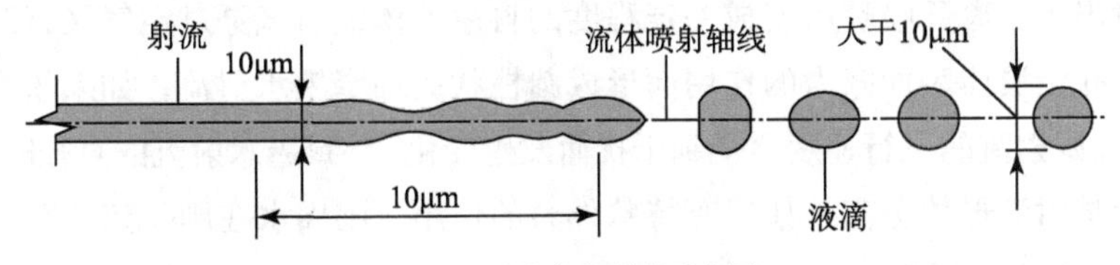

图 6-8　墨滴自发形成示意图

1878 年，瑞利指出，墨水射流在离开喷嘴后有自发断裂的倾向，即墨滴形成是一种自发进行的过程，如果在喷嘴口设置有一定的扰动，例如由压电换能器产生的机械振动，则会加速墨滴的形成，当时瑞利以非黏性理想流体的假设对射流断流形成墨滴机制进行了研究，研究结果对黏性流体也有很高的参考价值，找到了墨水喷射行为的近似解，瑞利同时提出，如果扰动因子幅值可表示为与射流半径的关系，则扰动因素将引起射流半径的空间振荡，且这种振荡的幅值随射流继续前进而按指数规律增加，这种处理方法后来成为斯维塔连续喷墨印刷系统的设计基础。

墨滴在脱离墨水射流母体前由于不可避免的空气接触和摩擦及受飞行惯性的影响，不同的部位会产生不同的表面张力，形成墨滴的大体形状，这意味着墨水射流不能保证连续而光滑的外形。由此可见，墨水从喷孔中挤出后不久断裂点就已经逐步成形，成为墨水射流轮廓的谷点，如果这些谷点的关系处理成包络线，则包络线的延伸终止于喷射轴线的某一位置。与此类似，墨滴的初步成形也必然产生墨水射流轮廓的峰值点，由这些峰值点可形成墨水射流的外轮廓包络线，变化趋势与谷点包络线相反。在墨水射流尚未发生断裂的飞行过程中，初步成形的墨滴不断地扩展其横向尺寸，而将要成为断裂点的谷点位置则不断下移，当谷点到达墨水的喷射轴时，墨滴从射流母体分离出来，形成独立的墨滴。在墨滴形成过程中，两个相邻墨滴峰值点的距离保持不变，只是因横向尺寸增大而导致墨滴分离。射流收缩形成墨滴示意如图 6-9 所示。

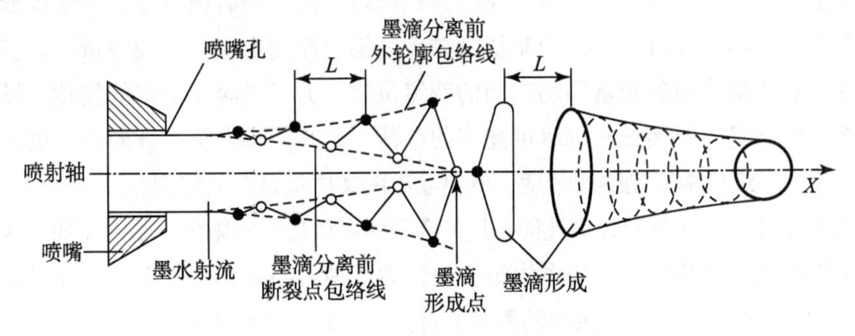

图 6-9　射流收缩形成墨滴示意图

绝大多数研究者认为，墨水的黏性和层流喷射是保证墨滴连续形成的基础条件。通常，连续喷墨系统的墨水射流是利用强制性方法产生的，墨水在高压作用下从喷嘴中喷射出来，离开喷嘴后变成一定程度的自由流体，射流穿过空气飞行时产生层流运动，并受液体表面张力的作用而形成圆柱状的细窄墨水射流，如果墨水的黏性不可忽略，则射流的飞行速度会受到干扰而发生变化，导致墨水射流的直径略为收缩，导致墨滴与射流母体分离，如果有特殊外力的作用，则墨水在刚脱离喷嘴时射流将会快速断裂并形成墨滴。

在发现了墨水射流能够在表面张力的作用下自发形成墨滴和在喷嘴口处设置一定的扰动有助于墨滴快速生成后，如何确定墨滴的分裂位置和墨滴生成频率是设计连续喷墨系统的关键任务。射流断裂条件和位置也成为决定连续喷墨系统设计原则的重要依据。图 6-10 所示为一直径 10μm 飞行速度大约 20m/s 的圆柱形墨水射流，若在喷嘴口的恰当位置设置压电换能器对墨水射流施加机械振动，例如给予频率在 1.08MHz 上下的振动，墨水射流的运动速度为 39m/s 时，则会形成图中所示墨滴。

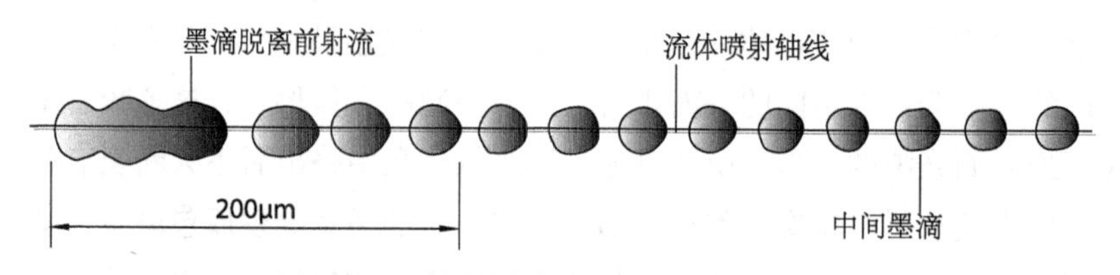

图 6-10　对射流施加振动后的墨滴生成示意图

理论分析和实验研究证明，墨滴尺寸和间距是任何连续喷墨印刷系统的重要参数，将决定系统的工作性能和印刷质量，其数值与喷嘴直径、墨水黏度、墨水表面张力以及振动激励频率等因素有关。

②墨滴充电

墨滴充电是斯维塔连续喷墨中的关键步骤，是墨滴实现偏转的基础，充电后的墨滴在偏转电极电场力作用下实现飞行路径偏转，其作用有两方面，一是区分参与印刷与不参与印刷墨滴，二是控制墨滴在经过偏转控制电极后的偏转量，以实现按照图文信息将墨滴喷射到承印物表面的特定位置。为了墨滴在给定的偏转电场中获得显著的偏转量，墨滴被充以尽可能多的电荷，使其能够在垂直方向产生更多的记录点，只要走纸机构有足够的精度，就会输出图文质量良好的印刷品。

限于墨滴的物理体积和电性能，其可携带的电荷量是有限的，原因有如下两点。

a. 墨滴表面电荷产生的静电力被表面张力抵消，导致墨滴带电量较高时无法从墨水流母体分离出来。瑞利给出的墨滴允许带电量限制条件为：

$$Q=\sqrt{64\pi^2\varepsilon_0 r^3\sigma} \quad (1)$$

式中，ε_0、r 和 σ 分别表示介电常数、墨滴半径和墨滴表面张力。

1962 年，亨德里克斯和施奈德对瑞利公式提出修正算法，并由亨德里克斯和泰勒通过实验验证。此后，不少学者指出，处于高电场作用下的连续液体射流会产生明显的不稳定现象，曼森认为，高电场作用下的连续墨水流形成的液流尖端可能发展成冠状放电，而实际连续喷墨装置加到墨滴上的电荷量 Q 比式（1）给定的数值要低，因而往往观察不到冠状放电现象，无论对斯维塔还是赫兹，连续喷墨系统均如此。

b. 墨滴静电排斥力的相互作用可能干扰墨滴链的线性结构，并因充电电压的作用而导致墨水散射，为此应限制充电电压的量值，通常应保持在低于 150V 的水平。为了准确控制充电电压产生的电荷量，有必要使墨滴形成位置的电压保持为常数，例如与接地电压相等，但仅当墨水有足够高的导电率时才能满足这一条件。

墨滴带电量应与偏转电极电压值匹配，才能达到预期偏转效果。为提高连续喷墨速度而要求产生不同的偏转量时，必须准确地控制墨滴充电电压，保证与偏转电极的工作电压匹配。墨滴充电过程复杂，墨滴的最终带电量并非一次充电的结果，而是与充电过程有关，存在着交互作用效应。墨滴的最终带电量不仅与加到充电电极上的电压有关，也与在此之前已形成墨滴的带电量有关，如图 6-11 所示，假定当前墨滴生成前已经有其他墨滴，例如墨滴 1、2、3 和 4 等，它们必然会与当前墨滴组成电容，标记为 C_{01}、C_{02}、C_{03} 和 C_{04} 等；这些电容的存在必然会作用于当前正在形成的墨滴，影响墨滴的带电量，此现象称为墨滴充电历史效应。墨滴充电是斯维塔连续喷墨的关键技术之一，对墨滴喷射的控制和定位精度至关重要，涉及能否建立有效而连续的墨滴喷射过程，影响最终的印刷品质量。不少学者都对墨滴充电的历史效应进行过研究，其中菲尔莫尔和博纳认为，墨滴在充电前由于各种因素的综合作用和干扰，充电时受到已形成墨滴带电量的影响很难避免，充电误差可达到甚至超过 20%；曼森进一步指出，如果快速改变墨滴充电装置的控制电压，则墨滴所带电荷还可能改变正负特性，导致带电符号相反的两个相邻墨滴合并。墨滴充电的历史效应得名于当前充电墨滴与以往墨滴的相关性，这一相关性能够导致当前墨滴充电结果产生某种程度的畸变，进而影响墨滴喷射的位置精度。墨滴充电历史效应对连续喷墨工艺的影响是可以降低的，例如降低控制电极充电“隧道”的内径，将墨滴形成点置于充电“隧道”内，当充电“隧道”内直径小到一定程度时类似于静电屏蔽罩，能明显降低墨滴形成位置与所有已生成墨滴间的电容，但离已生成墨滴距离最近的墨滴除外。

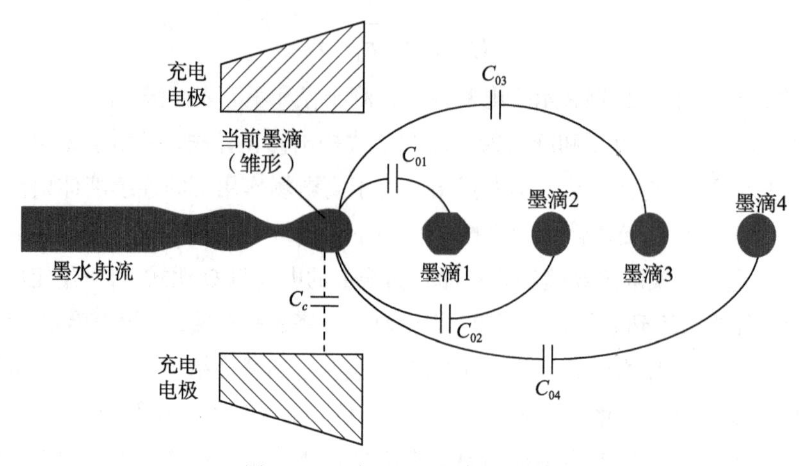

图 6-11　墨滴充电历史效应示意图

③墨滴偏转

墨滴偏转是斯维塔喷墨中保证墨滴分离和喷射到图文预定区域的必要前提和重要过程，墨滴偏转控制精度对提高连续喷墨的复制质量起至关重要的作用。充电完成的墨滴具备偏转所需的初始条件，离开墨水射流母体后的墨滴完成充电后将以一定的速度继续飞行，进入偏转电极的作用范围时将受到电场力作用而发生偏转。假设偏转电极板的有效长度为 L，并以 D 和 E 分别表示从偏转电极板入口到记录纸的距离和偏转电场强度，则墨滴喷射到纸面的偏转量 h 可描述为：

$$h = L\left(D - \frac{L}{2}\right) \cdot \frac{qE}{mu^2} \tag{2}$$

式中，q、m 和 u 分别代表墨滴带电量（电荷数量）、墨滴质量和墨滴运动速度。墨滴从偏转电极板入口到承印物的距离可作为墨滴偏转后的近似飞行距离，与偏转高度相比，墨滴偏转后的飞行距离要大得多。

如果对式（2）使用合理的参数，例如假定墨滴直径为 100μm，根据连续喷墨常用墨水密度换算成墨滴质量可知，墨滴偏转后的飞行距离在 5 厘米到 10 厘米之间时，偏转高度在 5 毫米到 10 毫米间，其中作用于墨滴的偏转电场强度必须与空气的击穿电压接近。分析式（2）可以发现，墨滴的偏转量与 L 和 D 成正比关系，说明如果能增加 L 或 D 的数值，则墨滴的偏转高度 h 可以增加。但墨滴飞行时不可避免地受空气摩擦阻力作用，增加电极板长度或墨滴飞行距离可能导致墨滴动能不足，进而导致飞行速度明显下降而引起墨滴散射，由此可见，增加 D 和 L 只能对提高偏转量起一定作用，但无明显改善。

根据偏转控制的工作原理，墨滴的喷射位置取决于充电电荷量和偏转电压值，应该在墨滴形成的瞬间使之带有特定数量的电荷，并要求在这一瞬间使墨滴雏形从墨水射流母体分离。墨滴继续前行到偏转电极时，由于墨滴带电量的不同而产生不同程度的偏转，墨滴喷射到纸面时就有垂直位置差异，如果走纸机构的运动方向与墨滴偏转方向垂直，且运动精度与偏转精度相当，则可以打印出正确的结果。走纸机构与墨滴喷射匹配问题在喷墨系统中一般通过相位控制解决，通常情况下，墨滴形成受多种因素的制约，要求充电信号的作用时间和控制墨滴形成的喷嘴机械振动的作用时间有一定程度的差异，这种处理方法称为相位控制。

④卫星墨滴

通过对墨滴形成过程的进一步研究，人们发现墨滴的形成远比之前认识的复杂。通过研究高速相机拍摄的墨滴形成过程，发现伴随着主墨滴存在着一个小的墨滴，以出现在主墨滴尾部最为常见和典型，如图 6-12 所示，一些学者将其称为“卫星墨滴”。

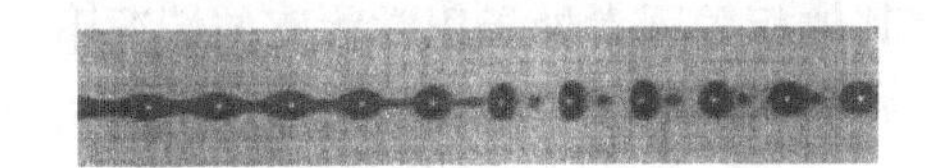

图 6-12　高速相机拍摄的卫星墨滴

在墨滴形成前的一段短暂时间内，在墨滴雏形间存在着颈缩一样的墨液连接，直径小于墨滴雏形，在一定的条件下，随着墨滴的飞行，连接两个墨滴的细小墨流将从其连接的两个墨滴中分离出来，形成一个或多个尺寸更小的卫星墨滴，由于卫星墨滴的飞行条件与主墨滴不同，其飞行速度将随着飞行时间的推移而发生变化，飞行速度高于主墨滴的卫星墨滴将与前面的主墨滴合并，而速度比主墨滴低的卫星墨滴则与后面的主墨滴合并，过程示意如图 6-13 所示。卫星墨滴是墨水射流断裂产生的，它与是否设置墨滴形成辅助振动装置无关。菲尔莫尔等人的研究结果表明，墨水射流中出现卫星墨滴对采用斯维塔原理的喷墨打印系统十分有害，但卫星墨滴也有其有用的一面，利用卫星墨滴的质量比主墨滴小得多的特性，日本学者山田等人在 1982 年提出单独使用卫星墨滴的想法，并据此研制成功一种特殊的打印机。尽管山田打印机使用的仍然是斯维塔连续喷墨复制原理，但却能在直径较大的喷嘴产生尺寸很小的墨滴，实现高分辨率打印。

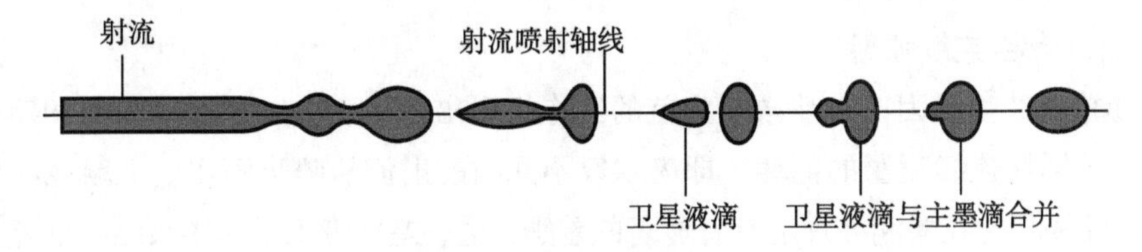

图 6-13　卫星墨滴及其合并

斯维塔喷墨工艺需解决的基本问题是：所有墨滴应该有相同的质量，在纸面上产生同样尺寸的记录点，形成高质量的字符，使笔画均匀一致，字符边缘整齐、光洁，但卫星墨滴飞行期间与其前面或后面的主墨滴合并，会导致喷射到纸面上的墨滴质量不同，因此，墨水射流参数需调整，设法防止卫星墨滴的形成，当然，卫星墨滴也有其有用的方面，如前述山田等人对卫星墨滴的巧妙利用，也能利用卫星墨滴得到分辨率良好的印刷品。

卫星墨滴的存在严重影响了连续喷墨的印刷品质，预防卫星墨滴的形成成为斯维塔喷墨中的重要研究内容。IBM公司柯里和波蒂希两人的研究成果表明：如果主墨滴间距能控制到喷嘴直径的5 ~ 7倍，则形成卫星墨滴的可能性大大降低。

⑤墨滴合并

斯维塔在早期研究连续喷墨技术时就已经发现，墨滴一旦形成后即以很高的速度在空气中飞行，墨滴运动不仅受空气阻力影响，且墨滴彼此靠近到一定程度时将发生静电交互作用，在其他相关因素处于正常状态的情况下，空气阻力会降低墨滴的飞行速度，而静电交互作用则使飞行墨滴的运动变得更为复杂，如果带电墨滴能够相隔一定距离稳定地飞行，则墨滴在发生偏转后将沿预定的轨迹运动并落至承印物上，而实际上，墨滴的运动轨迹有不同程度的偏离，有的偏离大，有的偏离小，那么墨滴链的喷射过程因受到空气阻力和静电斥力的组合作用，其运动状态将变得复杂。例如，两个相邻墨滴偏转量差异不大时，飞行一段距离后在空气阻力和静电排斥力的交互作用下彼此会越来越靠近，如果空气阻力延迟墨滴飞行逐步占主导地位，以至于静电排斥力不再能保持这两个墨滴独立地飞行，则会合并为一个墨滴。在连续喷墨数字印刷中，不允许发生墨滴合并，必须采取一定的技术措施使各墨滴保持合适的距离，为了解决此问题，研究人员提出了墨滴交叉排列法、保护墨滴技术和建立局部真空法等避免墨滴合并的技术。

墨滴静电交互作用也是导致墨滴在飞行过程中产生合并的主要原因，可见防止墨滴合并不仅要解决好空气阻力问题，还需要采取恰当的发明原理减弱或避免静电交互作用。静电交互作用的本质是两个墨滴距离太近导致其电场力相互作用并达到有害的程度，因此增加墨滴间距是一种可行的方法，前面提到的方法理论上均可用于防止静电交互作用。

（2）赫兹连续喷墨

赫兹连续喷墨因以赫兹教授为首的工作组提出而得名。赫兹连续喷墨和斯维塔连续喷墨同属连续喷墨的范畴，即墨水以不间断的射流从喷嘴喷出。但赫兹喷墨与斯维塔喷墨相比在墨滴处理上有着显著的差别，这一差别带来了喷墨头结构的差异，赫兹喷墨通过墨滴物理形态调制代替斯维塔喷墨的墨滴运动轨迹偏转控制技术。不过，两者也有相似之处，表现在赫兹喷墨在墨滴形成位置也有控制电极，用于对墨滴充电，但其充电的目的不是为墨滴偏转提供基础电荷，同时加到控制电极上的电压也比斯维塔喷墨高得多，通过高电压充电使墨滴获得很高的带电量（相对斯维塔喷墨中墨滴的带电量），因而墨滴在朝向承印物飞行的过程中会因静电作用彼此排斥，导致原本线性排列的墨滴链转换成四散喷射的“墨雾”。

连续喷墨印刷系统中图文实现对应于墨滴的“打开”和“关闭”，即墨滴喷射到承印物和不喷射到承印物，对基于墨滴偏转控制的斯维塔喷墨技术而言，墨滴的“打开”和“关闭”对应于偏转和不偏转，最终归结为墨滴参与印刷和不参与印刷。这种特点赫兹连续喷墨同样具有，赫兹连续喷墨系统中墨滴的喷射情况如图 6-14 所示，从喷嘴喷出的墨滴呈现阶段性特征的墨滴链，根据印刷需求，分成参与印刷的墨滴链和不参与印刷的墨滴链，不参与印刷的墨滴链在充电电极处被充电并发生由于静电斥力导致的散射而成为墨雾，最终无法在承印物表面形成显著的图文，参与印刷的墨滴链未被充电并按照原有的运动方向喷射到承印物表面形成图文。

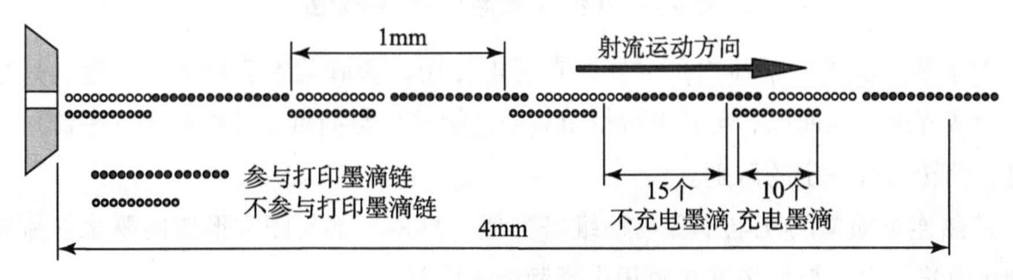

图 6-14　充电与不充电墨滴链

赫兹连续喷墨的原理如图 6-14 所示，墨水在墨水泵的压力下从喷嘴射出形成墨水射流，赫兹喷墨的喷嘴孔比斯维塔喷墨更小，故赫兹方法能喷射出细小而速度很高的墨水射流，墨水流的直径大约在 10~20μm，速度可达到 40m/s。如此细小的墨水射流以很高的速度运动时，能保证在空气中飞行大约 6cm 的距离而不会导致射流直径的明显增加。

在墨水射流离开喷嘴后很短暂的时间内，射流将迅速地分裂为墨滴链，墨滴分裂几乎与墨水喷射同步进行。设置环状电极作为墨滴的充电装置，环状电极设置在非常靠近墨滴生成的位置，当有预设的合适的电压施加到环状电极时，墨水在有效带电的情况下，墨水射流中包含的墨滴雏形能够从射流母体中分离出来，且墨滴分离时的运动方向与射流的轴线方向一致，墨滴继续飞行并落到承印物表面，只要承印物的移动方向与墨滴的飞行方向垂直，借助于纸张的运动可在纸面上产生预期的记录点，如图 6-15（a）所示。充电电压越高，分离出的墨滴数量越多，当控制电极的电压达到更高预设数值，墨水在有效带电的情况下，墨水射流因受到强电场的作用而转换为数量众多的向四周喷射而非集中的细小墨滴（墨雾），细小的雾状墨滴无法在承印物上形成预期的记录点，这意味着墨水射流断裂后形成的墨滴喷射将无法在承印物表面形成预期的图文信息，如图 6-15（b）所示。

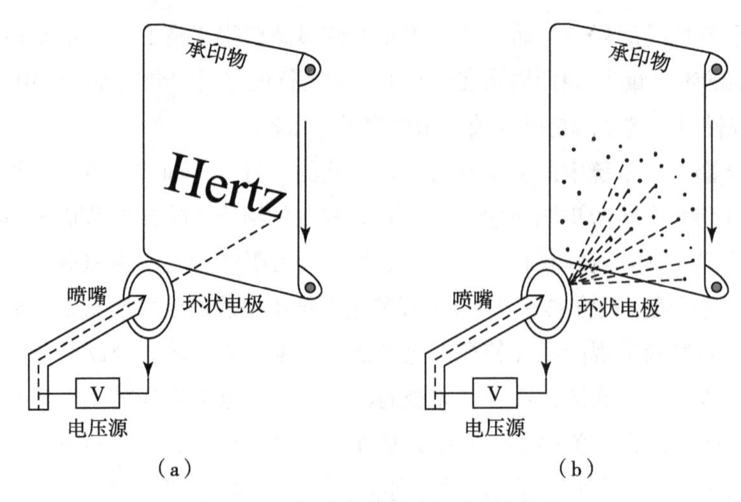

图 6-15 赫兹连续喷墨工作原理示意图

大多数情况下，射流内部只要存在静电作用，墨滴就不会聚集在一起，只是墨滴的分散程度不同而已，同时也可得出赫兹连续喷墨与斯维塔连续喷墨在墨滴形成、充电、偏转上有一定的区别。

赫兹连续喷墨的充电步骤与斯维塔类似，只是不参与图文形成的墨水射流充电后的带电量远高于斯维塔连续喷墨中墨滴的带电量。

① 墨滴形成

赫兹连续喷墨与斯维塔连续喷墨两者在墨滴形成上都基于瑞利断裂原理，但在墨滴形成的辅助方式上不同，斯维塔采用机械振动的方式提高墨滴的形成速度，赫兹采用墨水射流被充电后的静电斥力提高墨滴的形成速度。

② 墨滴充电

赫兹与斯维塔在墨滴充电上的目的是不同的。斯维塔给墨滴充电是为墨滴偏转提供基础电荷，赫兹给墨水射流充电，一是辅助墨水射流形成墨滴，二是将墨水射流分解成墨雾。

③ 墨滴偏转

以赫兹技术为基础构造的连续喷墨系统中，如何控制散射的雾状墨滴不落到承印物上成为赫兹连续喷墨技术中的一个重要问题。

在大量研究的基础上，研究者提出两种实现散射的雾状墨滴不落到承印物上简便而有效的方法，如图 6-16 所示，其目的与斯维塔连续喷墨中控制非参与印刷墨滴不落到承印物上是相同的。一种方案是在环状充电电极和承印物之间设置一个中心部位开设小孔的挡板，挡板用于阻止散射的雾状墨滴飞行到承印物表面，而没有发生散射的墨滴可以顺利穿过挡板小孔并喷射到承印物表面，以形成预期的图文记录点，如图 6-16（a）所示。从复制工艺分类的角度分析，这种方案的本质在于实现了对记录行的密度调制。表面上，墨滴到达纸面只能取 0 或 1 两种状态之一，对应于墨滴不喷射或喷射到纸面，如果考虑到墨滴分散喷射的角度随加到控制电极上电压的大小而改变，控制作用到电极上的电压大小意味着可以控制能通过挡板小孔喷射到纸面的墨滴数量。由此可见，由于作用到控制电极的电压大小决定了有多少墨滴喷射纸面，因而赫兹喷墨应归类为记录结果的密度调制。

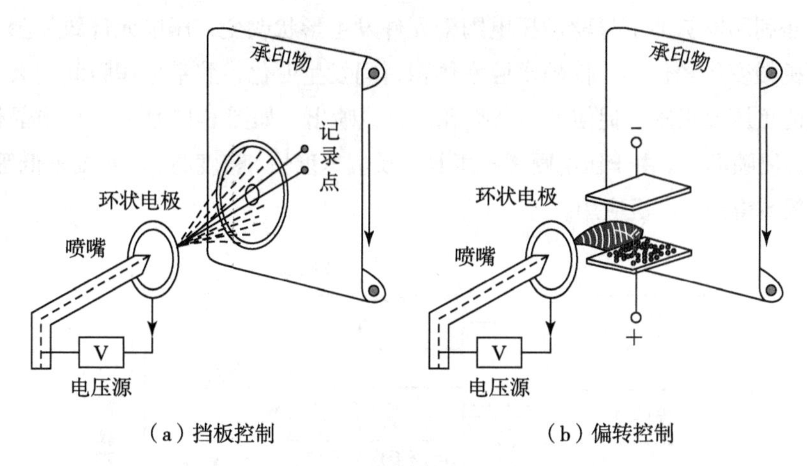

（a）挡板控制　　（b）偏转控制

图 6-16　墨滴喷射控制方案

从以上的分析可以看出，图 6-16（a）所示的墨滴喷射控制方案虽然实现了阻挡不参与印刷墨滴喷射到承印物表面的问题，但墨雾中的个别细小墨滴仍然有可能穿过挡板小孔，在承印物表面上产生不希望得到的淡色“背景”，图 6-16（b）所示的偏转控制方案可以对此予以弥补，其方法是在雾状细小墨滴飞行到承印物前的位置上加一对偏转电极板。由于雾状细小墨滴均带有电荷而可以用偏转电场来控制其运动方向，带电雾状细小墨滴偏转后就不能沿直线继续向前飞行，也不会喷射到承印物表面上。那些未充电的墨滴（参与图文形成的墨滴）将不产生偏转，继续沿原路径飞行并喷射到承印物表面形成记录点。从上述分析可得，不论是控制效果较好的电极控制方案还是结构简单的开孔挡板控制方案，都只能用于记录墨滴的打开和关闭调制，即墨滴只能取喷射或不喷射两种方式之一，喷墨头无法在承印物固定的情况下形成连续的记录点，这是与斯维塔连续喷墨在图文形成中最大的区别。

2. 按需喷墨

在连续喷墨的不断发展中，研究者提出按需喷墨技术，不同于连续喷墨中墨水需要持续不断地在压力作用下从喷嘴口喷出并采用振动或静电斥力加速墨滴生成，按需喷墨只有在需要形成图文记录点的时刻才允许墨滴喷出，墨滴以脉冲驱动的方式喷射。与连续喷墨相比，按需喷墨无须墨滴断裂同步机制，也不需要充电电极、偏转电极、墨滴拦截、墨水循环处理系统、高压墨水供应系统和复杂的电路等，在成本和体积上有着连续喷墨无法比拟的优势。按需喷墨按照脉冲驱动方式的不同主要分为压电喷墨和热泡喷墨两种。其中使用固体油墨的按需喷墨被称作相变喷墨。

（1）压电喷墨

采用压电元件的逆压电效应提供压力的按需喷墨方式被称为压电喷墨。压电喷墨技术是利用电脉冲信号驱动压电陶瓷元件发生形状改变，压电元件致使墨水通道壁发生机械变形和位移，使墨水腔室体积瞬间发生变化，腔室体积瞬间增大或缩小所产生的负压或正压，促使油墨从喷孔回缩或喷出，如图 6-17 所示，压电晶体的变形量可控制喷墨量。由于压电喷墨技术具有反应速度快、精度高、墨水要求低等特点，在工业领域得到了广泛应用。

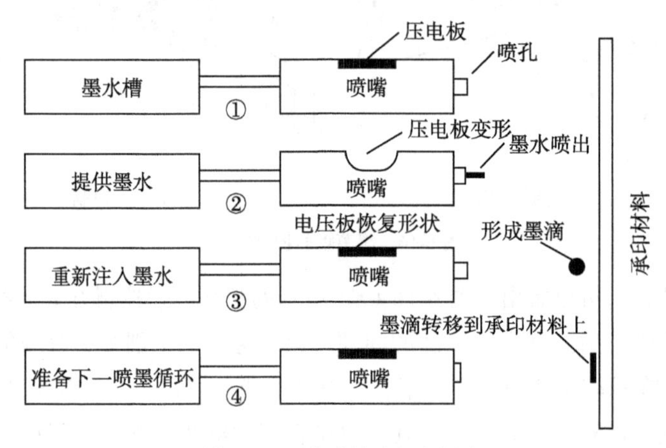

图 6-17 压电喷墨过程示意图

压电材料的逆压电效应是压电喷墨的技术基础，压电效应是指某些材料被施加机械应力后会成比例地产生电荷的现象，这一现象由居里兄弟在 1880 年发现，同年，居里兄弟证实压电效应具有可逆的性质，即压电晶体具有按施加电压成比例地产生几何变形的能力，压电喷墨印刷就利用了这种原理。压电喷墨打印机的墨滴生成和喷射由墨水通道壁的机械变形和位移产生，是压电材料的逆压电效应提供墨水通道壁的机械变形和位移产生的动力，经过不断的发展，压电喷墨根据外加电场作用方向与压电晶体材料极化方向的关系以及产生变形的不同，压电喷墨分为挤压、推压、弯曲和剪切四种模式。

①压电材料

具有压电效应的材料被称为压电材料。压电效应分为正压电效应和逆压电效应，正压电效应是指某些电介质在沿一定方向上受到外力的作用变形时，内部会产生极化现象，在它的两个相对表面出现正负相反的电荷，当外力撤销后，它又会恢复到不带电的状态，当作用力的方向改变时，电荷的极性也随之改变，如图 6-18（a）所示。逆压电效应是指在电介质的极化方向上施加电场时，这些电介质会发生形变，电场撤销后，电介质的变形随之消失，如图 6-18（b）所示。压电喷墨利用压电材料的逆效应提供墨水喷射的动力。

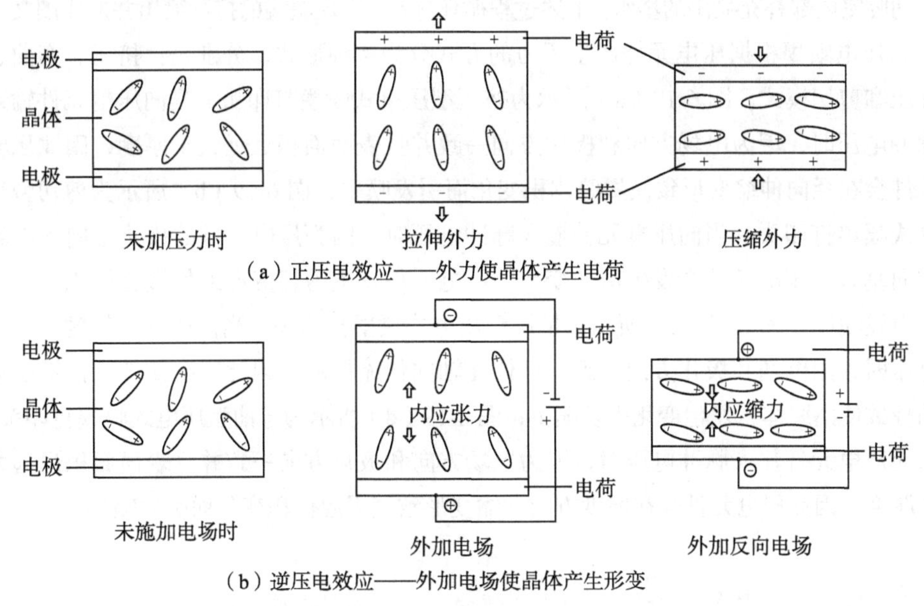

（a）正压电效应——外力使晶体产生电荷

（b）逆压电效应——外加电场使晶体产生形变

图 6-18 正逆压电效应

压电材料分为有机压电材料和无机压电材料，无机压电材料包括压电陶瓷和压电晶体，压电晶体一般指压电单晶体，是按一定的晶体空间点顺序长成的晶体，如石英晶体和水溶性压电晶体等，压电陶瓷是一种由多种材料进行混合、成型，在高温下通过固相反应和烧结得到的复杂多晶体，如锆钛酸铅系压电陶瓷（PZT）、铌酸盐系压电陶瓷、钛酸钡压电陶瓷和铌镁酸铅压电陶瓷等。压电陶瓷较压电晶体的压电性和介电常数都高，压电致动器一般选用压电陶瓷中应用较多、性能较好的锆钛酸铅系压电陶瓷（PZT）。有机压电材料是一种极性高分子材料，如聚偏氟乙烯，这种压电材料一般做成薄膜状组件。

② 压电喷墨打印头结构

压电式喷墨头喷墨单元主要由储墨室、限流部、墨腔、驱动板和喷嘴组成。驱动板上有压电元件，当在压电元件上施加脉冲电压时，会引起驱动板的变形，使腔室发生容积变化，迫使墨水从墨水补充通道吸入、喷嘴口处的墨流回缩或墨水从喷嘴喷出。工作过程如下：当压电元件上无电压时，墨腔内的墨水处于稳定状态；当在压电元件上加上电压时，由于逆压电效应使压电元件发生变形，如果压电元件的变形引起驱动板向致使墨腔容积变小的方向变形，则会引起腔室内部压力的变大，当腔室内压力增大至足以破坏墨腔内墨水的平衡时，墨水将受压力作用从喷嘴喷出，当撤掉电压或者电压减小时，压电元件会恢复到原来的平衡状态，腔室内部将出现负压，会使喷嘴口处的墨流回缩造成墨水流断裂形成墨滴并飞出，同时储墨室内的墨水会流入到腔室内部补充喷出的墨水。上述过程循环进行，实现墨滴的持续喷出并形成图文。

压电喷墨根据压电元件产生压力的方式分为 4 种形式，分别是：挤压、弯曲、推压和剪切模式。图 6-19（a）所示为挤压型压电式喷墨打印头，当向压电元件输入脉冲电压时，因为电场方向和极化方向一致并且表面面积远远大于厚度，因此压电元件会在径向伸缩变形致使墨腔体积变化而引发喷墨；图 6-19（b）所示为剪切型压电式喷墨打印头，当向压电元件输入脉冲电压时，因为压电元件的极化方向和电场方向垂直，压电元件会发生剪切变形，压电元件发生剪切变形致使墨腔体积发生变化引发喷墨；图 6-19（c）所示为推压型压电式喷墨打印头，当向压电元件输入脉冲电压时，因电场和极化方向一致，柱体在轴向伸缩振动，因此压电元件直接推挤振动板致使墨腔体积发生变化引发喷墨；图 6-19（d）所示为弯曲型压电式喷墨打印头，当向压电元件输入脉冲电压时，因为电场方向和极化方向一致并且表面面积远远大于厚度，因此压电元件会在厚度方向伸缩变形致使墨腔体积变化而引发喷墨。

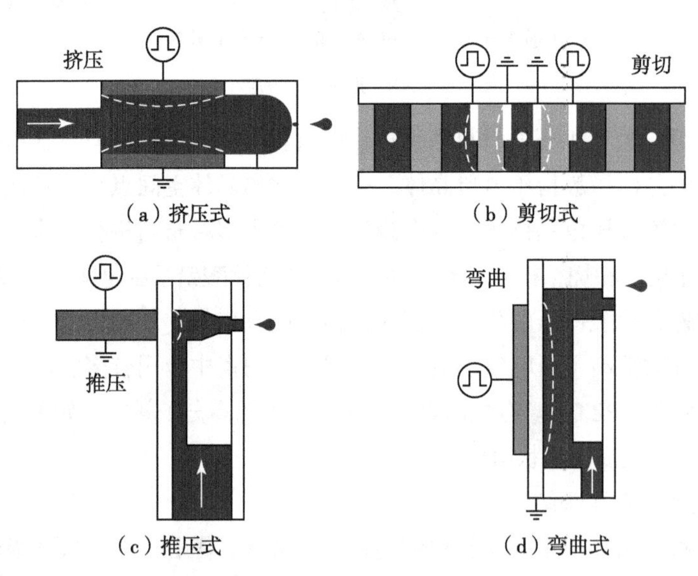

图 6-19　压电喷墨的结构形式示意图

③ 挤压形式

致动器为薄壁筒型压电材料，压电致动器紧密地包裹在起形变传递作用的墨腔外侧。当给压电致动器加以一定方向的电压后，压电致动器将沿直径方向发生收缩变形，挤压与其连接的墨腔，致使墨腔体积减小并压迫墨水从喷嘴口处喷出，然后快速撤掉或改变加在压电致动器上的电压方向，压电致动器将恢复到初始状态或者向相反方向发生变形，拉动与其连接的墨腔，致使墨腔体积增大并迫使喷嘴口处的墨水向墨腔收缩，喷嘴口处墨水的收缩致使喷嘴内部的墨水与已经喷出的墨水发生断裂，已喷出的墨水将形成墨滴并继续向前飞行，在墨腔容积增大的同时墨水重灌也一同启动并补偿因喷出墨滴而减少的墨水，挤压形式的喷墨方式如图 6-20 所示。

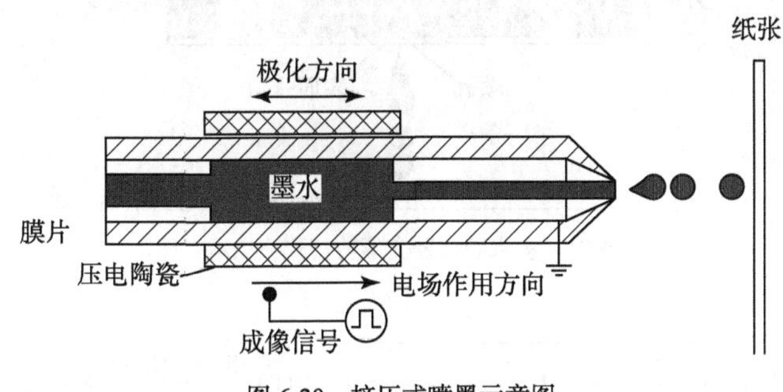

图 6-20　挤压式喷墨示意图

④ 剪切模式

致动器为板状压电材料，同时加在压电材料上的电场与压电材料的极化方向垂直，压电致动器受垂直于极化方向的外电场作用时发生剪切变形，剪切变形致使墨腔体积减小并压迫墨水从喷嘴口处喷出，墨水在腔体中受正压力作用时墨滴喷射容易实现，因此压电材料最合适的变形方式应该是剪切，采用剪切模式时压电板可设计为墨水腔壁的一部分，直接挤压腔体中的墨水，但压电材料与墨水的直接接触可能影响压电板的使用寿命，因而压电材料与墨水的相互作用成为设计剪切模式打印头的重要问题。生产剪切模式压电喷墨打印头的公司有美国贝瑞克和赛尔赛尔等。

在按需喷墨成像技术中，剪切式压电喷墨打印头占有重要地位，喷嘴或喷嘴系统的几何结构变化形成了多种配置。其中一种结构是，压电板作为墨水腔后壁的一部分，墨水腔的功能则类似于隔膜泵，如图 6-21 所示，由于压电材料的极化方向与电场作用方向垂直，特殊的结构安排使压电板产生近似于纯剪切的变形，形成对墨水的正压力，当墨水腔体积变小时将克服墨水在喷孔处的表面张力，迫使墨水从喷嘴中喷出，后续由于压力的撤销而形成墨滴并飞出。剪切式的另一种结构是使通道壁产生双向变形，为此需要在特定的距离范围内按偶数规律布置墨水通道，如图 6-22 所示，外电场作用在狭窄的范围内，压电材料同样产生剪切变形，压电材料的变形传递给墨水腔后，由于腔壁高度方向尺寸大于厚度方向尺寸，且两端受刚性约束，所以将产生弯曲变形，这种方案称为侧壁受压变形压电喷墨技术。结构中一个墨水通道壁的剪切变形导致墨水通道的抽吸将引起相邻通道的墨水喷射，因为一个墨水通道的膨胀必然导致另一墨水通道收缩，体积缩小通道内的墨水将受到挤压作用从喷嘴口喷出，后续由于压力撤销便形成墨滴并飞出。由于相邻墨水通道的体积以交替的方式变化，故得名交叉对话模式。

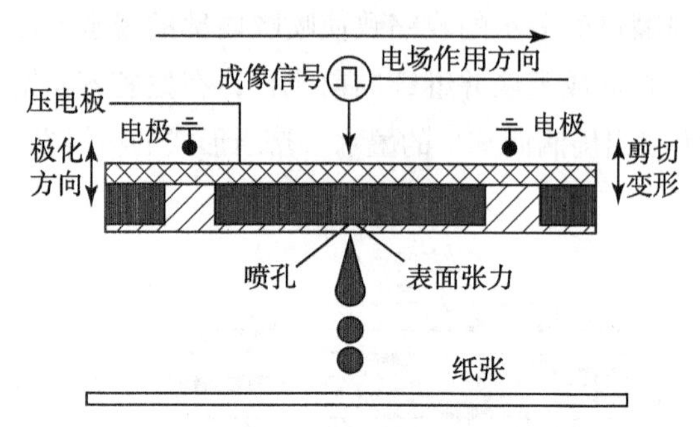

图 6-21　墨水腔后壁变形剪切式喷墨示意图

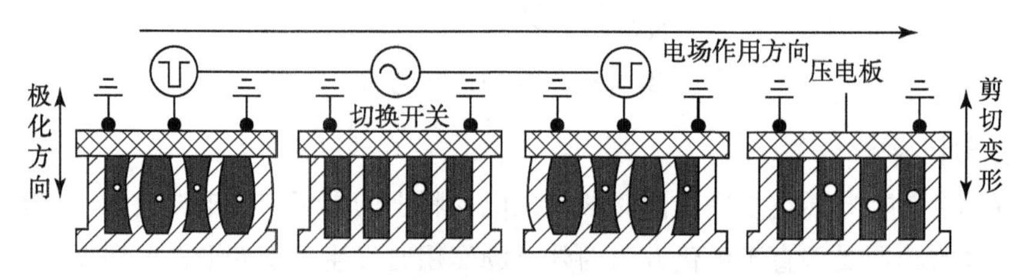

图 6-22　墨水腔侧壁变形剪切式喷墨示意图

⑤ 弯曲形式

致动器为板状压电材料，加在压电材料上的电场与压电材料的极化方向平行。当给压电致动器加以一定方向的电压后，压电致动器将沿平板的法线方向发生弯曲变形，挤压与其连接的墨腔，致使墨腔体积减小并压迫墨水从喷嘴孔喷出，快速撤掉加在压电致动器上的电压或改变加在压电致动器上的电压方向，压电致动器将恢复到初始状态或者向相反方向发生变形，拉动与其连接的墨腔，致使墨腔体积增大并迫使喷嘴口处的墨水向墨腔收缩，喷嘴口处墨水的收缩致使喷嘴内部的墨水与已经喷出的墨水发生断裂，已喷出的墨水将形成墨滴并继续向前飞行，在墨腔容积增大的同时墨水重灌也一同启动并补偿因喷出墨滴而减少的墨水，弯曲形式的喷墨方式如图 6-23 所示。

⑥ 推压形式

致动器为棒状压电材料，加在压电材料上的电场与压电材料的极化方向平行，压电棒一端固定，另一端是装有底座的自由端，在外电场作用下，压电棒产生伸长变形，在保持体积不变的前提下因长度增加而推动底座，挤压与其连接的墨腔，致使墨腔体积减小并压迫墨水从喷嘴孔处喷出，快速撤掉加在压电致动器上的电压或改变加在压电致动器上的电压方向，压电致动器将恢复到初始状态或者向相反方向发生变形，拉动与其连接的墨腔，致使墨腔体积增大并迫使喷嘴处的墨水向墨腔收缩，喷嘴口处墨水的收缩致使喷嘴内部的墨水与已经喷出的墨水发生断裂，已喷出的墨水将形成墨滴并继续向前飞行，在墨腔容积增大的同时墨水重灌也一同启动并补偿因喷出墨滴而减少的墨水，推压形式的喷墨方式如图 6-24 所示。

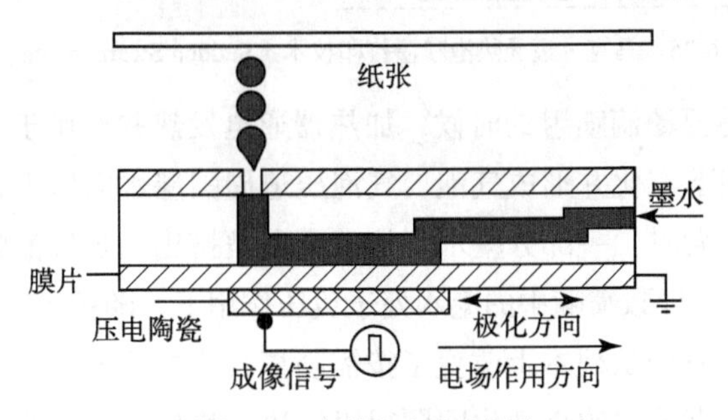

图 6-23　弯曲式喷墨示意图

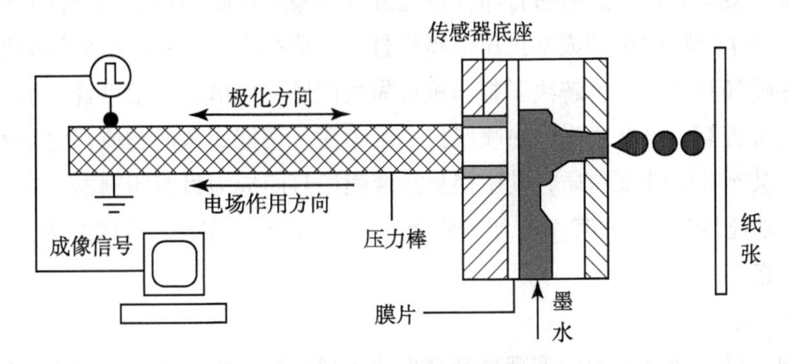

图 6-24　推压式喷墨示意图

（2）热泡喷墨

采用热致压力的按需喷墨方式称为热泡喷墨。由于热泡喷墨技术借助于气泡推动墨水喷射，因而某些制造商也称之为气泡喷墨，例如日本佳能公司。在按需喷墨设备中，热泡喷墨占比大于压电喷墨。热泡喷墨技术起源于 20 世纪 60 年代，1962 年，纽约斯佩里 · 兰德公司的研究员马克 · 迈曼致力于热泡喷墨打印（Sudden Steam Printing）技术研究，并于 1962 年 6 年 28 日申请公开号为 US3179042A 的专利，专利中描述的喷墨装置结构如图 6-25 所示，但该技术没有引起斯佩里 · 兰德公司的重视，热泡喷墨打印技术就此搁浅，未能转化成商业产品。

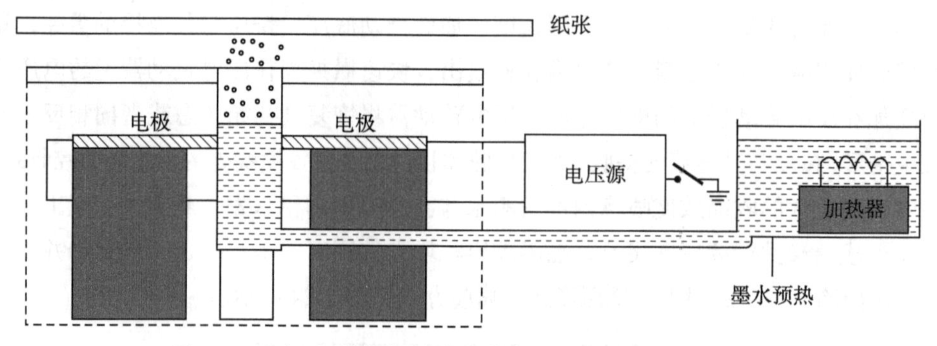

图 6-25 马克·迈曼热泡喷墨打印技术（Sudden Steam Printing）

热泡喷墨在需要墨滴喷射的时候，加热器通电发热并作用于墨水，墨水在加热器发出的热量作用下汽化并形成气泡，气泡压迫周围墨水向压力相对较小的喷嘴孔移动，当压力足够大时，一部分墨水便从喷嘴孔被挤出，当气泡膨大到不能维持的水平时将发生破裂，导致喷嘴中的墨水处于负压作用下，随后启动墨水重灌过程。

热喷墨技术的发明从根本上改变了按需喷墨技术的研究内容，热传感器代替压电元件后，人们一直关注的小型化问题得以解决。热传感器成为简单、小型和便宜的墨滴发生致动元件。热喷墨打印头可充分利用集成电路制造技术进行大规模集成及生产，每个喷嘴的生产成本比压电喷墨打印头低得多。此外，惠普借助于可抛弃的按需热喷墨打印头技术解决了打印机可靠性问题，凭借此技术惠普的热喷墨打印头性能持续提高。惠普主张，热喷墨技术可喷射一切能成核的物质，包括甲苯和银悬浮液，甚至功能性蛋白质，其中银悬浮液喷墨打印成为目前印刷电子中一个热门分支，而功能性蛋白质的喷墨打印被称为生物 3D 打印，在器官重建医学领域有着非常巨大的意义。

① 加热元件

加热元件是热泡喷墨中实现墨滴喷出的主要装置，由于体积限制和热量需求等方面的因素，加热元件必须具备很小的尺寸，并且尽可能靠近墨水腔。在热泡喷墨技术发展的初级阶段，加热元件是由一系列的线圈构成。据惠普公司提供的数据，由线圈构成的加热元件产生的热辐射范围在 3 ~ 5μm，这是为墨水中的水分子提供动能并产生汽化的最佳范围，早期的惠普喷墨头中，由线圈组成的加热元件悬挂在三面为热反射器的空间内，三个热反射器将热能直接反射给墨水，采用间接加热的方式。传统的线圈加热元件由于加热效率低下的问题只能应用于低速热喷墨打印领域。1999 年，佳能推出一种称为微精细墨滴技术（Micro Fine Droplet Technology）的墨滴加热技术，其中用一种具有厚钝化层薄膜保护层的加热器，如图 6-26（a）所示。2003 年，玛索·米塔尼在成像科学与技术杂志上发表的文章介绍一种适合于热喷墨打印头的新型薄膜加热器，其性能比微精细墨滴技术采用的厚钝化层薄膜加热器更好。这种新型薄膜加热器的主要优点是：新型薄膜加热器不需要厚保护层；打印头结构简单，不仅喷射出的墨滴体积均匀，且不会产生气穴；由于使用薄膜加热器，热喷墨打印头在结构上可实现喷嘴阵列的大规模集成；打印系统的干燥速度极快，记录结果边缘很少会出现羽毛状的扩散现象。

新型薄膜加热器由电阻薄膜和半导体薄膜两层构成。由于薄膜加热器直接设置在喷墨墨水中，所以薄膜加热器用于热喷墨打印头时必须经得住各种严酷环境的考验，必须有良好的抗氧化性、耐电解腐蚀性、抗气穴侵蚀性等。虽然薄膜加热器从1999年被提出，但那时的薄膜加热器必须覆盖较厚的钝化层，为了防止氧化、电解腐蚀和气穴侵蚀而附加了钽金属保护层。这种多层结构不但增加了打印头的复杂性，也降低了加热器的热效率，必然会大大增加墨滴喷射所需要的能量，直接后果是不得不使用代价昂贵的铋型互补金属氧化物技术，才能驱动大规模喷嘴阵列。此外，多层结构也会降低墨水加热速度，并导致墨滴喷射速度的波动。新型薄膜加热器中设置了抗氧化涂布层，不仅能避免电阻薄膜层的氧化，也有助于防止该涂布层受电解作用而腐蚀。同时新型薄膜加热器使用的半导体薄膜可避免墨水的腐蚀。由于抗氧化层和半导体薄膜的共同作用，新型薄膜加热器省去多层涂布结构，新型薄膜加热器与传统薄膜加热器的对比如图 6-26 所示。

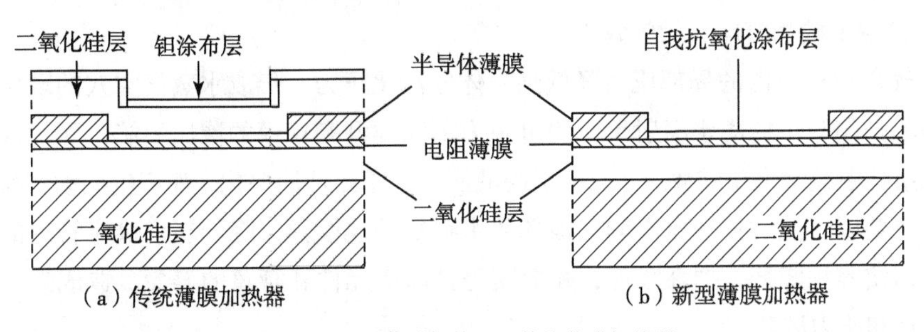

图 6-26　新型薄膜加热器和传统薄膜加热器

② 热泡喷墨打印头结构

热泡喷墨打印头由数量众多的墨水喷射单元组成，墨水喷射单元一般集成在一块硅芯片上，墨水喷射单元主要由加热器、喷嘴板、墨水腔和墨水重灌通道组成。墨水喷射单元根据加热元件和喷嘴的相对位置关系分为顶喷和侧喷两类。

顶喷热喷墨打印头喷射单元的主要技术特征是加热元件轴线与喷嘴口轴线在同一方向上，即加热元件发出热量的作用方向与墨滴飞行方向一致。顶喷打印头的喷嘴口通常放置在加热元件的顶部，如图 6-27（a）所示，惠普、利盟及佳能公司的部分热喷墨打印产品采用顶喷结构。

侧喷热喷墨打印头喷射单元的主要技术特征是加热元件轴线与喷嘴孔轴线成90° 设置，即加热元件发出热量的作用方向与墨滴飞行方向垂直，如图6-27（b）所示，大多数佳能热喷墨打印机采用侧喷结构。

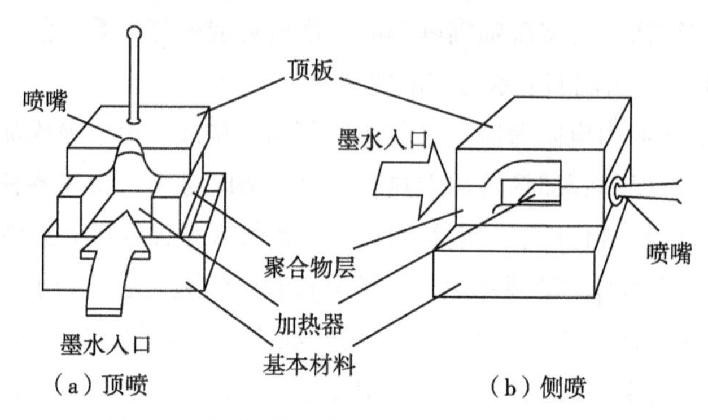

图 6-27 热喷墨打印头的两种墨滴喷射特点比较

从位置关系上看，顶喷热喷墨打印头比侧喷打印头更紧凑些。顶喷和侧喷只是加热元件与喷嘴口的位置不同，热量作用方向分别与纸张垂直或平行，但两种配置方案的墨滴喷射方向必须与纸张形成垂直关系。顶喷和侧喷在工作原理上没有原则区别，经历的气泡成核、墨滴成形、气泡破灭并喷射墨滴及墨水重灌过程也大体相似，因而不存在优劣之分的问题。

③ 热泡喷墨打印头的气穴

气穴指液流内的局部压力降低到液体的汽化压力，形成水蒸气空穴的现象。任何喷墨打印头中的墨水喷射单元均可视为不同类型和规模的液压系统，而气穴则是液压系统中经常出现的故障，它会引起液压系统工作性能恶化，如产生振动和噪声，同时还会因气泡占据一定空间而破坏墨水喷射的连续性，降低墨水供应管道的输送能力，使容积降低，损坏零件，缩短喷墨打印头元件和管道的寿命，造成喷墨系统的流量和压力波动。

热泡喷墨技术与气泡动力行为有密切关系，喷嘴稳定工作也涉及气穴现象。瑞利不仅提出了适用于连续喷墨的射流不稳定性理论，在气泡生长和破裂动力学方面也有一定的研究，其中重要的一点是他发现与气泡的破裂机制有关的气泡生长和破裂过程中的气穴现象。

热泡喷墨技术的核心是气泡生长并推动墨水发生墨滴喷射，但气泡的利用又带来不可避免的气穴问题，如此就形成利用气泡和防止气穴的一对矛盾。这就要求在喷墨头墨水喷射单元设计时应当考虑加热器附近气泡破裂可能引起的气穴破坏问题，气穴现象的不可控制会急速损坏加热器，可能仅仅经历几百个墨滴喷射周期后加热器就损伤到无法继续使用的程度，因而热泡喷墨头墨水单元的设计必须基于控制气穴展开。

（3）相变喷墨

相变喷墨也称为热熔喷墨，其特点是所用“油墨”在常温下为固体，在墨滴喷射时，将固体油墨加热熔化为液体、液体墨滴喷射到中间转印滚筒后将冷却并返回固体状态，相变喷墨就是因为“油墨”经历物理相的改变而得名。此外，由于相变喷墨印刷中加入中间转印工艺，类似于胶印油墨的间接转移，所以也有人称之为数字胶印。相变喷墨打印机大约出现在 20 世纪 80 年代末期，虽然出现较晚，但相变喷墨因其特殊的工艺，其印刷品质接近色粉静电成像数字印刷，所以很快被市场接受，并被认为是一种具有良好发展前景的印刷方式。

相变喷墨打印机结构和工作原理如图 6-28 所示，打印过程为：打印头内置的加热器对固体油墨加热，使之熔化并达到足以通过压电喷墨打印头喷射的黏度；根据图文控制信号将特定的墨滴喷射到中间转印滚筒表面，直到整个待打印图像全部“沉积”到转印滚筒后，经过预热的承印物（例如纸张）开始进入转印滚筒和压印滚筒形成的印刷间隙，承印物与转印滚筒接触并在压印滚筒的作用下将转印滚筒上的墨膜转移到承印物上。

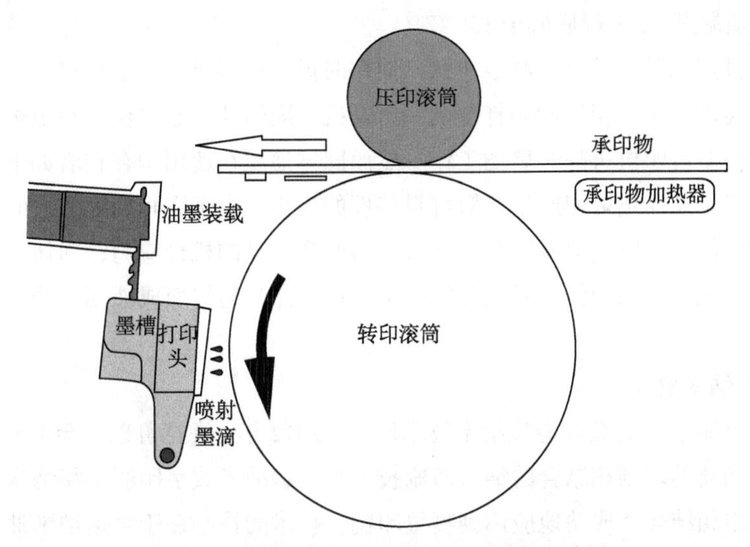

图 6-28　相变型喷墨打印机结构和工作原理示意图

固体油墨在室温下为固体，在加热到一定温度后变成液体，当黏度足够低时便可以喷射，固体油墨呈色剂以天然蜡或人工合成蜡最为典型，也可以是两者的混合物。这些材料的玻璃渐变点在 80 ～ 100℃之间，加热到大约 130℃时黏度低于 2×10^{-2}Pa·s，此时将具备喷射能力，当液体状态的油墨喷射到中间转印滚筒后将迅速冷却形成油墨膜，随后油墨膜在压印装置的作用下转移到承印物上并变回为固态。

固体油墨在承印材料表面不会出现类似于液体油墨因润湿承印物而发生的渗透现象。因此，相变喷墨能够保证喷射到承印物上的墨滴尺寸和形状不因对承印物的润湿而发生改变，有利于油墨色料以良好的形态保持在承印物表面，产生高光学密度和高饱和度的彩色印刷品。由于上述原因，与液体墨水的复制相比，相变喷墨印刷具备提供高质量印刷品的潜在能力，也具有更高的记录介质独立性。

固体油墨拥有良好印刷品质的同时也有其固有的缺点。例如，固体油墨在室温下的机械特性不及液体油墨，主要表现在：墨层脆性太高，弯曲或压折承印物容易引起墨层开裂，为解决墨层开裂问题，降低油墨脆性时又容易出现划伤而影响印刷品的光泽性。

提高固体油墨的玻璃渐变阈值温度 Tg 是改善固体油墨机械性能的一个有效方法，同时较高的玻璃渐变阈值温度 Tg 能够使印刷品即使在较高的环境温度下也能保证印刷品质和正常使用。但考虑到压电元件必须在低于其本身材料居里点的温度环境中才能稳定工作，所以固体油墨的玻璃渐变阈值温度 Tg 必须低于一定的限值，统计数据表明，在喷墨打印中，固体油墨达到可喷射黏度的典型温度比玻璃渐变阈值温度 Tg 高出 20~30℃，而压电材料的居里点一般在 160℃上下，所以固体油墨的玻璃渐变阈值温度 Tg 一般应低于 130℃。

固体油墨通常是固体棒状或块状，使用时插入打印机的特定位置，在靠近打印头的封闭腔内熔化。相变喷墨打印机一旦开机，固体油墨始终保持在液体状态，以保证相变喷墨打印机可随时启动工作。然而固体油墨在使用中存在着如下问题：固体油墨由于长期加热可能产生油墨材料特性的劣化；由于固相和液相之间特殊的体积差异，固体油墨反复地凝固和熔化很容易产生明显的机械应力；固体油墨反复地凝固和熔化也会影响固体油墨成分的可熔性；固体油墨转变成液相后油墨会产生空气和气泡。

（4）纳米喷墨

2003 年起，兰达公司专注纳米技术研发，2012 年，在德鲁巴展会上展出了基于纳米油墨和喷墨印刷相结合的纳米印刷技术。兰达纳米数字印刷机将纳米技术与数字印刷油墨相结合并成功地应用到喷墨印刷。技术的核心在于兰达纳米油墨和橡皮布转印技术，兰达纳米印刷系统采用按需喷墨印刷方式，油墨经喷墨头喷射到一个加热的橡皮布转印带装置上，水基的纳米油墨在橡皮布转印带的高温下快速蒸发掉油墨中的水分，形成厚度只有 500 纳米的呈色剂聚合物薄膜，承印物在压印滚筒和橡皮布转印带形成的印刷间隙通过时呈色剂聚合物薄膜在压力的作用下转移到承印物上，完成图文的复制。兰达纳米喷墨印刷中，橡皮布转印带图文区的油墨只有传统胶印油墨层厚度的一半，当热的油墨聚合物薄膜与相对温度较低的承印物接触的瞬间，纳米级的微小墨滴瞬间凝固，通过分子力与承印物连接在一起，形成线条精细、色域广阔的图文。因为墨层非常薄，所以油墨用量小，成本相对较低。常见印刷方法与纳米印刷的墨层厚度对比如图 6-29 所示。

图 6-29　常见印刷方法与纳米印刷的墨层厚度对比图

分析上述纳米喷墨印刷过程可知，印刷方式与相变喷墨印刷非常类似，只是将固体油墨换成了纳米液体油墨，橡皮布转印滚筒换成了橡皮布转印带。其中，中间转印装置只是形式上变化，其核心是油墨和印刷工艺的差异。

兰达纳米印刷技术被认为是现有印刷技术中印刷品质最高的一种印刷方法。其印刷工艺类似于传统胶印技术，但又有别于传统胶印技术，区别在于：兰达纳米印刷技术不像胶印一样有水的参与，也就没有水墨平衡的控制和油墨的乳化问题，因此网点边缘相比胶印更为锐利，印刷所得线条更为精细；油墨在转移到承印物前基本上已处于干燥状态，在转移到承印物后不会像胶印一样存在着因油墨对承印物的润湿而导致的网点增大问题；纳米油墨从喷墨头喷射到橡皮布转印带后由于纳米油墨的特殊性能，油墨在橡皮布转印带表面的润湿铺展现象相比胶印更小，因此其网点变形更小，兰达纳米喷墨印刷与普通喷墨印刷的网点放大对比如图 6-30 所示。正是以上三个特点成就了兰达纳米印刷技术的高品质，其特别的印刷工艺甚至可以在卫生纸等吸水能力非常强的承印物上实现良好的图文再现，图 6-31 为采用纳米喷墨在卫生纸上印刷的样品。

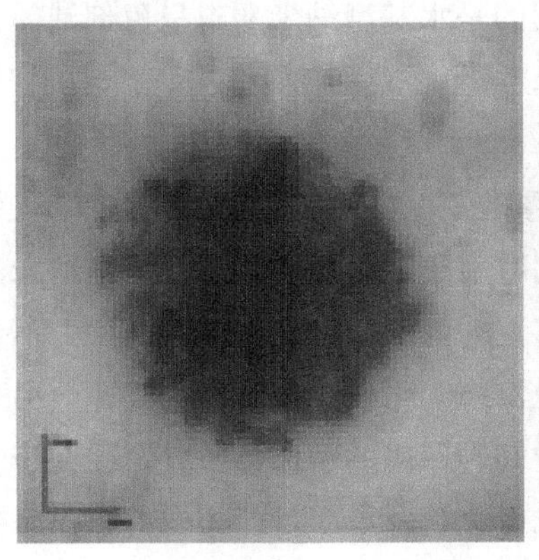
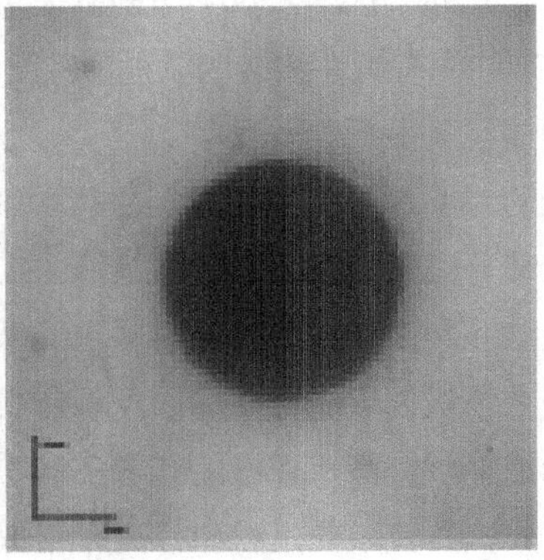

图 6-30　兰达纳米喷墨印刷与普通喷墨印刷的网点放大对比图

图 6-31　兰达纳米喷墨在卫生纸上的印刷效果

① 纳米油墨

20 世纪 80 年代末，纳米技术诞生并迅速发展，纳米技术是指在粒径为 1~100nm 的空间内研究电子、原子和分子运动特性的学科。纳米技术已广泛应用于电子、生物、机械、材料等方面，纳米油墨同普通油墨的组成基本相同，主要区别在于颜料颗粒尺寸的大小。纳米油墨的颜料粒径在数量级上要小于普通油墨颜料粒径约 1000 倍，伴随着颜料颗粒减小，纳米油墨表现出颗粒度减小、浓度增大，着色力增强等特点，印刷品网点更加清晰和饱满有力。综合分析，纳米油墨有如下优点。

a. 印刷适性好

承印物与油墨的匹配性决定喷墨印刷印品的最终质量。在常规喷墨数字印刷中，为防止油墨在承印物上过度铺展影响印品质量，通常需要墨水和纸张配套使用。但在兰达纳米喷墨印刷中，完全不用考虑这一问题，原因在于，兰达纳米数字印刷机使用的纳米级油墨在印刷过程中喷射到加热橡皮布上时迅速干燥，几乎不存在因润湿而发生铺展的问题，因此兰达纳米喷墨印刷技术可实现在任何涂层和非涂层的承印物上进行高速印刷。广泛的承印物适印性降低了兰达纳米喷墨印刷在承印物上的资金投入。另外兰达纳米数字印刷机采用的是水基型纳米颜料呈色剂油墨，鉴于颜料基呈色剂的固有属性和纳米级颗粒尺度，其印刷品具有更好的耐磨与抗划痕性能。

b. 油墨粒度小

油墨的粒度是衡量油墨质量的一个重要指标。小粒度油墨着色力强，光泽度高，印品高光部分完整而且图文清晰饱满。同时由于油墨粒度较小，兰达纳米油墨具有较高的润湿性和流动性使得颜料颗粒能够更均匀地分散在油墨溶剂中，不会出现大粒度油墨在停机过程中存在的因颜料颗粒沉降而引发堵塞喷嘴的问题。另外，小粒度的纳米油墨可提高成像滚筒和橡皮布中间转印带的耐印性，其原因在于，如果油墨粒度过大，在转印的过程中橡皮布与成像滚筒及承印材料与橡皮布的摩擦系数也必然增大，这样就极易导致成像滚筒和橡皮布的磨损，但纳米油墨的小粒度特性在某种程度上减少了这种情况的发生。

目前在喷墨印刷中，常用的液体油墨有水基型染料、颜料类，还有油基或溶剂型染料、颜料类。上述油墨在印刷过程中的性能对比见表 6-1（＋号表示性能良好，－号表示相对性能较差）。从表中可以看出兰达纳米数字印刷机采用的水基型颜料类油墨具有明显的优势。

表 6-1　常见喷墨成像油墨印刷性能对比

油墨类型	环保性	喷头易堵塞性	干燥性能	耐久性能
水基型染料	+	+	−	−
水基型颜料	+	+	−	+
油基或溶剂型染料	−	−	+	−
油基或溶剂型颜料	−	−	+	+

c. 极高的网点均匀性和超清晰网点

纳米印刷技术的核心是水性纳米油墨着色剂。这些着色剂的色素颗粒在 50~70nm 范围内，相比于胶印油墨 500nm 的粒径，可形成边缘锐利、均匀性极高的网点，用其印刷的印品的图文密度高、均匀性好，具有更高的光泽度和高保真度。常规喷墨印刷与纳米喷墨印刷网点在高倍显微镜下网点对比如图 6-32 所示。

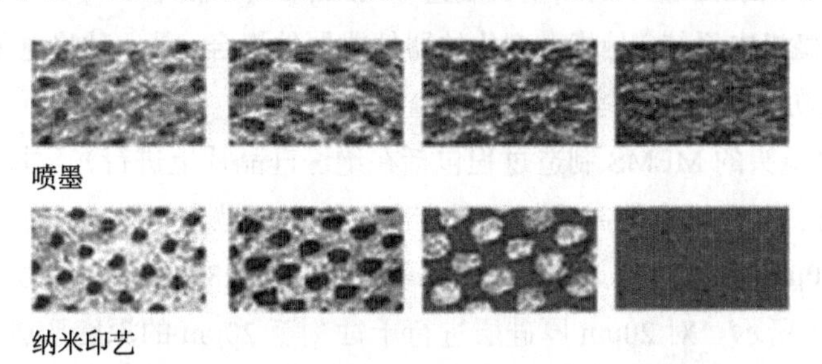

图 6-32　常规喷墨印刷与纳米数字印刷网点对比

② 纳米喷墨印刷机结构（兰达纳米喷墨数字印刷机）

兰达纳米数字印刷机采用按需喷墨打印头和纳米水性墨，能够进行分辨率为 600dpi 或 1200dpi 的八色印刷作业，在结构设计上，集合了传统胶印机与传统喷墨数字印刷机两者的优点，兰达 S 及 W 系列机型数字印刷机的输纸部分采用与传统胶印机类似的真空吸嘴结构，如图 6-33 所示，所有兰达数码印刷机的核心部分，都有 8 个线状喷头，前 4 个是常见的 CMYK 四色喷头，另 4 个是专色墨喷头，根据需要加载指定的专色油墨，如图 6-34 所示，印刷时，各组喷头根据系统获取的分色信息把纳米油墨喷印到橡皮布上，并在橡皮布上准确套印叠合。

图 6-33 输纸真空吸嘴

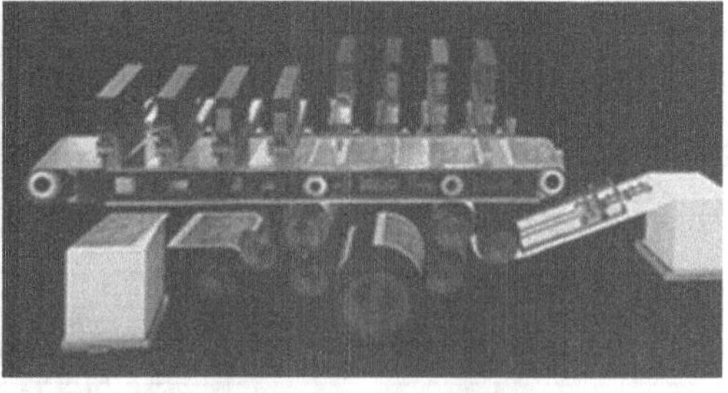

图 6-34 整机结构示意图

③ 橡皮布转印带（兰达纳米喷墨数字印刷机）

与相变喷墨类似，兰达纳米数码印刷机设置具有加热功能的橡皮布中间转印带，转印带的功能有 3 点，见表 6-2。

表 6-2 兰达纳米喷墨数字印刷机橡皮布转印带功能

功能一	承载喷墨头喷出的墨滴并将 4 色及更多颜色的墨滴聚集在一起
功能二	加热泡喷墨头喷射到其表面的墨滴使其中的水分急速蒸发并凝结成厚度约 500 纳米的聚合薄膜
功能三	将聚集的 4 色及更多颜色墨滴一次性地转移到承印物上

（5）基于 MEMS 技术的喷墨头制造（Memjet 喷墨技术）

MEMS（微机电系统）是指微型化的器件或器件组合，是一种将电子功能与机械、光学或者其他功能相结合的综合集成系统。

压电式喷墨头的 MEMS 制造过程包括在绝缘硅晶片上进行光致抗蚀剂成像、湿式腐蚀、清洗、电感耦合等离子体、反应离子蚀刻、抛光和键合。如图 6-35 所示，上部结构由 20μm 厚的硅层、2μm 厚的二氧化硅层和 280μm 厚的硅层的晶圆制成，如图 6-35（a）所示。对 20μm 厚硅层进行干蚀刻至 20μm 的深度形成油墨入口，对 280μm 厚硅层通过电感耦合等离子体和反应离子蚀刻至 280μm 的深度形成压力腔，对 2μm 厚的二氧化硅层蚀刻以与 20μm 厚硅层形成的油墨入口贯通，如图 6-35（b）所示。下部结构由整体硅晶片制成，包含深为 30μm、直径为 30μm 的喷嘴，如图 6-35（c）所示。限流器由一个通道组成，它连通储墨池和压力腔室，如图 6-35（d）所示。一个圆锥形的喷嘴，是通过对硅在 90℃的四甲基氢氧化铵中进行湿式腐蚀形成的，如图 6-35（e）所示。最后，上部硅层和下部硅层进行 Si—Si 键合，然后进行金属沉积和压电陶瓷与硅键合，如图 6-35（f）所示。

2007 年，在全球喷墨论坛上澳大利亚西尔弗布鲁克研究所公司创始人起亚 · 西尔弗布鲁克发布 Memjet 喷墨技术，当时 Memjet 技术可以实现 A4 幅面 60 张 / 分的

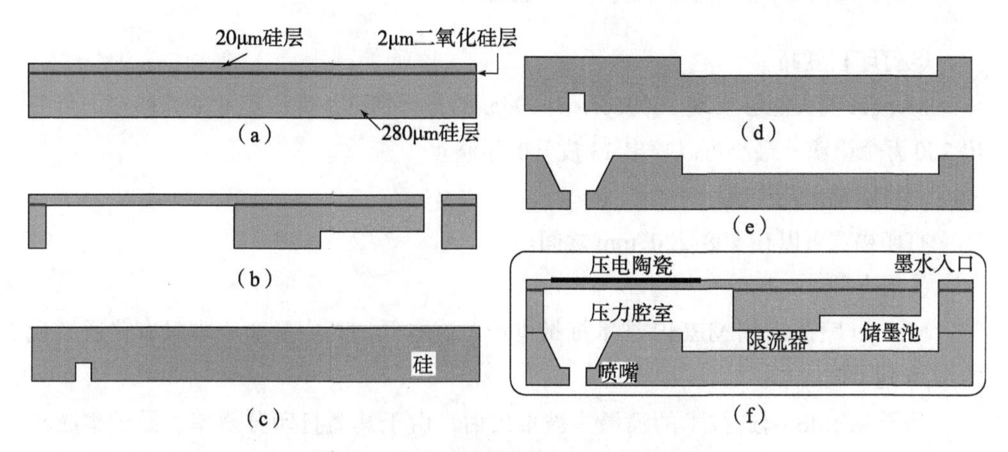

图 6-35　压电式喷墨头的 MEMS 制造过程

最快打印速度以及 1600dpi 的最高打印精度，Memjet 技术的核心是基于 MEMS 技术制造的喷墨头。Memjet 喷头采用按需热泡喷墨技术，与惠普 Edgeline 喷头采用的喷墨技术相同，但是在性能和成本上更胜一筹。

Memjet 技术主要有三个组成部分：页面宽度的喷墨打印头、驱动芯片和油墨。喷墨打印头由连续排列的 0.04 英寸 ×0.79 英寸的硅质印刷芯片首尾相连而成，每个芯片有 6400 个喷嘴，在总长 100mm（4 英寸）的喷墨打印头上，总共有相当于 32000 个喷嘴，印刷一般信纸大小的 A4 纸的喷墨打印头有 70400 个喷嘴。其喷嘴密度是目前其他喷墨打印头喷嘴密度的 17 倍。高密度的喷嘴能够制造出兼顾印刷速度和印刷质量的页宽喷墨打印头。与传统扫描式喷墨打印头不同，Memjet 喷墨打印头并不移动，减少了振动、噪声以及机器复杂性，同时很好地提升了印刷品质。采用硅基 MEMS 技术制造 Memjet 喷头，喷嘴极小，喷出的墨滴更细小，更细小的墨滴能够得到更精细的图像和更平滑的色彩过渡，同时极小的墨滴可保证打印的图像能在小于 1 秒的时间内彻底干燥，从而在进行 A4 幅面打印时无须干燥设备，极大提高了打印速度。

Memjet 技术的特点如下。

①速度快

Memjet 喷头采用 MEMS 技术，最小部件的尺寸只有几微米。长度为 20mm 的微芯片可容纳 6400 个喷嘴，细小而高密度的喷嘴能够喷出极其微小的墨滴，极微小的墨滴能够保证打印的图像快速干燥，无须干燥设备，极大提高打印速度。页宽喷墨打印头允许打印机采用单通道打印技术，可以进一步大幅提高打印速度，A4 幅面可达到 60 张 / 分的速度。

②设备体积小，结构简单

一个 Memjet 喷头可以打印 5 种颜色，五色打印只需一个喷头。

③打印精度高

Memjet 喷头能够实现 1600dpi × 1600dpi 的打印精度，即 1 英寸的打印幅面可喷出 250 万个墨滴，最小可以喷出 13 皮升的墨滴。

④打印幅面范围宽

打印幅宽可以在 508~2207mm 之间。

⑤成本低

Memjet 喷头采用 MEMS 技术批量生产，成本低，其中墨盒成本只有普通墨盒的 1/10 到 1/5。

基于 MEMS 制造技术的喷墨头被推出后，由于其高打印分辨率、易于集成和容易制造页宽打印头等优势，获得喷墨头制造领域的一致认可，除西尔弗布鲁克的 Memjet 技术外，包括惠普、富士迪马迪克斯、柯达等喷墨成像设备主要制造企业都开始基于 MEMS 制造技术的喷墨打印头研发，并推出了各自的相应技术和产品。如惠普推出 Edgeline 系列喷墨头，采用多行连续交错的喷嘴实现高分辨率打印，可识别并绕开喷墨打印头上的故障喷嘴，能够自动纠正喷嘴问题；富士迪马迪克斯推出了著名的桑巴系列喷墨头，目前被多家喷墨设备制造商使用，兰达纳米喷墨就采用了桑巴系列喷墨头；柯达推出了 Stream 连续喷墨技术。

西尔弗布鲁克研究所公司成立于 1994 年，对 Memjet 技术进行了多年研发，由于公司对其技术和商业计划非常保密，因而外界知之甚少。公司在喷墨打印领域拥有深厚背景的开发和管理团队并积累了大量专利。之后建立了公司总部位于美国圣地亚哥的 Memjet 公司为其开拓商业化之路。2010 年 4 月 20 日，Memjet 打印机推出。

6.2 喷墨成像技术的发展历程

作为数字印刷领域两大核心成像技术之一，喷墨成像从 1858 年英国物理学家威廉·汤姆森发明基于虹吸原理的用于早期电报信息记录的 Siphon 装置开始，至今已 160 多年，相比 1938 年 切斯特·卡尔逊发明静电成像技术早了 120 年，但限于喷墨成像相关流体力学、微制造技术的发展滞后及其他喷墨成像实际应用问题的复杂性，直到 1951 年，西门子工程师埃尔姆奎斯特才发明并制作出名为 Mingograph 的真正用于图形记录的喷墨打印设备。喷墨成像技术发明来源于人们对生产和生活中图文记录的需求，特别是非生活范畴中图文的记录。喷墨成像技术前期的发展明显落后于静电成像技术，但随着控制技术、MEMS 技术、油墨制造技术的发展和喷墨成像技术在应用上的一系列优势，在 2010 年前后喷墨成像技术呈现出迅猛发展的势头。

喷墨成像数字印刷技术的发展经历了技术发展生命周期中的婴儿期，目前正处于成长期，喷墨成像技术的婴儿期相对静电成像技术而言非常漫长，将其分为婴儿期前期、婴儿期中期及婴儿期后期三个阶段。

6.2.1 婴儿期前期（1752—1946）

喷墨印刷的核心在于墨水的喷射、墨滴形成及运动控制，喷墨印刷萌芽于人们对墨水射流和墨滴生成的研究。1752年，德国数学家和物理学家欧拉提出理想流体（即无黏性流体）运动方程，为流体力学研究奠定了基础。1821年，法国工程师和物理学家克劳德·纳维在前人工作的基础上归纳出通用形式的弹性理论，整理成数学上可以使用的形式，次年，他提出描述流体运动的公式。1845年，爱尔兰数学家和物理学家乔治·加布里埃尔·斯托克斯提出了他的流体运动方程。两人的研究成果形成了经典流体力学领域著名的纳维-斯托克斯方程，为研究黏性流体运动打下重要基础，成为后来喷墨射流研究的基础理论。

喷墨印刷的基础研究实验开始于1833年，最终萨伐特公布了他对于液滴断裂的实验观察结果，认识到射流的断裂有规律可循，与射流产生的环境条件无关，但他没有认识到隐藏在液滴断裂中的根本原因是喷嘴口处液体的表面张力。描述表面张力角色地位的基础性工作归功于杨和拉普拉斯两人，他们分别在1804年和1805年公布类似的结果。

现代喷墨印刷理论的基础性研究工作主要由比利时物理学家尤瑟夫·普拉托（如图6-36）和英国物理学家、数学家洛德·瑞利（如图6-37）两人完成。1856年，尤瑟夫·普拉托发表了名为“从圆孔流出的液体射流构造最新理论”的论文，1865年，他给出了射流直径与液滴尺寸关系的推导结果。瑞利的研究工作从液体射流不稳定性开始，1878年，他首次从数学和物理学的角度描述了液流分离为墨滴的机制，奠定了墨滴喷射的理论基础。尤瑟夫·普拉托和瑞利的研究成果被归纳为瑞利断裂和尤瑟夫·普拉托-瑞利不稳定性理论。之后喷墨成像理论发展进入停滞期。

图6-36 尤瑟夫·普拉托（1801—1883）

图6-37 洛德·瑞利（1842—1919）

6.2.2 婴儿期中期（1946—1949）

1946 年 4 月 1 日，美国广播唱片公司的克拉伦斯·汉塞尔提交了公开号为 US2512743A 的专利申请，代表着喷墨成像技术初始发明完成，专利信息如表 6-3 所示，专利共有权利要求 13 项。专利的核心在于逆压电效应的应用，通过设置于墨水仓中的压电盘及配合压电盘的超声反射锥产生推动墨水喷射的压力波，引发墨滴喷射，专利中汉塞尔对其发明的喷墨成像技术中所涉及的结构给出详细的描述，并给出另外三种实施方案，分别为：基于文丘里管式喷嘴的墨滴喷射方案；超声波实心传递锥体激发的墨滴喷射方案；带有墨水流通槽的实心超声波传递锥体激发的墨滴喷射方案。专利附图如图 6-38 所示。但限于当时的科技水平等原因，这一发明未能开发出实用的喷墨成像设备。

表 6-3 专利 US2512743A 信息

发明名称	申请号	申请日	公开号	公开日
超声驱动喷墨装置	US65885046A	1946.04.01	US2512743A	1950.06.27
IPC 分类号	**申请人**	**发明人**	**优先权号**	**优先权日**
B01J19/10; B41J2/02; B05B17/06	RCA CORP;	Clarence W. Hansell	US65885046	1946.04.01

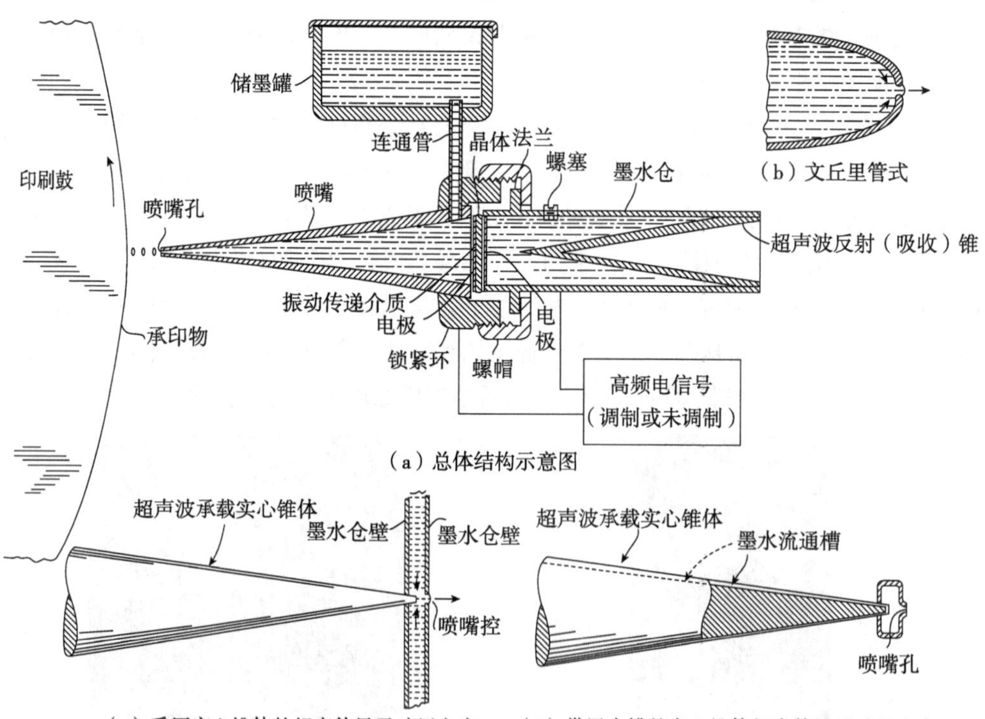

图 6-38 专利 US2512743A 方案示意图

1949年9月21日，西门子的埃尔姆奎斯特提交了根据瑞利原理发明的“记录式测量仪”的专利申请，美国专利号US2566443A，专利信息如表6-4，专利主附图如图6-39，基于此专利，埃尔姆奎斯特发明并研制了名为Mingograph的喷墨打印设备，这是世界上第一台真正用于图形记录的喷墨打印设备，也被称为ECG喷墨打印机，ECG源于心电图学，主要用于心电图记录仪的图形输出，该装置的墨滴偏转由来自传感器的模拟电压驱动控制，属于连续喷墨技术范畴。Elmqvis的发明标志着现代喷墨成像技术的发明。

表6-4 专利US2566443A信息

发明名称	申请号	申请日	公开号	公开日
记录式测量仪	US11705449A	1949.09.21	US2566443A	1951.09.04
IPC分类号	申请人	发明人	优先权号	优先权日
G01R13/00	RUNE ELMQVIST	RUNE ELMQVIST	SE2566443X	1948.10.01

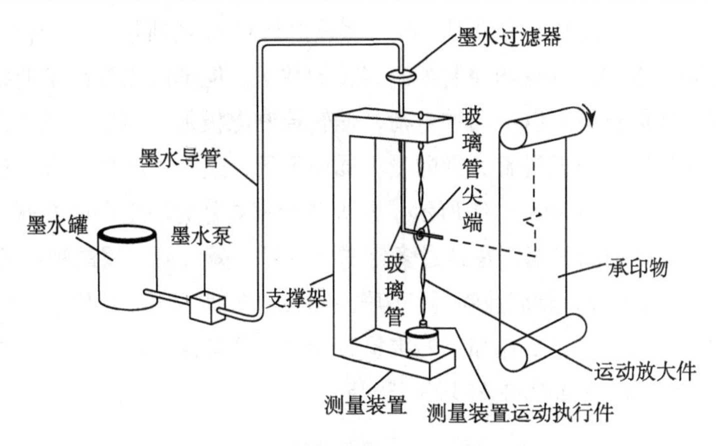

图6-39 专利号US2566443A方案示意图

6.2.3 婴儿期后期（1949—2010）

喷墨印刷技术的理论研究始于连续喷墨，最早的喷墨印刷设备也属于连续喷墨技术的范畴。很多学者对连续喷墨进行过研究，温斯顿第一个成功将这些发明创造转变为商业喷墨印刷机。1962年，他申请了公开号为US3060429A的美国专利，并以Teletype Inktronic商标进行销售，Teletype Inktronic喷墨印刷机首先在所形成的连续墨滴上施加统一电荷，之后在设置于墨滴飞行路径中的偏转电极板上施加由图文信息控制的电压来控制墨滴的运行轨迹，偏转的大小和方向取决于偏转电极板上施加的电压数值，方案如图6-40所示。温斯顿的喷墨设备只能以较低的速度运行，原因是，每次只能允许一个墨滴通过偏转电极板区域，否则，闯入的墨滴将按照前一个墨滴的飞行轨迹飞行，这种墨滴控制方法被称为二值偏转控制。显然，温斯顿的墨滴运行控制方法不适用于高速喷墨印刷中，特别是生产型喷墨数字印刷。

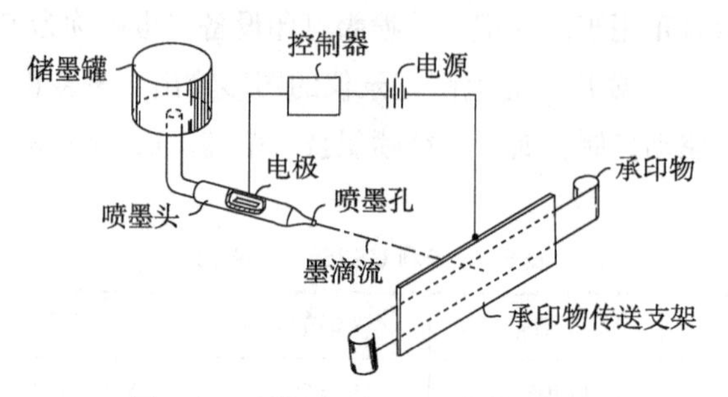

图 6-40　专利 US3060429A 方案示意图

1961 年，斯坦福大学斯维塔·瑞奇艾德博士开始对连续喷墨设备的墨滴控制技术进行研究，1964 年 3 月 25 日斯维塔以申请号 US3596275DA 提出专利申请并最终获得公开号为 US3596275A 的美国专利，该技术与 C.R. 温斯顿采用的技术类似，同样采用对墨滴充电并通过电场控制墨滴偏转的技术，但不同之处在于斯维塔的发明中墨滴根据图文信息被充以不同的电荷，偏转控制电极加以恒定电压，因此，在偏转电场中墨滴偏转量根据墨滴的带电量不同而不同，这种墨滴控制方法被称为多值偏转控制，方案示意图如图 6-41 所示，斯维塔专利被称为喷墨印刷在商业应用上的里程碑。基于斯维塔的发明，在经过多年的开发后，爱宝迪下属的视图公司在 1969 年 6 月推出了世界上第一款商业喷墨打印机 Videojet 9600。但限于当时技术不够成熟，喷墨系统的稳定运行需要专业细致的维护，所以只能被用于配置有专业维护人员的工业印刷中，如编码、标识和条形码喷印等。

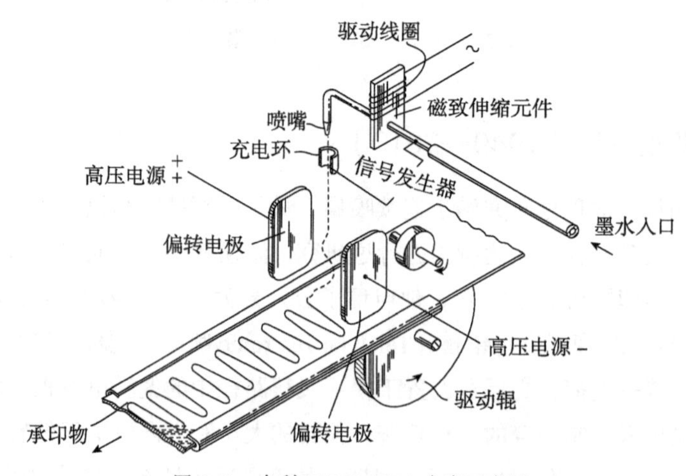

图 6-41　专利 US3596275A 方案示意图

1962年末，在斯维塔发明的基础上，博瑞斯仪器公司的阿林•布朗和亚瑟•路易斯为斯维塔的墨滴印刷设备增加了一种字符（函数）生成器，使之能够印刷文字与数字字符。字符生成器是一台能够存储文字和数字并根据文字和数字信息发出电信号的仪器。1965年7月12日提交了申请号为US47125965A的专利申请，专利公开号US3298030A，方案示意图如图6-42所示，专利中给出了通过设置字符（函数）生成器实现喷印字符的方案。

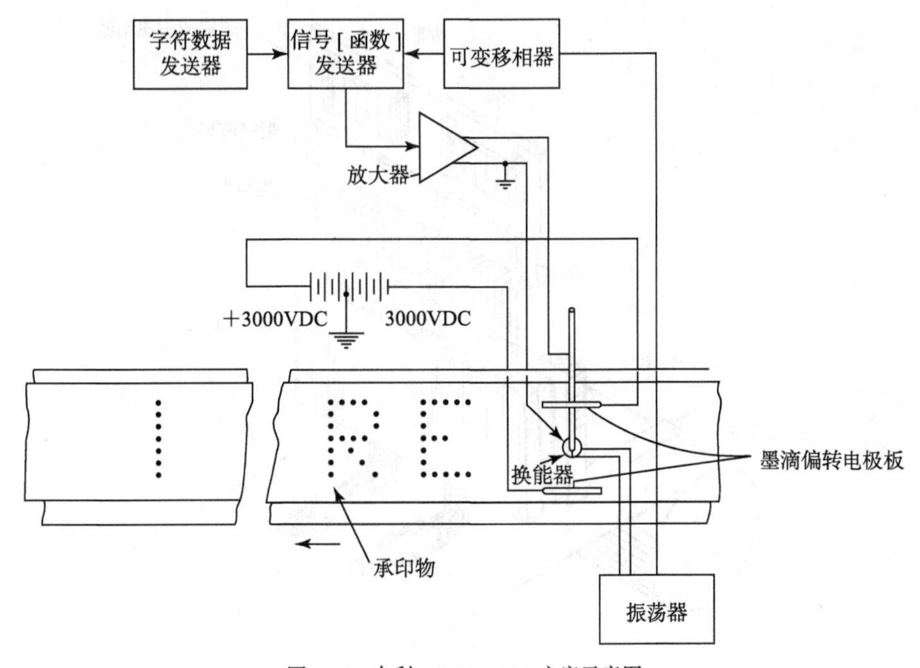

图6-42 专利US3298030A方案示意图

1963年5月，在斯维塔原始样机的制作过程中，斯维塔上司卡明博士研究斯维塔喷墨技术的控制系统，两人合作开发出一种改进的能够印刷字符的喷墨方式，1964年3月25日，他们首次提出专利申请，之后又对这一技术进行了不断改进，1967年8月1日，提出了申请号为US66016367A的最终申请，专利公开号US3373437A，专利方案示意图如图6-43所示，申请中公开了一种使用字符生成器的喷墨方法，这一技术的发明，使得斯维塔-卡明的设备能够印刷字符。专利发布当年，米德纸业公司获得了斯维塔-卡明专利的使用权，在此专利技术基础上，米德公司展开了喷墨技术的研究及产品开发，1973年，米德的数字印刷系统发布连续喷墨技术并用于迪吉特（Dijit）印刷机，1976年，米德连续喷墨技术投入第一个商业应用，同年夏普发布了Jetprint喷墨打印机。

20世纪70年代，压电喷墨技术迅速发展。1970年9月9日，克莱维持公司的工程师佐尔坦发明了一种脉冲液滴喷射系统，发明专利公开号US3683212A，专利技术方案示意如图6-44所示，专利中，为了提高压电材料的利用效率，有效地挤压墨水，佐尔坦采用空心管形式的压电元件。电压脉冲作用于空心压电管时，压电管的变形迫使墨水腔受到挤压，进而导致墨水从喷嘴孔向外喷出，这一喷墨工作方式与现代压电喷墨的挤压模式完全一致，佐尔坦的发明标志着压电按需喷墨方式的发明，同时也是挤压式压电喷墨技术的发明。

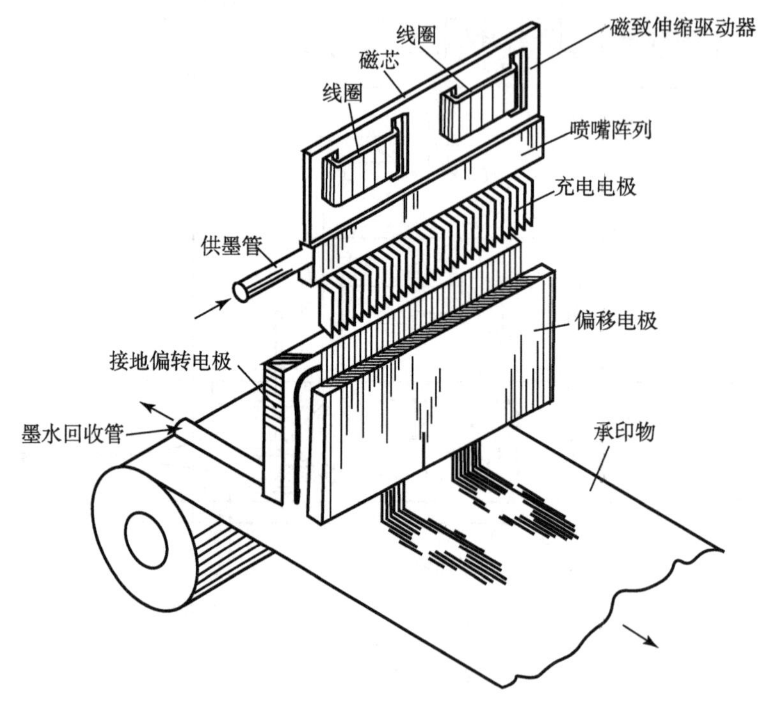

图6-43　专利US3373437A方案示意图

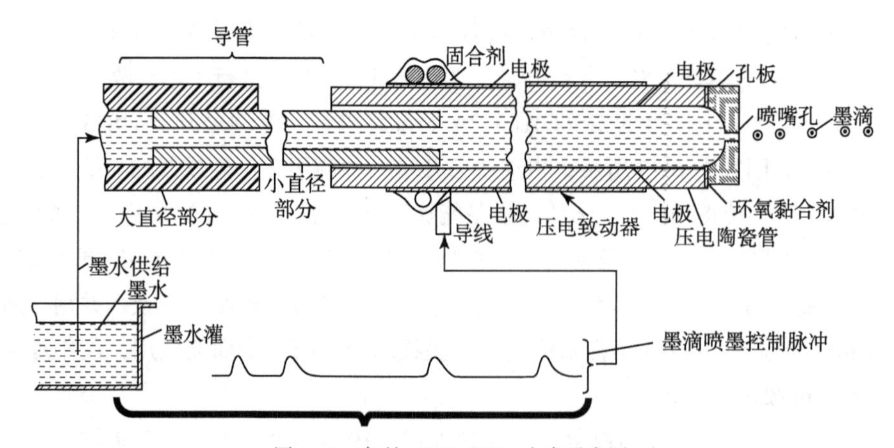

图6-44　专利US3683212A方案示意图

1970 年 06 月 29 日，美国塞罗尼克斯公司的凯泽和西尔斯发明了一种基于喷墨成像方式的书写和记录方法及使用该方法的设备，发明专利公开号 US3946398A，专利技术方案如图 6-45 所示，专利中采用了矩形压电体的弯曲变形提供墨水喷射动力，凯泽和西尔斯的发明标志着弯曲式压电按需喷墨方式的发明。

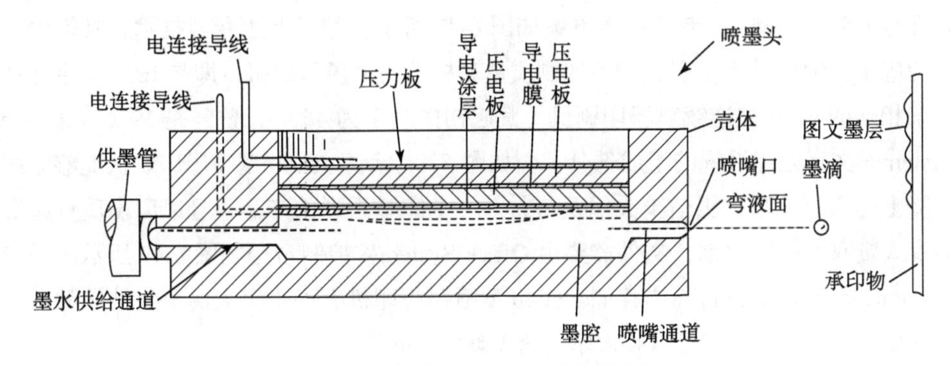

图 6-45　专利 US3946398A 方案示意图

1972 年 1 月 10 日，瑞典查尔姆斯理工大学的斯泰默教授发明了一种利用墨水在纸张上书写的阵列式书写装置，发明专利公开号 US3747120A，专利技术方案如图 6-46 所示，专利中采用平直压电体圆盘的弯曲变形提供墨水喷射动力，斯泰默的发明同样属于弯曲式压电按需喷墨方式。

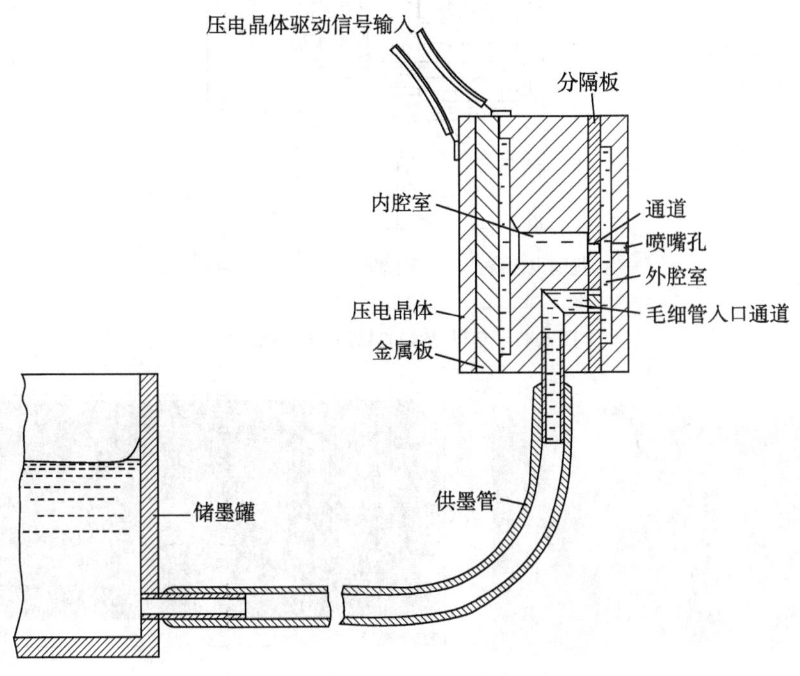

图 6-46　专利 US3747120A 方案示意图

1974 年，IBM 发明了一种喷墨打印机和打印方法，发明专利公开号 US3959797A，同年，IBM 发明了一种用于在喷墨打印系统中合并卫星墨滴的方法和装置，发明专利公开号 US3979756A，1975 年，IBM 发明了一种用于喷墨打印系统的字体选择方法，发明专利公开号 US3964591A，同年，IBM 发明了一种自清洁喷墨头系统，发明专利公开号 US4007465A，专利技术方案如图 6-47 所示。基于上述专利技术及其衍生技术的应用，IBM 推出了引领喷墨印刷质量新标准的喷墨印刷机，即与 IBM 文字处理系统相连的 6640 型连续喷墨印刷机（其起初的名字为 46/40，曾经是 1976 年 Office System/6 文字处理系统的组成部分），如图 6-48 所示。6640 型喷墨印刷机能够印刷信笺上的文字、第二页信笺头以及信封等一个完整系列的产品，且以印刷质量超群而令人赞叹。打印之前，文件需要由 Office System/6 控制台用如图 6-49 所示的磁卡（magnetic cards）进行扫描存储。6640 型喷墨打印机有一个很大的信封抽屉和两个进纸盒，每个进纸盒都可以装入厚度达 3 英寸的纸张。

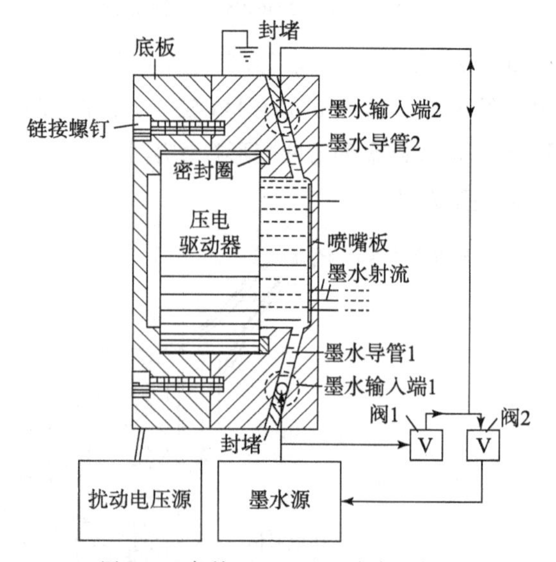

图 6-47　专利 US4007465A 方案示意图

图 6-48　IBM6640 型喷墨印刷机

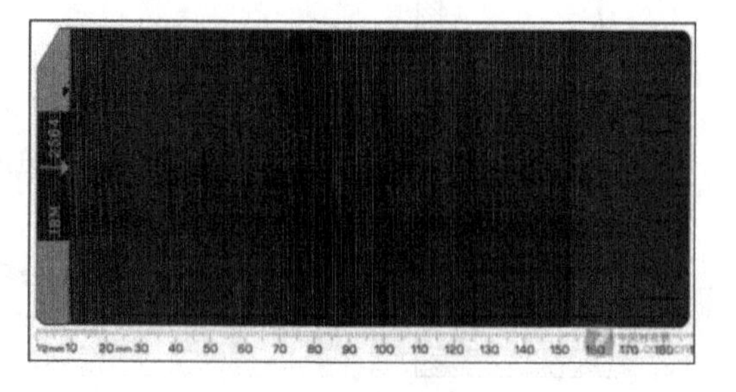

图 6-49　IBM6640 用磁卡

1976 年，瑞典隆德技术研究所的赫兹教授和他的助手发明了一种能够实现图像灰度特性调制的连续喷墨成像技术，同年 2 月 5 日在瑞典首次提出专利申请，专利公开号 SE331370B（美国专利公开号 US3416153A），专利技术方案如图 6-50 所示。专利中，赫兹教授获得灰度印刷的方法之一是控制每个像素中墨滴的数量，通过改变喷出墨滴的数量控制每个像素中墨量的总体积，最终可以调整每个印刷区域的密度大小来获得所期望的色调灰度。之后依瑞斯图形和斯多克两家公司获得这一专利技术的授权并以此技术生产用于商业高质量彩色图像印前硬拷贝数字打样设备。

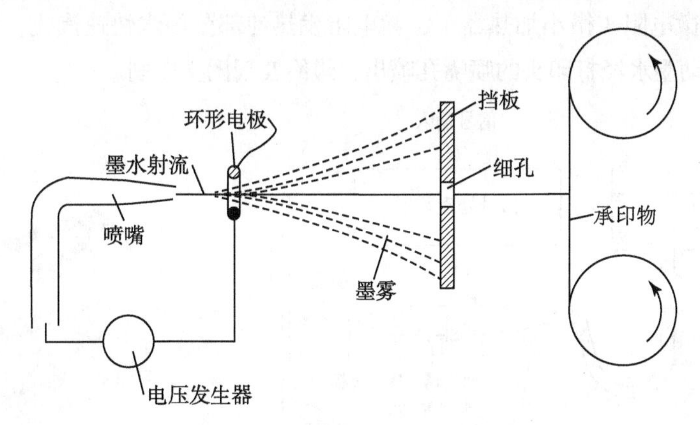

图 6-50　专利 SE331370B 方案示意图

1974 年 12 月 20 日西门子公司发明了一种压电式喷墨打印机供墨系统，专利公开号 DE2460573A1（美国专利公开号 US4149172A）；1975 年 8 月 25 日西门子发明了一种喷墨头压电致动元件（挤压模式压电喷墨头），专利公开号 DE2537767B1（美国专利公开号 US4223998A），专利技术方案如图 6-51 所示。基于以上专利技术及西门子在喷墨成像方面的不断研究，1977 年，西门子公司推出世界上第一台采用了挤压模式的压电喷墨打印机 PT-80，如图 6-52 所示。至此标志着压电按需喷墨成像技术进入实际应用阶段。

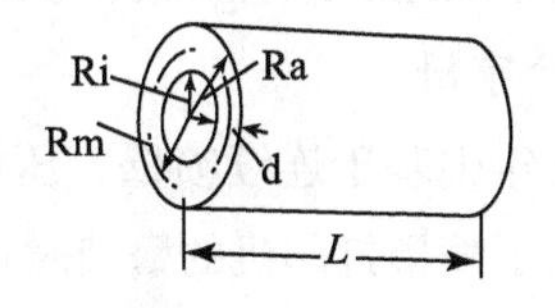

图 6-51　专利 DE2537767B1 方案示意图

图 6-52　西门子 PT-80

1977 年 佳能公司研发人员由于测试中的意外发现了热致喷墨现象，这一发现最终促成了热泡按需喷墨技术的发明，佳能将其命名为 Bubblejet（气泡喷墨），1978 年 9 月 28 日，佳能申请了一项名为喷墨记录方法和装置的专利，专利公开号 CA1127227A，专利中描述了采用热泡喷墨的技术方案，专利技术方案如图 6-53 所示。之后佳能继续投入研发并致力于开发热泡喷墨打印机，1981 年佳能成功研制出世界上第一台热泡喷墨打印机样机，之后经过大量的测试与改进，1985 年，佳能推出了 BJ-80 热泡喷墨打印机，如图 6-54 所示。热泡按需喷墨技术中喷墨打印驱动装置将电信号传给微电阻（微小加热器），微电阻发热使部分墨水快速汽化，墨水汽化形成的气泡推动墨水经打印头的喷嘴孔喷出，最终实现图文印刷。

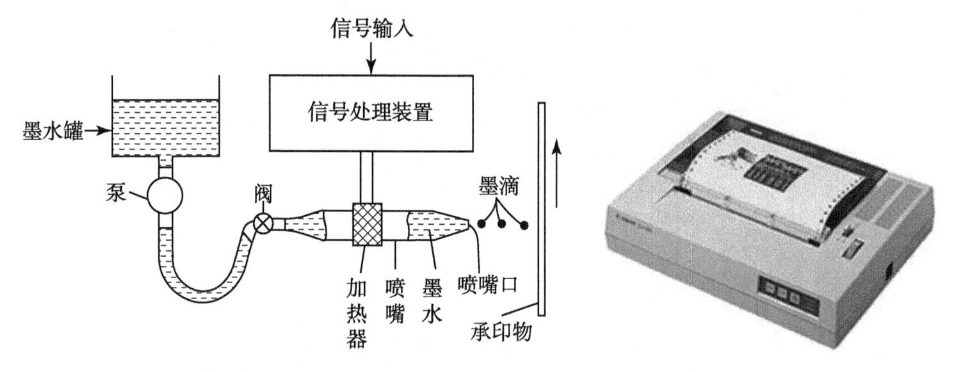

图 6-53 专利 CA1127227A 方案示意图　　图 6-54 佳能 BJ-80

1978 年 12 月，惠普公司开始研发制造高分辨力彩色喷墨印刷机，由工程师约翰 • 沃特和戴夫 • 唐纳德负责，他们选择电阻作为加热器，将电阻放置在一些细小管子的内部，通过快速开闭电源使电阻以脉冲方式加热油墨产生微小的气泡，气泡推动油墨实现喷射，最终取得成功，约翰 • 沃特和戴夫 · 唐纳德成为惠普现代热泡喷墨技术的发明者，1982 年 7 月 30 日惠普提出发明名称为"气泡驱动柔性膜喷墨打印机"的专利申请，专利公开号 US4480259A，专利技术方案如图 6-55 所示。1983 年 5 月 2 日惠普提出了一种喷墨头与墨水腔一体的抛弃式喷墨头技术的专利申请，专利公开号 US4500895A。最初热泡喷墨技术并没有被惠普所理解和看好，这种喷墨印刷方法被认为无法实现应用，在约翰 • 沃特和戴夫 · 唐纳德的努力下，惠普接受了这一技术。1984 年 4 月，惠普推出了基于热泡喷墨技术的惠普 Thinkjet 2225 热泡喷墨打印机，如图 6-56 所示，这种热泡喷墨打印机的命名来自 Thermal ink Jeting out of a nozzle（加热的墨水从喷嘴向外喷射出）前三个英文单词的 8 个字母。

至此喷墨成像基础技术全部发明，在之后的几年中基于连续喷墨、压电按需喷墨、热泡按需喷墨技术的各类打印机快速推出，开启了喷墨打印机的繁荣时代，惠普、赛尔、斯帕特拉、理光和 柯尼卡美能达成为喷墨头主要制造商。

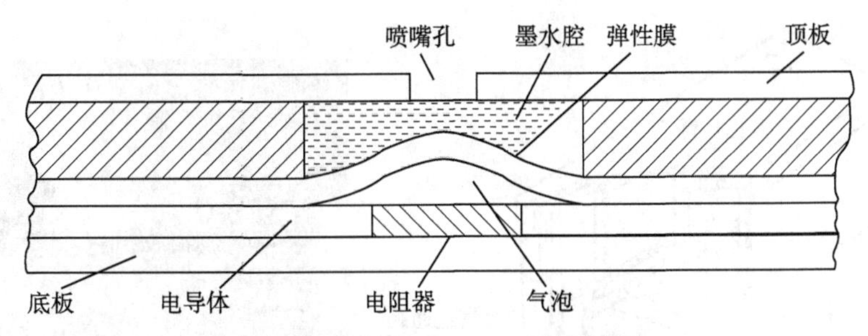

图 6-55 专利 US4480259A 方案示意图

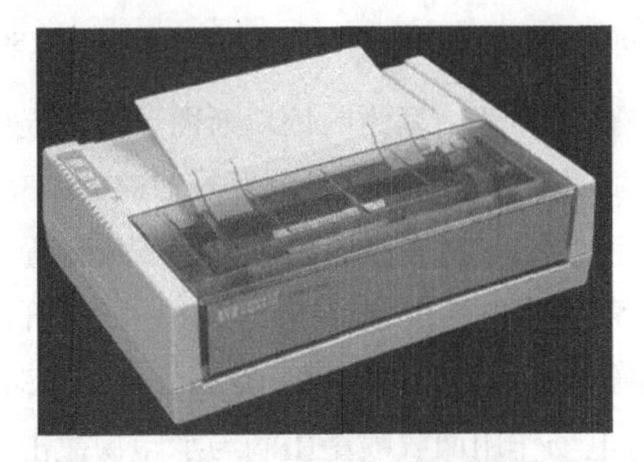

图 6-56 惠普 Thinkjet 2225 热泡喷墨打印机

1983 年伊士曼柯达公司整体收购了米德喷墨技术作为其附属公司，更名为迪克尼。1984 年为了适应便携式电脑市场的发展，迪克尼开发出了第一台便携式喷墨打印机迪克尼 150 Plus，如图 6-57 所示。据称柯达便携式喷墨打印机采用了惠普的 Thinkjet 引擎，并采用了与 Thinkjet 相同墨盒。1988 年，迪克尼公司并入伊士曼柯达公司，更名为柯达戴顿公司。

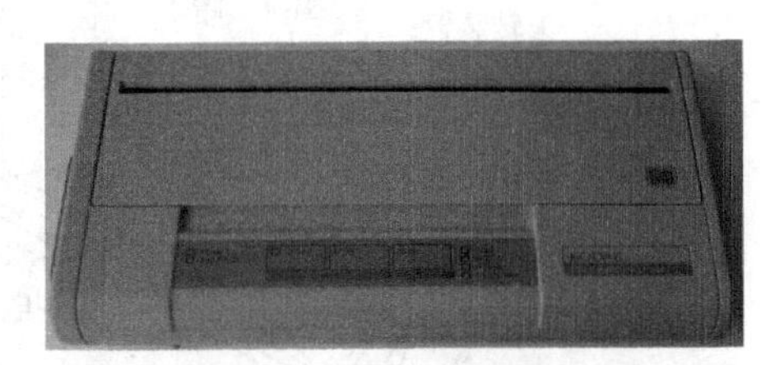

图 6-57 迪克尼 150 Plus 便携式打印机

1984 年，爱普生公司发明了一项名为“包含供墨盒的线性点整打印头”的技术，专利公开号 EP0406983A2，专利技术方案如图 6-58 所示，围绕此技术爱普生申请了多个同族专利，专利中提出了墨水盒与喷墨头一体可抛式技术，基于此技术，爱普生推出了首台单色喷墨打印机 SQ-2000，如图 6-59 所示。SQ-2000 采用了压电式按需喷墨技术，SQ-2000 的油墨存储在无须传输的墨盒中，喷墨打印头共有 24 个喷嘴孔，致动器由厚度为 120μm 的玻璃压电元件制成。

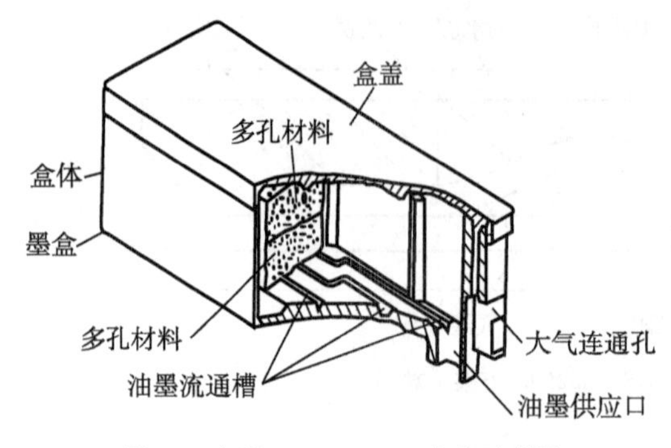

图 6-58 专利 EP0406983A2 方案示意图

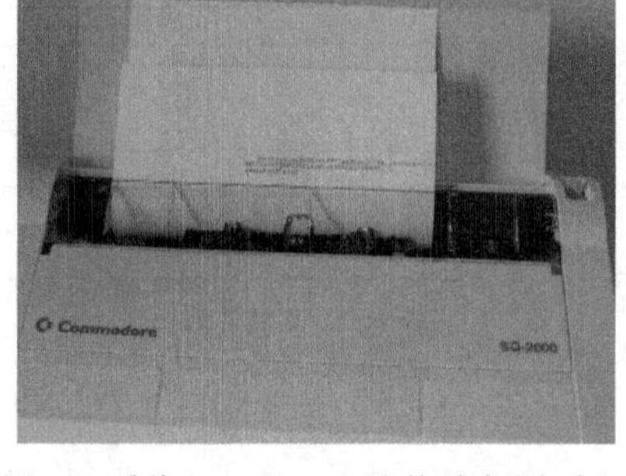

图 6-59 爱普生 SQ-2000 压电按需喷墨打印机

1985 年 9 月 9 日，位于马萨诸塞州的依瑞斯图形公司提出了一种基于赫兹喷墨技术的“喷墨打印机”发明专利申请，专利公开号 US4639736A，专利中提出了一种用于防止偏转区域墨雾落在承印物表面的墨雾电荷屏蔽装置，以减少不参与印刷的墨雾落在承印物上导致背景着色的现象。1985 年 12 月 10 日，依瑞斯图形公司又提出了“一种墨雾消减型喷墨打印机”的申请，专利公开号 US4668959A，专利技术方案如图 6-60 所示，通过电场作用回收喷墨墨滴与承印物撞击后产生的墨雾以提高印刷质量。1987 年 9 月，在基于上述两项专利的基础上，依瑞斯图形公司推出第一台型号为 3024 的依瑞斯喷墨印刷机，如图 6-61 所示。依瑞斯喷墨印刷机大多用于色彩匹配要求苛刻的彩色印刷的印前打样，同时也被用于具有收藏价值的精美印刷品印

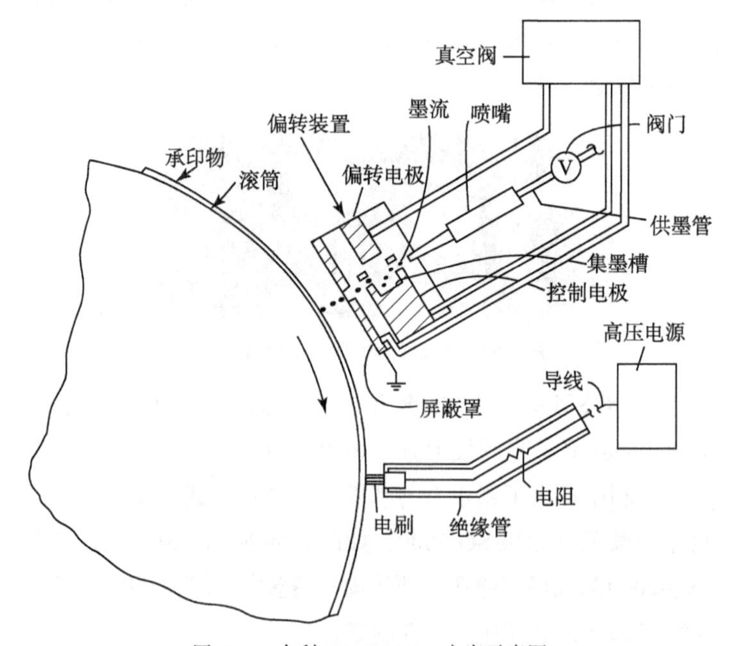

图 6-60　专利 US4668959A 方案示意图

图 6-61 Iris3024 喷墨印刷机

刷，它是一个具有复杂机械结构的鼓式喷墨印刷机。工作过程为：喷嘴以每秒 1.50 英寸的速度向旋转的成像鼓表面喷射墨滴，墨滴在飞向成像鼓表面的过程中被充以正电荷或不充电，偏转系统根据图文信息确定墨滴到达成像鼓表面或偏转到废液收集系统。依瑞斯喷墨印刷机承印物为优质水彩纸张或油画布。依瑞斯喷墨印刷机虽然能够输出高质量的印刷品，但高昂的价格、复杂的结构及成像鼓尺寸的限制而没有被大范围使用，并逐步被大幅面喷墨印刷机所替代。

1994 年依瑞斯图形公司被赛天使收购，2000 年克里奥又收购赛天使，而在 2005 年柯达又收购克里奥。今天，维里斯是依瑞斯图形喷墨印刷机技术的代表，维里斯是一款柯达公司的彩色打样机。柯达维里斯数字打样机能够制作高分辨力连续调的打样样张。基于多墨滴阵列喷墨成像，柯达维里斯数字打样机可以产生一个精确成型的控制墨流，可以实现在分辨力 1500dpi × 1500dpi 的高品质下墨滴位置的精确设定，打样样本能够精确预测出最终印刷作品的状态。

1986 年，惠普发明了一种“提高油墨储存和供应能力的热泡喷墨头”，发明专利公开号 US4771295A，专利技术方案如图 6-62 所示，专利中惠普采用了网状聚氨酯泡沫设在不同的分割室中存储油墨的方案，不同的分割室可用于彩色喷墨油墨的存储。1989 年，惠普发明了一种“彩色扫描图像与彩色打印机输出之间闭环色彩控制的方法和系统”，发明专利公开号 US5107332A，专利中惠普采用对比及查表的方式矫正彩色输出误差，基于上述专利技术的应用或衍生应用，1991 年，惠普推出全球第一台彩色喷墨打印机惠普 Deskjet 500C，如图 6-63 所示，惠普 Deskjet 500C 的推出开启了喷墨打印的彩色时代。同年惠普推出全球第一台大幅面打印机 Designjet，大幅面打印机的出现改变了当时笔式绘图仪在工程制图领域一统天下的局面，大幅度提高了图纸输出的质量和效率。1995 年惠普 Designjet 430 进入中国用于 CAD 制图打印领域。

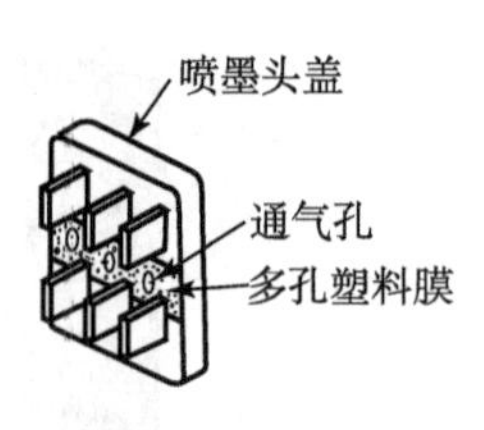

图 6-62　专利 US4771295A 方案示意图

1990 年，继续专注于压电按需喷墨研究的爱普生公司发明了一种采用微压电元件的按需喷墨头，发明专利公开号 JP3041952B2（美国专利公开号 US5446485A），专利技术方案如图 6-64 所示，专利中压电板制作采用了与半导体生产过程相同的切割工艺，制成件体积小精度高。基于此专利技术，1993 年，爱普生公司推出了一款能够在家庭和小型办公室打印机市场上直接与热泡喷墨打印机相抗衡的压电喷墨打印机 Stylus800。Stylus800 是第一款成功地将可靠的低成本压电喷墨技术与永久性打印头结合在一起的打印机，采用了基于推拉式（Push-mode）结构的多层微压电体驱动喷墨技术。微电压技术的根本在于采用了与当时半导体制造技术相同的制造工艺，能够实现 360dpi 的分辨率，这种喷墨打印机使用无须更换的打印头，因此不必关注墨盒的价格。次年，全球首款基于微压电喷墨打印头技术的 720dpi 高品质彩色喷墨打印机——爱普生 Stylus Color 系列诞生，图 6-65 所示为一台 Stylus Color 400 打印机。

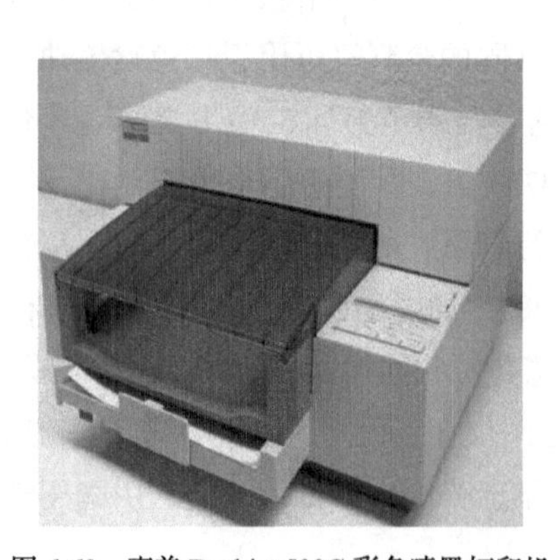

图 6-63　惠普 Deskjet 500C 彩色喷墨打印机

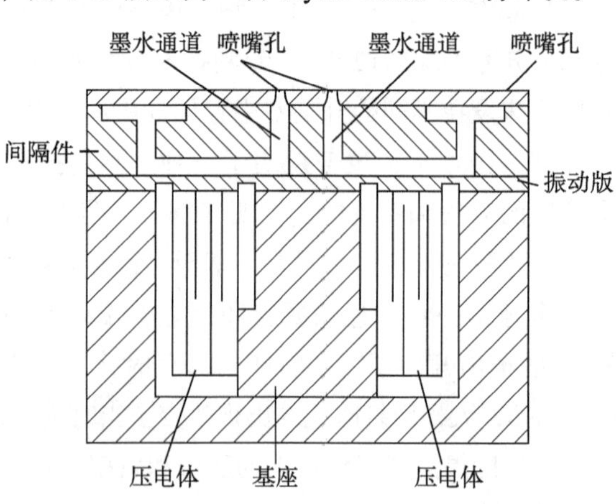

图 6-64　专利 JP3041952B2 方案示意图

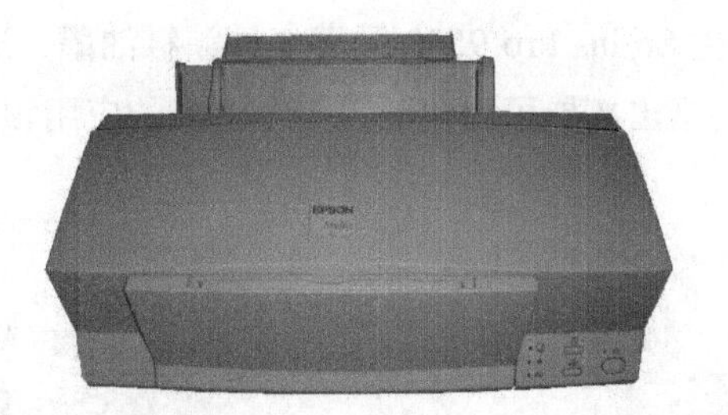

图 6-65　爱普生 Stylus Color 400 打印机

1996 年，赛尔发明了一种喷墨打印头钝化方法，专利公开号 GB9622177D0（中国专利公开号 CN1241968A），专利技术方案如图 6-66 所示，专利中给出了一种通过化学气相沉积钝化涂层对喷墨头通道壁进行选择性钝化的方法。1996 年赛尔发明了一种喷墨嘴制造方法和装置，专利公开号 GB9601049D0（中国专利公开号 CN1339360A），专利中给出了一种通过将激光光束进行扩束和聚焦形成能够精确加工出喷墨头喷嘴孔锥度的方法。基于上述核心专利及相关外围技术的应用，1999 年，赛尔公司研发并推出第一款代表性喷墨头赛尔 128，如图 6-67 所示。赛尔 128 广泛用于户内外图像、条码、纸箱外壳码或印刷海报的打印，赛尔 128 的性能及其墨水兼容性使其成为行业领先的 17 毫米压电晶体按需喷墨打印头。这一优势地位维持了 20 年之久。凭借能打印各种黏度、反应性和传导性液体的能力，赛尔 128 一度被用于先进制造和 3D 打印市场中。

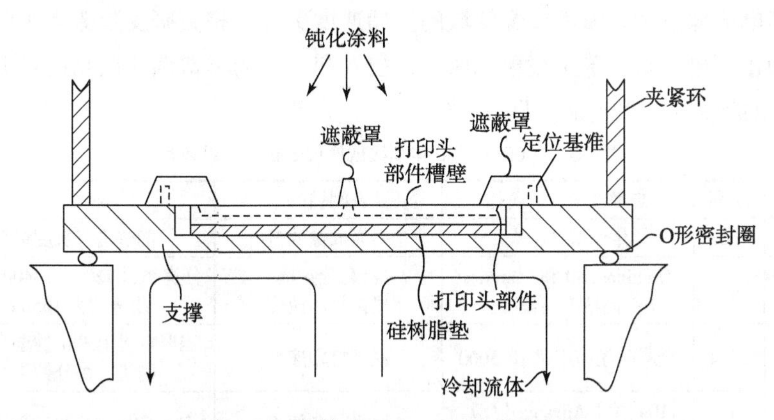

图 6-66　专利 GB9622177D0 方案示意图

1999 年，爱普生发明了一种具有优异耐光性的油墨组合物，发明专利公开号 US6379441B1，专利中将咪唑衍生物、抗氧化剂、糖类或水溶性有机镍化合物掺入油墨中，以防止铜酞菁染料的颜色变化和褪色，实现了油墨良好的耐光性。基于此专利技术，2000 年，爱普生推出了 ColorFast 油墨，能够生产耐光性超过 200 年的高品质印刷品，在 ColorFast 油墨的基础上推出了大幅面喷墨印刷机 Stylus Pro 9500，如图 6-68 所示。爱普生 Stylus Pro 9500 凭借 6 色颜料油墨，适合印刷图像、美术作品和海报等。该产品的推出拓展了大幅面喷墨印刷机的应用领域。

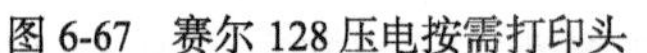

图 6-67　赛尔 128 压电按需打印头　　　图 6-68　爱普生 Stylus Pro 9500 大幅面喷墨印刷机

喷墨印刷技术经过 50 多年进入快速发展期，各种高性能喷墨头、生产型喷墨数字印刷机、大幅面喷墨印刷机快速推出，同时喷墨印刷质量逐步提高并开始取代部分色粉静电成像技术进入商业印刷领域。

从 2000 年开始，喷墨印刷逐步开始快速成长，大量提高喷墨印刷品质、印刷速度和喷墨印刷细分领域应用的技术推出，一些原本专注于静电成像技术的企业开始投入喷墨成像技术的研发并推出了相应的产品，更有一些传统印刷企业也加入了喷墨成像相关技术及设备的研发中，众多企业的加入、微制造（MEMS）技术及微电子技术的发展极大地推动了喷墨成像技术的发展，形成了丰富的喷墨成像技术体系，相对于静电成像技术，喷墨成像领域的发展速度更快，相关研发制造企业更多，产品种类和幅面更丰富。鉴于喷墨成像方式技术和产品的丰富性，在此只列出部分具有代表性的相关技术及产品，见表 6-5。

表 6-5　2000—2009 年喷墨成像代表技术（设备）

发明人	时间	技术（设备）名称	发明目的	特点
赛尔	2003	生产型打印头	提高成像质量	能够进行灰度级打印
赛尔	2004	Omnidot 380 和 Omnidot 760 高精度高速喷头	提高分辨率 提高打印速度	分辨率达 720 ~ 1440dpi，打印线速度为 1650mm/s
理想	2004	全彩喷墨印刷机 HC5000	提高打印速度	当时世界上最快的全彩喷墨印刷机，每分钟 120 页
罗兰	2006	104 英寸 Advanved JET AJ- 1000 型超大幅面喷墨印刷机	提高打印幅面 提高打印速度	最高印刷速度可达每小时 968 平方英尺
赛尔	2007	赛尔 1001 喷印头	细分领域应用	一款用于陶瓷喷墨印花的喷墨头
方正电子	2008	L1000 数字喷墨印刷机	弥补国内数字喷墨印刷机空白	国内第一款数字喷墨印刷机
西尔弗布鲁克	2008	Memjet 喷墨头	提高分辨率 提高打印速度	采用 MEMS 工艺的喷墨打印头

6.2.4　成长期（2010 年至今）

2010 年之后，喷墨成像在效率、性能的提升和系统应用上的价值和潜力开始凸显。一批高性能、高效率喷墨头逐步推出，如：2013 年爱普生推出 PrecisionCore 喷墨打印头；2014 年赛尔推出 1002 GS6 喷墨头；2015 年富士迪马迪克斯推出星光 1024/M-A 喷墨头。在系统应用上，2012 年兰达公司推出了基于纳米技术的喷墨成像油墨和喷墨成像整机技术，2016 年伊斯曼柯达推出了应用于报纸印刷领域的柯达万印 VX5000 数字印刷机，2016 年海德堡推出了 Primefire 106 七色喷墨印刷系统，2017 年佳能推出了应用于艺术摄影输出、地理地图绘制等领域的 PRO-6000 大幅面打印机。这一时期，一些原本在传统印刷领域的设备制造商和其他领域的企业也投入到喷墨成像技术领域中并推出了各自的技术和设备，如：兰达、海德堡。

从 1752 年德国数学家和物理学家欧拉提出理想流体（即无黏性流体）运动方程开始，在经历了 258 年的发展之后，喷墨成像技术完成了婴儿期的发展，进入了成长期，这一时期，技术创新趋缓，专利数量开始下降，技术创新主要集中在技术的系统应用和技术实际应用效率及性能提升上，同时人力、物力和财力的投入开始增长，2010 年至今的喷墨成像技术（设备）的发展如表 6-6 所示。

表 6-6　2010 年至今喷墨成像代表技术（设备）的发展

发明人	时间	技术（设备）名称	发明目的	特点
兰达	2012	纳米喷墨技术	提高印刷质量	使用纳米墨水的喷墨成像技术
爱普生	2013	新一代 PrecisionCore 喷墨打印头技术	提高打印速度 提高成像质量	1. 采用厚度仅为 1 毫米的 Precision Core MicroTFP 打印芯片； 2. 喷嘴板、压电输墨器以及墨腔均是采用 MEMS 生产工艺； 3. 喷嘴板上共有 800 个喷嘴，每个喷嘴直径约为 20 微米，能够喷出小至 1.5 微微升（万亿分之 1.5 升）的墨滴； 4. 每个喷嘴可以 50000 个 / 秒的速度将墨滴极其精确地喷射到承印介质上
赛尔	2014	赛尔 1002 GS6 喷墨头	提高使用寿命 缩短停机时间	内循环喷墨专利技术（TF Technology）
富士迪马迪克斯	2015	星光 1024/M–A	提高分辨率 提高使用寿命 缩短停机时间	1. 可维修结构设计； 2. 具有 1024 个单独控制的喷嘴通道，单个喷头分辨率达 400dpi ； 3. 采用了 Redijet 内循环技术； 4. VersaDrop 可变墨滴技术
京瓷	2015	KJ4 系列喷墨头	提高印刷速度	使用高级压电制陶技术的小型压电致动器

续表

发明人	时间	技术（设备）名称	发明目的	特点
伊斯曼柯达	2016	柯达万印 VX5000	细分领域应用（针对全球报纸快印市场）	1. 万印 VX5000 打印系统配备了全新 Hunkeler 高速报纸印后连线设备，可在高速打印下对报纸进行印后处理； 2. 配备来自 Hunkeler 公司的连线印后处理设备； 3.VX5000 打印系统是一款集成的数码打印系统，根据不同配置可进行 100% 可变数据的黑色、专色或 CMYK 处理色打印； 4. VX5000 打印系统基于模块化、灵活的平台，采用了连续喷墨打印头技术，速度高达 500 fpm
海德堡	2016	Primefire 106 七色喷墨印刷系统	提高成像质量	1. 覆盖最多 95% 的 Pantone 色彩空间的 Multicolor 技术； 2. 能够确保印刷质量的前提下以 1200dpi × 1200dpi 分辨率在 2500 张 / 时的速度下实现高速印刷； 3. 配置了 Fujifilm 的 SAMBA 喷墨头技术，适合加工食品包装
柯尼卡美能达	2016	扫描式高速喷墨纺织品印花机 “NASSENGER10” 及 “NASSENGER 8”	细分领域应用	纺织品印花专业喷墨设备
爱普生	2017	SureColor B9080 大幅面喷绘写真喷墨印刷机	细分领域应用（背光灯片用） 提高成像质量 提高印刷速度	1. 配备双 2.0 英寸宽 PrecisionCore TFP 微压电喷头； 2. 2880dpi × 1440dpi ； 3. 31 平方米 / 时，720dpi × 720dpi ； 4. 双四色
佳能	2017	PRO-6000 大幅面打印机	细分领域应用（艺术摄影输出，地理地图绘制等）	12 色墨水系统

喷墨成像技术从 1858 年威廉汤姆逊发明基于虹吸原理的 Siphon 记录装置开始已经走过 161 年，其间，在经历了基础技术探索、技术发明、理论技术向实际应用转化及喷墨头和喷墨成像设备逐渐丰富的婴儿期后，已进入效率、性能的不断提升和系统应用价值、潜力开始凸显的成长期，目前喷墨成像技术的发展早已超出了传统印刷的范畴，并逐步探索在各种制造行业中应用，特别是工业增材制造领域、微电子电路制造领域（印刷电子领域）和生物 3D 打印领域，相比静电成像技术，喷墨成像的未来是一片蓝海，包括施乐在内的一些原本主要从事静电成像技术的企业不断转向喷墨成像技术领域无不印证着这样一个事实。兰达纳米喷墨技术的提出更是将喷墨技术带到一个新的高度。通过上述对 1858 年至 2019 年喷墨成像技术专利及代表设备的研究，总结喷墨成像技术的发展历程如图 6-69 所示。

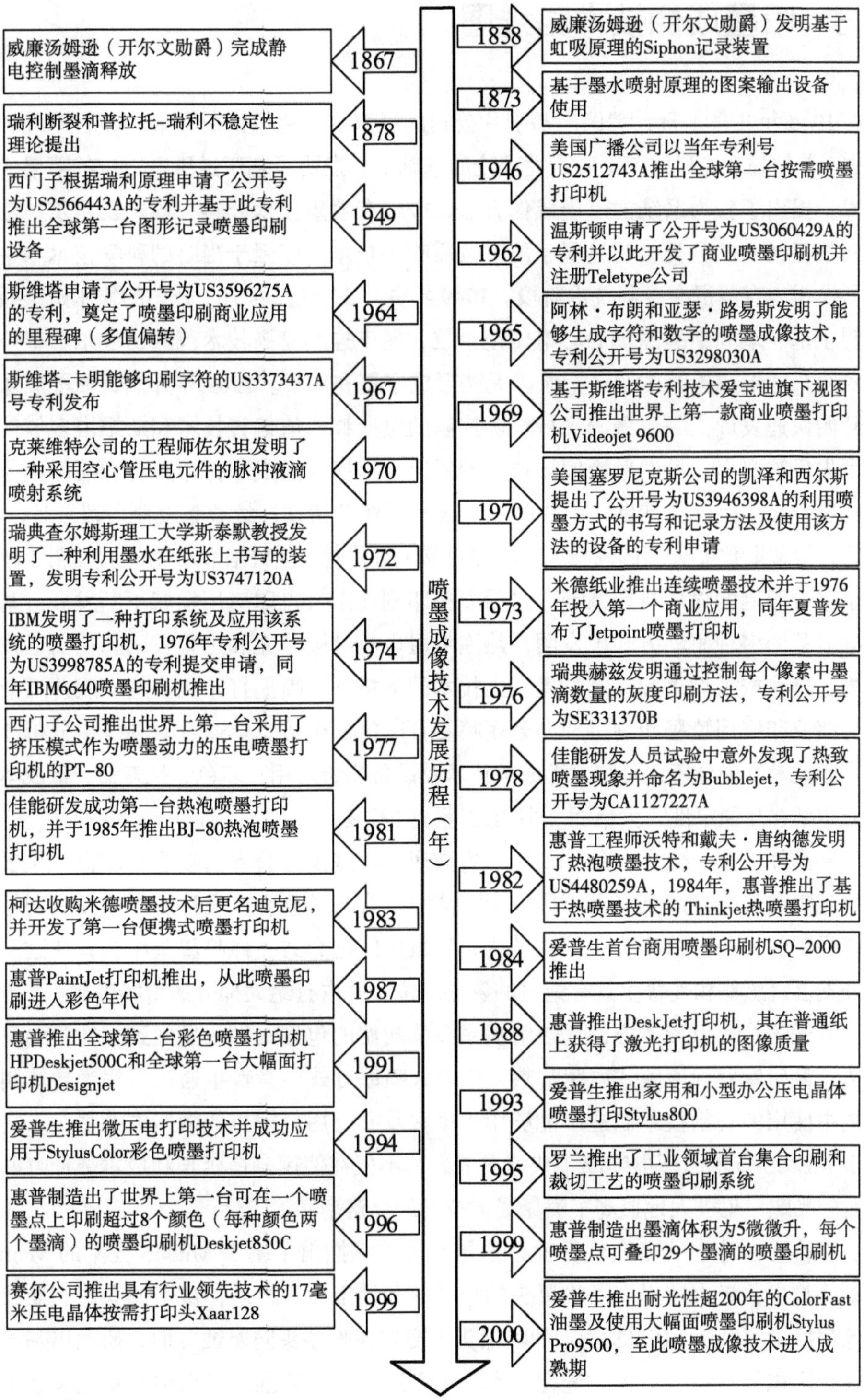

喷墨成像技术发展历程（年）

1858 威廉汤姆逊（开尔文勋爵）发明基于虹吸原理的Siphon记录装置

1867 威廉汤姆逊（开尔文勋爵）完成静电控制墨滴释放

1873 基于墨水喷射原理的图案输出设备使用

1878 瑞利断裂和普拉托-瑞利不稳定性理论提出

1946 美国广播公司以当年专利号US2512743A推出全球第一台按需喷墨打印机

1949 西门子根据瑞利原理申请了公开号为US2566443A的专利并基于此专利推出全球第一台图形记录喷墨印刷设备

1962 温斯顿申请了公开号为US3060429A的专利并以此开发了商业喷墨印刷机并注册Teletype公司

1964 斯维塔申请了公开号为US3596275A的专利，奠定了喷墨印刷商业应用的里程碑（多值偏转）

1965 阿林·布朗和亚瑟·路易斯发明了能够生成字符和数字的喷墨成像技术，专利公开号为US3298030A

1967 斯维塔-卡明能够印刷字符的US3373437A号专利发布

1969 基于斯维塔专利技术爱宝迪旗下视图公司推出世界上第一款商业喷墨打印机Videojet 9600

1970 克莱维特公司的工程师佐尔坦发明了一种采用空心管压电元件的脉冲液滴喷射系统

1970 美国塞罗尼克斯公司的凯泽和西尔斯提出了公开号为US3946398A的利用喷墨方式的书写和记录方法及使用该方法的设备的专利申请

1972 瑞典查尔姆斯理工大学斯泰默教授发明了一种利用墨水在纸张上书写的装置，发明专利公开号为US3747120A

1973 米德纸业推出连续喷墨技术并于1976年投入第一个商业应用，同年夏普发布了Jetpoint喷墨打印机

1974 IBM发明了一种打印系统及应用该系统的喷墨打印机，1976年专利公开号为US3998785A的专利提交申请，同年IBM6640喷墨印刷机推出

1976 瑞典赫兹发明通过控制每个像素中墨滴数量的灰度印刷方法，专利公开号为SE331370B

1977 西门子公司推出世界上第一台采用了挤压模式作为喷墨动力的压电喷墨打印机的PT-80

1978 佳能研发人员试验中意外发现了热致喷墨现象并命名为Bubblejet，专利公开号为CA1127227A

1981 佳能研发成功第一台热泡喷墨打印机，并于1985年推出BJ-80热泡喷墨打印机

1982 惠普工程师沃特和戴夫·唐纳德发明了热泡喷墨技术，专利公开号为US4480259A，1984年，惠普推出了基于热喷墨技术的 Thinkjet热喷墨打印机

1983 柯达收购米德喷墨技术后更名迪克尼，并开发了第一台便携式喷墨打印机

1984 爱普生首台商用喷墨印刷机SQ-2000推出

1987 惠普PaintJet打印机推出，从此喷墨印刷进入彩色年代

1988 惠普推出DeskJet打印机，其在普通纸上获得了激光打印机的图像质量

1991 惠普推出全球第一台彩色喷墨打印机HPDeskjet500C和全球第一台大幅面打印机Designjet

1993 爱普生推出家用和小型办公压电晶体喷墨打印Stylus800

1994 爱普生推出微压电打印技术并成功应用于StylusColor彩色喷墨打印机

1995 罗兰推出了工业领域首台集合印刷和裁切工艺的喷墨印刷系统

1996 惠普制造出了世界上第一台可在一个喷墨点上印刷超过8个颜色（每种颜色两个墨滴）的喷墨印刷机Deskjet850C

1999 惠普制造出墨滴体积为5微微升，每个喷墨点可叠印29个墨滴的喷墨印刷机

1999 赛尔公司推出具有行业领先技术的17毫米压电晶体按需打印头Xaar128

2000 爱普生推出耐光性超200年的ColorFast油墨及使用大幅面喷墨印刷机Stylus Pro9500，至此喷墨成像技术进入成熟期

图 6-69　喷墨成像技术的发展历程

6.3 喷墨成像技术路线图

1946 年 4 月 1 日，美国广播唱片公司的汉塞尔 · 克拉伦斯在瑞利断裂原理和尤瑟夫 • 普拉托 - 瑞利射流不稳定性理论的基础上，发明了基于逆压电效应的喷墨成像技术，提出了较为系统的喷墨成像方法，按现有喷墨技术分类去鉴定汉塞尔 · 克拉伦斯喷墨技术的分类，明显属于压电按需喷墨技术。但限于当时的科学技术水平，这一发明一直停留在专利技术阶段。1949 年 9 月 21 日，西门子公司的埃尔姆奎斯特发明了基于瑞利断裂原理的心电图记录仪，属于连续喷墨技术范畴，埃尔姆奎斯特的发明只能形成连续的线条记录，无法形成字符和图形。1962 年开始，喷墨成像技术开始快速发展，关于墨滴飞行轨迹控制的温斯顿二值偏转技术和斯维塔多值偏转技术先后被提出，虽然墨滴偏转技术的提出为提高喷墨成像打印速度和喷墨成像实际应用带来了巨大的帮助，但喷墨成像技术仍然停留在连续线条复制阶段。1965 年之后，博瑞斯仪器公司的阿林 • 布朗和亚瑟 • 路易斯，斯维塔和卡明先后发明了能够用于字符印刷的喷墨打印系统。之后喷墨印刷在图文打印应用领域不断发展，基于压电喷墨的多种驱动方式被发明，热泡喷墨也相继被佳能和惠普发明。在压电按需喷墨、热泡按需喷墨和连续喷墨三大技术的支持下，喷墨打印机快速发展并逐渐发展为商业印刷用喷墨印刷机和办公用喷墨打印机两个分支。通过专利技术分析和核心企业技术发展分析，可知喷墨成像技术及设备朝着易用、多色、长寿命、低成本、高分辨率、高稳定性、大幅面、多用途等方向发展。

在易用、多色方面，最先发展的要数用于家庭及办公室的喷墨打印机，从最初的单色喷墨打印发展到彩色喷墨打印，从喷墨头与墨盒分离设计的结构发展到结构紧凑易于使用的墨盒喷头一体式结构，到最后的抛弃式一体喷墨头结构，在这一技术分支上，惠普和爱普生具有绝对的领导地位，并占有绝大部分的市场份额。

在长寿命、低成本方面，热泡喷墨头从初始的包裹式加热发展到柔性膜隔离式加热，最后发展到薄膜式电阻加热。压电式喷墨方式中爱普生通过采用半导体制造工艺中使用的切割技术制造出能够用于家庭及办公用打印机的微压电喷墨头。之后基于 MEMS 技术的压电喷墨头快速发展，其不仅在使用寿命延长和成本降低方面带来质的飞跃，也极大地提高了喷墨成像技术的分辨率和稳定性。

在高分辨率、高稳定性方面，西尔弗布鲁克推出了基于 MEMS 技术的 Memjet 喷墨头技术，极大地提高了喷墨头的分辨率和稳定性，之后，富士迪马迪克斯及柯达等都推出了基于 MEMS 技术的喷墨头。赛尔在喷墨头防腐蚀方面，研发出基于化学气相沉积的喷墨头选择性钝化技术。富士迪马迪克斯推出了无粘胶喷墨头技术，以减少由于喷墨头制造过程中因粘胶使用而带来的喷嘴孔堵塞问题。惠普基于解决户外喷墨印刷品易于退色的问题，推出了耐光油墨技术。2012 年，兰达纳米喷墨技术推出，兰达纳米喷墨技术将喷墨成像的印刷质量带上一个新的高度。

在大幅面、多用途方面，依瑞斯最先推出了基于赫兹喷墨原理的硬打样喷墨技术，惠普推出了用于工程绘图的单色大幅面绘图打印技术，爱普生推出用于户外广告印刷用的大幅面彩色喷绘技术。喷墨成像技术发展路线图如图 6-70 所示。

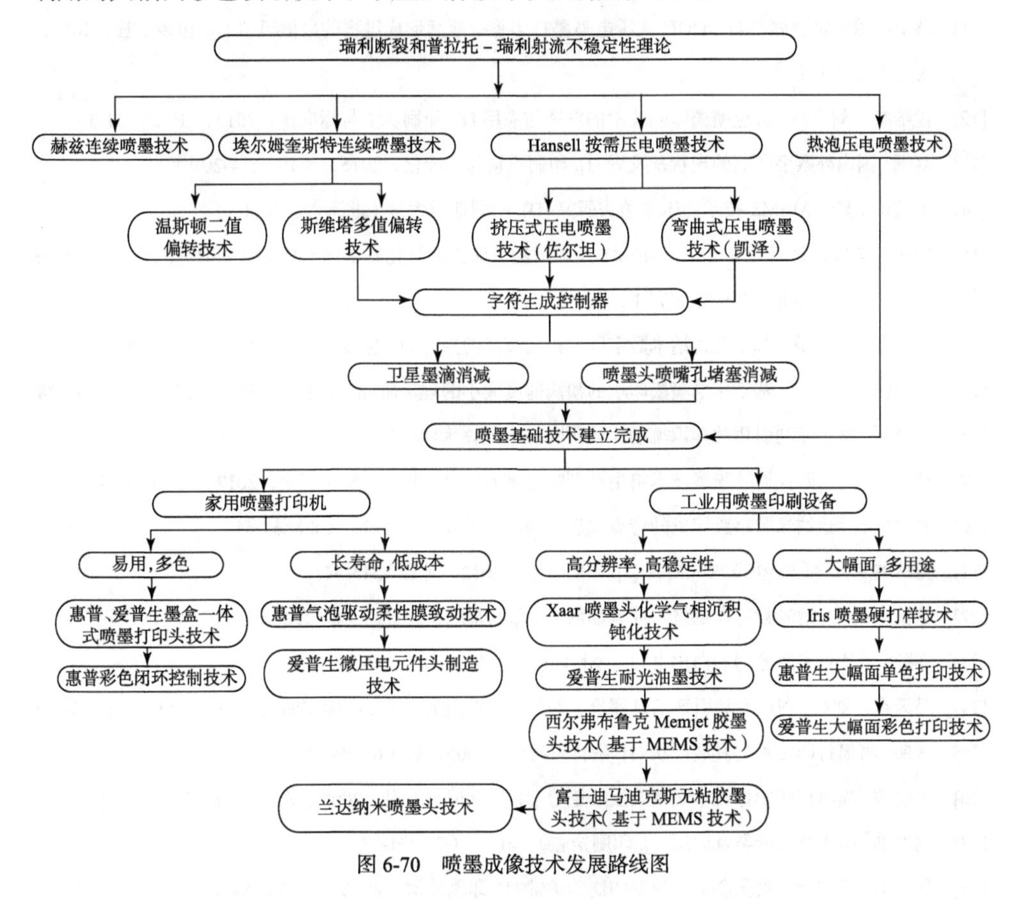

图 6-70　喷墨成像技术发展路线图

参考文献

[1]　邵文，唐正宁 . 喷墨印刷中墨滴分裂过程的研究 [J]. 包装工程，2012，33（01）:88-91

[2]　刘其红 . 喷墨印刷技术原理与应用 [J]. 印刷工业，2009，4（04）:43-45

[3]　宁布，张睿，刘忠俊，程光耀 . 喷墨印刷技术研究现状与发展对策 [J]. 包装工程，2018，39（17）:236-242

[4]　李伟 . 喷墨印刷技术及其发展研究论述 [J]. 印刷质量与标准化，2017，（10）:5-8

[5] 胡维友 . 喷墨印刷技术概述 [J]. 印刷世界，2008，（2）:1-6

[6] 菲尔·依威斯 . 喷墨印刷技术的发展 [J]. 印刷工业，2007，（3）:12-12

[7] 何君勇，李路海 . 喷墨打印技术进展 [J]. 中国印刷与包装研究，2009，1（6）:54-58

[8] 冀俊杰 . 喷墨印刷机的分类 [J]. 广东印刷，2007，（06）:28-30

[9] 李洋 . 2016 高速喷墨印刷在中国 [J]. 中国印刷与包装研究，2016，（4）:17-21

[10] 李洋 . 2018 高速喷墨印刷在中国：2018 高速喷墨印刷在中国 [J]. 数字印刷，2018，000（004）:10-15

[11] 蔡昊，董春法，张祥林 . DOD 式压电喷墨打印系统液滴形成过程的数值模拟 [J]. 包装工程，2014，（15）:113-117

[12] 孟唯娟，刘永富 . 彩色喷墨印刷技术的发展与应用 [J]. 印刷质量与标准化，2017，（12）:31-35

[13] 赵桐 . 国内外数字印刷的现状及发展 [J]. 印刷质量与标准化，2015，（10）:14-20

[14] 杨佳椿 . 基于 MEMS 技术的压电喷头研究 [D]. 中国地质大学（北京），2011

[15] 郭建，李琦，赵海亮等 . 基于 MEMS 压电喷墨打印头的氧化石墨烯水性墨水喷射性能研究 [J]. 桂林电子科技大学学报，2017，37（1）:59-62

[16] 方恩印，金张英 . 基于兰达纳米数字印刷机新技术的探讨 [J]. 包装工程，2012，（13）:128-132

[17] 刘春格，唐正宁 . 基于压电喷墨印刷的墨滴速度大小的理论研究 [J]. 包装工程，2010，（15）:36-38

[18] 王媛丽 . 基于专利引用的知识流动比较研究 [D]. 湖南大学，2012

[19] 佚名 . 柯达第四代连续喷墨技术将生产型喷墨推向主流市场 [J]. 网印工业，2017，（7）:42-44

[20] 齐福斌 . 兰达纳米数字胶印机的特点和启示 [J]. 中国印刷，2017，（8）:61-64

[21] 兰达纳米数字印刷机原理大揭秘 [J]. 印刷技术，2012，（11）:43-44

[22] 徐世垣 . 兰达纳米数字印刷技术究竟如何 [J]. 印刷杂志，2012，（8）:52-55

[23] 亦颖 . 兰达纳米图像印刷白皮书 [J]. 今日印刷，2013，（2）:52-56

[24] 马天旗，刘欢 . 利用专利引证信息评价专利质量的改进研究 [J]. 中国发明与专利，2013，（1）:58-61

[25] 张伟 . 喷墨打印技术的发展现状 [J]. 染料与染色，2005，42（6）:9-12

[26] 邢晓坤 . 喷墨打印影像技术现状及发展趋势 [J]. 信息记录材料，2008，9（5）:50-55

[27] 刘戊洪 . 喷墨技术分类及应用 [J]. 印刷杂志，2014，（7）:31-33

[28] 魏先福，罗开元 . 喷墨墨水：喷墨印刷的关键 [J]. 印刷技术，2012，（23）:54-54

[29] 王灿才 . 喷墨印刷的发展现状与趋势分析 [J]. 丝网印刷，2012，（5）:34-37

[30] 姚海根 . 喷墨印刷的技术特点与发展之路（上）[J]. 印刷杂志，2013，16（3）:1-6

[31] 喷墨印刷工艺参数的研究 [D]. 西安理工大学，2006

[32] 李伟 . 喷墨印刷技术及其发展研究论述 [J]. 印刷质量与标准化，2017，（10）:5-8

[33] 宁布，张睿，刘忠俊，程光耀 . 喷墨印刷技术研究现状与发展对策 [J]. 包装工程，2018，39(17):246-252

[34] 姚海根 . 喷墨印刷述评（上）[J]. 印刷杂志，2008，（8）:60-62

[35] 姚海根 . 热泡喷墨的技术突破 [J]. 出版与印刷，2011，（1）:33-36

[36] 陈彦 . 数码印刷的现状和发展趋势 [J]. 印刷技术，2010，（S1）:102-105

[37] 俞建国 . 数字喷墨铸造印刷未来新格局 [J]. 印刷杂志，2017，（3）:20-24

[38] 王世勤 . 数字印刷技术的发展及现状 [J]. 影像技术，2009，21（3）:3-12

[39] 汤学黎 . 数字印刷技术发展概述 [J]. 广东印刷，2010，（3）:12-16

[40] 高勇 . 数字印刷设备喷头结构研究分析 [D]. 北京印刷学院，2015

[41] 吕春作 . 水性喷墨油墨的性能研究 [D]. 齐鲁工业大学，2015

[42] 郑亮，周颖梅 . 相变喷墨打印质量的分析 [J]. 包装工程，2011，（11）:76-80

[43] 张冬至，童俊，任旭虎 . 压电喷墨驱动器结构优化与仿真分析 [J]. 实验室研究与探索，2013，32（3）:87-91

[44] 贾春江 . 压电喷墨印刷墨滴成形及特性研究 [D]. 华南理工大学，2015

[45] 刘忠俊 . 压电式喷墨打印墨滴生成机理及供墨系统研究 [D]. 北京印刷学院，2018

[46] 李超 . 压电式喷墨打印头腔室的制作工艺研究 [D]. 大连理工大学，2015

[47] 高勇，许文才，王仪明 . 压电式喷墨头的结构特点与发展现状 [J]. 北京印刷学院学报，2014，（4）:7-9

[48] 唐小利，孙涛涛 . 运用专利引证开展技术热点监测的实证研究 [J]. 图书情报工作，2011，55（20）:77-81

[49] 李雪枚 . 纸张涂层结构与喷墨数字印刷质量构效关系研究 [D]. 北京印刷学院，2018

[50] 陈毅莹 . 终于等到你——首台兰达印刷机实况大揭秘 [J]. 今日印刷，2017，（10）:11-16

[51] 张娴，方曙，王春华 . 专利引证视角下的技术演化研究综述 [J]. 科学学与科学技术管理，2016，37（3）:58-67

[52] Changsung Sean Kim，Wonchul Sim，Jae Sang Lee，et al. Design and Characterization of Piezoelectric Inkjet for Micro Patterning of Printed Electronics［C］// IEEE International Symposiumon Industrial Electronics，2010:1817-1822.

[53] https://new.siemens.com/cn/zh.html

[54] https://www.landanano.com/about-us/company

[55] http://www. 赛尔 .cn/zh/

[56] http://www. 爱普生 .com.cn/

[57] https://www.rolanddg.com/en

[58] http://www.founder.com.cn/

[59] https://www.fujifilmusa.com/products/industrial_inkjet_printheads/index.html#

[60] https://www.kyocera.com.cn/

[61] https://www.heidelberg.com/cn/zh/index.jsp

[62] https://worldwide.espacenet.com/Espacenet

[63] http://s.sooip.com.cn/

[64] http://image.baidu.com/search/

[65] https://cn.bing.com/images/search

第七章 基于 TRIZ 理论的喷墨成像技术专利分析

7.1 关键专利的引证分析

方法同第五章。

7.1.1 代表性关键专利引证信息（1949 年之前）

1. 超声驱动喷墨装置 US2512743A

本专利的专利信息见表 7-1，引证出自欧洲专利局，如图 7-1 所示。

表 7-1 US2512743A 专利信息

发明名称	申请号	申请日	公开号	公开日	同族数
超声驱动喷墨装置	US65885046A	1946.04.01	US2512743A	1950.06.27	1
IPC 分类号	**申请（专利权）人**	**发明人**	**优先权号**	**优先权日**	**被引证数**
B01J19/10; B41J2/02; B05B17/06	RCA CORP;	Clarence W. Hansell	US65885046	1946.04.01	116

Espacenet

引用文献列表: US2512743 (A) — 1950-06-27

大约116件文献引用US2512743 (A)

1. PUMP FOR INJECTING A FLUID, AND IN PARTICULAR A MICROPUMP FOR USE DELIVERING A DETERMINED DOSE

发明人:	申请人:	CPC:	IPC:	公开信息:	优先权日:
DELEVOYE ELISABETH [FR] NIKOLOVSKI JEAN-PIERRE [FR]	COMMISSARIAT ENERGIE ATOMIQUE [FR]	A61M2037/0007 A61M37/0092 A61M5/14212 (+5)	F04B19/00 F04B43/09 F16K31/00	US2014377091 (A1) 2014-12-25	2011-09-22

图 7-1 专利 US2512743A 引证信息

2. 记录式测量仪 US2566443A

本专利的专利信息见表 7-2，引证出自欧洲专利局，如图 7-2 所示。

表 7-2 US2566443A 专利信息

发明名称	申请号	申请日	公开号	公开日	同族数
记录式测量仪	US11705449A	1949.09.21	US2566443A	1951.09.04	1
IPC 分类号	**申请（专利权）人**	**发明人**	**优先权号**	**优先权日**	**被引证数**
G01R13/00	RUNE ELMQVIST	RUNE ELMQVIST	SE2566443X	1948.10.01	14

Espacenet

引用文献列表: US2566443 (A) — 1951-09-04

14 件文献引用了US2566443 (A)

1. Ink vapor aerosol pen for pen plotters					
发明人: STEVENS WAYNE R [US]	申请人: CALCOMP INC [US]	CPC: B41J2/11 B41J2/18 B41J2/215	IPC: B41J2/11 B41J2/18 B41J2/215 (+2)	公开信息: US5335000 (A) 1994-08-02	优先权日: 1992-08-04

图 7-2 专利 US2566443A 引证信息

7.1.2 代表性关键专利引证信息（1949 年之后）

1. 印刷记录用受控喷墨方法及使用该方法的装置 US3060429A

本专利的专利信息见表 7-3，引证出自欧洲专利局，如图 7-3 所示。

表 7-3 US3060429A 专利信息

发明名称	申请号	申请日	公开号	公开日	同族数
印刷记录用受控喷墨方法及使用该方法的装置	US73581758A	1958.05.16	US3060429A	1962.10.23	5
IPC 分类号	**申请（专利权）人**	**发明人**	**优先权号**	**优先权日**	**被引证数**
H04L13/18; H04L15/28; B41J2/035	TELETYPE CORP;	C.R. Winston	US73581758	1958.05.16	181

Espacenet

引用文献列表: US3060429 (A) — 1962-10-23

大约**181**件文献引用**US3060429 (A)**

1. RESERVOIR FOR AEROSOL DELIVERY DEVICES					
发明人: AMPOLINI FREDERIC [US] SILVEIRA FRANK S [US] (+2)	申请人: RAI STRATEGIC HOLDINGS INC [US]	CPC: A24F47/008 A61M11/042 A61M15/06 (+2)	IPC: A24F47/00 A61M11/04 A61M15/06 (+2)	公开信息: US2019116882 (A1) 2019-04-25 US10349684 (B2) 2019-07-16	优先权日: 2015-09-15

图 7-3 专利 US3060429A 引证信息

2. 液滴记录器 US3596275A

本专利的专利信息见表 7-4，引证出自欧洲专利局，如图 7-4 所示。

表 7-4 US3596275A 专利信息

发明名称	申请号	申请日	公开号	公开日	同族数
液滴记录器	US3596275DA	1964.03.25	US3596275A	1971.07.27	2
IPC 分类号	**申请（专利权）人**	**发明人**	**优先权号**	**优先权日**	**被引证数**
G01D15/18; B41J2/02	RICHARD G. SWEET;WAYNE & WENDRIM AVENUES;	RICHARD G. SWEET	US35465964	1964.03.25	317

Espacenet

引用文献列表: US3596275 (A) — 1971-07-27

大约**317**件文献引用**US3596275 (A)**

1. Modular printhead assembly with rail assembly having upstream and downstream rod segments					
发明人: TUNMORE DAVID F [US]	申请人: EASTMAN KODAK CO [US]	CPC: B41J2/02 B41J2/03 B41J2/04505 (+6)	IPC: B41J2/02 B41J2/03 B41J2/045 (+2)	公开信息: US10052868 (B1) 2018-08-21	优先权日: 2017-05-09

图 7-4 专利 US3596275A 引证信息

3. 电动字符打印机 US3298030A

本专利的专利信息见表 7-5，引证出自 Goldfire，如图 7-5 所示，其中上图为该专利的引证情况，下图为该专利发明者的专利引证情况。

表 7-5　US3298030A 专利信息

发明名称	申请号	申请日	公开号	公开日	同族数
电动字符打印机	US47125965A	1965.07.12	US3298030A	1967.01.10	1
IPC 分类号	**申请（专利权）人**	**发明人**	**优先权号**	**优先权日**	**被引证数**
B41J2/075; G06K15/00; G06F3/06; C09D11/02; B41J2/095; B41J2/39	CLEVITE CORP;	LEWIS ARTHUR M; BROWN JR ARLING DIX	US47125965	1965.07.12	168

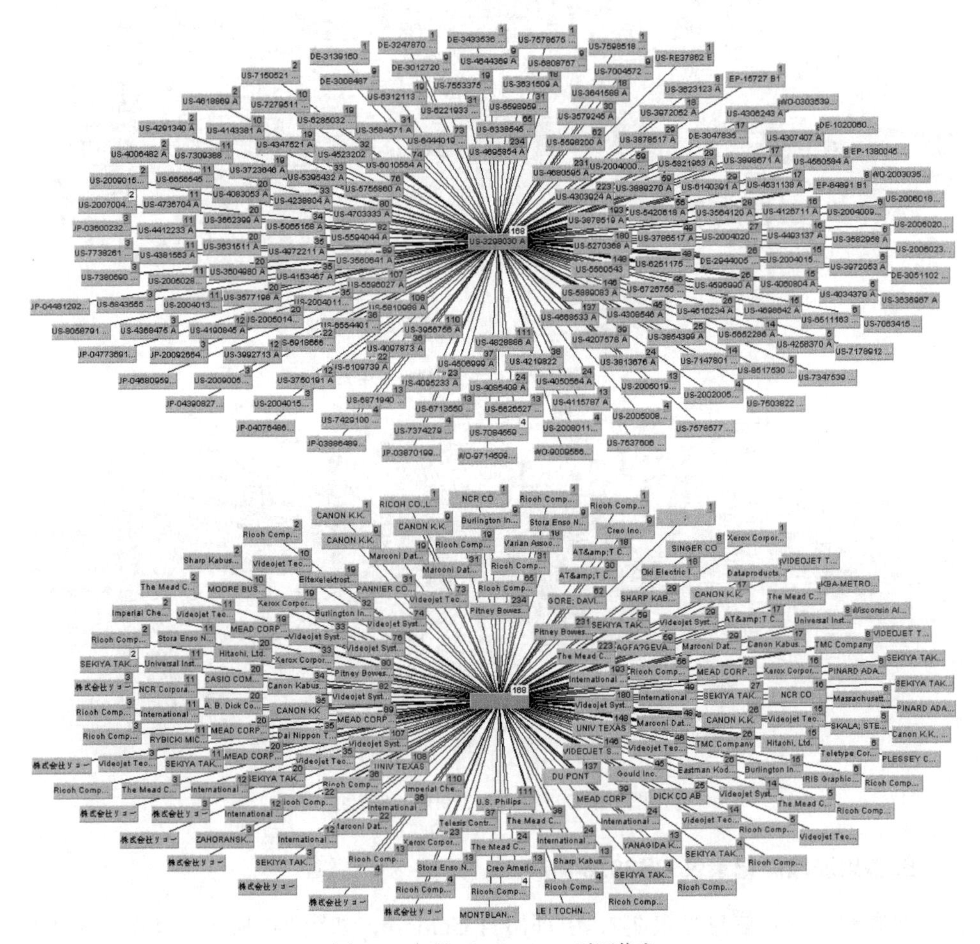

图 7-5　专利 US3298030A 引证信息

4. 喷墨成像记录器 SE331370B

本专利的专利信息见表 7-6，引证出自 Goldfire，如图 7-6 所示，其中上图为该专利的引证情况，下图为该专利发明者的专利引证情况。

表 7-6　SE331370B（美国专利公开 US3416153A）专利信息

发明名称	申请号	申请日	公开号	公开日	同族数
喷墨成像记录器	SE1305865A	1965.10.08	SE331370B	1970.12.21	1
IPC 分类号	申请（专利权）人	发明人	优先权号	优先权日	被引证数
G01D15/16	HERTZC; SIMONSSON S	HERTZ C; SIMONSSON S	SE1305865	1965.10.08	268

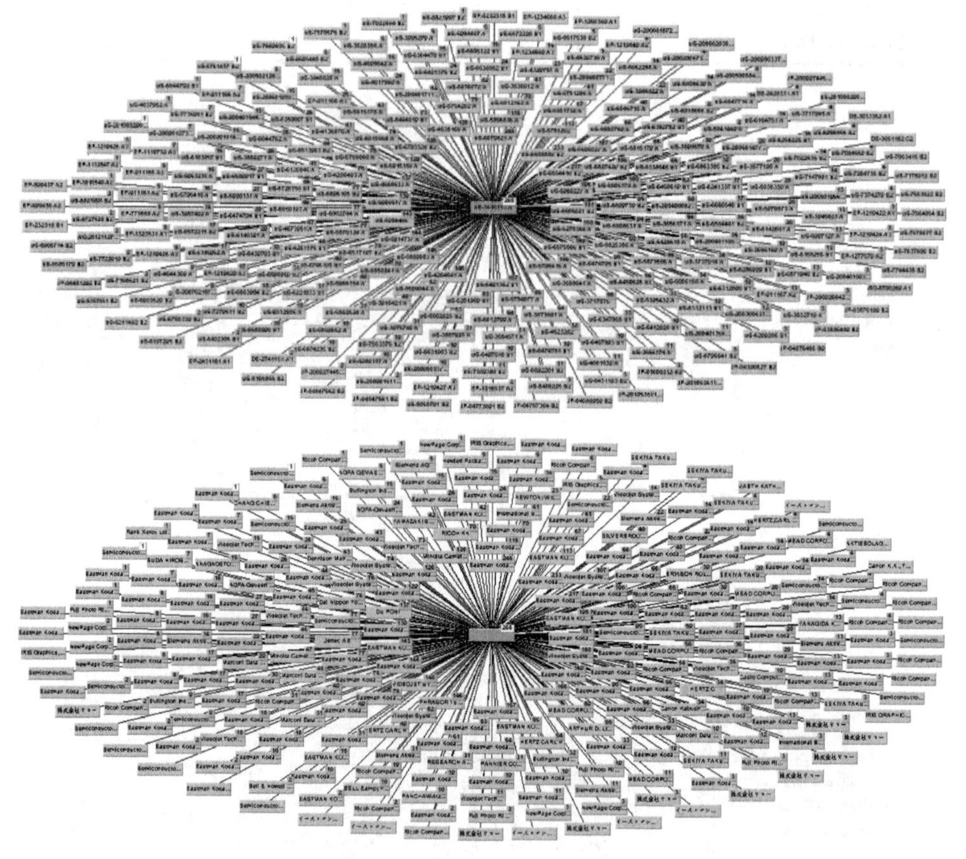

图 7-6　专利 SE331370B 引证信息

5. 多射流液滴记录仪 US3373437A

本专利的专利信息见表 7-7，引证出自 Goldfire，如图 7-7 所示，其中上图为该专利的引证情况，下图为该专利发明者的专利引证情况。

表 7-7 US3373437A 专利信息

发明名称	申请号	申请日	公开号	公开日	同族数
多射流液滴记录仪	US66016367A	1967.08.01	US3373437A	1968.03.12	1
IPC 分类号	**申请（专利权）人**	**发明人**	**优先权号**	**优先权日**	**被引证数**
H04N1/034; B41J2/08	Clevite	Richard G. Sweet; Raymond C. Cumming	US66016367; US35472164	1967.08.01; 1964.03.25	468

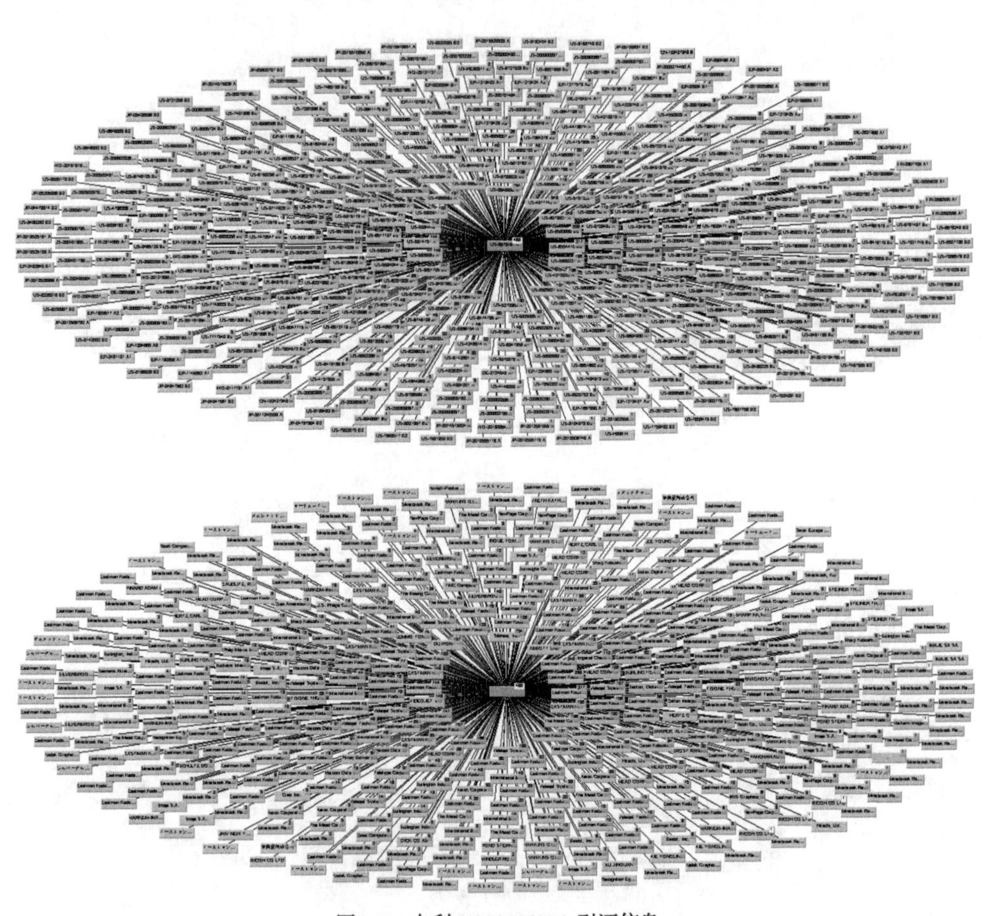

图 7-7 专利 US3373437A 引证信息

6. 脉冲液滴喷射系统 US3683212A

本专利的专利信息见表 7-8，引证出自 Goldfire，如图 7-8 所示，其中上图为该专利的引证情况，下图为该专利发明者的专利引证情况。

表 7-8 US3683212A 专利信息

发明名称	申请号	申请日	公开号	公开日	同族数
脉冲液滴喷射系统	US3683212DA	1970.09.09	US3683212A	1972.08.08	10
IPC 分类号	**申请（专利权）人**	**发明人**	**优先权号**	**优先权日**	**被引证数**
H01V7/00; H04R17/08; H04R17/00; B41J2/045	CLEVITE CORP;	Steven I. Zoltan	US7083870	1970.09.09	319

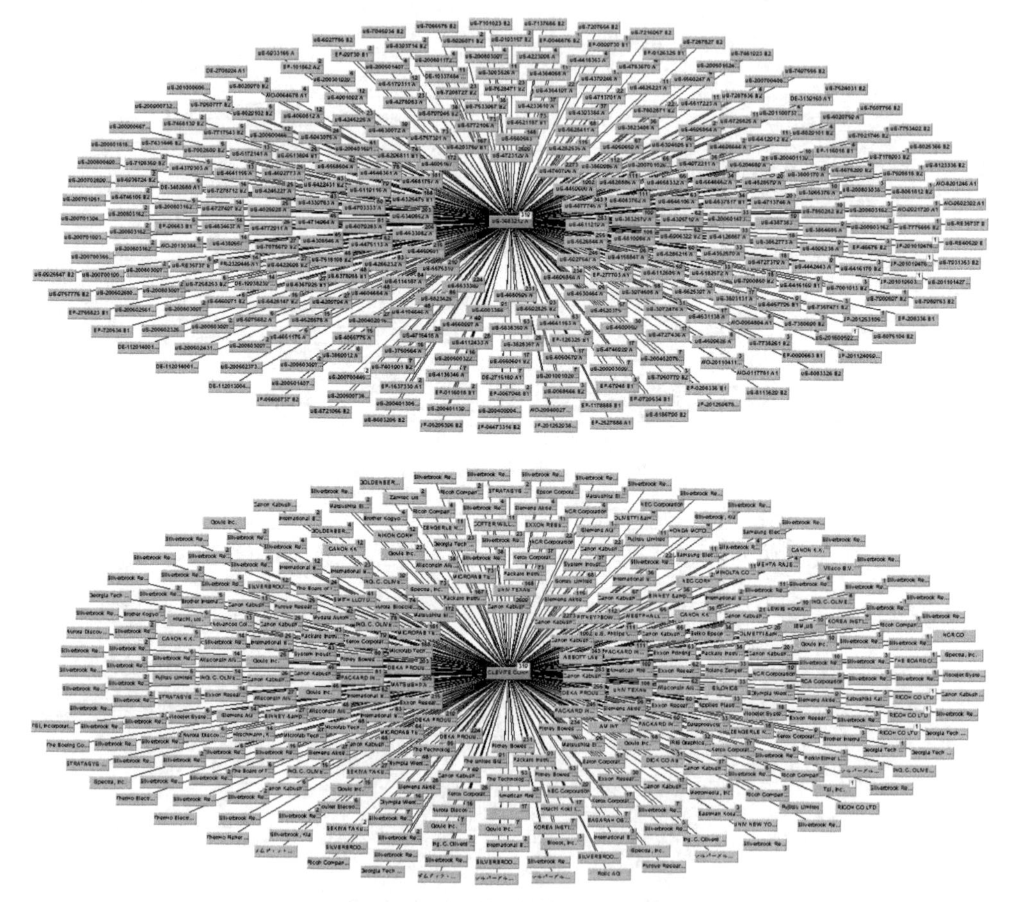

图 7-8 专利 US3683212A 引证信息

7. 一种利用喷墨方式的书写和记录方法及使用该方法的设备 US3946398A

本专利的专利信息见表 7-9，引证出自 Goldfire，如图 7-9 所示，其中上图为该专利的引证情况，下图为该专利发明者的专利引证情况。

表 7-9　US3946398A 专利信息

发明名称	申请号	申请日	公开号	公开日	同族数
一种利用喷墨方式的书写和记录方法及使用该方法的设备	US5044570A	1970.06.29	US3946398A	1976.03.23	4
IPC 分类号	**申请（专利权）人**	**发明人**	**优先权号**	**优先权日**	**被引证数**
H01L41/04; B41J2/14; B41J2/145; B41J2/21; G01D15/16; B41J2/045	SILONICS;	Edmond L. Kyser Stephan B. Sears	US5044570; US48998574	1970.06.29; 1974.07.19	754

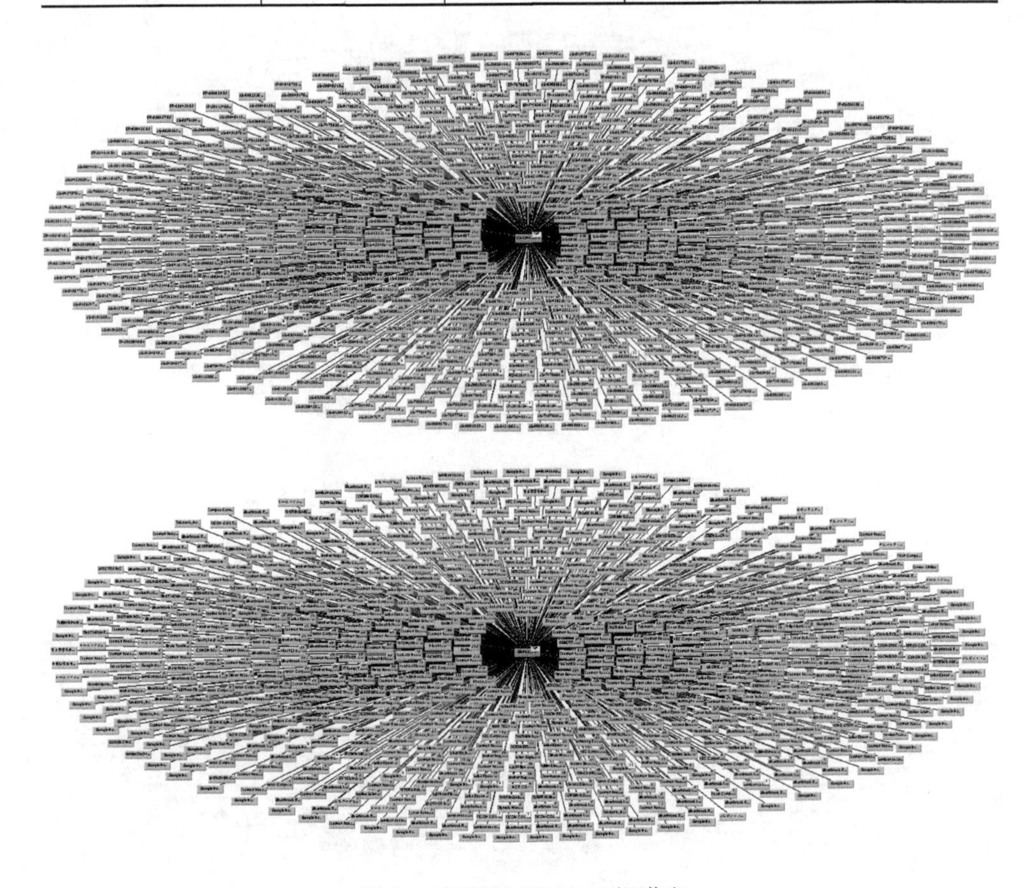

图 7-9　专利 US3946398A 引证信息

8. 一种利用墨水在纸张上书写的书写装置阵列 US3747120A

本专利的专利信息见表 7-10，引证出自 Goldfire，如图 7-10 所示，其中上图为该专利的引证情况，下图为该专利发明者的专利引证情况。

表 7-10 US3747120A 专利信息

发明名称	申请号	申请日	公开号	公开日	同族数
一种利用墨水在纸张上书写的书写装置阵列	US3747120DA	1972.01.10	US3747120A	1973.07.17	13
IPC 分类号	**申请（专利权）人**	**发明人**	**优先权号**	**优先权日**	**被引证数**
B41J2/14; B41J2/145; G01D15/16	STEMME N;	STEMME N;	SE21971	1971.01.11	567

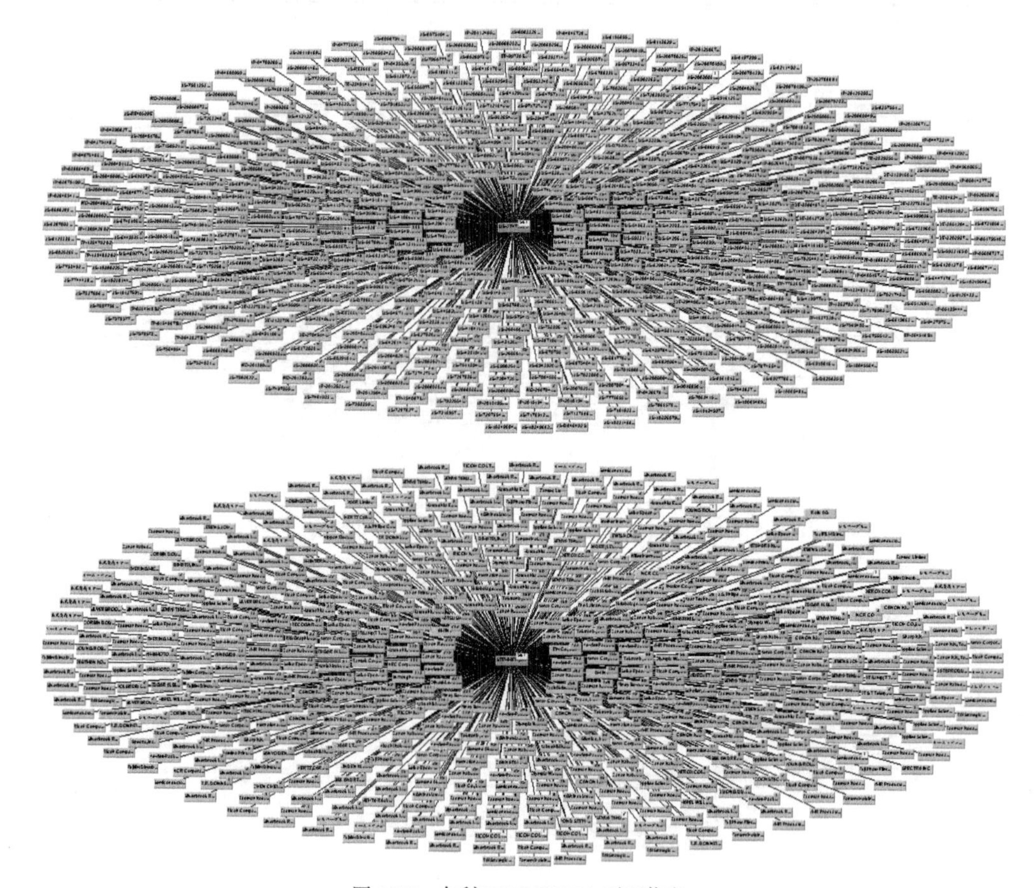

图 7-10 专利 US3747120A 引证信息

9. 一种喷墨打印头自清洁系统 US4007465A

本专利的专利信息见表 7-11，引证出自 Goldfire，如图 7-11 所示，其中上图为该专利的引证情况，下图为该专利发明者的专利引证情况。

表 7-11　US4007465A 专利信息

发明名称	申请号	申请日	公开号	公开日	同族数
一种喷墨打印头自清洁系统	US63253475A	1975.11.17	US4007465A	1977.02.08	22
IPC 分类号	**申请（专利权）人**	**发明人**	**优先权号**	**优先权日**	**被引证数**
G01D15/18; B41J2/165; B41J2/175; B05B15/02; B41J2/02	IBM;	CHAUDHARY KAILASH CHANDRA;	US63253475	1975.11.17	43

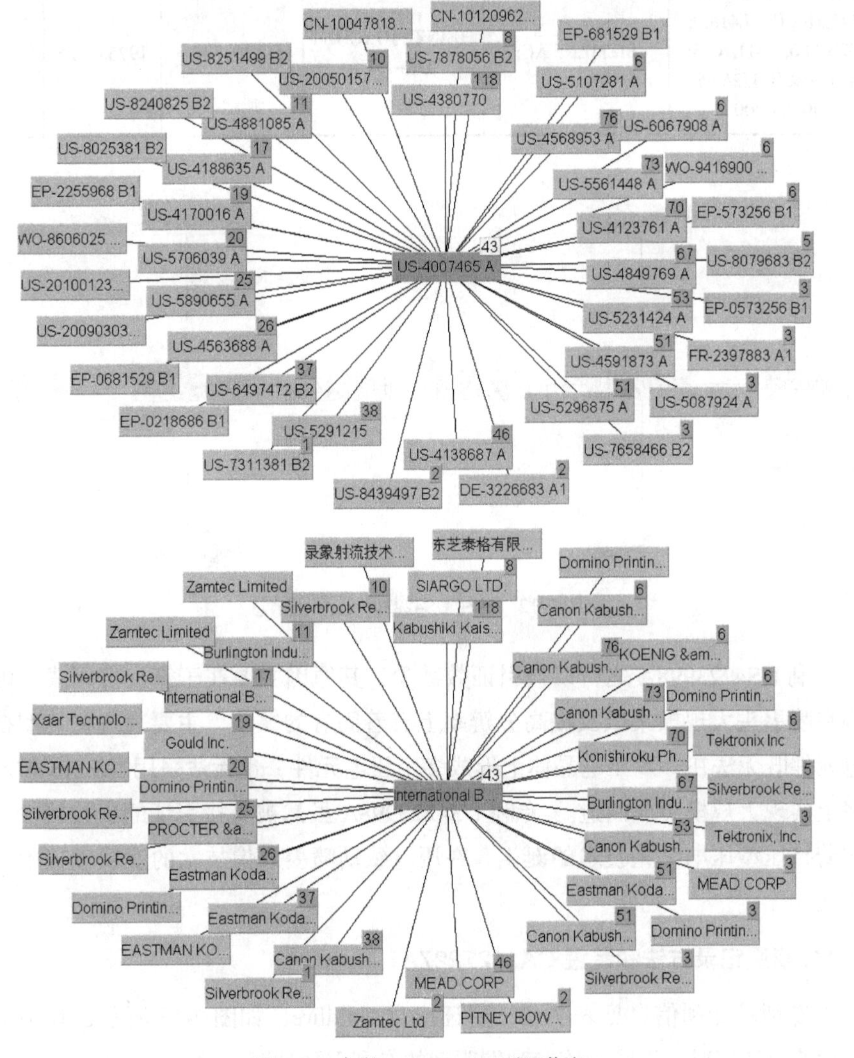

图 7-11　专利 US4007465A 引证信息

10. 一种压喷墨头压电致动元件 DE2537767B1

本专利的专利信息见表 7-12，引证出自 Goldfire，如图 7-12 所示，其中左图为该专利的引证情况，右图为该专利发明者的专利引证情况。

表 7-12 DE2537767B1 专利信息（美国专利号 US4223998A）

发明名称	申请号	申请日	公开号	公开日	同族数
一种压喷墨头压电致动元件	DE2537767A	1975.08.25	DE2537767B1	1977.01.20	14
IPC 分类号	**申请（专利权）人**	**发明人**	**优先权号**	**优先权日**	**被引证数**
B41J2/055; B41J2/025; B41J2/16; H01L41/09; H02N2/00; B41J2/015; B41J3/04; B41J2/045; H01L41/00	SIEMENS AG;	HEINZL JOACHIM DR–ING;	DE2537767	1975.08.25	4

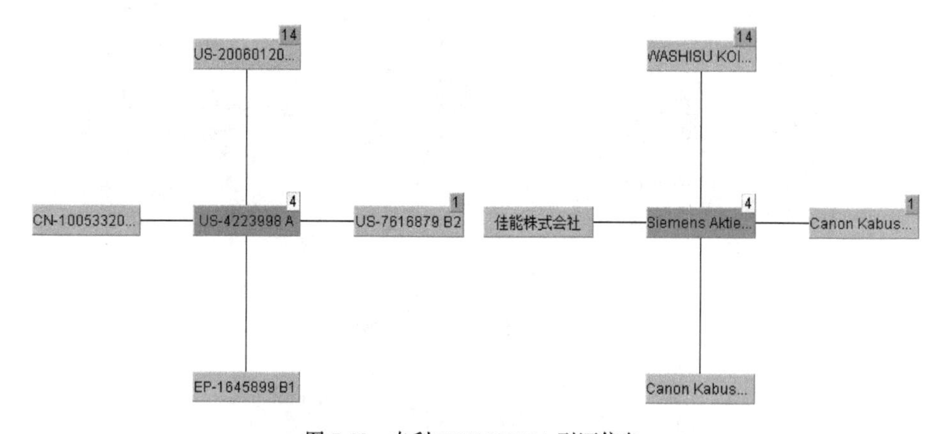

图 7-12 专利 US4223998A 引证信息

专利 US4223998A 之所以被引证数甚少，其原因主要在于管型挤压式压电喷墨结构在喷墨头大规模集成及提高分辨率上有着固有的缺陷，主要表现在管型挤压式压电元件既无法在一片压电晶体上形成多个压电元件，也无法采用 MEMS 技术在硅基底上实现大规模集成制造。专利 US4223998A 虽然被直接引证的次数较少，但其标志着挤压型压电喷墨技术的诞生，在压电致动喷墨成像技术的发展过程中具有重要意义。

11. 喷墨记录方法和装置 CA1127227A

本专利的专利信息见表 7-13，引证出自 Goldfire，如图 7-13 所示，其中上图为该专利的引证情况，下图为该专利发明者的专利引证情况。

表 7-13　CA1127227A 专利信息（美国专利公开号 US4723129A）

发明名称	申请号	申请日	公开号	公开日	同族数
喷墨记录方法和装置	CA312280A	1978.09.28	CA1127227A	1982.07.06	26
IPC 分类号	**申请（专利权）人**	**发明人**	**优先权号**	**优先权日**	**被引证数**
B41J3/00; B41J2/135; B41J2/05; B41J2/21; B41J2/195	CANON KK;	ENDO ICHIRO; SATO YASUSHI; SAITO SEIJI; NAKAGIRI TAKASHI; OHNO SHIGERU;	JP10118878; JP10118978; JP11879877; JP12540677	1978.08.18; 1977.10.03; 1977.10.19	2699

CA1127227A 在 Goldfire 和欧专局查均无被引证信息，利用同族专利 US4723129A 在 Goldfire 中查询，结果显示被引证数为 2699，由于同族专利的特性，可以等同认为专利 CA1127227A 的被引证数为 2699。

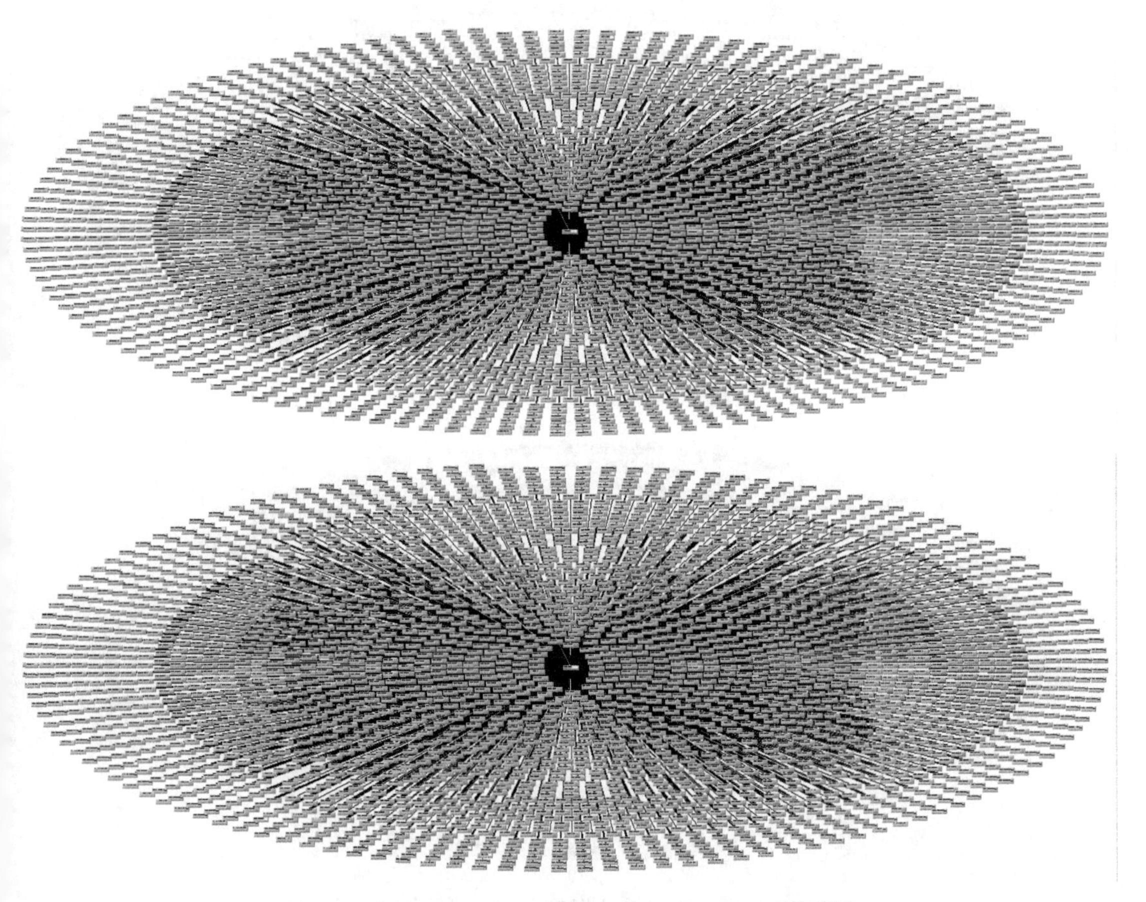

图 7-13　专利 CA1127227A（同族专利 US4723129A）引证信息

12. 静电成像用液体油墨呈色颗粒 US4480259A

本专利的专利信息见表 7-14，引证出自 Goldfire，如图 7-14 所示，其中上图为该专利的引证情况，下图为该专利发明者的专利引证情况。

表 7-14　US4480259A 专利信息

发明名称	申请号	申请日	公开号	公开日	同族数
静电成像用液体油墨呈色颗粒	US40382482A	1982.07.30	US4480259A	1984.10.30	7
IPC 分类号	**申请（专利权）人**	**发明人**	**优先权号**	**优先权日**	**被引证数**
G01D15/18; B41J2/14; B41J2/05 ;	HEWLETT PACKARD CO ;	KRUGER WILLIAM P; VAUGHT JOHN L	US40382482	1982.07.30	246

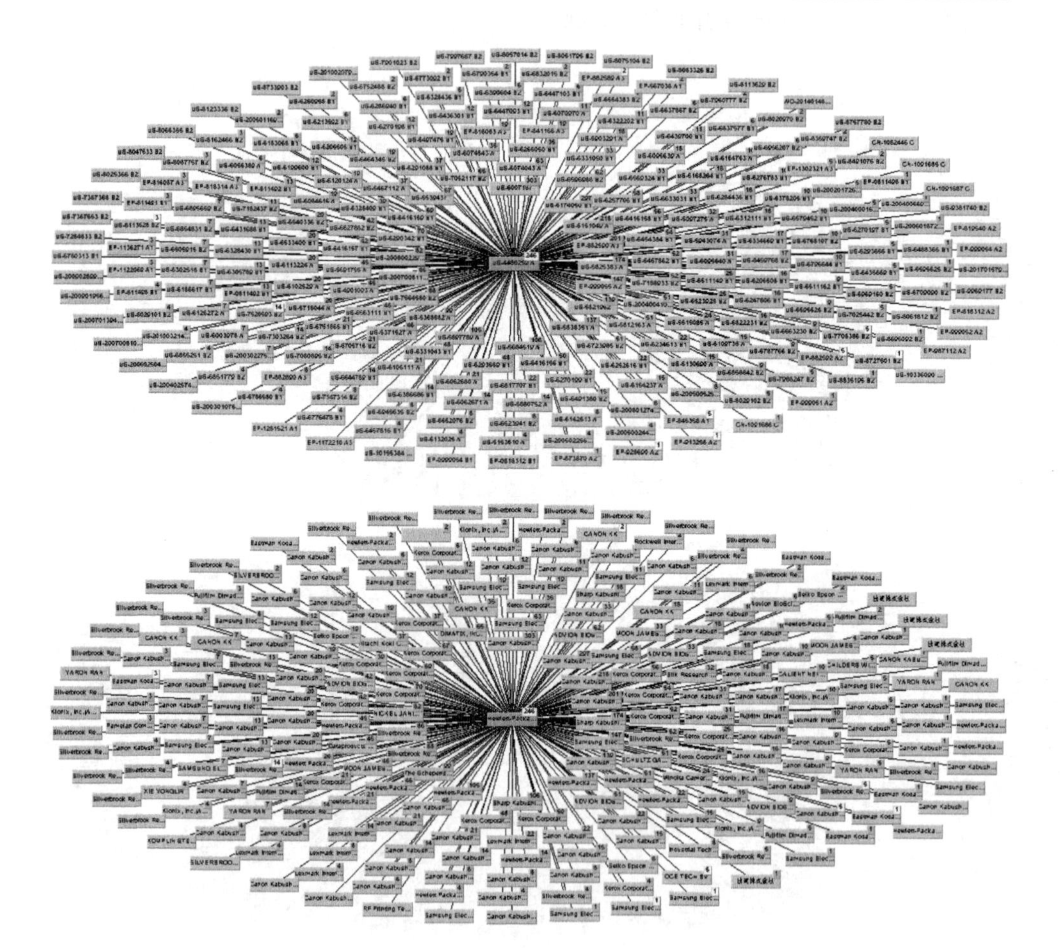

图 7-14　专利 US4480259A 引证信息

13. 包含供墨盒的线性点整打印头 EP0406983A2

本专利的专利信息见表 7-15。

表 7-15　EP0406983A2 专利信息

发明名称	申请号	申请日	公开号	公开日	同族数
包含供墨盒的线性点整打印头	EP90201874A	1984.10.09	EP0406983A2	1991.01.09	56
IPC 分类号	**申请（专利权）人**	**发明人**	**优先权号**	**优先权日**	**被引证数**
B41J2/305; B41J2/175; B41J2/255; B41J27/20	SEIKO EPSON CORP;	SUZUKI TAKASHI; MIYAZAWA YOSHINORI; MATSUZAWA MASANAO;	EP84306887; JP10284184; JP10284384	1984.10.09; 1984.05.22	10

专利 EP0406983A2 在 Goldfire 未查询到被引用数据，在欧州专利局查询得，被引证数为 10，如图 7-15 所示。

Espacenet

引用文献列表: EP0406983 (A2) — 1991-01-09

10 件文献引用了**EP0406983 (A2)**

1. INK CARTRIDGE AND INK-JET RECORDING APPARATUS

发明人:	申请人:	CPC:	IPC:	公开信息:	优先权日:
SEINO TAKEO [JP] SHINADA SATOSHI [JP] (+4)	SEIKO EPSON CORPORATION	B41J2/17503 B41J2/17513 B41J2/1752 (+6)	B41J2/175	US2007109370 (A1) 2007-05-17 US7566112 (B2) 2009-07-28	2001-04-03

图 7-15　专利 EP0406983A2 引证信息

14. 一种墨雾消减型喷墨打印机 US4668959A

本专利的专利信息见表 7-16，引证出自 Goldfire，如图 7-16 所示，其中上图为该专利的引证情况，下图为该专利发明者的专利引证情况。

表 7-16　US4668959A 专利信息

发明名称	申请号	申请日	公开号	公开日	同族数
一种墨雾消减型喷墨打印机	US80727985A	1985.12.10	US4668959A	1987.05.26	14
IPC 分类号	**申请（专利权）人**	**发明人**	**优先权号**	**优先权日**	**被引证数**
B41J2/055; B41J2/17; G01D 18/00; G01D15/18; B41F31/00; B41J2/20; B41J2/185; B41J2/18; G01D15/16; B41J2/045; B41J2/125	IRIS GRAPHICS INC;	JOCHIMSEN DIETER; OBERTEUFFER JOHN A;	US80727985	1985.12. 10	14

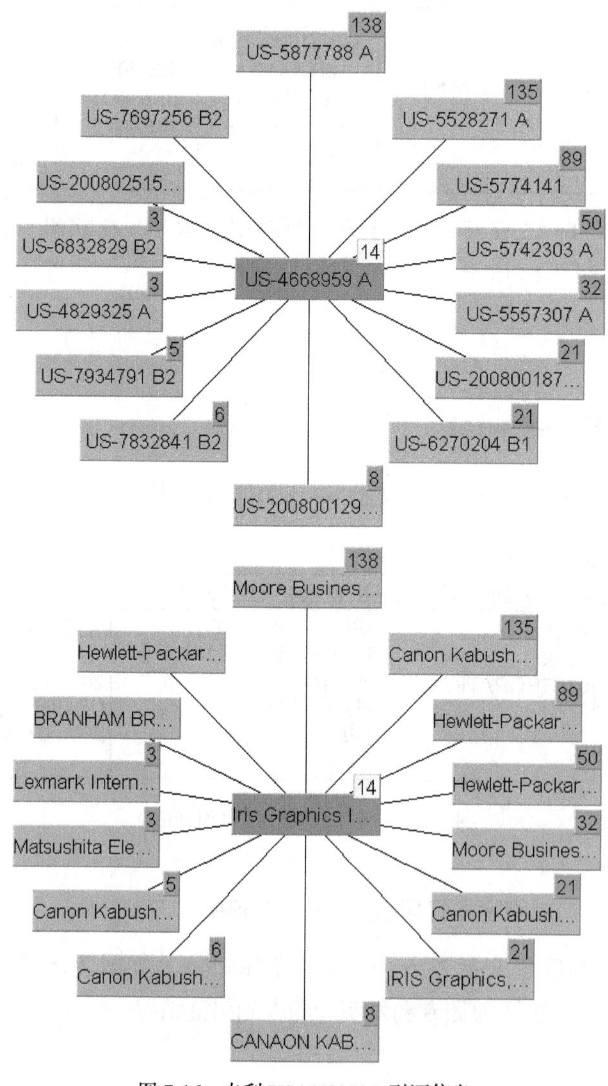

图 7-16　专利 US4668959A 引证信息

15. 提高油墨储存和供应能力的热泡喷墨头 US4771295A

本专利的专利信息见表 7-17，引证出自 Goldfire，如图 7-17 所示，其中上图为该专利的引证情况，下图为该专利发明者的专利引证情况。

表 7-17 US4771295A 专利信息

发明名称	申请号	申请日	公开号	公开日	同族数
提高油墨储存和供应能力的热泡喷墨头	US88077486A	1986.07.01	US4771295A	1988.09.13	19
IPC 分类号	**申请（专利权）人**	**发明人**	**优先权号**	**优先权日**	**被引证数**
G01D15/18; B41J2/05; B41J2/21; B41J2/175	HEWLETT PACKARD CO;	BAKER JEFFREY P; LA DUONG T; COVERSTONE RANDY A;	US88077486	1986.07. 01	707

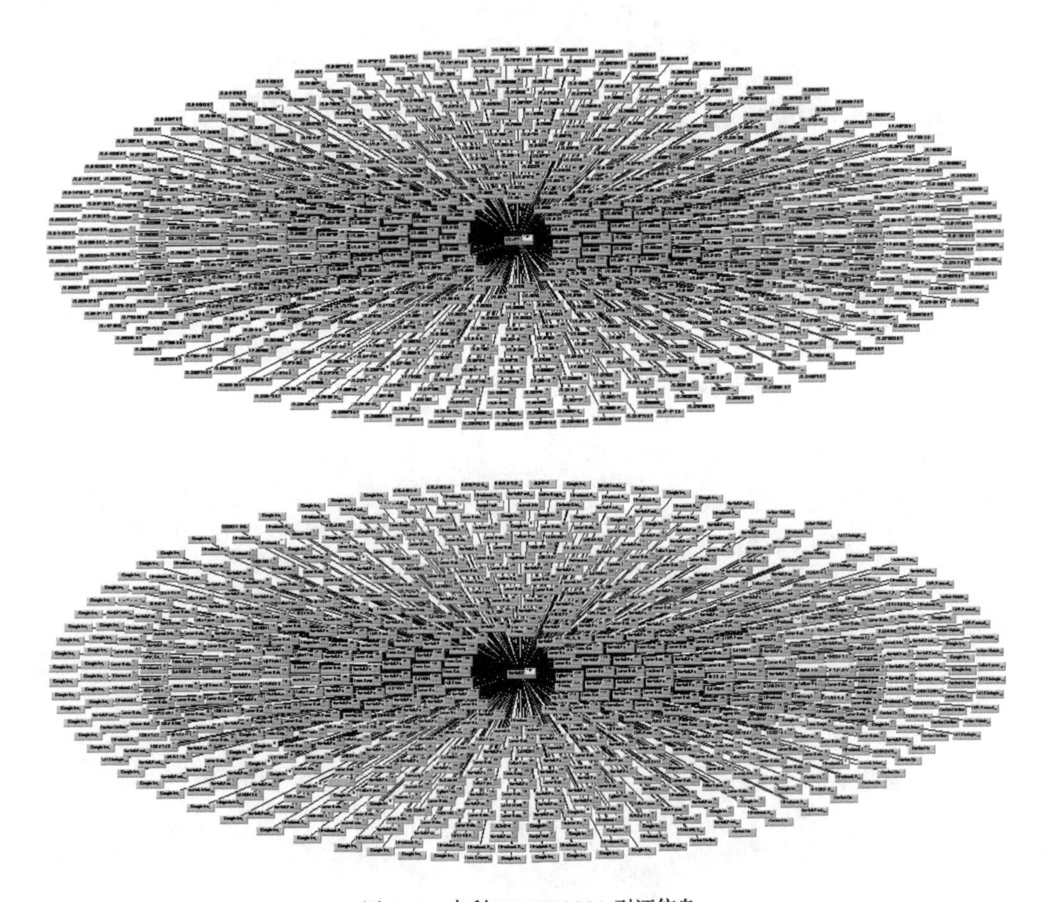

图 7-17 专利 US4771295A 引证信息

16. 按需喷墨头 US5446485A

本专利的专利信息见表 7-18，引证出自 Goldfire，如图 7-18 所示，其中上图为该专利的引证情况，下图为该专利发明者的专利引证情况。

表 7-18　US5446485A 专利信息

发明名称	申请号	申请日	公开号	公开日	同族数
按需喷墨头	US92237892A	1992.07.31	US5446485A	1995.08.29	54
IPC 分类号	**申请（专利权）人**	**发明人**	**优先权号**	**优先权日**	**被引证数**
B41J2/055; B41J2/16; G01D15/18; B41J2/14; B41J2/045	SEIKO EPSONCORP;	USUI MINORU; KOTO HARUHIKO; NAKAMURA HARUO; SHIMADA YOZO; ABE TOMOAKI;	US92237892; JP4378790; JP33727890; US65791091	1992.07.31; 1990.02.23; 1990.11.30; 1991.02.20	59

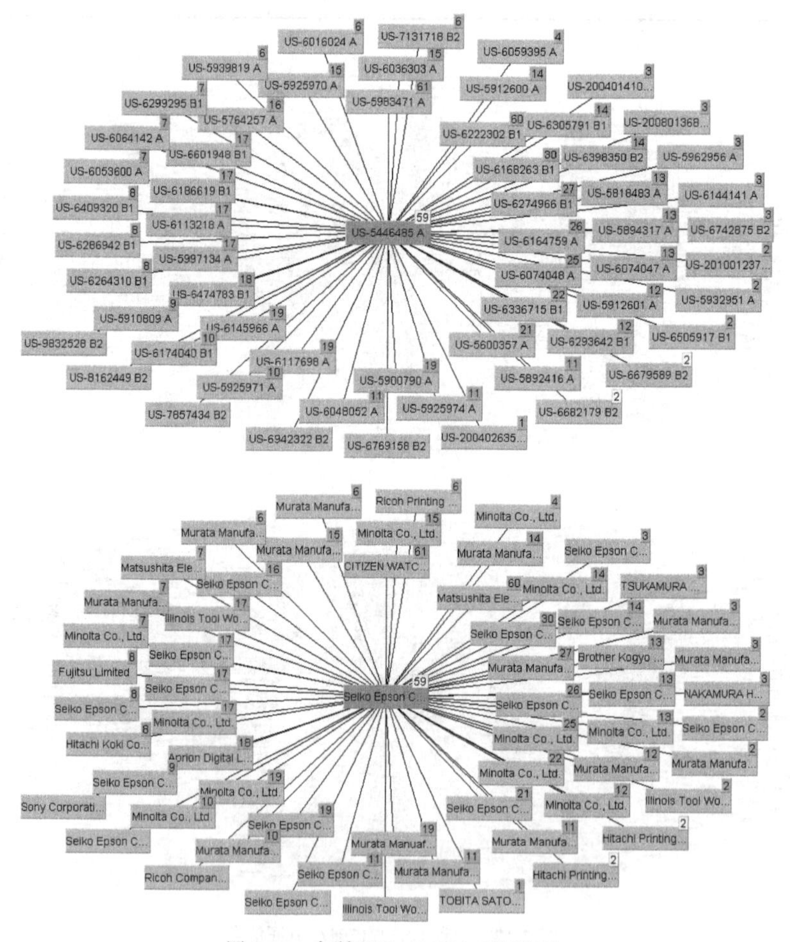

图 7-18　专利 US5446485A 引证信息

17. 用于连续喷射印刷的热熔油墨 US5286288A

本专利的专利信息见表 7-19，引证出自 Goldfire，如图 7-19 所示，其中上图为该专利的引证情况，下图为该专利发明者的专利引证情况。

表 7-19　US5286288A 专利信息

发明名称	申请号	申请日	公开号	公开日	同族数
用于连续喷射印刷的热熔油墨	US2989293A	1993.03.11	US5286288A	1994.02.15	5
IPC 分类号	**申请（专利权）人**	**发明人**	**优先权号**	**优先权日**	**被引证数**
C09D11/02; C09D11/00;	VIDEOJET SYSTEMS INT ;	TOBIAS RUSSELLH ; MACLEAN MAIRI C ; DAVIES NICHOLAS A;	US2989293	1993.03.11	100

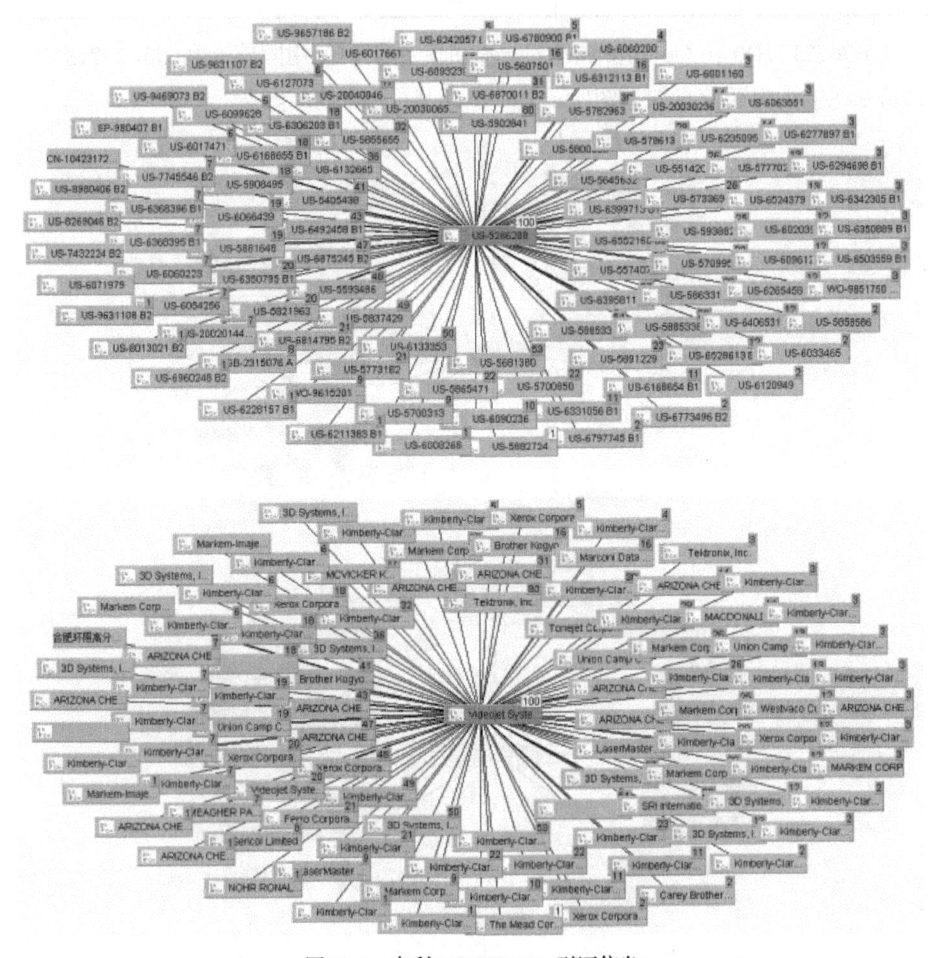

图 7-19　专利 US5286288A 引证信息

18. 按需喷墨头 GB9622177D0

本专利的专利信息见表 7-20，引证出自 Goldfire，如图 7-20 所示，其中上图为该专利的引证情况，下图为该专利发明者的专利引证情况。

表 7-20 GB9622177D0 专利信息（中国专利公开号 CN1241968A）

发明名称	申请号	申请日	公开号	公开日	同族数
按需喷墨头	GB9622177A	1996.10.24	GB9622177D0	1996.12.18	27
IPC 分类号	**申请（专利权）人**	**发明人**	**优先权号**	**优先权日**	**被引证数**
B41J2/055; B41J2/16; C23C16/04; B41J2/045; C23C16/458	XAAR LTD;	ASHE JAMES; PHILLIPS CHRISTOPHER DAVID; SPEAKMAN STUART;LEE ANDREW;	GB9622177	1996.10.24	27

GB9622177D0 在 Goldfire 和欧专局查询无结果，使用同族专利 US6232135B1 在 Goldfire 在查询引证信息如下图所示。

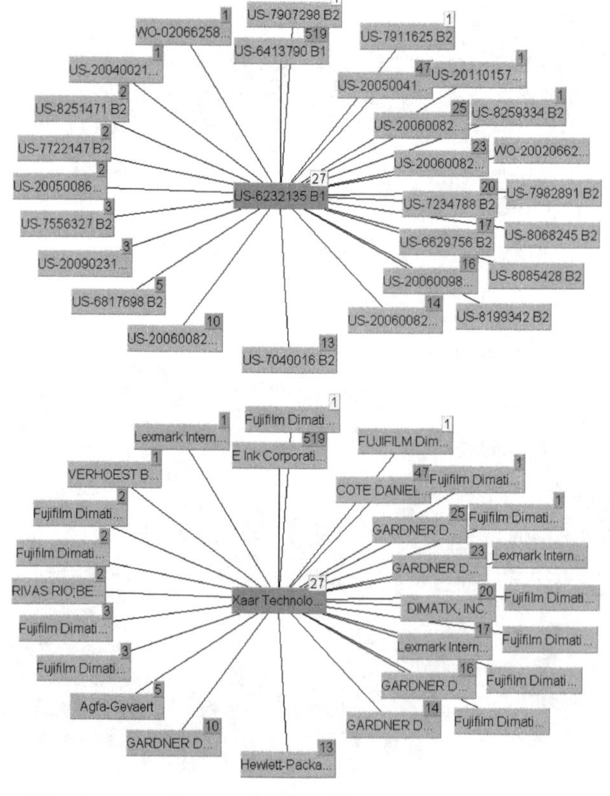

图 7-20 GB9622177D0（同族专利 US6232135B1）引证信息

19. 一种具有优异耐光性的油墨组合物 US6379441B1

本专利的专利信息见表 7-21，引证出自 Goldfire，如图 7-21 所示，其中上图为该专利的引证情况，下图为该专利发明者的专利引证情况。

表 7-21　US6379441B1 专利信息（中国专利公开号 CN1339360A）

发明名称	申请号	申请日	公开号	公开日	同族数
一种具有优异耐光性的油墨组合物	US42446499A	1999.11.23	US6379441B1	2002.04.30	8
IPC 分类号	**申请（专利权）人**	**发明人**	**优先权号**	**优先权日**	**被引证数**
C09D11/38; C09D11/02; C09D11/00; C09D11/328	SEIKO EPSON CORP;	KANAYA MIHARU; ITO JUN;	JP7912598; JP7912698; JP9640798; JP12375798; JP9901577	1998.03.26; 1998.04.08; 1998.05.06; 1999.03.26	60

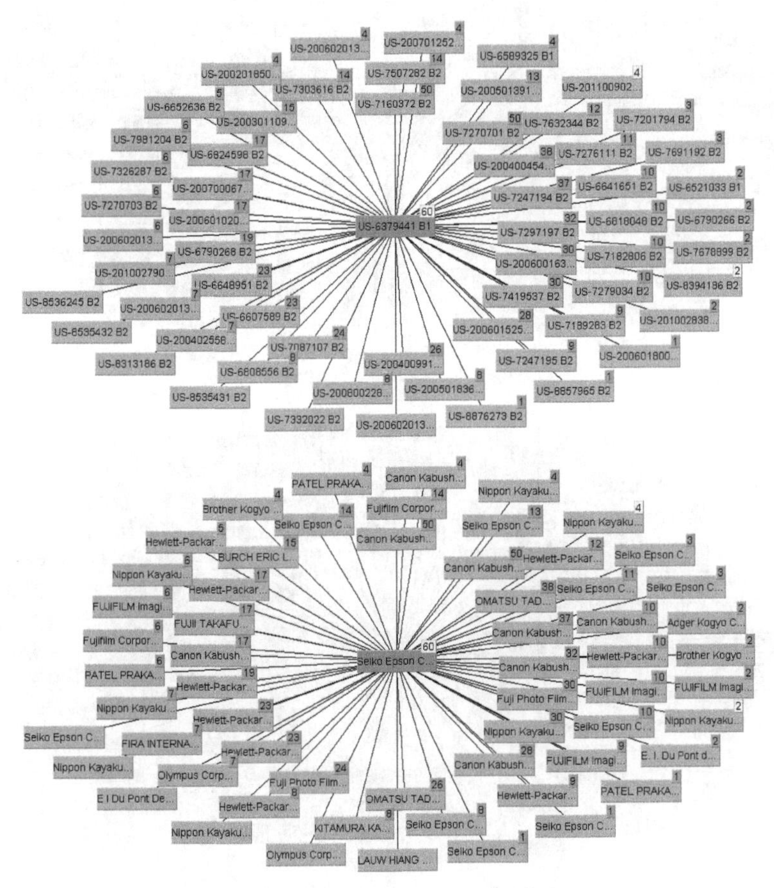

图 7-21　专利 US6379441B1 引证信息

20. 热致动器 US6561627B2

本专利的专利信息见表 7-22，引证出自 Goldfire，如图 7-22 所示，其中上图为该专利的引证情况，下图为该专利发明者的专利引证情况。

表 7-22　US6561627B2 专利信息

发明名称	申请号	申请日	公开号	公开日	同族数
热致动器	US72694500A	2000.11.30	US6561627B2	2003.05.13	9
IPC 分类号	**申请（专利权）人**	**发明人**	**优先权号**	**优先权日**	**被引证数**
B41J2/16; B41J2/14; B41J2/04; B41J2/015; B81B3/00	EASTMAN KODAK CO;	JARROLD GREGORY S; LEBENS JOHN A;	US72694500	2000.11.30	109

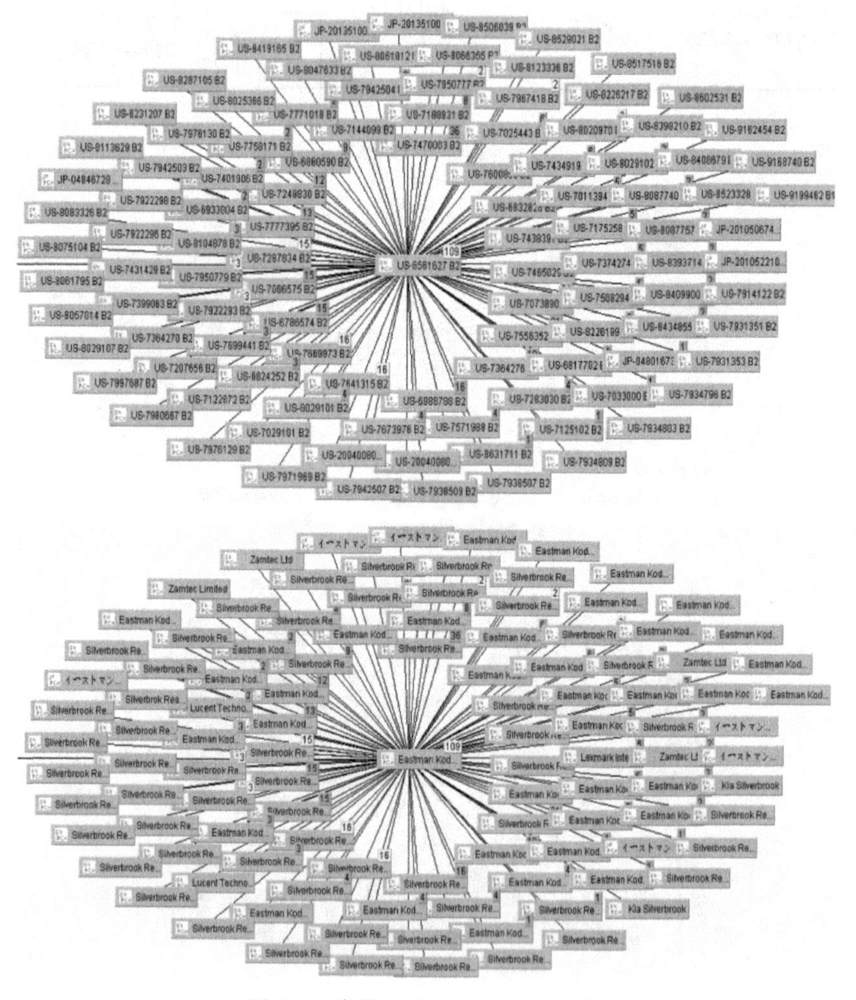

图 7-22　专利 US6561627B2 引证信息

21. 连续喷墨印刷方法及设备 US6588888B2

本专利的专利信息见表 7-23，引证出自 Goldfire，如图 7-23 所示，其中上图为该专利的引证情况，下图为该专利发明者的专利引证情况。

表 7-23　US6588888B2 专利信息

发明名称	申请号	申请日	公开号	公开日	同族数
连续喷墨印刷方法及设备	US75123200A	2000.12.28	US6588888B2	2003.07.08	16
IPC 分类号	**申请（专利权）人**	**发明人**	**优先权号**	**优先权日**	**被引证数**
B41J2/075; B41J2/205; B41J2/071; B41J2/09 ; B41J2/03; B41J2/02;	EASTMAN KODAK CO ;	JEANMAIRE DAVID L; CHWALEK JAMES M; DELAMETTER CHRISTOPHER N ;	US75123200	2000.12. 28	181

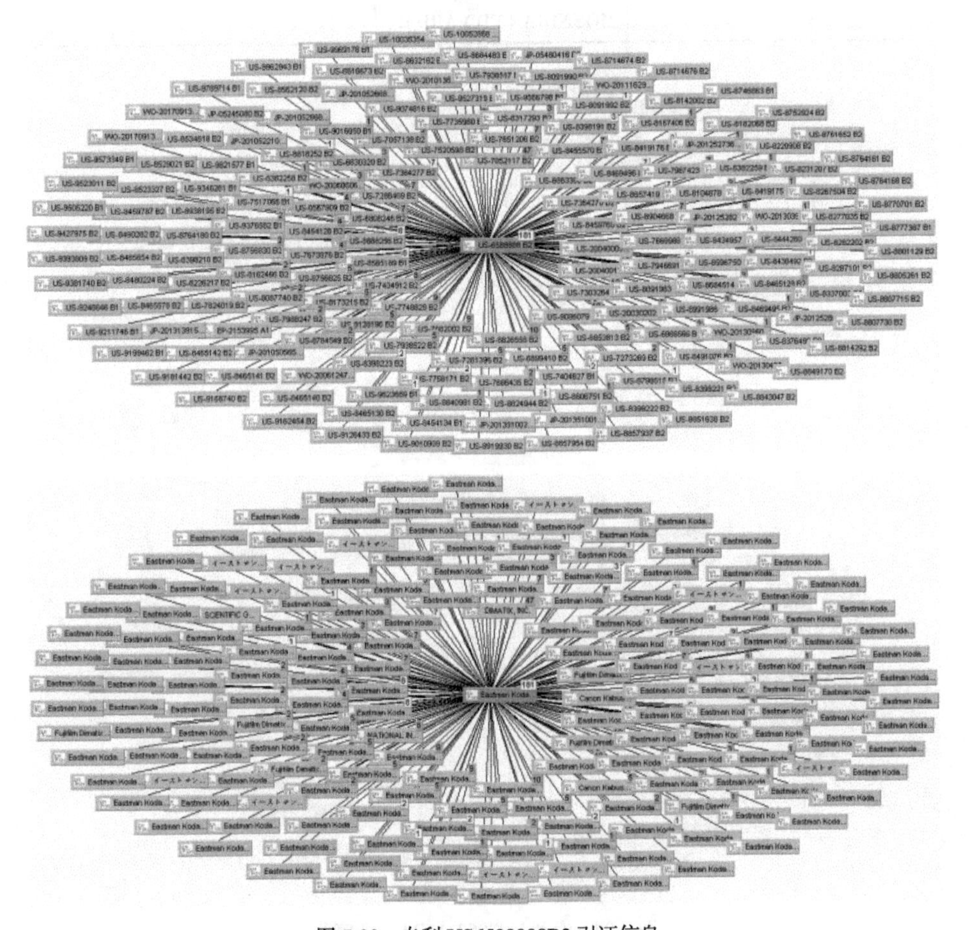

图 7-23　专利 US6588888B2 引证信息

22. 具有薄的预烧压电层的喷头 US7052117B2

本专利的专利信息见表 7-24，引证出自 Goldfire，如图 7-24 所示，其中上图为该专利的引证情况，下图为该专利发明者的专利引证情况。

表 7-24 US7052117B2 专利信息（中国专利公开号 CN101121319B）

发明名称	申请号	申请日	公开号	公开日	同族数
具有薄的预烧压电层的喷头	US18994702A	2002.07.03	US7052117B2	2006.05.30	29
IPC 分类号	**申请（专利权）人**	**发明人**	**优先权号**	**优先权日**	**被引证数**
B41J2/055; B41J2/14; B41J; B41J2/045 ;	DIMATIX INC ;	BIBL ANDREAS ; HIGGINSON JOHN A ; HOISINGTON PAUL A ; GARDNER DEANE A ; HASENBEIN ROBERT A ; BIGGS MELVIN L ; MOYNIHAN EDWARD R ;	US18994702	2002.07. 03	47

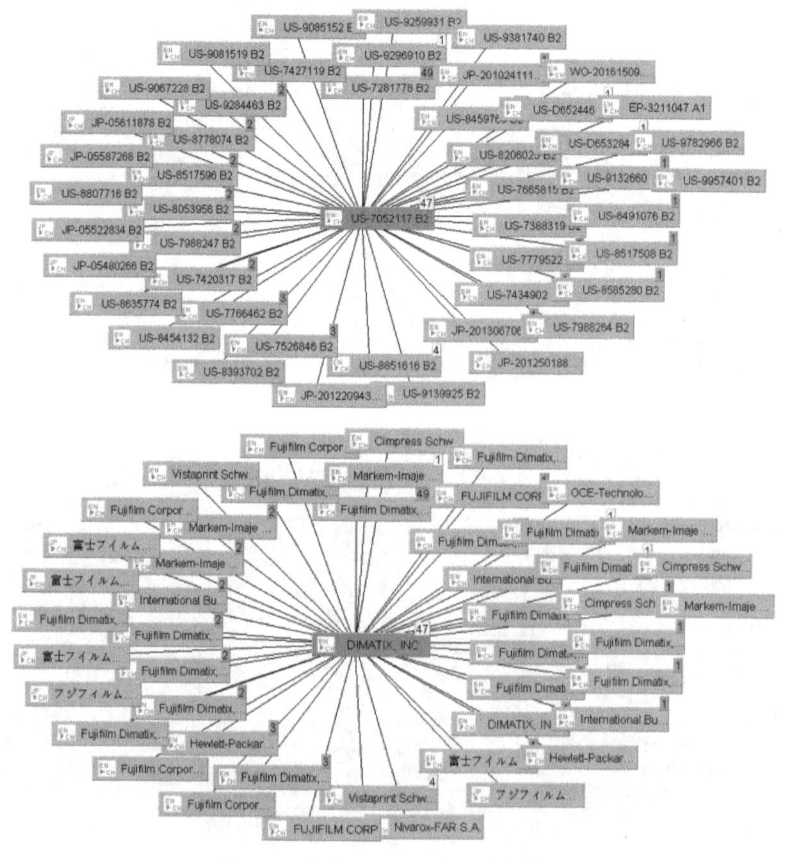

图 7-24 专利 US7052117B2 引证信息

23. 带悬挂束加热器的热泡喷墨喷头 US6755509B2

本专利的专利信息见表 7-25，引证出自 Goldfire，如图 7-25 所示，其中上图为该专利的引证情况，下图为该专利发明者的专利引证情况。

表 7-25　US6755509B2 专利信息（中国专利公开号 CN100386204C）

发明名称	申请号	申请日	公开号	公开日	同族数
带悬挂束加热器的热泡喷墨喷头	US30227402A	2002.11.23	US6755509B2	2004.06.29	239
IPC 分类号	**申请（专利权）人**	**发明人**	**优先权号**	**优先权日**	**被引证数**
B41J2/16; B41J2/14; B41J2/05	SILVERBROOK RES PTY LTD;	SILVERBROOK KIA;NORTH ANGUS JOHN;MCAVOY GREGORY JOHN;	US30227402	2002.11.23	43

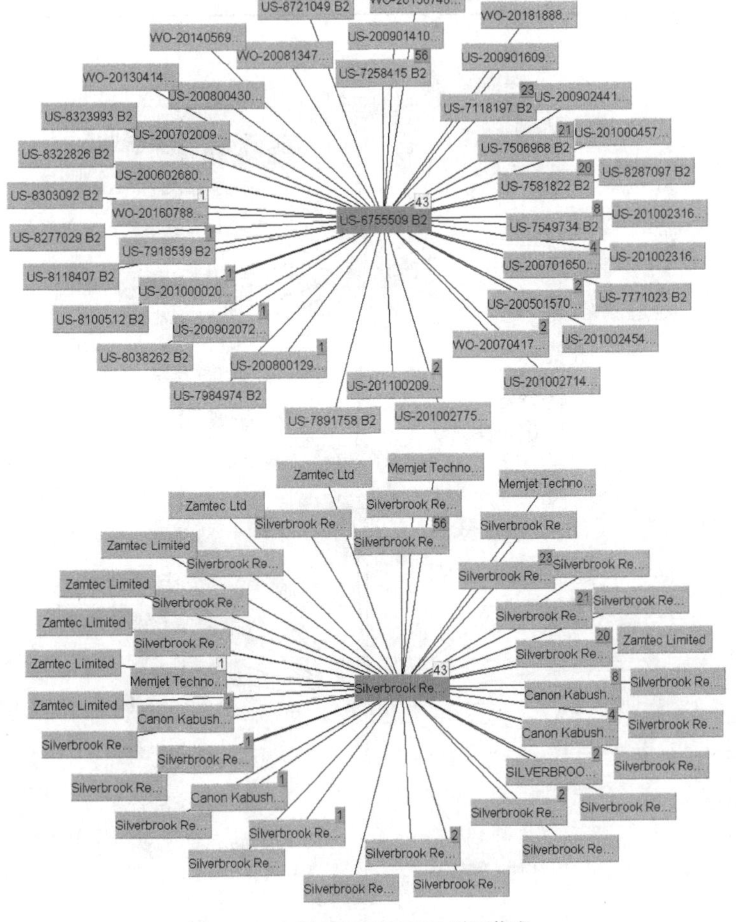

图 7-25　专利 US6755509B2 引证信息

24. 墨水循环系统及打印机 US7901063B2

本专利的专利信息见表 7-26，引证出自 Goldfire，如图 7-26 所示，其中上图为该专利的引证情况，下图为该专利发明者的专利引证情况。

表 7-26　US7901063B2 专利信息（中国专利号 CN100594134C）

发明名称	申请号	申请日	公开号	公开日	同族数
墨水循环系统及打印机	US79279205A	2005.12.15	US7901063B2	2011.03.08	9
IPC 分类号	**申请（专利权）人**	**发明人**	**优先权号**	**优先权日**	**被引证数**
B41J2/175 ;	AGFA GRAPHICS NV ;	WOUTERS PAUL ; VERHOEST BART ; VAN DE WYNCKEL WERNER ; JANSSENS ROBERT ; KEMPENEERS ERWIN ;	US79279205; EP04106662; US64802005; EP2005056816	2005.12.15; 2004.12.17; 2005.03.04	22

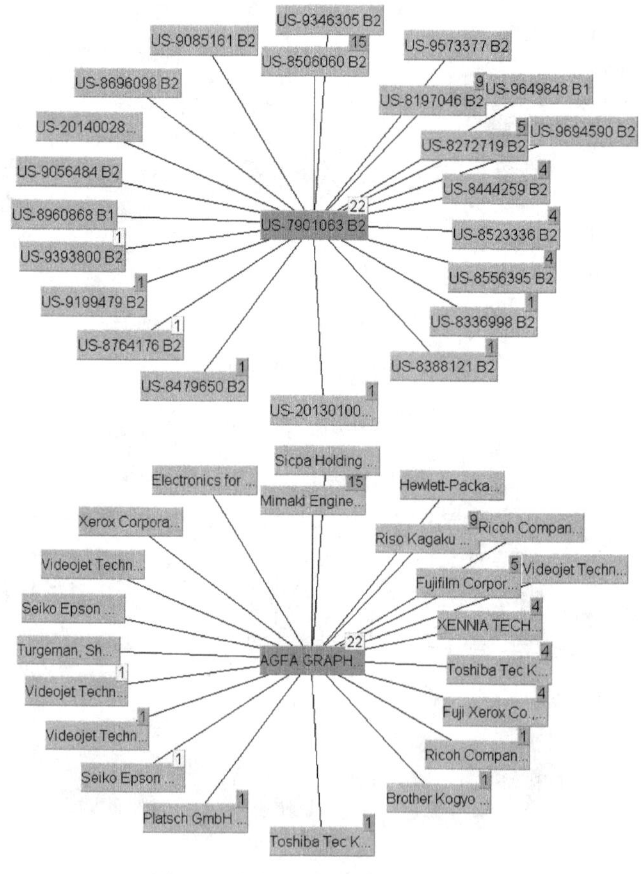

图 7-26　专利 US7901063B2 引证信息

25. 液体排出方法、液体排出头和液体排出装置 JP4818276B2

本专利的专利信息见表 7-27，引证出自欧洲专利局，如图 7-27 所示。

表 7-27 JP4818276B2 专利信息（美国专利公开号 US2007146437A1）

发明名称	申请号	申请日	公开号	公开日	同族数
液体排出方法、液体排出头和液体排出装置	JP2007548036A	2006.11.29	JP4818276B2	2011.11.16	37
IPC 分类号	**申请（专利权）人**	**发明人**	**优先权号**	**优先权日**	**被引证数**
B41J2/05；	CANON KK；	YASUNORI TAKEI； SHUICHI MURAKAMI；	JP2005343943； JP2006324315； JP2007548036	2005.11.29； 2006.11.29	15

以公开号 JP4818276B2 和 US2007146437A1 在 Goldfire 中查询显示无结果，在欧洲专利局网站以公开号 US2007146437A1 查询，得被引证数为 15，由于同族专利的特性，可以等同认为专利 JP4818276B2 的被引证数为 15。

Espacenet

引用文献列表: US2007146437 (A1) — 2007-06-28

15 件文献引用了US2007146437 (A1)

1. NONCIRCULAR INKJET NOZZLE					
发明人： FEINN JAMES A [US] MARKEL DAVID P [US] (+5)	申请人： HEWLETT PACKARD DEVELOPMENT CO [US]	CPC: B41J2/14016 B41J2/1433 B41J2002/14387 (+2)	IPC: B41J2/14	公开信息： US2018104953 (A1) 2018-04-19 US10252527 (B2) 2019-04-09	优先权日： 2010-03-31
2. HIGH VISCOSITY JETTING METHOD					
发明人： DE MEUTTER STEFAAN [BE] TILEMANS DAVID [BE] (+1)	申请人： AGFA GRAPHICS NV [BE]	CPC: B41J2/04 B41J2/14 B41J2/14201 (+6)	IPC: B41J2/14	公开信息： US2017282555 (A1) 2017-10-05	优先权日： 2014-09-26

图 7-27 JP4818276B2（同族专利 US2007146437A1）引证信息

26. 数字印刷过程 US2015015650A1

本专利的专利信息见表 7-28，引证出自欧洲专利局，如图 7-28 所示。

表 7-28　US2015015650A1 专利信息（中国专利公开号 CN104271356B）

发明名称	申请号	申请日	公开号	公开日	同族数
数字印刷过程	US201314382751A	2013.03.05	US2015015650A1	2015.01.15	20
IPC 分类号	**申请（专利权）人**	**发明人**	**优先权号**	**优先权日**	**被引证数**
B41J2/005；	LANDA CORP LTD；	LANDA BENZION； SHEINMAN YEHOSHUA； ABRAMOVICH SAGI； GOLODETZ GALIA； NAKHMANOVICH GREGORY； SORIA MEIR；	US201314382751; US201261606913; US201261611286; US201261611505; US201261619546; US201261635156; US201261637301; US201261640642; US201261640493; US201261640637; IB2013051716	2013.03.05; 2012.03.05; 2012.03.15; 2012.04.03; 2012.04.18; 2012.04.24; 2012.04.30	6

Espacenet

引用文献列表: US2015015650 (A1) — 2015-01-15

6 件文献引用了US2015015650 (A1)

1. APPARATUS FOR THREADING AN INTERMEDIATE TRANSFER MEMBER OF A PRINTING SYSTEM					
发明人: SHMAISER AHARON [IL] MOSKOVICH SAGI [IL] (+3)	申请人: LANDA CORP LTD [IL]	CPC: B41J11/007 B41J13/08 B41J15/048 (+7)	IPC: B41J11/00 B41J13/08 B41J15/04 (+3)	公开信息: US2018126726 (A1) 2018-05-10 US10226920 (B2) 2019-03-12	优先权日: 2015-04-14
2. TREATMENT OF RELEASE LAYER AND INKJET INK FORMULATIONS					
发明人: LANDA BENZION [IL] NAKHMANOVICH GREGORY [IL] (+6)	申请人: LANDA CORP LTD [IL]	CPC: B41J2/01 B41J2002/012 C09D11/033 (+9)	IPC: B41J2/005 C09D11/033 C09D11/102 (+5)	公开信息: US2016369119 (A1) 2016-12-22 US10190012 (B2) 2019-01-29	优先权日: 2012-03-05

图 7-28　专利 US2015015650A1 引证信息

27. 印刷系统用环形柔性带 US2015072090A1

本专利的专利信息见表 7-29，引证出自欧洲专利局，如图 7-29 所示。

表 7-29 US2015072090A1 专利信息（中国专利公开号 CN104271356B）

发明名称	申请号	申请日	公开号	公开日	同族数
印刷系统用环形柔性带	US201314382863A	2013.03.05	US2015072090A1	2015.03.12	15
IPC 分类号	**申请（专利权）人**	**发明人**	**优先权号**	**优先权日**	**被引证数**
B41M5/52; C09D11/03; B41M5/50	LANDA CORP LTD;	LANDA BENZION; ABRAMOVICH SAGI; GOLODETZ GALIA; NAKHMANOVICH GREGORY; GILADY MICHAL;	US201314382863; IB2013000782; ……	2013.03.05; 2012.03.06; ……	10

Espacenet

引用文献列表: US2015072090 (A1) — 2015-03-12

10 件文献引用了US2015072090 (A1)

1. PRINTING SYSTEM					
发明人: LANDA BENZION [IL] SHMAISER AHARON [IL] (+1)	申请人: LANDA CORP LTD [IL]	CPC: B41J2/01 B41J2002/012 B41M5/0256	IPC: B41J2/01 B41M5/025	公开信息: US2018222235 (A1) 2018-08-09 US10357985 (B2) 2019-07-23	优先权日: 2012-03-05
2. DIGITAL PRINTING SYSTEM					
发明人: SHMAISER AHARON [IL] LANDA BENZION [IL] (+3)	申请人: LANDA CORP LTD [IL]	CPC: B41J2/005 B41J2/0057 B41J2002/012 (+1)	IPC: B41J2/005 B41J3/60	公开信息: US2018134031 (A1) 2018-05-17 US10179447 (B2) 2019-01-15	优先权日: 2012-03-05

图 7-29 专利 US2015072090A1 引证信息

28. 印刷系统用环形柔性带 US2015165759A1

本专利的专利信息见表 7-30，引证出自欧洲专利局，如图 7-30 所示。

表 7-30　US2015165759A1 专利信息（中国专利公开号 CN104284850B）

发明名称	申请号	申请日	公开号	公开日	同族数
印刷系统用环形柔性带	US201314382759A	2013.03.05	US2015165759A1	2015.03.18	18
IPC 分类号	**申请（专利权）人**	**发明人**	**优先权号**	**优先权日**	**被引证数**
B41J2/005	LANDA CORP LTD;	LANDA BENZION; ABRAMOVICH SAGI; SHMAISER AHARON; KELLER RAMI; ASHKANAZI ITSHAK;	US201314382759; US201261611505; US201261611497; US201261635180; IB2013051719	2013.03.05; 2012.03.15; 2012.04.18	2

Espacenet

引用文献列表: US2015165759 (A1) — 2015-06-18

2 件文献引用了US2015165759 (A1)

1. APPARATUS FOR THREADING AN INTERMEDIATE TRANSFER MEMBER OF A PRINTING SYSTEM					
发明人: SHMAISER AHARON [IL] MOSKOVICH SAGI [IL] (+3)	申请人: LANDA CORP LTD [IL]	CPC: B41J11/007 B41J13/08 B41J15/048 (+7)	IPC: B41J11/00 B41J13/08 B41J15/04 (+3)	公开信息: US2018126726 (A1) 2018-05-10 US10226920 (B2) 2019-03-12	优先权日: 2015-04-14
2. ELECTROPHOTOGRAPHIC PRINTERS					
发明人: NEDELIN PETER [IL] SANDLER MARK [IL] (+1)	申请人: HP INDIGO BV [NL]	CPC: G03G15/10 G03G15/14 G03G15/161 (+5)	IPC: G03G15/16	公开信息: US2018129151 (A1) 2018-05-10 US10191414 (B2) 2019-01-29	优先权日: 2015-07-28

图 7-30　专利 US2015165759A1 引证信息

7.2　关键技术的核心内容及发明原理

喷墨成像数字印刷技术从 1858 年英国数学家、物理学家及工程师威廉·汤姆森发明的 Siphon 记录装置到现在已经走过 161 年，喷墨成像数字印刷技术虽然相比静电成像数字印刷技术发明早了 80 年，但因当时控制技术、电子技术、微加工技术的限制，以及喷墨成像技术的复杂性，喷墨成像技术的发展相比静电成像缓慢了许多，但随着控制技术、电子技术、微加工技术的发展，特别是 MEMS 技术的发展，2000

年之后，喷墨成像技术发展开始加快，一些原本专注于静电成像技术的企业开始投入喷墨成像技术的研发并推出了相应的产品，更有一些传统印刷企业加入了喷墨成像相关技术及设备的研发行列中，众多企业的加入、微制造（MEMS）技术及微电子技术的发展极大地推动了喷墨成像技术的发展，形成了丰富的喷墨成像技术产品线，相对于静电成像技术，喷墨成像领域的发展速度更快，相关企业研发制造企业更多，产品种类和幅面更丰富。不同于静电成像技术中少数企业对技术的独占和参与，喷墨成像技术参与的企业更多，技术更为分散。

技术的发展一定伴随着大量专利的申请，喷墨成像数字印刷技术从 1858 年英国数学家、物理学家及工程师威廉·汤姆森发明的 Siphon 记录装置到 2013 年兰达推出了集 10 余项专利技术的纳米喷墨数字印刷技术的 155 年中，几十项核心专利阐述了喷墨成像数字印刷技术发展成长过程中的关键技术。下面对喷墨成像印刷技术的关键技术做详细介绍，并给出对应 TRIZ 理论中的 40 个发明原理及采用的科学效应。

7.2.1 关键技术的核心内容

1. 超声驱动喷墨装置 – 发明专利公开号 US2512743A

美国广播唱片公司的克拉伦斯·汉塞尔 1946 年发明一种超声驱动喷墨装置，被认为是喷墨成像技术的真正发明。

本专利主要内容是发明一种利用压电晶体逆压电效应的墨滴喷射方法。具体结构为，一个在顶端开设小孔的锥形喷嘴通过螺纹结构辅助件与内部设置有锥形超声反射体的筒形墨水仓连接在一起，在锥形的喷嘴与筒形墨水仓中部设置有提供致动力的压电晶体，压电晶体两侧的电极与高频信号驱动器通过导线实现电连接，喷嘴通过一根连通管与储墨室相连。其工作过程为，高频信号驱动器发出的电信号施加于压电晶体上引发压电晶体震荡，压电晶体震荡发出超声波，超声波挤压喷嘴中的墨水从喷嘴孔喷出，在墨滴喷出后，压电元件恢复变形并通过连通管从储墨罐中吸入一定量的墨水以补充因喷出墨滴而导致喷嘴中墨水量的减少，为下一次墨滴喷射做好准备。设置与墨水仓中的超声反射锥用于反射和吸收压电晶体发出的超声波以协助匹配压电晶体所受的激振，为喷墨装置提供一个宽频带的频率响应范围。专利中进一步给出 3 种衍生实施方式，分别为：基于文丘里管式喷嘴结构的喷墨方式；采用实心锥体实现超声传导的喷墨方式；采用带有导墨槽的实心锥体实现墨水供应和超声传导的喷墨方式。所述发明结构原理示意如图 6-38 所示。

2. 记录式测量仪 – 发明专利公开号 US2566443A

西门子公司的埃尔姆奎斯特 1949 年根据瑞利原理发明一种“记录式测量仪”。

本专利主要内容是将墨滴喷射装置与墨滴喷射路径控制装置整合实现墨滴的可控及简单图案的打印，同时发明通过墨水泵提供墨水喷射动力的方法和一种墨滴路径控制的方法，是连续喷墨方式的雏形。喷墨设备结构示意如图 6-39 所示。

3. 一种墨水传送方法和装置 – 发明专利公开号 US3060429A

温斯顿 1962 年发明一种墨水传送方法和装置，提出通过静电引力驱动墨滴喷射到承印物表面的方法。

本专利主要内容是发明一种通过静电引力提供墨水喷射动力的喷墨成像方法，具体实施方案是在喷墨头与承印物之间由控制器施加一个合适的电压，在喷墨头喷嘴和承印物之间形成一个电场，喷嘴处依靠毛细效应和墨水自重形成的墨水弯曲面突出在电场力的作用下发生喷射，通过改变控制器施加的电压控制墨滴的喷射和不喷射，结构原理如图 6-40 所示。专利中温斯顿同时提出两种控制墨滴偏转的方法，其中一种类似于赫兹喷墨，具体方法是在喷嘴与承印物之间设置两块带有小孔的电极板，靠近喷嘴的电极板 1 通过控制器施加一定的电压，以使其与喷嘴形成一定的电位差来提供墨滴喷射动力，靠近承印物的电极板 2 在承印物无须墨滴的情况下通过控制器施加一定的电压，以使其与靠近喷嘴的电极板处的墨滴形成电场斥力，阻挡墨滴通过电极板 1 上的小孔，实现对参与印刷墨滴和未参与印刷墨滴的控制，如图 7-31 所示；另一种被称为二值偏转，具体方法是在喷嘴与承印物之间设置一块带有小孔的电极板和一组偏转电极，偏转电极由一对水平电极和一对垂直电极组成，分别控制墨滴水平偏转和垂直偏转，在需要墨滴喷射时，电极板通过控制器施加一定的电压，使其与喷嘴形成一定的电位差来提供墨滴喷墨动力，喷射墨滴飞过电极板的小孔后在偏转电极处根据控制器施加在控制电极上的电压实现墨滴的偏转控制，如图 7-32 所示。

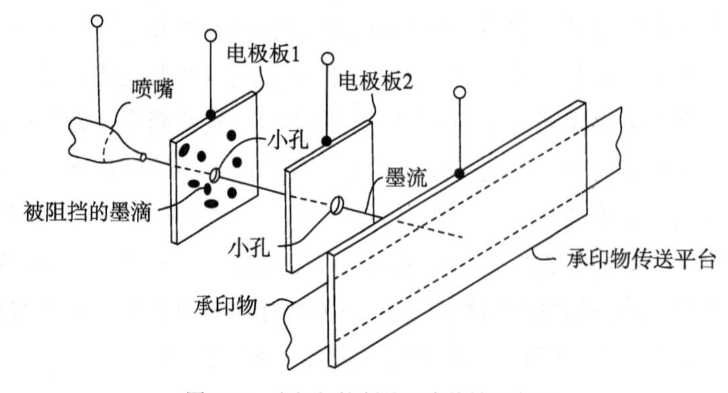

图 7-31　电极板控制的墨滴偏转示意图

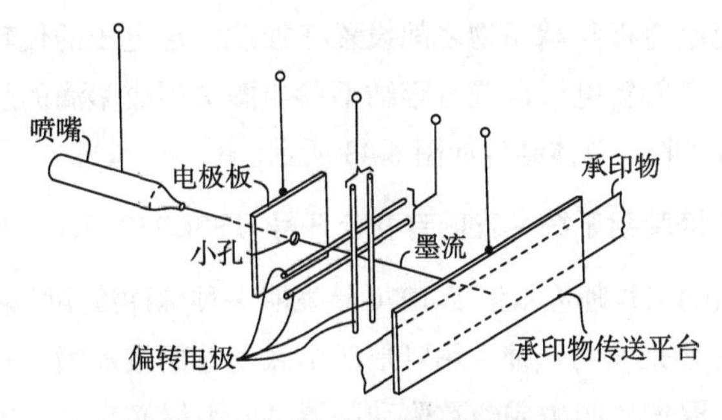

图 7-32 偏转电极控制的墨滴偏转示意图

4. 一种液滴记录器 – 发明专利公开号 US3596275A

斯坦福大学从事传导研究的斯维塔·瑞奇艾德博士 1964 年发明一种液滴记录器。

本专利主要内容是发明一种墨滴生成驱动方法和墨滴偏转控制方法。在墨滴生成方法上，本专利与前述 3 个专利中墨滴靠喷射墨流自然断裂的生成方法不同，斯维塔·瑞奇艾德博士在喷嘴处设置一个磁致伸缩驱动元件实现墨流快速均匀地分裂成墨滴。在墨滴偏转控制上，斯维塔·瑞奇艾德博士在靠近喷嘴出口处设置一个由图文信息控制的墨滴充电环，充电环根据各个墨滴预期到达位置为其充以不同的电荷，在充电环与承印物之间设置一组偏转电极，偏转电极被加以恒定电压，形成一个恒定电场，当与图文信息相关的不同带电量的墨滴经过偏转电极时产生不同的偏转量，在承印物上形成预期的图文信息，结构示意如图 6-41 所示。

5. 一种电子式字符打印机 – 发明专利公开号 US3298030A

博瑞斯仪器公司的阿林 • 布朗和亚瑟 • 路易斯 1965 年发明一种电子式字符打印机。

本专利主要内容是博瑞斯仪器公司的阿林 • 布朗和亚瑟 • 路易斯在斯维塔的墨滴生成驱动方法和墨滴偏转控制方法上增加一种能够存储文字和数字并根据文字和数字信息发出电压信号的字符（函数）生成器，实现文字和数字的打印功能，系统结构示意如图 6-42 所示。

6. 一种具有多个喷嘴的液滴记录器 – 发明专利公开号 US3373437A

斯维塔和卡明 1967 年发明一种具有多个喷嘴的液滴记录器。

本专利主要内容是发明一种具有喷墨阵列的可形成文字和字符的喷墨方法及装置。具体方法是将多个喷嘴组成喷嘴阵列并一同连接到供墨管上，在喷嘴阵列上设置有与墨滴形成频率一致的磁致伸缩驱动器实现墨滴的快速、均匀生成，针对每一喷嘴都设置一充电电极，充电电极根据要打印的文字字符信息给每一个墨滴充以特定量的电荷，在充电电极与承印物之间设置有加载恒定电压的偏转电极，实现墨滴偏转控制，其中一个偏转电极设置有容纳不参与图文形成墨滴的腔室，以实现不参与图文形成墨滴的回收，总体结构如图 6-43 所示。

7. 一种脉冲液滴喷射系统 – 发明专利公开号 US3683212A

克莱维持公司的工程师佐尔坦于 1970 年发明一种脉冲液滴喷射系统。

本专利主要内容是发明一种采用管形压电致动器的按需喷墨系统，与以往的连续喷墨技术相比，取消墨滴生成磁致驱动装置、取消墨滴充电装置、取消墨滴偏转装置、取消不参与成像墨滴回收装置，极大地简化了喷墨头结构，结构示意如图 6-44 所示。

8. 一种利用喷墨方式的书写和记录方法及使用该方法的设备 – 发明专利公开号 US3946398A

美国塞罗尼克斯公司的凯泽和西尔斯于 1970 年发明一种利用喷墨方式的书写和记录方法及使用该方法的设备。

本专利主要内容是发明一种采用板式压电致动器的按需喷墨系统。利用板式压电致动器的电致弯曲效应对墨水挤压，实现墨滴喷出，结构示意如图 6-45 所示。

9. 一种利用墨水在纸张上书写的书写装置阵列 – 发明专利公开号 US3747120A

瑞典查尔姆斯理工大学的斯泰默教授 1972 年发明一种利用墨水在纸张上书写的书写装置阵列。

本专利主要内容是发明一种采用圆盘式压电致动器的按需喷墨系统。利用圆盘式压电致动器的电致弯曲效应对墨水挤压，实现墨滴喷出。同时专利中给出一种将多个喷嘴组合成喷嘴阵列的方法。基本结构示意如图 6-46 所示。

10. 一种喷墨打印头自清洁系统 – 发明专利公开号 US4007465A

IBM1974 年发明一种喷墨打印头自清洁系统。

本专利主要内容是发明一种能够自行清洁连续喷墨打印头喷嘴处积累的微小颗粒的方法。具体实施方法为，在喷墨头墨腔中设置有两路供墨管，其中一路供墨管设置有一个与墨水源连接的墨水返回歧管，这一路供墨管的墨水流动方向由设置在主管上和歧管上的节流阀控制，在喷墨头中设置有一个压电元件，压电元件的电致振动一方面传递至喷墨头墨腔中的墨水，另一方面传递至喷嘴板。当喷嘴被积累的微小颗粒堵塞时，扰动电压源给压电元件施加电压使其振动，振动传递至墨水腔中的墨水及喷嘴板引发其振动，在振动的作用下，堵塞于喷嘴孔处的微小颗粒将脱离喷嘴孔并悬浮于墨水中，将设置有歧管的一路供墨管的墨水流动方向设置为从喷墨头墨水腔流向墨水源，带有微小颗粒的墨水将流入墨水源，在墨水源中实现过滤后重新注入喷墨头墨腔中，循环往复完成喷墨头的清洁。自清洁喷墨系统结构示意如图 6-47 所示。

11. 一种喷墨成像记录器 – 发明专利公开号 SE331370B（美国专利公开 US3416153A）

瑞典隆德技术研究所的赫兹教授和他的助手于 1965 年发明一种喷墨成像记录器。

本专利主要内容是发明一种连续喷墨成像方法。具体技术方案是通过在墨水飞行路径上设置一个环形电极，在环形电极上施加一特定高电压后使不参与印刷的墨水射流通过环形电极时带有较高数值的电荷，由于较高数值同性电荷间过大的静电斥力将迫使墨水射流分裂为颗粒细小的墨雾，细小的墨雾将无法在承印物上形成明显的图形，而参与印刷的墨水射流将被环形电极充以相对较低数值的电荷，墨水射流在相对较低数值的电荷下分裂为墨滴并落到承印物表面形成印刷图形，不参与印刷的墨水射流在分裂成墨雾后如果不加遮挡，会在承印物上留下隐约的背景，专利中为消除墨雾形成的背景，赫兹提出电场拦截和挡板拦截墨雾的方法，具有代表性的是挡板拦截墨雾的方法，其原理示意如图 6-50 所示。

12. 一种喷墨打印头压电致动器 – 发明专利公开号 DE2537767B1（美国专利公开号 US4223998A）

西门子公司于 1976 年发明了一种喷墨打印头压电致动器。

本专利主要内容是发明一种压电喷墨用管形致动器。特征在于电致收缩挤压油墨喷射时，压电管的内径发生缩小，但其外径保持不变，主要是通过合理配置压电管的尺寸和压电材料的泊松比实现。管形压电致动器如图 6-51 所示。

13. 一种喷墨记录方法和装置 – 发明专利公开号 CA1127227A

佳能公司于 1977 年发明一种喷墨记录方法和装置。

本专利主要内容是发明一种热泡喷墨技术。具体方法是在喷嘴的适当位置设置一个电热换能器，电热换能器由打印机发出的打印脉冲信号控制其开关状态，工作状态的电热换能器加热喷嘴中的部分墨水使其发生汽化，汽化产生的气泡推动墨水以墨滴的形式从喷嘴口喷出，墨滴落到承印物上形成图文，墨滴喷出后，墨水罐中的墨水注入喷嘴，补存喷嘴因喷出墨滴所减少的墨水，喷墨系统结构示意如图 6-53 所示。

14. 一种气泡驱动柔性膜喷墨打印机 – 发明专利公开号 US4480259A

惠普公司工程师约翰•沃特和戴夫•唐纳德于 1978 年发明一种气泡驱动柔性膜

喷墨打印机。

本专利主要内容是发明一种热泡喷墨技术。特点是引入气泡发生专用液和隔离气泡发生液与墨水的柔性薄膜，采用加热气泡发生液产生气泡代替佳能提出的直接加热墨水产生气泡的方法，具体方法是在喷墨嘴墨水腔中墨水与加热器之间设置一柔性薄膜，在柔性薄膜加热器之间形成一个密闭的腔室，腔室内充以气泡发生液，工作时，打印脉冲信号作用于加热器使气泡发生液急速汽化推动柔性膜发生形变，形变的柔性膜推动墨水使其以墨滴形式从喷嘴口喷出，其结构示意如图 6-55 所示。

15. 线性点整打印头用供墨盒 – 发明专利公开号为 EP0406983A2

爱普生于 1984 年发明一种“线性点整打印头用供墨盒”的技术。

本专利主要内容是发明一种结构简单、可靠度高的高质量的线性点整打印头供墨盒及点阵打印头。主要特点是能够从墨盒向喷嘴提供稳定且适量的墨水，并且不受环境变化的影响。具体结构为，墨水存储在设置有多孔材料的墨盒中，墨盒内壁设置有供墨水流通的凹槽，墨盒上设置有连通大气的小孔，以平衡墨盒内外的大气压力，保证供墨稳定。本发明克服了以往在墨水输送上多孔型供墨管供墨过量或不足的问题，同时克服多孔构件因尺寸易发生变化或变形导致图文墨点不规则和多孔构件结构复杂的问题。供墨盒结构示意如图 6-58 所示。

16. 一种喷墨打印机 – 发明专利公开号 US4668959A

美国马萨诸塞州贝德福德的 Iris 图形公司 1985 年发明一种喷墨打印机。

本专利主要内容是发明一种基于赫兹喷墨技术的喷墨打印机墨雾消减方法。具体方法为在承印物记录表面设置一墨雾屏蔽装置，在靠近油墨记录位置处设置一个给记录表面充电的电刷，在记录表面和接地屏蔽罩之间形成一个特定的电场，通过控制记录表面与墨雾屏蔽装置的电位差将从记录表面反弹的墨雾收集到屏蔽装置中，在记录表面形成高质量的图文。喷墨及墨雾消减装置工作原理示意如图 6-60 所示。

17. 提高油墨储存和供应能力的热泡喷墨头 – 发明专利公开号 US4771295A

惠普公司于 1986 年发明一种提高油墨储存和供应能力的热泡喷墨头。

本专利主要内容是发明一种小型化一体式热泡喷墨头。其中喷墨头与储墨盒直接连接，省去以往结构中的输墨管路，在简化结构的同时缩小喷墨头的体积。油墨存储室具有多个以多孔聚氨酯填充的储墨腔，用于储存多色或单色油墨。其原理示意如图 6-62 所示。

18. 一种采用微压电元件的按需喷墨头 – 发明专利公开号 JP3041952B2（美国专利公开号 US5446485A）

爱普生于 1990 年发明一种采用微压电元件的按需喷墨头。

本专利主要内容是发明一种采用微压电元件阵列的喷墨头。采用半导体切割工艺制造的层叠微压电元件具有与半导体类似的高精度、小尺寸的特点，切割型层叠微压电元件的使用简化驱动电路并缩小单个喷墨单元的尺寸，最终实现多个压电元件密布的阵列喷墨头。工作原理示意如图 6-64 所示。

19. 一种用于连续喷墨印刷的热熔油墨 – 发明专利公开号 US5286288A

美国伟迪捷于 1995 年发明一种用于连续喷墨印刷的热熔油墨。

本专利主要内容是发明一种用于连续喷墨印刷的热熔油墨，又称为相变油墨。相变油墨最早由美国人贝瑞・詹姆斯和科普隆・加里发明，发明专利公开号 US3653932A，之后又有多家公司对此进行研究并申请专利，但由于种种原因，上述相变油墨技术都在墨滴的充电问题上存在着无法解决的问题，之后美国专利 US4878946A 提出的方法解决了墨滴充电问题，但又带来了新的问题，比如油墨在印刷温度下的高挥发性等。美国伟迪捷在上述发明的基础上做了革命性的改进，通过在油墨中加入电解质、电解质溶剂及电解质解离化合物的方法获得一种具有良好充电特性及印刷适性的相变油墨，油墨成分示意如图 7-33 所示。

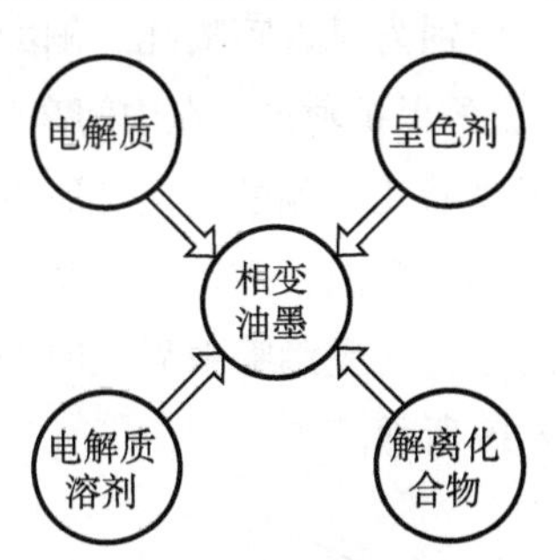

图 7-33　相变油墨成分示意图

20. 一种喷墨打印头钝化方法 – 发明专利公开号 GB9622177D0（中国发明专利公开号 CN1241968A）

赛尔于 1996 年发明一种喷墨打印头钝化方法。

本专利主要内容是发明一种可选择性地对喷墨头材料实现钝化的方法。具体方法为利用钝化涂料通过化学蒸汽沉淀的方法对喷墨打印头部件的内壁进行钝化，钝化操作中，首先将喷墨头部件安置于定位支撑中，用屏蔽罩遮蔽不做处理的区域，然后对未遮蔽部分以钝化涂料进行化学沉积覆盖。钝化实施方案如图 6-66 所示。

21. 一种具有优异耐光性的油墨组合物 – 发明专利公开号 US6379441B1

爱普生于 1999 年发明一种具有优异耐光性的油墨组合物。

本专利主要内容是发明一种具有优异耐光性的油墨组合物。所述油墨中的铜酞菁染料容易变色和褪色，专利中将咪唑衍生物和抗氧化剂、糖类或如图 7-34 所代表的有机化合物或水溶性有机化合物掺入油墨中，抑制氧化作用或消减氧化剂造成的铜酞菁染料的变色和褪色。

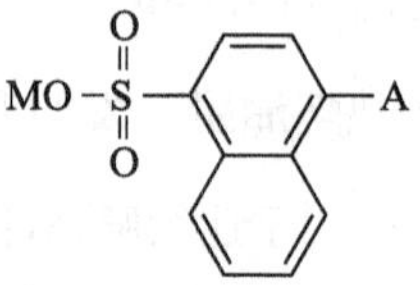

图 7-34　一种有机化合物或水溶性有机化合物化学分子结构图

22. 一种热致动器 – 发明专利公开号 US6561627B2

伊士曼柯达公司于 2000 年发明一种热致动器。

本专利主要内容是发明一种采用微机电技术（MEMS）制造而成的喷墨成像用热致动器。不同于热泡喷墨中的热致动器通过加热油墨使其汽化提供墨水喷射动力，而类似于压电喷墨中所用压电晶体在施加电压后发生弯曲推动墨水喷射。具体结构及原理为，所述热致动器的核心部件为置于喷嘴单元中的悬臂梁，该悬臂梁在墨腔部分由 3 层及以上材料制成，分别为靠近喷嘴孔一侧的低热膨胀系数层、中间高膨胀系数导电层、覆盖于导电层上的保护薄层，在中间高膨胀系数导电层施加电压后，中间层将发热膨胀，由于靠近喷嘴孔一侧的低热膨胀系数层受热少且膨胀系数低，则悬臂梁将发生趋向喷嘴孔一侧的弯曲，推动墨水从喷嘴孔喷出形成墨水射流，设置在悬臂梁一侧的墨水补充通道将在墨滴喷射后及时补充墨水到墨腔中。热致动器及喷墨头单元结构示意如图 7-35 所示。

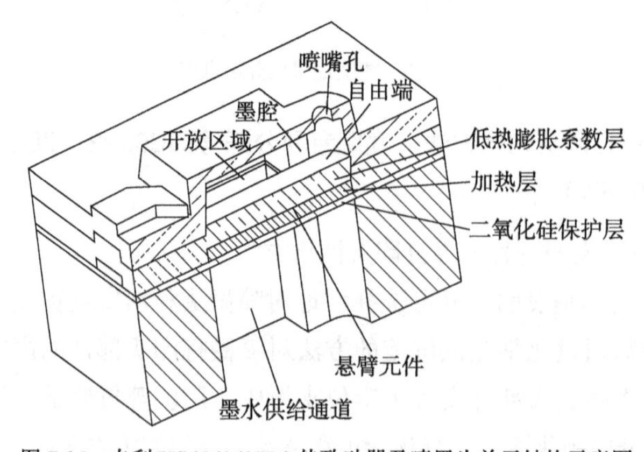

图 7-35　专利 US6561627B2 热致动器及喷墨头单元结构示意图

23. 一种连续喷墨印刷方法及设备 – 发明专利公开号 US6588888B2

伊士曼柯达公司 2000 年发明一种连续喷墨印刷方法及设备。

本专利主要内容是发明一种能够根据打印分辨率要求喷出不同体积墨滴的喷墨方法，关键技术在于能够生成不同体积的喷墨头单元和能够分离不同体积墨滴的墨滴偏转系统。具体方法为，通过控制热泡致动器电脉冲作用时间实现喷出墨滴大小的调制，在墨滴偏转系统中通过调节偏转气流大小对不同体积墨滴的飞行路径进行控制，最终控制预定体积的墨滴喷射到承印面。墨滴偏转及回收方法示意如图 7-36 所示。

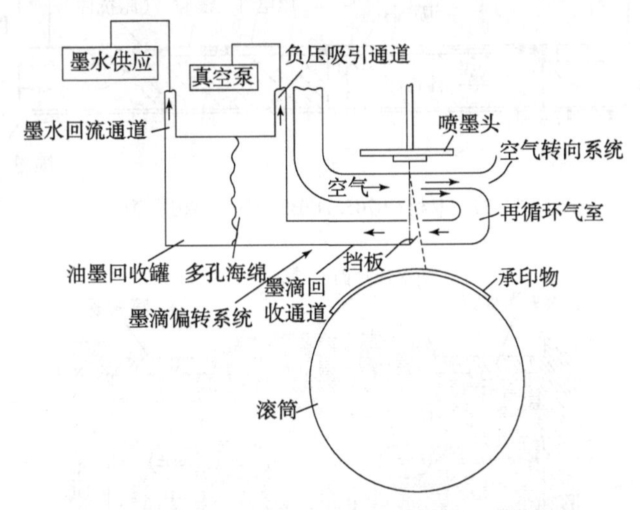

图 7-36　专利 US6588888B2 墨滴偏转及回收方法示意图

24. 一种具有薄的预烧压电层的喷头 – 发明专利公开号 US7052117B2

（中国专利公开号 CN101121319B）

德麦特克斯公司 2002 年发明一种具有薄的预烧压电层的喷头。

本专利主要内容是发明一种结构简单的小体积压电按需喷墨头。特征在于所述喷墨头由一个单片半导体主体和预烧结压电材料层组成。在单片半导体主体上构造出墨腔、墨水流动通道、喷墨孔，极大简化喷墨头的构造。预烧结压电材料层具有 50 微米或更小的厚度，厚度微小的压电材料在同等形变量下具有更小的平面尺寸和更低的驱动电压。喷墨头结构示意如图 7-37 所示。

25. 一种带悬挂束加热器的热泡喷墨头 – 发明专利公开号 US6755509B2

（中国专利公开号 CN100386204C）

希尔佛布鲁克公司 2002 年发明一种带悬挂束加热器的热泡喷墨头。

本专利主要内容是发明一种采用悬挂加热器的喷墨头。特点为加热电阻悬挂于墨水中，所述加热电阻为中心加热油墨，在发热量不变的情况下，与传统加热方式喷墨头相比，提高热传导效率和加热速度，喷墨头喷嘴板等元件采用微机电技术（MEMS）制造而成。喷墨头结构示意如图 7-38 所示。

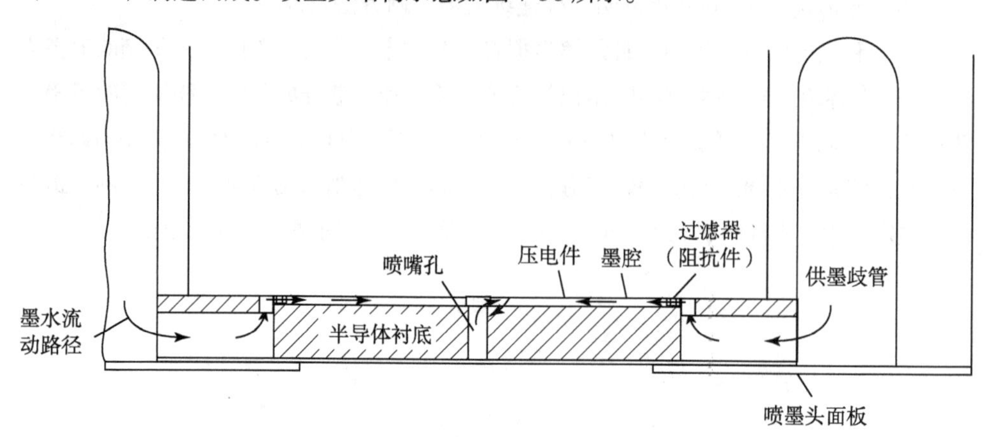

图 7-37　专利 US7052117B2 喷墨头结构示意图

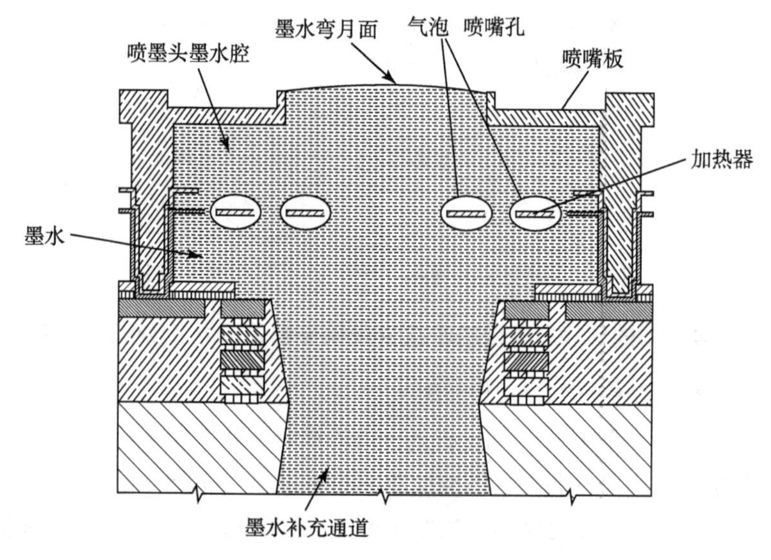

图 7-38　专利 US6755509B2 喷墨头结构示意图

26. 一种墨水循环系统及打印机 – 发明专利公开号 US7901063B2

（中国发明专利号 CN101115623A）

爱克发公司 2005 年发明一种墨水循环系统及打印机。

本专利主要内容是发明一种喷墨打印机墨水循环系统。核心技术在于提供一种在油墨系统中循环的油墨流以及用于控制位于打印头的油墨流速和背压的压力控制装置。系统工作流程如图 7-39 所示。

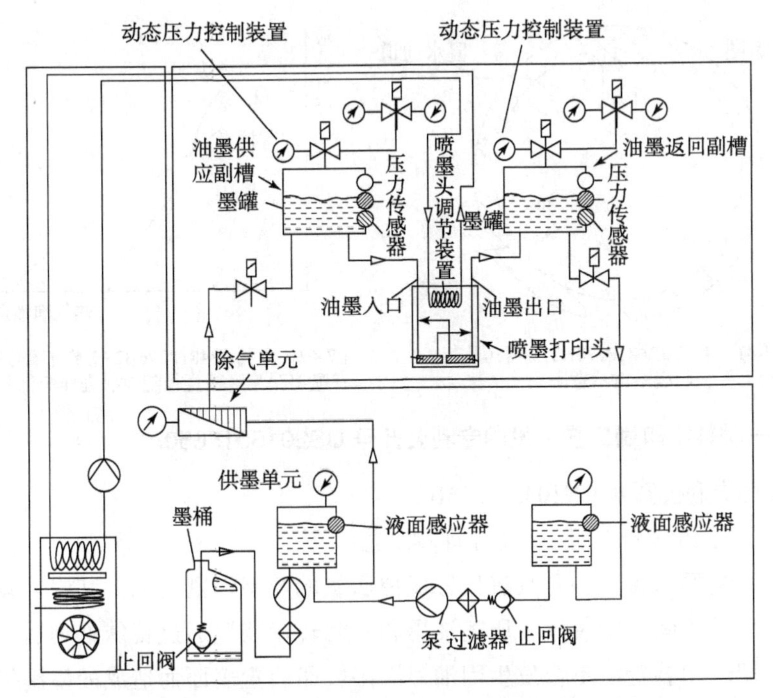

图 7-39　专利 US7901063B2 墨水循环系统工作流程图

27. 一种液体排出方法、液体排出头和液体排出装置－发明专利公开号 JP4818276B2

（中国专利号 CN101316712B）

佳能于 2006 年发明一种液体排出方法、液体排出头和液体排出装置。

本专利主要内容是发明一种能够消减卫星墨滴的热泡喷墨头。主要发明原理是通过在喷嘴孔处设置凸起促使在喷嘴孔处的墨流成滴断裂发生在致动热气泡消泡的中间时刻。喷墨头结构示意如图 7-40 所示，喷嘴孔及其凸起结构示意如图 7-41 所示，本发明与原有技术喷出墨流液柱直径随喷射进程变化对比如图 7-42 所示。

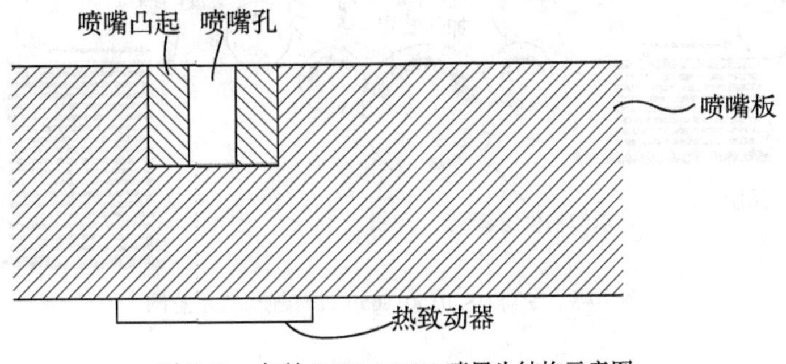

图 7-40　专利 JP4818276B2 喷墨头结构示意图

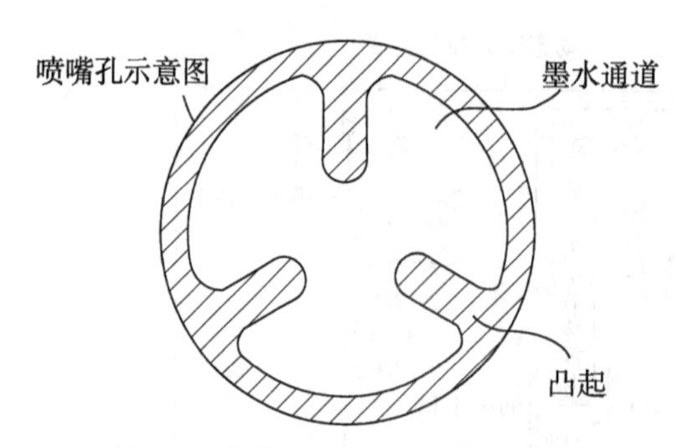

图 7-41　专利 JP4818276B2 喷嘴孔及其凸起结构示意图

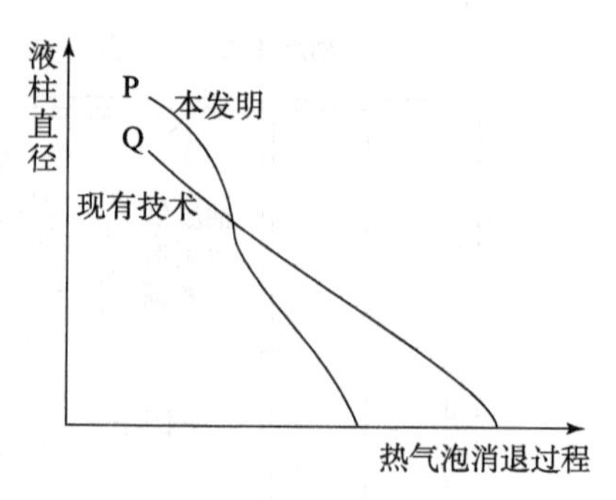

图 7-42　专利 JP4818276B2 技术方案与原有技术在喷出墨流液柱直径随喷射进程变化上的对比

28. 一种数字印刷工艺－发明专利公开号 US2015015650A1

（中国专利公开号 CN104271356B）

兰达公司 2013 年发明一种数字印刷工艺。

本专利主要内容是一种具有良好成像质量的数字印刷工艺。其中设置一个用于转印油墨的中间转印装置，所述油墨和中间转印装置通过特殊处理后，在油墨喷射到中间转印装置后不会发生因油墨润湿转印装置表面而造成的墨滴扩展，能够良好地保持喷射到中间转印装置上墨滴的形状，在所述油墨喷射到中间转印装置后通过加热快速蒸发油墨中的水分并形成软化的墨膜，墨膜在压印辊的作用下从中间转印装置转移到温度相对较低的承印物上形成印刷图文。印刷流程示意如图 7-43 所示。

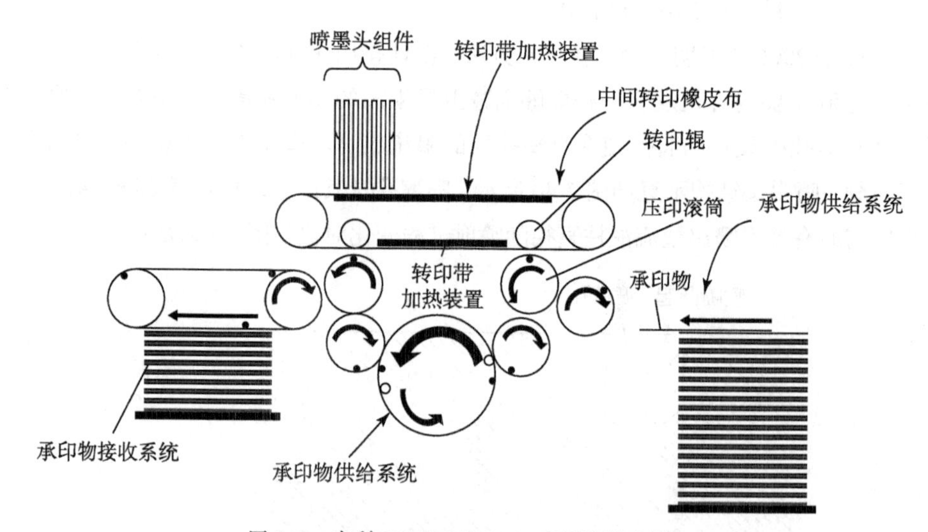

图 7-43　专利 US2015015650A1 印刷流程示意图

29. 一种油墨配方及其薄膜结构 – 发明专利公开号 US2015072090A1

（中国专利公开号 CN104395415B）

兰达公司 2013 年发明一种油墨配方及其薄膜结构。

本专利主要内容是一种喷墨印刷用墨水，其中除溶剂之外的呈色剂等被研磨至粒度为 70 纳米。所述油墨在喷射到中间转印装置表面时依靠静电力作用实现黏附，而非润湿作用，喷射到中间转印装置上的墨滴通过撞击发生一定的铺展形成油墨膜，中间转印装置上的高温使墨滴中的水分快速蒸发并保持一定的墨膜形状，中间转印装置加热软化墨膜并转移到承印物上，墨膜通过其中的树脂黏附在承印物上，同样不发生传统喷墨印刷中的润湿铺展，因此，本发明中的墨水能够形成高质量的“网点”，能够实现高质量印刷。本发明纳米喷墨墨水墨膜如图 7-44 所示，传统喷墨墨水墨膜如图 7-45 所示。

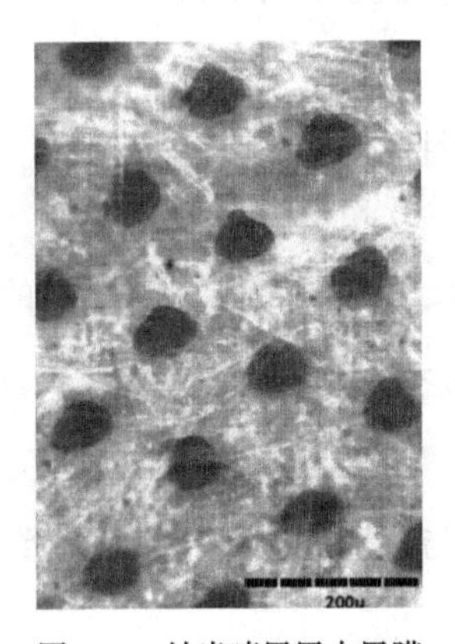

图 7-44　纳米喷墨墨水墨膜

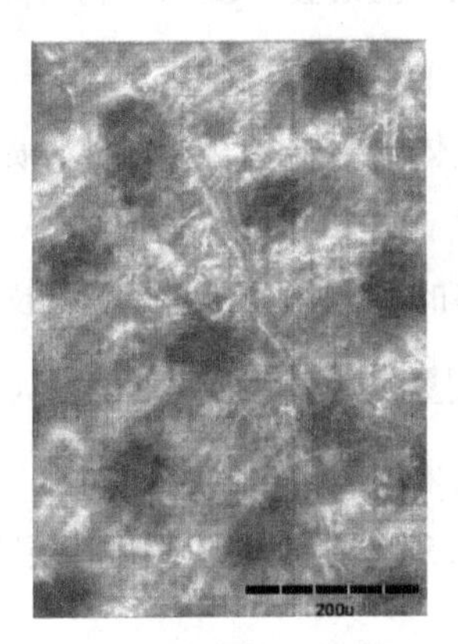

图 7-45　传统喷墨墨水墨膜

30. 一种印刷系统用环形柔性带 – 发明专利公开号 US2015165759A1

（中国专利公开号 CN104284850B）

兰达公司 2013 年发明一种印刷系统用环形柔性带。

本专利主要内容是发明一种喷墨印刷用中间转印环形柔性带，结构上包括加固层和剥离层，在带的边缘设置有用于连接、导向及张紧的构件。环形柔性带作为中间转印介质负责油墨的转移，中间转印装置的使用解决了直接喷墨打印在承印物上相关的许多问题，保证图像转印部件表面与喷墨打印头之间距离的恒定，因油墨可在被施加到承印物之前在中间转印装置表面干燥，减少承印物的被动润湿，同时，中间转印装置的使用减小图像质量受基材的物理性质影响。环形柔性带结构示意如图 7-46 所示。

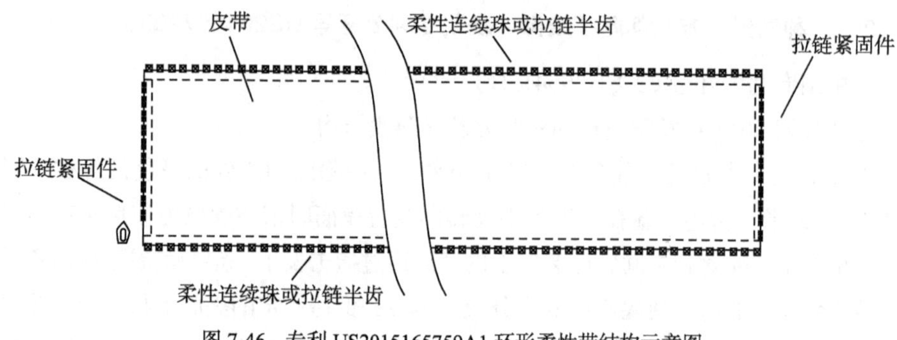

图 7-46 专利 US2015165759A1 环形柔性带结构示意图

7.2.2 基于 TRIZ 理论的关键技术专利分析

1. 超声驱动喷墨装置 – 发明专利公开号 US2512743A

发明原理及采用的科学效应：

采用压电晶体的逆压电效应为墨水喷射提供动力实现墨滴喷出。

技术进步性：

将压电晶体的逆压电效应用于喷墨技术，完成了喷墨成像技术的初始发明。

2. 记录式测量仪 – 发明专利公开号 US2566443A

发明原理及采用的科学效应：

发明原理 5. 组合，即将墨滴喷射装置与墨滴喷射路径控制装置通过组合实现了墨滴路径可控。

技术进步性：

第一次系统地提出了连续喷墨方式并成功实现了现实应用。

3. 一种墨水传送方法和装置 – 发明专利公开号 US3060429A

发明原理及采用的科学效应：

采用静电效应，用静电力为墨水喷射提供动力实现墨滴喷出，同时采用静电力实现了墨滴偏转控制。

技术进步性：提出了继压电致动和墨水泵致动之后的第三种喷墨致动方法，同时提出了墨滴偏转控制方法。

4. 一种液滴记录器 – 发明专利公开号 US3596275A

发明原理及科学效应：

发明原理 18. 机械振动，通过在喷嘴上施加一个驱动元件使喷嘴发生与墨水射流断裂为液滴频率相同的振动以实现墨滴的快速、均匀生成。

发明原理 13. 反向作用，在温斯顿墨滴偏转系统的基础上通过调换充电电极与偏转电极之间的信号作用方式实现了高速连续喷墨。

技术进步性：

提出了实用性的墨滴生成方法，为后续喷墨成像墨滴形成提供了基础技术支撑。提出了多值墨滴偏转方法，为后续喷墨技术发展打下坚实的基础。

5. 一种电子式字符打印机 – 发明专利公开号 US3298030A

发明原理及科学效应：

发明原理 5. 组合，通过将能够存储文字和数字并根据文字和数字信息发出电压信号的字符（函数）生成器与斯维塔·瑞奇艾德的墨滴生成驱动方法和墨滴偏转控制方法的组合实现了能够印刷文字字符与数字字符的喷墨成像技术。

技术进步性：

将以往只能用于打印简单线条图形的喷墨成像技术通过组合的方式实现了文字和字符的打印功能，进一步推动了喷墨成像由理论向实际应用的转变。

6. 一种具有多个喷嘴的液滴记录器 – 发明专利公开号 US3373437A

发明原理及科学效应：

原理 5. 组合，将多个喷嘴组合成喷嘴阵列，提高了打印效率。

原理 6. 多用性，将其中一个偏转电极板同时用作不参与印刷墨滴的回收装置，在一定程度上简化了喷墨头的结构，缩小了喷墨头的体积。

技术进步性：

通过组合的方式实现了多个墨滴同时喷射，提高了喷墨成像效率，同时提出了一种不参与印刷墨滴的回收方法。

7. 一种脉冲液滴喷射系统 – 发明专利公开号 US3683212A

发明原理及科学效应：

原理 1. 分割，与连续喷墨相比，其将连续喷墨中持续喷出的墨水射流分割为单个喷出的墨滴。

原理 14. 曲面化，采用圆管型压电元件以提高压电致动器对墨水的挤压能力。

原理 19. 周期性作用，采用脉冲动作代替连续喷墨技术中的连续喷射动作，以简化墨滴控制结构，同时提高喷墨头的整体稳定性。

技术进步性：

首次较为完整地提出了按需喷墨技术，结构上取消了墨滴充电装置和墨滴偏转装置，其管形压电元件的使用为后续挤压式按需喷墨的发明提供了基础技术积累。

8. 一种利用喷墨方式的书写和记录方法及使用该方法的设备 – 发明专利公开号 US3946398A

发明原理及科学效应：

原理 1. 分割，与连续喷墨相比，其将连续喷墨中持续喷出的墨水射流分割为单个喷出的墨滴。

原理 14. 曲面化，利用曲面化的变形作用提供推动墨水喷射的动力。

采用逆压电效应为墨滴喷射提供动力。

技术进步性：

提出了弯曲式压电按需喷墨技术，其平板形压电元件的使用为后续弯曲式压电按需喷墨的发明提供了基础技术积累。

9. 一种利用墨水在纸张上书写的书写装置阵列 – 发明专利公开号 US3747120A

发明原理及科学效应：

原理 1. 分割，与连续喷墨相比，其将连续喷墨中持续喷出的墨水射流分割为单个喷出的墨滴。

原理 17. 维数变化，通过将喷嘴组合为喷嘴阵列的方式提高了喷墨装置的效率。

技术进步性：

提出了圆盘式压电按需喷墨技术，进一步拓展了压电喷墨的结构形式，推动了压电喷墨的发展。

10. 一种打印喷墨打印头自清洁系统 – 发明专利公开号 US4007465A

发明原理及科学效应：

原理 18. 机械振动，通过压电元件的振动将聚集于喷嘴口附近的集聚颗粒物分散并溶入到墨水中将其带走，以实现喷墨头的清洁。

技术进步性：

通过振动的方式实现了喷嘴孔集聚颗粒物的清洁，解决了无法用过滤系统拦截的小颗粒物因集聚而导致的喷墨头喷嘴孔堵塞问题，提高了喷墨头的使用寿命。

11. 一种喷墨成像记录器 – 发明专利公开号 SE331370B（美国专利公开号 US3416153A）

发明原理及科学效应：

原理 1. 分割，其将连续喷墨中持续喷出的不参与印刷的墨水射流分割为多个细小的墨滴，最终形成墨雾，使其无法在承印物表面形成明显的图形同时便于采用拦截装置实现拦截。

原理 35. 物理或化学状态改变，通过静电斥力将墨滴分解为细小的墨雾，以提高图文成像质量。

采用静电斥力效应分解墨滴为墨雾。

技术进步性：

提出了采用一种全新的连续喷墨方式及墨滴飞行控制方法，进一步拓展了连续喷墨墨滴控制方法，推动了连续喷墨的发展。

12. 一种喷墨打印头压电致动器 – 发明专利公开号 DE2537767B1（美国国专利公开号 US4223998A）

发明原理及科学效应：

原理 4. 非对称，通过将管型压电元件的内外层变形设计为非对称结构来实现压电元件在内层收缩时外层尺寸保持恒定，最终满足喷墨头安装精度和稳定性的要求。

采用逆压电效应、泊松效应，综合应用压电材料逆压电效应中材料电致变形特征与压电材料的泊松效应，通过调整管形压电致动器的尺寸实现了电致变形时内壁收缩但外壁保持尺寸恒定。

技术进步性：

外壁在工作时保持不变的管形压电致动器的发明解决了管形压电致动器以往在工作中外壁因电致收缩导致尺寸变化而带来的安装固定问题和喷墨成像质量不佳的问题，为管形压电致动器的实际应用提出了解决方案。

13. 一种喷墨记录方法和装置 – 发明专利公开号 CA1127227A

发明原理及科学效应：

发明原理 35. 物理 / 化学状态变化，采用加热的方式使墨水中的水发生汽化，以增大体积，进而压迫喷嘴中的墨水从喷嘴口喷出。

采用发泡效应，利用加热墨水使其发泡，增大墨水腔的压力，进而推动墨水发生喷射。

技术进步性：

提出了除压电致动按需喷墨外的另一种按需喷墨致动方法。

14. 一种气泡驱动柔性膜喷墨打印机 – 发明专利公开号 US4480259A

发明原理及科学效应：

原理 2. 抽取，从热泡喷墨技术中将用于产生气泡的部分抽取出来单独处理，以提高系统的使用寿命、稳定性等。

原理 24. 中介物，引入柔性膜作为气泡发生液汽化后推动墨水喷射的中介物。

原理 30. 柔性壳体或薄膜，引入柔性膜作为气泡发生液和墨水的隔离。降低了对墨水热性能的要求。

技术进步性：

提出了热泡喷墨的另一种结构形式，其中气泡发生专用液的引入在一定程度上降低了热泡喷墨系统对墨水的要求，同时提高了加热电阻的寿命和喷墨稳定性。

15. 一种线性点阵打印头用供墨盒技术 – 发明专利公开号 EP0406983A

发明原理及科学效应：

原理 31. 多孔材料，利用多孔材料的毛细效应实现墨水的存储和均匀供墨。

采用毛细效应实现墨水供应。

技术进步性：

提出了一款结构简单的墨盒和一种供墨稳定的打印头墨水供应方法，推动了桌面喷墨打印机的发展，促成了首台商用单色喷墨打印机 SQ-2000 的诞生。

16. 一种喷墨打印机 – 发明专利公开号 US4668959A

发明原理及科学效应：

采用静电效应，用静电力控制喷射墨滴的飞行并实现回收。

技术进步性：

提出了一种将赫兹喷墨技术进一步延伸应用于实际生产中的高质量成像方法。

17. 一种提高油墨储存和供应能力的热泡喷墨头 – 发明专利公开号 US4771295A

发明原理及科学效应：

原理 5. 组合，将喷墨头和储墨盒组合以缩短供墨路径，提高供墨能力，同时两者的组合缩小了喷墨头和储墨盒的体积。

技术进步性：

通过组合的方式发明了包括墨盒的一体式喷墨头，简化了喷墨头结构，缩小了喷墨头体积，推动了小型化办公用桌面打印机的发展。

18. 一种采用微压电元件的按需喷墨头 – 发明专利公开号 JP3041952B2（美国专利公开号 US5446485A）

发明原理及科学效应：

发明原理 5. 组合，通过层叠黏合的方法将多个压电板按照极性交错的顺序粘接在一起，以在较小的驱动电压和较小的压电元件体积下实现较大的形变量，从而方便将多个压电元件以高密度集成。

技术进步性：

提出了一种小体积压电元件的制造方法和基于此方法的压电按需喷墨头制造方法，在一定程度上解决了压电喷墨技术中因压电元件体积问题所导致的压电喷墨头喷嘴密集度低，打印分辨率低的问题。

19. 一种用于连续喷墨印刷的热熔油墨 – 发明专利公开号 US5286288A

发明原理及科学效应：

发明原理 5. 组合，通过将利于相变油墨墨滴充电和能够提高印刷适性的相关物质与相变油墨基材进行组合解决了相变油墨的墨滴充电困难和印刷适性不良的问题。

原理 36. 相变，利用油墨相变产生的状态变化改善喷墨印刷工艺，提高喷墨印刷品质。

利用相变效应，实现油墨在加热和冷却条件下的喷射和结膜成像。

技术进步性：

提供了一种改进的相变油墨制造方法，推动了相变喷墨技术的发展。

20. 一种喷墨打印头钝化方法 – 发明专利公开号 GB9622177D0（中国专利公开号 CN1241968A）

发明原理及科学效应：

发明原理 1. 分割，通过定位和遮蔽装置使喷墨头部件内壁各部分实现分割处理，以实现对不同部位进行钝化。

技术进步性：

提供了一种新的喷墨头部件钝化方法，其能够简单精确地对喷墨头部件特定位置进行钝化，对提高喷墨头使用寿命有着积极的作用。

21. 一种具有优异耐光性的油墨组合物 – 发明专利公开号 US6379441B1

发明原理及科学效应：

原理 11. 事先防范，通过事先加入能够抑制氧化作用或消减氧化剂的物质防止铜酞菁染料的变色和褪色。

技术进步性：

具有优异耐光性的油墨的提出为户外广告喷墨印刷提供了基础材料支持，促进了大幅面喷墨设备的发展。

22. 一种热制动器 – 发明专利公开号 US6561627B2

发明原理及科学效应：

原理 1. 分割，微机电技术（MEMS）应用，引入了电子芯片制造中使用的微机电技术（MEMS），提高热致动的加工精度。

原理 4. 非对称，通过将两层热膨胀系数不同的材料叠合在一起形成致动元件，使其在受热后发生非对称膨胀，进而引起弯曲，弯曲的致动元件产生推动墨水喷射的动力。

原理 37. 热膨胀，利用不同材料的热膨胀系数不同使其叠合在一起后在加热的作用下发生形变形成喷墨致动力。

采用双金属效应将热能转化为机械能，以推动墨水实现喷射。

技术进步性：

提出了一种全新的采用悬臂式热致弯曲的喷墨致动元件，其无须通过加热墨水产生气泡，因此扩展了喷墨墨水的使用范围，同时没有气泡的产生也杜绝了气穴侵蚀问题的发生，微机电技术（MEMS）的使用易于实现批量生产和与相关电子元件的集成。

23. 一种连续喷墨印刷方法及设备 – 发明专利公开号 US6588888B2

发明原理及科学效应：

原理 2. 抽取，通过空气压力抽取墨滴流中参与印刷的墨滴，使其偏转并喷射到承印物表面。

原理 15. 动态特性，通过动态控制热泡致动器电脉冲作用时间实现墨滴大小的调制。

原理 19. 周期性作用，通过改变周期性作用的频率（改变脉冲作用时间）实现墨滴大小的调制。

技术进步性：

提出了一种墨滴体积调制技术和新的墨滴偏转技术，能够按照承印物需求以不同的分辨率进行打印。

24. 一种具有薄的预烧压电层的喷墨头 – 发明专利公开号 US7052117B2（中国专利公开号 CN101121319B）

发明原理及科学效应：

发明原理 2. 抽取，从压电致动器的致动能力相关参数中抽取与形变量相关主要参数，即压电元件厚度，通过改变压电元件的厚度获得小型化和低功耗的压电元件。

原理 10. 预先作用，采用预先烧结的方式将压电材料与半导体主体结合，可以实现压电材料更小的厚度、更小的平面尺寸和更低的驱动电压。

技术进步性：提出了一种结构简单的小型化压电按需喷墨头制造技术，提出了一种提高喷墨头打印精度和分辨率的解决方案。

25. 一种带悬挂束加热器的热泡喷墨头 - 发明专利公开号 US6755509B2（中国专利公开号 CN100386204C）

发明原理及科学效应：

发明原理 1. 分割，通过将加热电阻分割成多个电阻以提高墨水与电阻的接触面，进而提升加热速度和加热效率。

发明原理 17. 空间维数变化，通过将加热电阻悬挂于墨水中增加电阻与墨水的接触维度，以提高加热速度和加热效率。

微机电技术（MEMS）应用，引入了电子芯片制造中使用的微机电技术（MEMS），提高了喷墨头的密集度，进一步提高了喷墨打印分辨率。

技术进步性：

在喷墨头的制造中引入了微机电技术（MEMS），为高分辨率和高速喷墨头研制提出了一种新的解决方案。

26. 一种墨水循环系统及打印机 - 发明专利公开号 US7901063B2（中国发明专利号 CN101115623A）

发明原理及科学效应：

发明原理 15. 动态特性，通过在喷墨打印系统中设置一种油墨动态循环系统以实现如下功能：消除油墨腔室中夹带的空气；解决快速扫描应用中喷嘴的背压控制；消除打印头中长时间闲置时油墨性能的降低。

技术进步性：

提出了一种采用油墨循环方案以解决喷墨打印中空气夹带、背压控制、闲置时喷墨头中油墨性能降低进而导致的喷嘴堵塞问题，解决了喷墨打印机的稳定运行的三个主要影响因素。

27. 一种液体排出方法、液体排出头和液体排出装置 - 发明专利公开号 JP4818276B2（中国专利号 CN101316712B）。

发明原理及科学效应：

发明原理 10. 预先作用，通过改变喷嘴喷孔形状使墨流在致动热气泡消泡结束前预先断裂，以消减卫星墨滴形成的条件。

技术进步性：

提出了一种简单易行的卫星墨滴消减方法，解决了热泡按需喷墨中卫星墨滴对印刷质量影响的问题。

28. 一种数字印刷工艺 – 发明专利公开号 US2015015650A1（中国专利公开号 CN104271356B）

发明原理及科学效应：

发明原理 24. 中介物，通过中间转印装置配合专用油墨实现了墨滴形状保持和墨滴在中间转印装置上的干燥和墨膜加热软化，干燥后的墨膜转移到承印物上消除了传统喷墨印刷中墨水由于在承印物上的润湿扩散导致的印刷品质下降问题，进而给出了一种印刷品质优良的印刷工艺。

采用电场效应，应用了带电粒子间的范德华力代替油润湿作用而产生的黏附力，避免了墨滴因润湿铺展导致的墨点扩大问题，进而提高了印刷质量。

技术进步性：

提出了一种全新的喷墨成像工艺，提高了喷墨成像工艺的成像质量。

29. 一种油墨配方及其薄膜结构 – 发明专利公开号 US2015072090A1（中国专利公开号 CN104395415B）

发明原理及科学效应：

原理 30. 柔性壳体或薄膜，采用油墨膜代替液体墨滴，以减少油墨在中间转印介质和承印物上的铺展，进而在承印物上形成形状和大小稳定的“网点”。

采用纳米效应，将油墨中除溶剂外的呈色剂等加工至粒度为 70 纳米，颗粒在纳米级所表现出的特性使油墨具备良好的印刷适性。

技术进步性：

将纳米技术应用于喷墨墨水中，极大地提高了喷墨成像的印刷质量。

30. 一种印刷系统用环形柔性带 – 发明专利公开号 US2015165759A1（中国专利公开号 CN104284850B）

发明原理及科学效应：

发明原理 2. 抽取，抽取承印物中对印刷有利的参数，将此参数赋给恒定厚度和表面特性的转印带，以此代替厚度和表面特性各异的各类承印物作为接受墨滴的中间介质，以提高墨滴形态的稳定和最终印刷品的质量。

发明原理 24. 中介物，引入环形柔性带作为喷墨印刷中墨水转印中介物，进而降低了对承印物物理性能的要求，提高了喷墨成像质量。

技术进步性：

提出了一种新的喷墨印刷油墨转移方法，该方法降低了对承印物物理性能的要求，保证了在不同承印物的印刷中喷墨头与墨水接受表面的距离恒定，进而提高了墨滴喷射的稳定性，最终实现了高质量喷墨印刷。

7.3　喷墨成像技术的发展趋势

目前，数字印刷领域以喷墨成像和静电成像两大核心技术为主，喷墨成像数字印刷技术因其广泛的应用领域、丰富的印刷幅面成为数字印刷领域最有发展潜力的技术，同时喷墨技术在增材制造和生物3D打印领域的应用给新兴制造领域和生物医疗领域带来了巨大的推动作用。专利是技术发展的见证，喷墨成像技术从1946年4月1日，美国广播唱片公司的汉塞尔·克拉伦斯发明超声驱动喷墨装置至今已走过了73年的风雨历程，喷墨成像技术已从当初只能进行简单的线条信号记录发展到如今使用纳米油墨进行高品质商业印刷技术阶段，喷墨成像技术不仅在印刷速度，印刷质量、印刷幅面、印刷品质等方面有了质的飞跃，同时，喷墨印刷技术已跳出传统意义上的印刷范畴，给新兴制造领域带来了无限的可能。基于MEMS技术的喷墨头制造技术的逐渐成熟更是将喷墨印刷的分辨率和印刷稳定性推上了一个新的高度，特别是兰达纳米喷墨技术与基于MEMS技术的喷墨头结合，更是在印刷质量上将喷墨印刷带入数字印刷技术的最前沿。未来，将是喷墨印刷的未来，印刷电子，增材制造，3D打印，数字印刷都将是喷墨的天下。喷墨成像技术的未来会有怎样的发展，专利分析能够在一定程度上揭示它的发展规律。

专利申请数量是技术发展方向的晴雨表，相关专利申请数量在一定程度上反映了一个行业或者领域的发展情况，采用书中第二章表2-17“数字印刷专利英文检索方案”中喷墨成像专利数量占比最大的关键词“ink jet”及其他检索条件形成新的检索方案，如表7-31所示，以表7-31检索方案在“国家知识产权局”专利检索平台进行检索，检索结果统计数据如表7-32所示，根据检索数据建立喷墨成像技术专利数量堆叠折线图，如图7-47所示，引入TRIZ理论专利数量分析曲线和技术进化曲线，对比分析可得，喷墨成像技术在2010年左右进入成长期，如图7-48和图7-49所示。

表7-31　色粉静电成像技术专利检索方案

申请人（公司）	申请号	检索关键字	IPC分类号	申请日
佳能	US	Ink jet	B41J、B41M、C09D、H01L	19460101-20190101
精工爱普生				
富士胶片				
惠普				
赛康				

表 7-32　1946—2018 喷墨成像技术专利申请数量

年份	企业							
	佳能	精工爱普生	伊士曼柯达	富士胶片	惠普	施乐	兰达	西尔弗布鲁克
1946–1975	0	0	5		3	28	0	0
1976	0	0	0		0	9	0	0
1977	0	3	1		0	4	0	0
1978	4	1	0		0	9	0	0
1979	9	1	0		1	9	0	0
1980	23	6	0		3	13	0	0
1981	19	8	0		0	27	0	0
1982	27	9	0	0	11	31	0	0
1983	33	5	3		9	16	0	0
1984	46	1	0	0	2	9	16	0
1985	47	14	24	0	5	20	0	0
1986	77	8	15	0	18	21	0	0
1987	49	9	6	0	21	28	0	0
1988	62	7	23	0	20	20	0	0
1989	84	12	24	0	46	40	0	0
1990	120	23	16	0	37	48	0	0
1991	155	16	9	0	61	59	0	0
1992	160	19	11	0	60	56	0	0
1993	174	40	12	0	75	68	0	0
1994	269	45	11	0	109	86	0	0
1995	394	70	9	1	128	92	0	0
1996	295	95	55	0	132	111	0	0
1997	405	117	67	0	190	124	0	0
1998	236	105	146	0	172	108	0	127
1999	233	154	104	0	244	153	0	28
2000	248	172	178	0	244	134	0	98
2001	272	300	282	0	351	156	0	86
2002	412	378	252	2	246	227	0	109
2003	509	325	133	11	253	160	0	241
2004	407	322	110	96	152	199	0	758

续表

年份	企业							
	佳能	精工爱普生	伊士曼柯达	富士胶片	惠普	施乐	兰达	西尔弗布鲁克
2005	533	307	85	119	137	258	0	739
2006	414	387	38	145	64	188	0	440
2007	456	380	31	193	114	182	0	575
2008	427	277	35	146	99	213	0	904
2009	352	357	39	261	95	246	0	452
2010	415	242	43	190	154	291	0	433
2011	384	454	50	161	158	248	0	161
2012	326	450	80	96	212	385	0	21
2013	283	505	36	127	190	311	18	5
2014	304	552	28	95	235	175	7	0
2015	236	517	21	110	185	131	2	0
2016	294	429	28	85	134	124	23	0
2017	207	258	16	107	72	99	11	0
2018	216	163	0	45	24	17	11	0

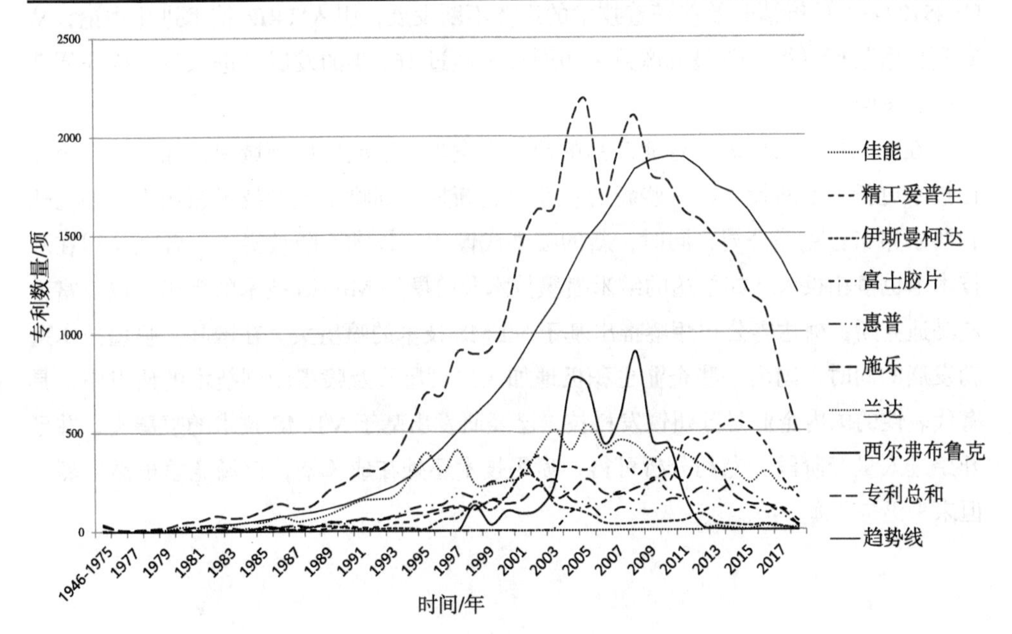

图 7-47 喷墨成像技术专利数量分布

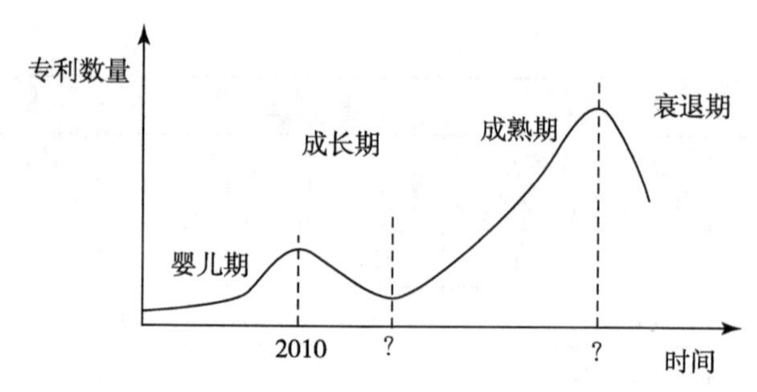

图 7-48　喷墨成像技术成熟度预测曲线（专利数量）

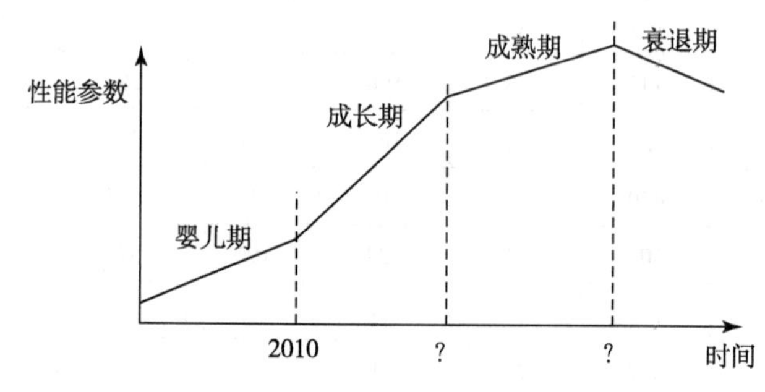

图 7-49 喷墨成像技术进化曲线

基于专利分析对喷墨成像技术的起源、喷墨成像技术的发明、发展及喷墨成像技术的未来发展进行了研究，专利是技术发展的见证，喷墨成像技术从专利US2512743A 的申请开始伴随着技术的进步不断发展，引入 TRIZ 技术进化理论，从专利检索数据可得，喷墨成像数字印刷技术经过 161 年的发展已进入技术生命周期中的成长期。

在专利检索及代表性企业产品的研究中发现，喷墨成像领域中，除了既有企业在技术更新上不断投入，一些新的企业也逐渐加入到喷墨成像技术领域中，如兰达和西尔弗布鲁克等公司，同时，新的喷墨成像相关技术不断被提出，各大公司在新技术上也争相投入，如兰达的纳米喷墨技术及喷墨头 MEMS 技术的提出，以及富士迪马迪克斯、柯达等公司相继推出基于 MEMS 技术的喷墨头。在国际上喷墨技术蓬勃发展的同时，国内一些企业也积极地加入到喷墨头及喷墨印刷技术的研发中，具有代表性的国内企业是苏州锐发科技，已经研发出基于 MEMS 技术的喷墨头，并已开始进入量产阶段。专利分析可得，喷墨技术还处在成长期，市场竞争虽然激烈，但未来仍是蓝海一湾。

参考文献

[1] 邵文，唐正宁. 喷墨印刷中墨滴分裂过程的研究 [J]. 包装工程，2012，33（01）:88-91

[2] 刘其红. 喷墨印刷技术原理与应用 [J]. 印刷工业，2009，4（04）:43-45

[3] 宁布，张睿，刘忠俊，程光耀. 喷墨印刷技术研究现状与发展对策 [J]. 包装工程，2018，39（17）:236-242

[4] 李伟. 喷墨印刷技术及其发展研究论述 [J]. 印刷质量与标准化，2017，（10）:5-8

[5] 胡维友. 喷墨印刷技术概述 [J]. 印刷世界，2008，（2）:1-6

[6] 菲尔·依威斯. 喷墨印刷技术的发展 [J]. 印刷工业，2007，（3）:12-12

[7] 何君勇，李路海. 喷墨打印技术进展 [J]. 中国印刷与包装研究，2009，1（6）:54-58

[8] 冀俊杰. 喷墨印刷机的分类 [J]. 广东印刷，2007，（6）:28-30

[9] 李洋. 2016 高速喷墨印刷在中国 [J]. 中国印刷与包装研究，2016，（4）:17-21

[10] 李洋. 2018 高速喷墨印刷在中国 [J]. 数字印刷，2018，000（004）:10-15

[11] 蔡昊，董春法，张祥林. DOD 式压电喷墨打印系统液滴形成过程的数值模拟 [J]. 包装工程，2014，（15）:113-117

[12] 孟唯娟，刘永富. 彩色喷墨印刷技术的发展与应用 [J]. 印刷质量与标准化，2017，（12）:31-35

[13] 赵桐. 国内外数字印刷的现状及发展 [J]. 印刷质量与标准化，2015，（10）:14-20

[14] 李伟，刘红光，LIWei，et al. 国外混合动力汽车领域专利引证分析 [J]. 情报杂志，2011，30（9）:6-15

[15] 杨佳椿. 基于 MEMS 技术的压电喷头研究 [D]. 中国地质大学，2011

[16] 郭建，李琦，赵海亮等. 基于 MEMS 压电喷墨打印头的氧化石墨烯水性墨水喷射性能研究 [J]. 桂林电子科技大学学报，2017，（1）:59-62

[17] 方恩印，金张英. 基于兰达纳米数字印刷机新技术的探讨 [J]. 包装工程，2012，（13）:128-132

[18] 刘春格，唐正宁. 基于压电喷墨印刷的墨滴速度大小的理论研究 [J]. 包装工程，2010，（15）:36-38

[19] 王媛丽. 基于专利引用的知识流动比较研究 [D]. 湖南大学，2012

[20] 柯达第四代连续喷墨技术将生产型喷墨推向主流市场 [J]. 网印工业，2017，（7）:42-44

[21] 齐福斌. 兰达纳米数字胶印机的特点和启示 [J]. 中国印刷，2017，（8）:61-64

[22] 兰达纳米数字印刷机原理大揭秘 [J]. 印刷技术，2012，（11）:43-44

[23] 徐世垣. 兰达纳米数字印刷技术究竟如何 [J]. 印刷杂志，2012，（8）:52-55

[24] 亦颖. 兰达纳米图像印刷白皮书 [J]. 今日印刷，2013，（2）:52-56

[25] 马天旗，刘欢. 利用专利引证信息评价专利质量的改进研究 [J]. 中国发明与专利，2013，（1）:58-61

[26] 张伟. 喷墨打印技术的发展现状 [J]. 染料与染色，2005，42（6）:9-12

[27] 邢晓坤. 喷墨打印影像技术现状及发展趋势 [J]. 信息记录材料，2008，9（5）:50-55

[28] 刘戊洪. 喷墨技术分类及应用 [J]. 印刷杂志，2014，（7）:31-33

[29] 魏先福，罗开元．喷墨墨水：喷墨印刷的关键 [J]. 印刷技术，2012，（23）:54-54

[30] 王灿才．喷墨印刷的发展现状与趋势分析 [J]. 丝网印刷，2012，（5）:34-37

[31] 姚海根．喷墨印刷的技术特点与发展之路（上）[J]. 印刷杂志，2013，16（3）:1-6

[32] 徐秋香．喷墨印刷工艺参数的研究 [D]. 西安理工大学，2006

[33] 宁布，张睿，刘忠俊，程光耀．喷墨印刷技术研究现状与发展对策 [J]. 包装工程，2018，39，（17）:246-252

[34] 姚海根．喷墨印刷述评（上）[J]. 印刷杂志，2008（8）:60-62

[35] 姚海根．热泡喷墨的技术突破 [J]. 出版与印刷，2011，（1）:33-36

[36] 陈彦．数码印刷的现状和发展趋势 [J]. 印刷技术，2010，（S1）:102-105

[37] 俞建国．数字喷墨铸造印刷未来新格局 [J]. 印刷杂志，2017，（3）:20-24

[38] 王世勤．数字印刷技术的发展及现状 [J]. 影像技术，2009，21（3）:3-12

[39] 汤学黎．数字印刷技术发展概述 [J]. 广东印刷，2010，（3）:12-16

[40] 高勇．数字印刷设备喷头结构研究分析 [D]. 北京印刷学院，2015

[41] 吕春作．水性喷墨油墨的性能研究 [D]. 齐鲁工业大学，2015

[42] 郑亮，周颖梅．相变喷墨打印质量的分析 [J]. 包装工程，2011，（11）:76-80

[43] 张冬至，童俊，任旭虎．压电喷墨驱动器结构优化与仿真分析 [J]. 实验室研究与探索，2013，32（3）:87-91

[44] 贾春江．压电喷墨印刷墨滴成形及特性研究 [D]. 华南理工大学，2015

[45] 刘忠俊．压电式喷墨打印墨滴生成机理及供墨系统研究 [D]. 北京印刷学院，2018

[46] 李超．压电式喷墨打印头腔室的制作工艺研究 [D]. 大连理工大学．2015

[47] 高勇，许文才，王仪明．压电式喷墨头的结构特点与发展现状 [J]. 北京印刷学院学报，2014，（4）:7-9

[48] 唐小利，孙涛涛．运用专利引证开展技术热点监测的实证研究 [J]. 图书情报工作，2011，55（20）:77-81

[49] 李雪枚．纸张涂层结构与喷墨数字印刷质量构效关系研究 [D]. 北京印刷学院，2018

[50] 陈毅莹．终于等到你——首台兰达印刷机实况大揭秘 [J]. 今日印刷，2017（10）:11-16

[51] 张娴，方曙，王春华．专利引证视角下的技术演化研究综述 [J]. 科学学与科学技术管理，2016，37（3）:58-67

[52] https://www.innovation-triz.com/TRIZ40/

[53] https://www.quality-assurance-solutions.com/Triz-Inventive-Principles-1.html

[54] http://triz-evolution.narod.ru

[55] http://www.gnrtr.com

[56] www.triz.co.uk

[57] http://www.whereinnovationbegins.net/office-of-innovation/

[58] http://pss-system.cnipa.gov.cn/sipopublicsearch/portal/uiIndex.shtml

[59] https://new.siemens.com/cn/zh.html

[60] https://www.landanano.com/about-us/company

[61] http://www. 赛尔 .cn/zh/

[62] http://www. 爱普生 .com.cn/

[63] https://www.rolanddg.com/en

[64] http://www.founder.com.cn/

[65] https://www.fujifilmusa.com/products/industrial_inkjet_printheads/index.html#

[66] https://www.kyocera.com.cn/

[67] https://www.heidelberg.com/cn/zh/index.jsp

[68] https://worldwide.espacenet.com/Espacenet

[69] http://s.sooip.com.cn/

[70] http://triz.sblo.jp/archives/20070814-1.html

第八章

其他成像技术

在数字印刷技术的发展中，除静电成像和喷墨成像外的其他成像技术因其独特的工艺带来了特有的功能适用性和应用性，为特殊印刷领域的发展做出了贡献，相关成像技术在数字印刷发展的浪潮中稳定发展并取得了一定的进步。其中，热成像技术应用最为广泛，在零售行业终端收款设备和物流运输行业标签打印设备上的应用随着零售业、网上购物、物流业的发展呈现快速发展的态势，除热成像外，磁成像、离子成像、直接成像、照相成像等成像技术也有着不同程度的发展，这里以“其他成像技术”概括热成像，磁成像、离子成像、直接成像、照相成像等除静电成像和喷墨成像之外的数字印刷成像技术。在研究内容上，本章以应用最为广泛的热成像技术为主要研究对象。

8.1 概述

8.1.1 其他成像技术的起源

热成像、磁成像、离子成像、直接成像、照相成像作为数字印刷技术中弥补静电成像技术和喷墨成像技术空缺的成像技术，在起源上各有特点但又最终汇集到图文复制及图文生成的这一根本性需求上，下面对各成像方式的起源进行概括性阐述。

1. 热成像

热成像数字印刷技术起源于对标签、标识等标记性图文打印的需求，针对这一打印需求，不论是传统印刷技术还是数字印刷技术中的静电成像技术和喷墨成像技术都无法满足，主要原因在于不论是传统印刷技术，还是数字印刷技术中的静电成像技术和喷墨成像技术都无法实现能够随身携带并方便使用的小型打印机，鉴于上述情形，曾经就职于美国德州仪器公司的工程师杰克·基尔比在基于其发明的半导体集成电路的基础上发明了用于打印标识的热打印机。

2. 磁成像

磁成像数字印刷技术起源于对光导体的光导特性和磁性材料的磁性对比，光导体由于光导特性的存在可以通过充电和曝光形成图文信息，在一个印刷循环完成后又能通过全面曝光擦除所有图文信息，与之类似，磁性材料可通过磁场充磁形成图文信息，一个印刷循环完成后通过撤离磁场或加反向磁场擦除所有的图文信息，两者的相似性引起了数字印刷领域技术人员的关注，之后多家公司投入到磁成像技术的研发中。

3. 离子成像

离子成像数字印刷技术起源于对静电极化现象的观察，这一现象与静电成像中充电后的光导体吸附带电墨粉类似，基于这一近似特性，20 世纪 30 年代，人们开始了将放电处理后的树脂吸附绝缘粉末颗粒的特性应用于图文复制领域的研究。1936 年，匈牙利物理学家塞莱尼通过实验的方法演示了一种将电荷图案写入到绝缘体的记录系统，成为最早的离子成像模型。

4. 直接成像

直接成像数字印刷技术起源于对除静电成像和喷墨成像等成像技术之外成像技术的探索，也是数字印刷领域制造商对当时静电成像技术专利封锁所采取的一种突破手段。直接成像数字印刷技术最早由 3M 公司的科兹于 1978 年提出。

5. 照相成像

照相成像数字印刷技术来源于对银盐照相及胶片扩印等传统照相技术数字化的思考以及摄影技术本身的不断进步。传统银盐照相及胶片扩印技术随着社会的快速发展，已经无法满足人们对照片即时获取的需求，一种能够简单快速地将拍摄的照片呈现在人们面前的技术急需被提出，照相成像数字印刷技术正是在这一需求下被推出。

8.1.2　其他成像技术的发明

1. 热成像

热成像是指所有以热作用完成复制任务的图文成像技术的总称，工作原理是基于特定材料加热后发生的物理特性改变。根据热作用机理的不同，热打印技术分成直接热成像和转移热成像两大类，后者又可细分为热转移和热升华。不论是直接热成像还是热转移成像，其核心都离不开热打印头。热打印头作为热成像技术的核心部件，技术及结构直接影响着热打印技术及设备的发展。热打印头的起源与一位被称为半导体之父的诺贝尔奖得主杰克·基尔比（图 8-1）密切相关，曾就职于美国德州仪器公司的杰克·基尔比，在 1958 年，发明了世界上第一块集成电路，1965 年，发明了基于半导体技术的热打印头和打印机，如图 8-2 所示为一台德州仪器公司推出的具有热打印输出功能的计算器。尽管热打印机尺寸很小，但应用领域十分广泛，近年来发展速度相当快。

图 8-1　杰克·基尔比（1923—2005）

图 8-2　拥有热打印输出功能的计算器

2. 磁成像

磁成像数字印刷技术利用了铁磁体的永久记忆能力，通过励磁线圈的磁通量变化产生记录结果。磁成像技术起源于 20 世纪 70 年代初，1972 年，美国数图公司推出磁写打印机，1979 年和 1982 年，美国通用电气和日本岩崎分别发布基于磁成像的行式打印机，1985 年，公牛研制成功首台连续纸磁成像打印机 MP6090，每分钟可打印 90 张，如图 8-3 所示，后组建成尼普生打印系统公司。1989 年，尼普生公司在磁成像技术上持续研发并联合斯迪基隆一同推出了 VeryPress 磁成像印刷系统。如今，磁成像数字印刷设备生产商基本以尼普生公司为主。

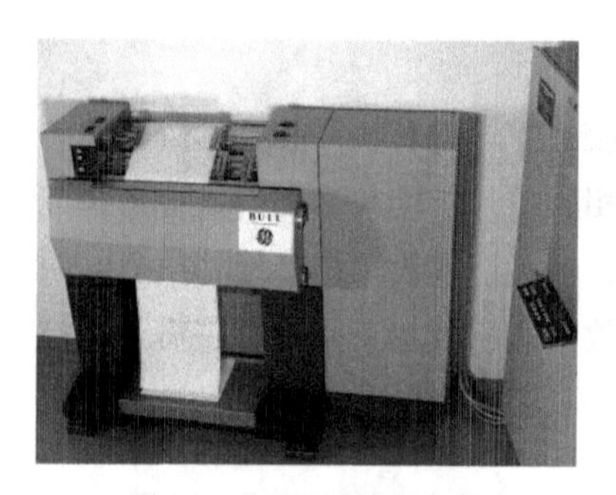

图 8-3　公牛磁成像打印机

3. 离子成像

离子成像数字印刷又称为电子束印刷，是一种用于将电荷图案写入绝缘体的记录技术。离子成像技术最早起源于1936年匈牙利物理学家塞莱尼建立的工程模型，在之后的发展中，离子成像数字印刷出现过电子刻针记录法和离子沉积法两种技术，其中电子刻针记录法以针状电极阵列对均匀充电的绝缘介质表面有选择地做中性化处理，以形成图文潜像，分辨率可达到800dpi，但未获得商业应用；离子沉积法是一种采用在等离子体作用下的离子沉积成像技术，其成像分辨率可达到600dpi，20世纪70年代初出现第一代商业离子成像打印机。20世纪70年代末期，艾利公司的前身之一丹尼森制造公司开始研制高性能离子成像打印机，以德尔费克斯的名称销售离子成像设备，目前德尔费克斯离子成像数字印刷机产品分成Imaggia单张纸系列及CR和RS卷筒纸系列，分辨率达到600dpi。

4. 直接成像

直接成像技术是以静电成像为参照对象提出的一种成像方法，由于去掉静电成像技术中的光导滚筒，墨粉直接转移到承印物上而得名直接成像技术，1978年，3M公司的科兹提出一种称为电子印刷工艺的专利申请，可以认为是最早关于直接成像的技术，这一技术后来被称为“磁性刻针”工艺，由于对印刷质量的改善收效甚微，3M公司最终决定放弃这一技术。能够满足印刷质量要求的直接成像技术由奥西公司最终研发成功，奥西的成功在于其对“磁性刻针”工艺结构的改进。

5. 照相成像

照相成像技术是指通过数字控制方法，利用数字寻址的激光或发光二极管系统在照相纸上成像的一种数字印刷方法，目的是能够以便捷的方式生产出模拟摄影质量级别的印刷图像，直接成像属于湿法成像范畴，承印材料与模拟冲扩相纸类似。照相成像数字印刷起源于视频画面复制技术及相应的视频打印机，与热显影扩散转移照片复制技术有密切的关系。2001年，富士推出全数字式照相成像数字印刷机，富士Frontier和诺力士QSS系列照相成像彩色数字印刷机是模拟彩色照片冲扩设备的直接成像数字印刷设备，但照相成像技术目前只用于摄影照片输出领域，高质量彩色喷墨技术和热升华技术的发展逐渐成为照片输出的另一种方便快捷的手段，而照相成像技术的发展呈现不断收缩的趋势，所以对这种成像技术不做展开论述。

8.1.3　其他成像技术

1. 热成像

热成像技术的核心在于包含有呈色剂的材料在高温作用下由于物理特性的改变而使呈色剂在承印物表面形成图文信息，热成像技术总体上划分为直接热成像和转移热成像两大类，直接热成像又被称为热敏成像，而转移热成像又可细分为热转移和热升华两种类型。三种热成像方式的共同点在于均需要热激发，而区别在于呈色剂在其载体上的存在形式不同或呈色剂载体的不同。具体表现在：直接热成像通过热色敏承印物产生打印结果，无须色带（色膜），转移热成像（热转移和热升华）则离不开色带，不同类型的色带是呈色剂的载体。在成像质量上，热成像可能是迄今为止复制质量最高的技术，但也可能复制出质量低劣的产品。热成像设备的打印效果主要取决于成像方法，其中热升华打印机的复制质量最高，可与连续调照片媲美，而直接热成像设备往往只能用于复制线条稿，图像复制效果较差。

（1）直接热成像（热敏成像）

直接热成像硬拷贝输出工艺需使用专用纸张，其表面有热敏显色涂布层，在热量作用下由于呈色剂状态的改变而显色，用于直接热成像复制工艺的承印材料称为热敏材料或热敏纸，因而直接热成像又被称为热敏成像，相应的设备则称为热敏打印机，有时又简称为热打印机。为了与转移热成像打印机明确地区分，统一称为热敏打印机。目前，热敏打印技术广泛地应用于小票和消费账单打印机，主要特点是无须色带，使用专用的热敏打印纸。

①热敏纸

温度变化导致材料物理或化学特性发生变化的现象称为热敏效应，温度变化导致材料颜色改变的物理现象称为热致变色或热色变，具备热致变色能力的纸张称为热敏纸。目前两种实现热致变色的基本技术分别基于液晶和无色母体染料。液晶热致变色适合于精确显色应用，可以实现对于温度变化的准确响应，但颜色变化范围受工作原理的限制。无色母体染料可使用广泛范围的颜色，但做到颜色与温度变化准确地对应十分困难。在热敏承印材料的制造过程中，可以采用表面涂布热敏层或浸渍热致变色化学物质的生产工艺。因为制造工艺相对复杂，所以热敏纸的价格相对静电复印纸等普通纸张较贵。

热敏承印物中热致呈色材料一般包含染料和基材两种物质，例如荧光素无色母体染料和磷酸正十八酯基材。在热作用下，当基材温度超过熔点时，基材中的酸与染料发生反应，使染料显色性呈现，但外界热量撤销后，基材快速冷却，染料的热致变色结果得以保留。在结构上，热敏承印物由三层组成，分别为底层基材、热敏显色组合物、保护层，如图 8-4 所示。

图 8-4　热敏承印物结构示意图

最早的热敏纸由美国国家收银机公司和3M公司发明，其中美国国家收银机公司采用染料化学技术，3M公司使用基于银盐的工艺。尽管美国国家收银机公司生产的热敏纸比3M热敏纸便宜得多，但由于美国国家收银机公司热敏纸打印的图像退色比3M热敏纸快，因而价格虽然昂贵但耐久性高的3M热敏纸最终占据了市场领导者的地位。

20世纪70年代到80年代早期，日本的理光、十条和神崎等造纸商利用相同的染料化工技术与条形码打印机制造商（例如泰格和佐藤等公司）结成伙伴关系，进入全球范围内正在出现的条形码行业，主要对准超市应用。在美国，美国国家收银机公司的授权生产商阿普利康以及纳舒厄和图控等公司积极争取条形码这一巨大市场的份额，艾利公司等热敏标签生产商成为热敏纸的主要客户。

②热敏打印机

基于直接热成像技术的打印机简称为热打印机或直接热打印机，由于需要使用热敏材料，因而称之为热敏打印更合理。1965年，杰克·基尔比发明集成电路及集成电路热打印头，1969年，美国德州仪器公司推出带有热敏打印机的Silent 700计算机终端设备，如图8-5所示。从此热敏打印机正式进入硬拷贝输出设备市场，成为价廉物美的打印设备。热敏打印机因价格便宜、重量轻而得到广泛应用，计算器、收银机和信用卡终端等都可看到这种轻型打印设备的影子。1979年，苹果计算机公司推出了独立形式的热敏打印机，命名为Apple SilenType，如图8-6所示。驱动方式与点阵打印机类似，区别体现在利用机械螺线管驱动技术使加热后的针头进入打印头。

图8-5 带有热敏打印机的计算机终端设备 Silent 700

图8-6 Apple SilenType 热敏打印机

热敏打印机的呈色由热敏纸的热致变色实现，由于热敏纸的特性，很难实现彩色打印，通常使用热敏打印机均为单色，但也有能够实现双色打印的热敏打印机，一般能够打印黑色和另外一种颜色，其中以红色居多，与单色热敏打印机相比，双色热敏打印机的核心技术在于热敏承印物含有两种热敏温度不同的呈色组合物，打印时以两种温度加热热敏纸，即可获得双色打印效果，如图8-7所示为兄弟公司在2017年推出的双色标签打印机QL-800。

热敏打印机在打印过程中因为没有“油墨”转移过程的发生，所以在结构上相比喷墨打印机或静电打印机以及热转移打印机都要简单，通常热敏打印机由如下核心部件组成：热打印头（用于加热承印物使其热致显示成分显色，将热打印头压覆于承印物上的压力部件，核心为一个弹簧部件，用于将热打印头紧密地压紧在承印物上，以保证可靠的热传导，提高加热效率）；用于递送承印物的传送装置；控制部件。

③可擦写热敏打印技术

可擦写热敏打印技术可以认为是热敏成像技术的一种延伸应用，最早在日本和欧洲等工业发达国家使用，随着全球第四次工业革命的兴起，可擦写热敏打印成为工业 4.0 中各环节物料及成品追溯用 RFID 标签的一项重要功能，在此技术推动下，可擦写热敏打印技术迅速发展并逐步得到广泛的应用。

可擦写热敏记录技术与热敏打印技术既有相同也有区别，相同之处在于都要用到热敏记录介质，通过加热器发出的热量使记录介质变色，得到永久性的图像等，区别主要表现在可重写热敏记录介质涂布的材料不同，打印到热敏记录介质的图像不再需要或者信息变化时可以擦除或重写，反复擦写可达百次。

可擦写热敏记录技术打印过程需要加热到一定的温度并快速冷却，这与常规热敏打印技术区别不大，主要区别是擦除过程，关键在于加热到一定温度后需要在一定温度变化速率下缓慢冷却到室温，通常写入温度在 180℃以上，而擦除温度在 130℃至 170℃之间。据资料介绍，目前仅三菱纸业和理光两家公司提供可擦写热敏记录介质。可擦写热敏记录介质的热化学工艺如图 8-8 所示。

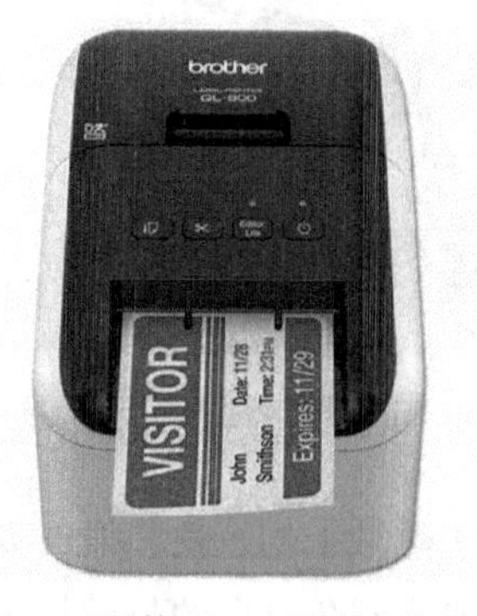

图 8-7　兄弟 QL-800 热敏打印机

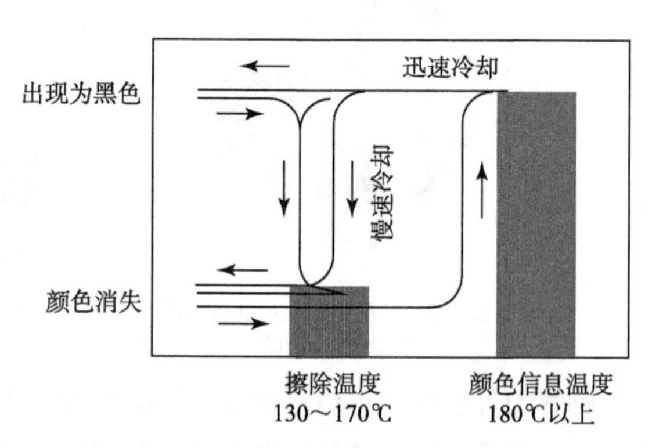

图 8-8　可擦写热敏记录介质热化学工艺示意图

④热敏成像技术的应用及问题

由于热敏打印机耗电量低、使用相对经济、打印启动时间短等特点，热敏成像技术被广泛地应用于计算器及测试设备数据输出打印装置、信用卡终端、销售收银打印系统等需要简易数据记录及凭证的打印系统中，如可用于条形码、标签和票据打印的斑马 RW 820 热敏打印机，如图 8-9 所示。

热敏成像技术虽然方便易用，但打印形成的图文容易受外界偶然作用所致热量的影响而导致纸张整体变暗或产生不规整条纹，早期的热敏纸大多含有对人体有害的双酚 A，长时间的接触对肝功能及肾功能有害，但随着热敏承印物制造技术的改进，这些问题正在逐步改善并推出了相应的改进产品，如斑马公司推出的三防热敏打印纸 Z-Perform2100D。

（2）热转移成像

热转移成像通过加热色带使其上的油墨转移到承印物上完成复制任务，特点是油墨从色带释放出来，再直接或间接转移到承印物表面，即热转移是一种油墨加热熔化再转移的技术，热转移成像原理如图 8-10 所示。为了完成图文复制，必然会发生大量油墨的转移，因此有时称热转移成像技术为“热密集转移”成像技术，相应的设备称为热转移打印机。

图 8-9 斑马 RW820 热敏打印机

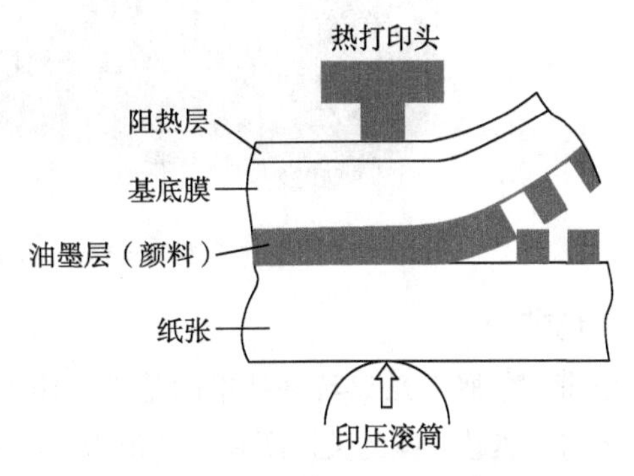

图 8-10 热转移成像原理示意图

早期的热转移打印机只能实现无阶调黑白印刷，也有学者称其为二值印刷，即印刷过程中色带上的油墨只有完全转移和完全不转移两种状态。随着技术的进步，一种可变网点热转移印刷技术（VDT，Variable Dot Thermal Transfer）出现，采用微结构和微电子技术，可精确控制对色膜成像特定微小区域的加热值，理论上可以按原稿的不同阶调值在印刷中转移不同的油墨量，实现阶调复制，可变网点热转移印刷技术中采用激光热打印头，打印头与色带没有直接接触，色带表面无须涂覆保护层，同时由于激光精度高，可实现高分辨率打印，工作原理如图 8-11 所示，代表产品有克里奥与海德堡合作的全胜 TrendSetter Spectrum 打样制版两用数字打印机，如图 8-12 所示。所述网点可变技术不仅能够实现网点的频率调制，也能实现网点本身墨层厚度的调制，理论上，可以输出高精度的印刷品，基于此技术，许多公司推出了热转移硬打样系统。

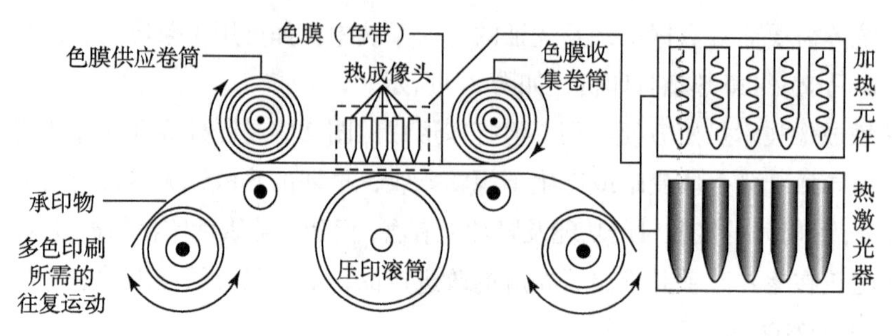

图 8-11 可变网点热转移印刷原理示意图

图 8-12 全胜 TrendSetter Spectrum 数字打样机

①色带

色带（色膜）是热转移技术的基础，作为呈色剂的载体和转移介质，是热转移成像区别于热敏成像的关键所在。色带为多层结构，通常由保护层（背面涂布层）、合成薄膜和热转移油墨层三个部分组成，电容器纸或聚酯薄膜都可用作基底层材料，油墨层采用蜡质材料、树脂或蜡质材料与树脂的组合物。

在打印作业中，打印头的热作用方向对准色带的基底材料，加热元件在打印机控制系统发出的电压脉冲信号作用下形成短暂的热脉冲，加热器产生的热量足以熔化色带表面的油墨层。只要打印头的加热温度超过色带表面油墨层的熔点，则油墨层黏度因受到热量的作用而迅速降低，流动性增加，在压力的作用下熔融的油墨转移到承印物上，在油墨成功转移的同时，加热器停止工作，失去热源供给的油墨温度快速降低并恢复到常态，最终在承印物上形成预期的打印图文。由此可见色带与熔融油墨的连接力和熔融油墨与承印物的连接力是热转移印刷成败的关键，只有色带基底层对油墨的黏结力小于目标记录介质对色带油墨层的黏结力才能保证油墨的良好转移。

如果以 Fa 表示目标记录介质表面对色带油墨层的吸引力（黏结力），以 Fc 表示油墨层与色带基底材料之间的黏结力，如图 8-13 所示，则只要满足 Fa 大于 Fc 一定数值的条件，参与图文形成的油墨就会从色带上剥离下来，转移到目标记录介质表面，当 Fa 小于 Fc 时，油墨转移将无法实现。由此可见，通过改变两种黏结力数值的相对大小，就能构成色带油墨层的全部转移或全部不转移系统，打印头热量和转印压力是构成油墨转移到目标记录介质的条件。

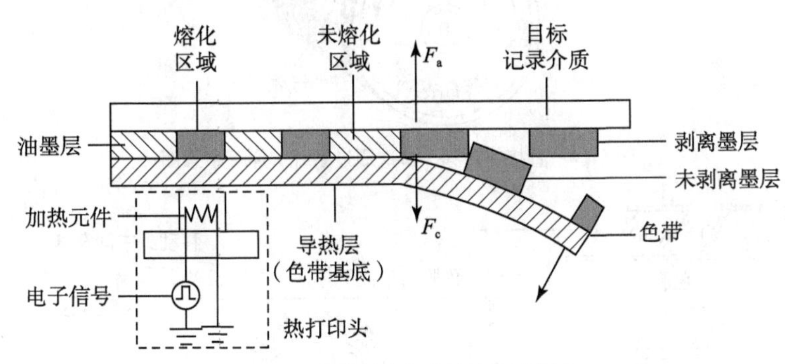

图 8-13　热转移成像油墨转移示意图

②热转移打印机

结构上热转移打印机与热敏打印机非常相似，不同之处在于转移打印机多了色带供给和收卷机构。热转移打印机按照油墨转移工艺特点可分为直接热转移印刷机和间接热转移印刷机。直接热转移印刷系统又称为多次通过系统，其中多次通过系统的提出主要针对彩色热转移印刷，在印刷彩色图文时，承印物需要多次通过打印区域完成多色印刷。单色印刷时，直接热转移印刷中色带上的油墨在打印头加热熔化后在转印滚筒的压力下直接转移到承印物上形成图文信息，此时色带上的油墨只有一种颜色。彩色印刷时，油墨转移方式同单色印刷相同，区别在于色带，彩色印刷的色带将黄、品红、青、黑四色油墨顺序设置在同一色带上，彩色印刷时，承印物每次经过一次热打印头打印其中一种油墨，四色印刷则需要通过打印头 8 次，工作原理如图 8-14 所示。间接热转移印刷又称一次通过系统，主要用于多色印刷中，间接热转移印刷设置有用于传递油墨的中间转印介质，印刷中各色色带上的油墨在打印头加热熔化后集中转移到中间转印介质上，然后油墨从中间转印介质一次性转移到承印物上，因此得名一次通过系统，这与静电成像和喷墨成像中的一次通过系统类似，工作原理如图 8-15 所示。

热转移打印机按照应用范围，分为标签打印机和打样用打印机两类。标签打印机主要用于打印条形码、二维码等标签打印领域，例如斑马公司生产的 ZT230 标签打印机，如图 8-16 所示；打样用热转印打印机主要用于印前打样，例如富士的 Final Proof 5600 数字彩色打样机，如图 8-17 所示。

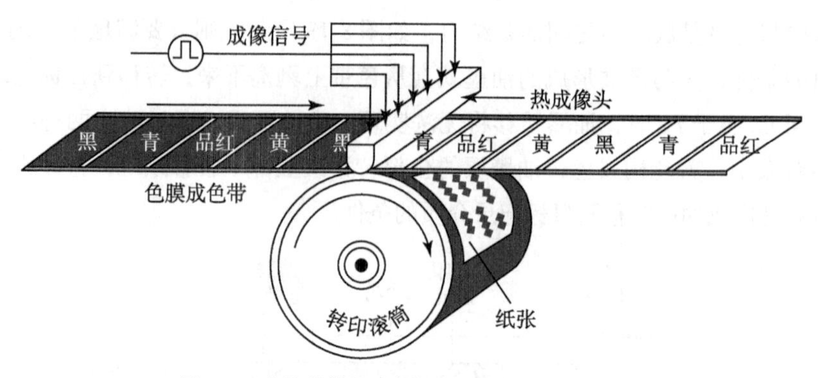

图 8-14　直接热转移（多次通过系统）原理示意图

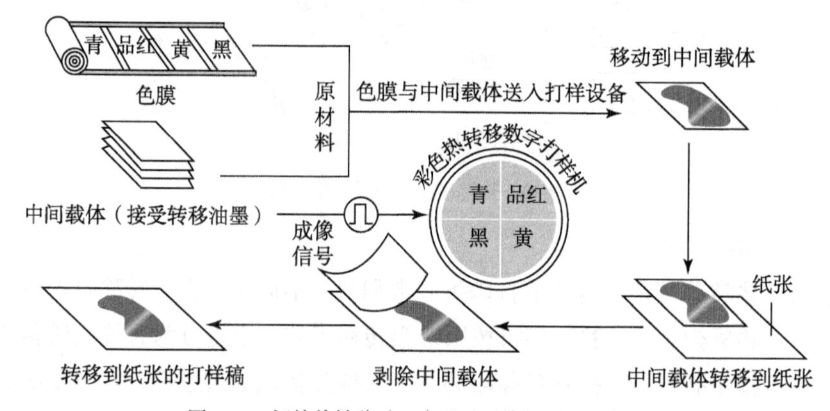

图 8-15　间接热转移（一次通过系统）原理示意图

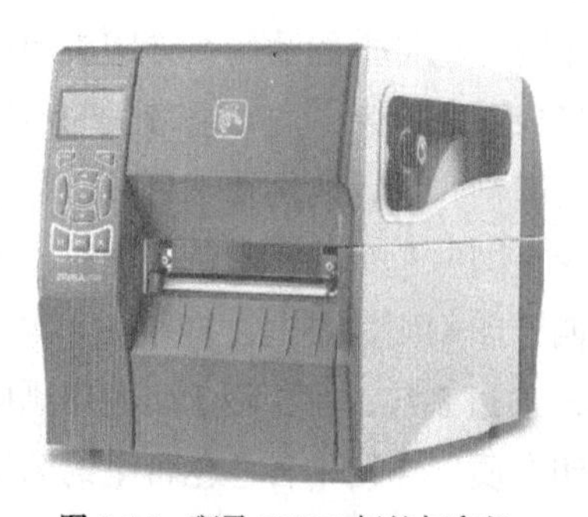

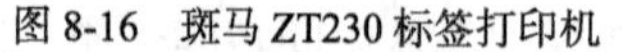

图 8-16　斑马 ZT230 标签打印机　　图 8-17　富士 Final Proof 5600 数字彩色打样机

③热转移打印技术的应用和存在的问题

目前热转移成像打印技术应用非常广泛，涵盖了标签、卡证和标志打印，户外广告打印，各种织物、横幅打印等，热转移成像数字印刷之所以有如此广泛的应用，根本原因在于印刷设备价格低廉和工艺简单易操作以及印刷品耐久性良好，在耐久性上，目前热转移印刷技术仍然处于各种印刷方式的前列，例如，在户外条件下，采用热转移印刷的未添加高成本的覆膜保护层的标志、广告使用寿命可长达3至5年。

热转移技术在实际应用中最大的问题在于印刷速度和打印头寿命之间的矛盾，要提高印刷速度，打印头加入电脉冲时间必须要缩短，但为了保证色带油墨层的可靠熔化，必须有足够的热量提供给色带，因此需要加大打印头的功率，以提高其发热量，但这样会降低打印头的工作寿命。目前的研究结果表明，在打印头的脉冲加热时间为 1.5ms 时，可以在获得合理打印速度的前提下保证打印头的使用寿命。

（3）热升华成像

热升华成像是色带上的染料基油墨加热后从固态直接转化为气态，气态油墨扩散到承印物上冷却形成图文信息。

从图文转移特征和加热时发生的物理现象这些因素综合考虑，描述热升华成像和复制特点的更准确的术语应该是染料扩散热转移成像，英文 Dye Diffusion Thermal Trensfer 较为准确地表述了这一成像方式，因四个单词的首字母是 2 个 D 和 2 个 T 而缩写为 D2T2。为了叙述方便，相应的成像技术和设备统一称为热升华技术和热升华打印机。

热升华打印技术可追溯到 20 世纪 80 年代索尼开发的 Mavica 数码相机，与其配套使用的是一台热升华打印机，如图 8-18 所示，随着技术的发展和社会的进步，特别是智能移动终端（如智能手机）的快速发展，热升华打印技术以照片打印机的形式已经进入家庭成为一件生活娱乐用品，如图 8-19 所示为 2018 年 12 月 19 日小米公司发布的一台基于热升华打印技术的 6 寸照片打印机。

图 8-18 索尼 Mavica 数码相机及其配套热升华打印机

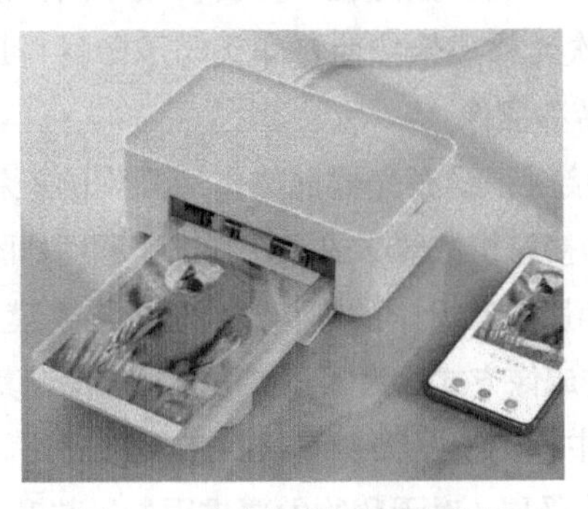

图 8-19 小米热升华照片打印机

热升华打印技术具有良好的连续调复制能力，甚至可以与银盐照相媲美。热升华打印的技术核心在于涂布了特殊染料的色带，打印时，来自打印头加热元件的热量作用到色带的染料层后染料从固态直接进入气态，以连续调复制的方式使染料从色带转移到接受体印张上，其核心在于升华染料在承印物接受层中的扩散和转印，打印原理如图 8-20 所示。热升华成像技术与热转移成像技术在油墨转移上有着本质的区别，同时其图文形成方式与传统胶印、静电成像数字印刷和喷墨印刷均存在显著的差别，主要体现在图文成像的油墨单元的形式上，传统胶印、静电成像数字印刷和喷墨印刷中图像阶调均由油墨"网点"的大小和密度形成，但不论网点如何小（即分辨率），均存在网点的非连续性问题，但在升华打印技术中，阶调的呈现是通过网点的大小和墨量形成的，图像网点均为连续性，热升华成像网点与喷墨成像网点对比如图 8-21 所示。在打印头加热技术上，彩色热升华打印机的加热元件往往不同于热敏打印和热转移印刷，大多利用激光器加热，这种借助于激光器的加热技术容易获得高清晰度的图像，原因在于激光束可聚焦成直径很小的光斑，热能可通过脉冲调制的方法控制，准确的位置控制也容易实现。

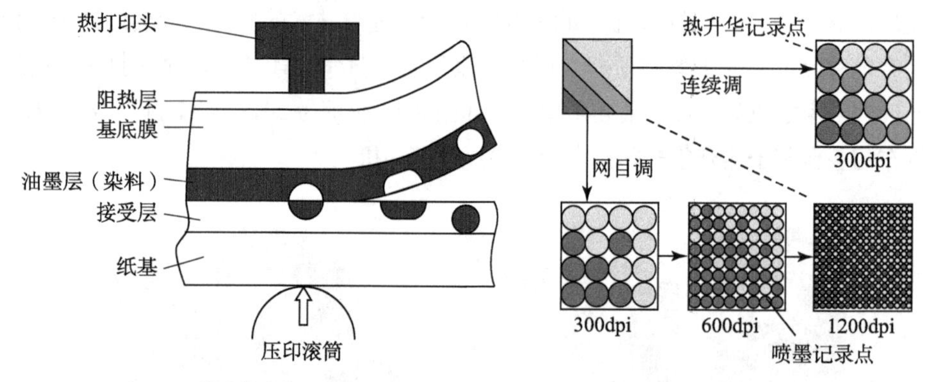

图 8-20　热升华成像原理示意图

图 8-21　热升华成像网点与喷墨成像网点对比示意图

热升华成像技术按照染料扩散过程中是否使用中间介质可分为一次转移成像和二次转移成像，其中一次转移成像按照打印头与承印材料是否接触又可分为接触扩散转移成像和间隙扩散转移成像。

色带与承印物相互接触，受激光器加热作用升华的染料在接触的条件下实现扩散和转移的成像方法称为接触扩散转移成像，其工作原理如图 8-22（a）所示。色带与承印物之间设置一层隔离膜，热升华的染料需要透过隔离膜上经激光烧蚀而产生的微孔向承印物扩散和转移的成像方式称为间隙扩散转移成像，其工作原理如图 8-22（b）所示。在一次转移成像中，不论是染料直接扩散转移还是间隙扩散转移都要求承印材料设置有特殊的染料接受层，对承印物的要求限制了热升华转移成像的应用范围。

针对这一问题，一种设置有中间转印介质的二次转移成像方式被提出。

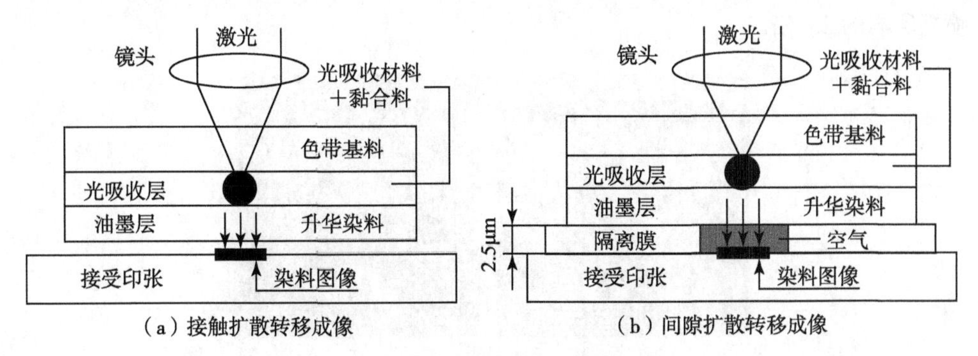

（a）接触扩散转移成像　　（b）间隙扩散转移成像

图 8-22　热升华成像技术原理示意图

二次热升华转移成像技术因涉及中间转印介质的参与，也被称为间接热升华转移成像技术，特点为：色带与中间介质接触，在打印头热量的作用下色带中的油墨以升华的方式首先转移到中间介质的油墨接受层上，然后在加热加压的条件下将中间介质上已经附着有油墨的油墨接受层“黏合”于承印物上最终形成要打印的图文。中间介质一般由底层和油墨接受层组成，在油墨接受层转移到承印物的过程中底层与油墨接受层分离，工作原理如图 8-23 所示。

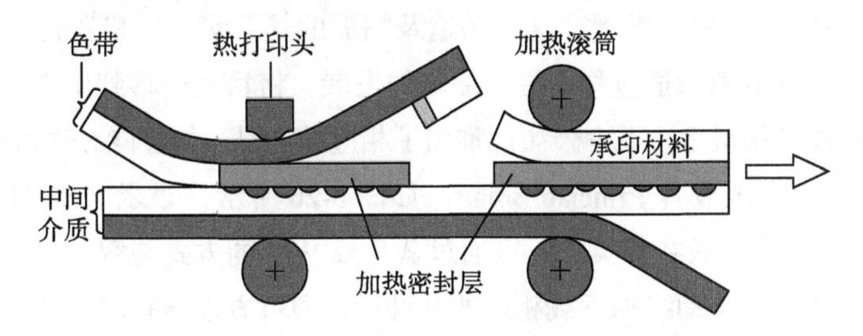

图 8-23　二次热升华转移成像技术原理示意图

①色带

色带是热升华成像技术中的关键耗材，按物理形态分类，主要有单张和卷筒两种形式，单张纸色膜需要特殊的供给装置，较少使用，其中以卷筒形式最为常见，按颜色分类，色带可分为单色，双色，多色等，多色色带大多是 8 色的（也有 3 色的），色带典型厚度是 10 微米，墨层厚度约 3 微米。色带表面还通常涂有约 2 微米的保护层，保护层可对成像系统和色带本身起保护作用，并能确保油墨层的良好转移，在材料选用上，保护层需选择导热性能好的材料，以降低对加热元件的热能要求。热升华用色带的呈色剂一般为染料型，染料对于光线的反射呈色是基于单个分子的光线响应。小尺寸的染料分子反射的光线是“聚集”的，相比颜料的分子团聚颗粒对光线的散射可产生更加鲜明的色彩，两种呈色剂对光线的反射原理示意如图 8-24 所示。

研究表明，染料基油墨的色域范围（可表现颜色的数量）大约是颜料基油墨的 1.5 倍，喷墨印刷的 2.8 倍。

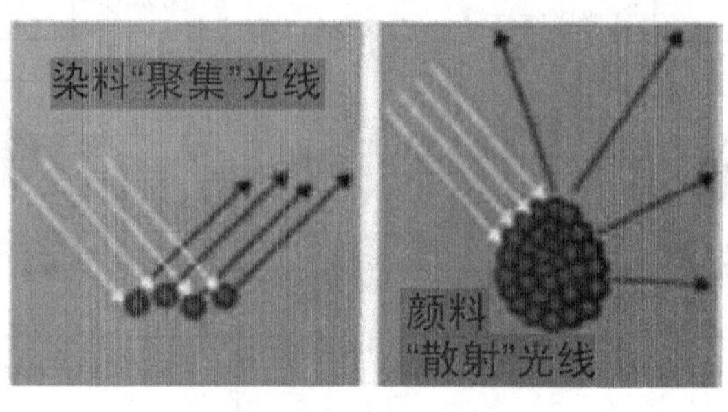

图 8-24　染料与颜料对光线发射示意图

②热升华打印机

目前热升华成像技术的打印机主要分为两类：一类是用于代替胶片冲扩技术的照片、身份证和彩色证件打印机，特别是便携式照片打印机；另一类是彩色数字硬打样机。热升华技术之所以用于这两类对成像质量要求非常高的设备上，与热升华复制质量极高的特性是密切相关的。

最早的热升华照片打印机用于婚纱影楼中照片的快速输出，幅面大多为 A8 或者 A3 尺寸，随着喷墨技术的发展，这一用途及幅面的热升华打印机正逐步被彩色喷墨打印机所替代。制造商为适应移动智能终端的发展，将目光转移到生产小尺寸家用便携式热升华照片打印机上，不少公司都推出了相应的产品，如佳能 SELPHY CP1300，如图 8-25 所示，富士胶片 Princiao Smart，如图 8-26 所示，小米 ZPDYJ01HT，惠普 studio 等。打印尺寸一般在 6 英才，可通过蓝牙或 Wifi 的方式与智能手机、平板电脑等移动终端连接，在移动终端下载相应的软件后，便可方便地打印需要的照片。打印分辨率一般在 300dpi，采用一体抛弃式色带卷架，设置有约 20 张相纸的纸盒。

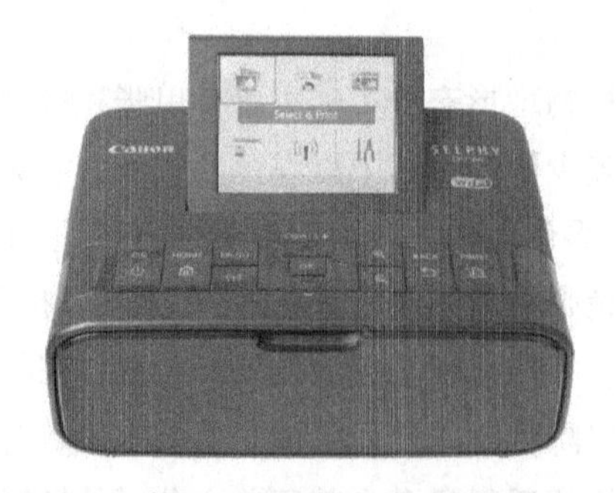

图 8-25　佳能 SELPHY CP1300 照片打印机

图 8-26　富士胶片 Princiao Smart 照片打印机

热升华彩色数字硬打样机是利用热升华复制质量极高这一特点推出的一种用于印前打样的设备，但色膜和纸张价格都比较贵，较高的复制成本不适合用于大批量图文复制。Kodak Approval 彩色数字打样机（如图 8-27 所示）和 Agfa DueProof 彩色数字打样机都是基于热升华原理的彩色数字硬打样机，其中 Kodak Approval 采用间接转移技术，中间转印介质通过空气负压被吸附到印刷鼓上，各色依次转印到中间转印介质上，多色套印通过控制色带位置实现，完成 8 色印刷的中间转印介质通过层压器将油墨转移到最终承印物上，其工作原理如图 8-28 所示，Agfa DueProof 是兼具热转移和热升华功能的复合型彩色数字打样机，所使用的色带是一种既能用于热转移成像工艺又能用于热升华成像工艺的两用色带，由于能够在两种成像工艺间相互转换，所以不仅能以热转移的形式输出调幅型网目调印刷品，而且能以热升华的方式输出接近连续调的印刷品。随着喷墨成像技术的发展，采用热升华成像技术的打样设备已退出市场，取而代之的是高精度彩色喷墨打样设备，如爱普生 SureColor 系列。

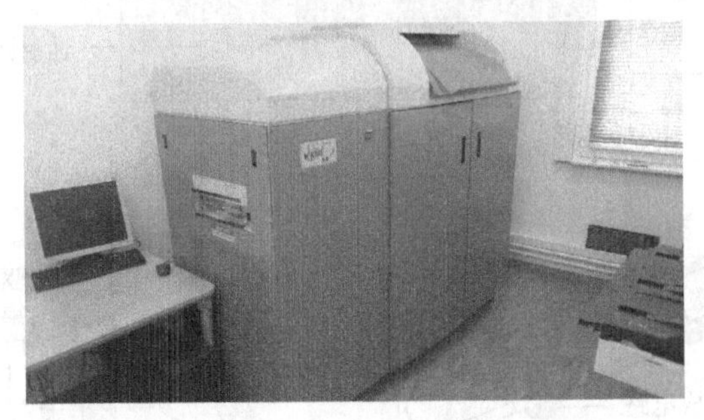

图 8-27　柯达 Approval 彩色数字打样机

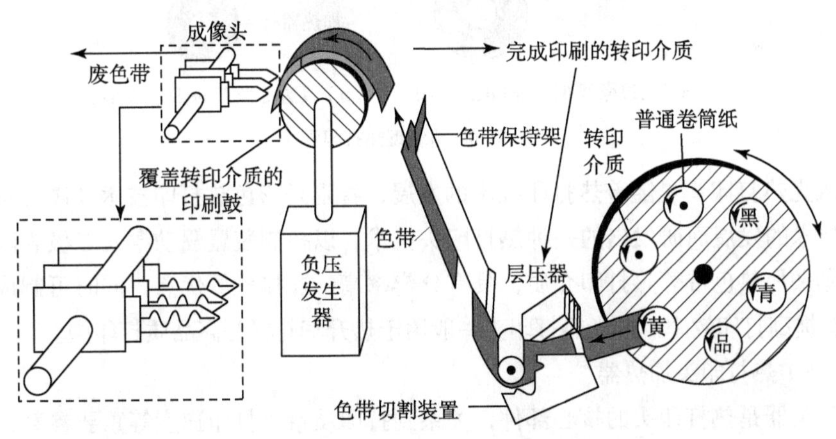

图 8-28　柯达 Approval 彩色数字打样机工作原理示意图

（4）热打印头

热打印头最早由美国德州仪器公司的工程师杰克·基尔比于 1965 年发明，在之后的发展过程中形成了平直型和边缘型两大类，之后又发展出了采用激光技术的高精度热打印头。

平直型和边缘型两大类热打印头应用于各种小型热打印机中，前者结构和制造工艺相对简单，普遍使用。在小型化热打印机中为了避免与驱动集成电路触碰，记录介质通过转印间隙时需要与水平方向形成足够的角度，如图 8-29 所示，边缘型打印头又分为角边缘型（Comer Edge Type）和真边缘型（True Edge Type）两种结构形式，如图 8-30 所示，由于驱动集成电路远离记录介质前进路径，无须辅助机构也能确保驱动集成电路不与记录介质触碰，因而具有记录介质直进直出的优点。

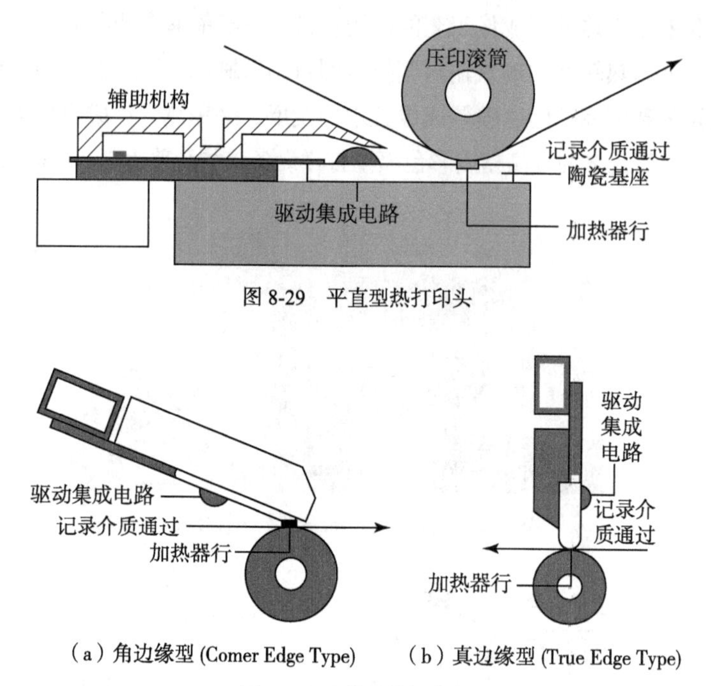

图 8-29　平直型热打印头

（a）角边缘型 (Comer Edge Type)　　（b）真边缘型 (True Edge Type)

图 8-30　边缘型热打印头

激光热打印头是随着热打印技术的发展，特别是彩色热打印技术及高分辨率热打印技术的发展而研发出的一种热打印头技术，以控制装置驱动激光二极管阵列发出激光来加热色带等热打印介质，具有分辨率高、非接触等优点，同时可制成页宽打印头提高打印效率。激光热打印头一般用于热升华打样等高品质打印中。

（5）热打印头加热器

加热器是热打印头的核心部件，关系到打印质量、打印速度等重要参数，目前打印头加热器主要分为传统半导体加热器、薄膜加热器、厚膜加热器和激光加热器四种。

半导体加热器历史最为悠久，实质是一个半导体电阻器，以硅半导体为主，半导体热打印头的优点是硅材料带来的优异抗磨损特性，同时生产打印头元件有工业基础良好的半导体制造技术的支持。但缺点也很明显，如：对记录点尺寸选择的严格限制，要求的供电方式复杂等。

薄膜热打印头采用溅射、蒸镀等薄膜工艺制造，结构如图 8-31 所示，一种薄膜加热器的外形如图 8-32 所示，薄膜加热器适合于高速打印应用，原因在于这种加热器优异的热响应能力。薄膜加热器有不少优点，但生产大尺寸的薄膜加热器却相当困难，制造工艺也相对复杂。目前，热升华和热转移打印机大多使用薄膜加热器，薄膜加热器通常以丝网印刷结合烧结技术制成。

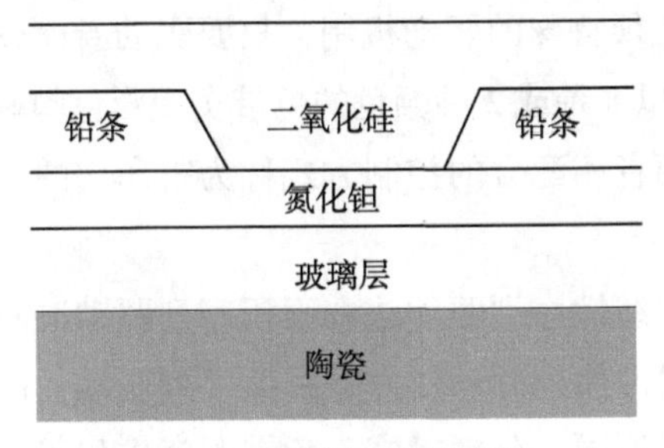

图 8-31 薄膜加热器结构图

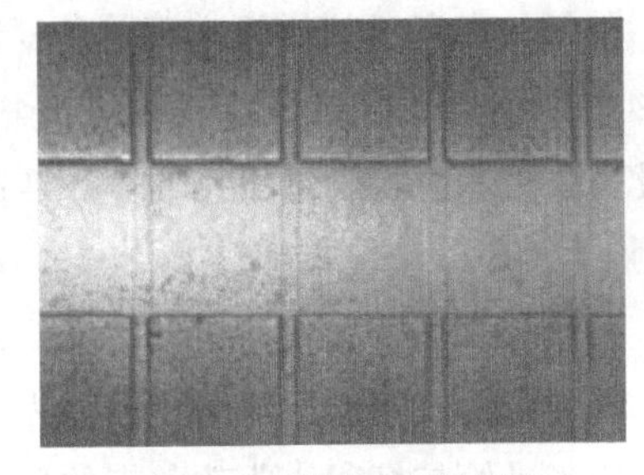

图 8-32 薄膜加热器外形图

薄膜加热器具有双重优点，表现在，薄膜电路通常在玻璃上加工，由于玻璃的热传导系数很低，所以薄膜打印头的加热效率更高；其次，薄膜制造工艺的固有特性主要体现在精细线条定义，因而利用薄膜加工技术可生产出高清晰度的电阻器。

薄膜加热器有不少缺点，薄膜电路的制造成本也相对较高。薄膜加热器的坚固程度不足以抵抗纸张的摩擦，为此要求涂布保护层，这会明显降低打印速度。

厚膜热打印头采用印刷、烧结等厚膜工艺制造。由于制造工艺不同，与薄膜加热器在材料、微观结构上也有差别，结构如图 8-33 所示，一种厚膜加热器的外形如图 8-34 所示，厚膜打印头加热器的使用方式基本上与薄膜打印头相同，电阻器阵列需要预定的“图案”使它们相互连接起来，才能够实现正确的寻址。这种热打印头最适合于大尺寸打印机，特别是用于输出大规格印张的热转移或热升华打印机。

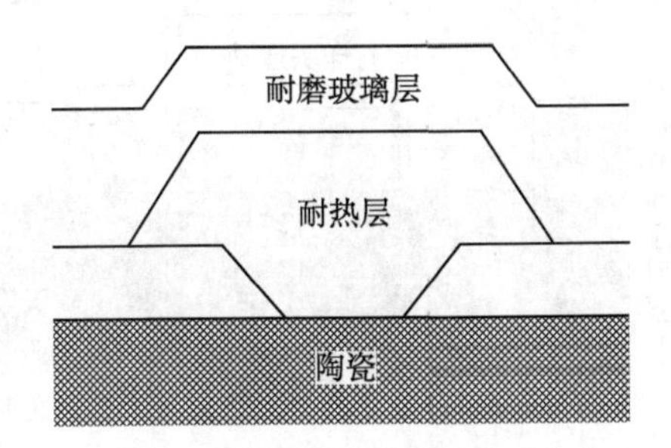

图 8-33 厚膜加热器结构图

图 8-34 厚膜加热器外形图

厚膜打印头的优点体现在两个方面，一是厚膜电阻器在高脉冲功率条件下的机械坚固度；二是厚膜打印头加热器容易加工成多层结构，形成复杂的连接关系，组合成完整的加热器记录点阵列，可有效地连接到打印头。

厚膜打印头的缺点主要表现在基底层往往使用高导热系数的氧化铅，从而对电源（功率）提出更高的要求。此外获得高精度的电阻器也是问题。

激光加热器依靠激光发生器发出的高能激光实现加热，其响应速度快、精度高、分辨率高，是高精度热打印机首选加热器。

（6）热成像驱动机制

热敏打印通过热敏纸实现单色复制，无须特殊的驱动机制，只要驱动卷筒或单张形式的热敏纸即可。热转移和热升华分别以 8 种或 3 种颜色的色带实现彩色印刷，为此需要打印头与走纸机构的合理匹配，两者相配合的控制方式称为打印头的驱动机制。

热转移和热升华打印机的驱动机制分成线性序列驱动法和面积序列驱动法两大类，其中线性序列驱动法又可细分为串行线性序列驱动和并行线性序列驱动，区别在于印张进给与打印头驱动色带的配合方式不同。分别对应于色带顺序排列和平行排列，印张（记录介质）的进给方式相同。

串行线性序列和并行线性序列已成为彩色热升华打印机的典型驱动方法，实现彩色复制任务的工作原理如图 8-35 所示，从该图看出两者的主要区别：对使用串行线性序列驱动机制的热升华打印机来说，色带上的黄、品红、青三色油墨沿平行于打印头移动的方向排列，记录介质（类似于彩色照相纸）移动方向与色带排列方向垂直；一种色带到达目标位置后，热打印头向图 8-35 所示运动方向扫描式地加热并打印，返回原位置时为空程，每打印完一种颜色需往复一次；并行线性序列法三种颜色的色带排列方向与串行线性序列驱动法垂直，即三种主色平行方式对齐，记录介质沿垂直于色带的方向移动，热打印头移动方向与色带排列方向垂直，打印头往复移动一次完成当前印张位置三种颜色的打印。

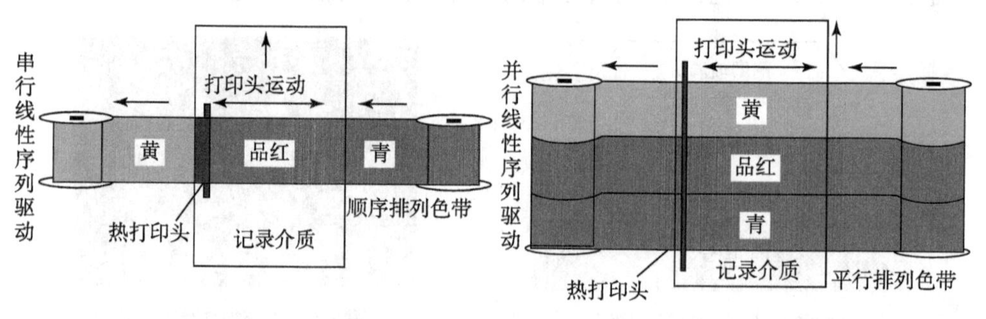

图 8-35 线性序列驱动法示意图

随着技术的发展，线性序列驱动法目前已很少使用，面积序列驱动法的主要优点表现在处理速度高，目前打印机市场销售的大多数彩色热升华打印机已改用这种驱动机制。从图 8-36 可以看出，色带与纸张的尺寸相同，热打印头沿色带排列方向移动，加热宽度遍及色带高度，完成一种主色的色料转移后打印头恢复到初始位置，再继续打印下一种颜色。因此，面积序列法的转印操作在同一主色的整个面积上执行，也是面积序列驱动得名的原因。

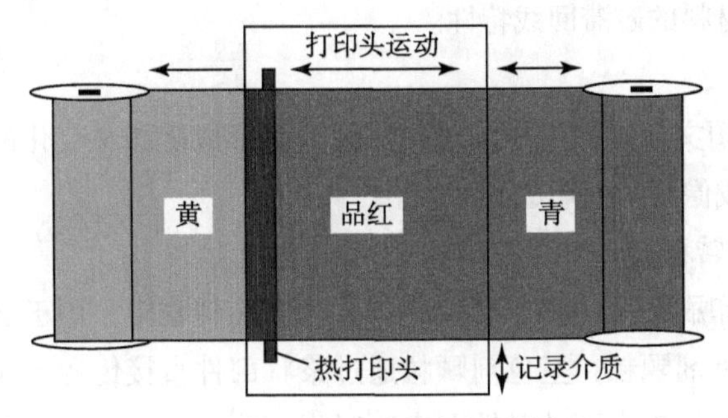

图 8-36　面积序列驱动法示意图

2. 磁成像

磁成像（Magnetography）是利用铁磁材料在磁场作用下的磁化特性在成像滚筒上形成类似于静电潜像的磁潜像。成像滚筒上的磁潜像通过一种特殊的输墨（显影）装置吸附铁磁性墨粉，然后使墨粉颗粒转移到承印材料表面形成印刷图文。

磁成像是静电成像的磁模拟，两者的主要区别在成像阶段，显影过程必须利用墨粉磁性，成像和显影结束后的其他过程基本相同。磁成像数字印刷基于材料的铁磁性，即以铁磁性代替静电成像数字印刷的光导性和静电吸附效应，因而静电成像数字印刷与磁成像数字印刷的根本区别在于物理效应不同，磁成像数字印刷工艺过程如图 8-37 所示。磁成像印刷系统由磁成像系统、成像鼓、显影装置（磁性呈色剂供应站）、抽气装置（用于图像增强）、压印滚筒、加热固化装置、辐射固化装置、

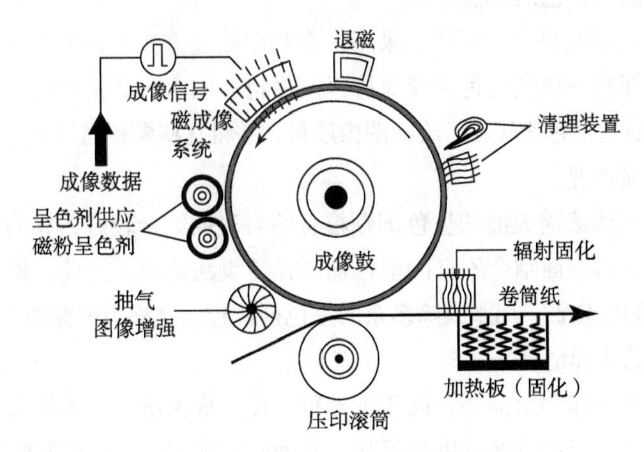

图 8-37　磁成像数字印刷工艺过程示意图

成像鼓表面清理装置和退磁装置等组成。成像鼓中心部分是非铁磁材料的核心，表面先涂一层软质的磁性铁镍层，厚度约 50 微米；在铁镍层上再涂一层硬质磁性钴镍磷合成化合物层，厚度约 25 微米；鼓的最外层是保护层，厚度 1 微米，目的是保护里层，质地坚硬而耐磨，这有利于采用机械方法清理。其中退磁装置的设计考虑成像鼓表面铁磁体材料的磁滞回线特性。

（1）成像

通过将载有图文信号的电压加于磁成像头上形成随图文变化的磁场，磁成像头上变化的磁场在成像滚筒上形成磁潜像。

（2）呈色剂转移

磁成像数字印刷系统的显影装置中包括几个旋转磁辊，用于从显影装置的呈色剂容器中取得呈色剂颗粒；呈色剂颗粒通过浆状部件直接传送到成像鼓表面附近，距离之近足以被成像鼓表面的磁性图案所吸引；此后，呈色剂颗粒黏结到与磁场图案对应位置的成像鼓表面，磁性墨粉通过压印滚筒转印到承印物表面。

（3）呈色剂固化

呈色剂颗粒转移到承印物表面后，利用热辐射使呈色剂中的黏结剂熔化并与承印物粘接。热量来自辐射固化装置和加热板两个方面，加热板放置在纸张的反面，产生的热量对呈色剂颗粒来说是起固化作用；辐射固化装置提供附加的辐射热，从有墨粉的一面供给，使呈色剂中的黏结剂熔化并与承印物固结。因此，磁成像复制系统的呈色剂固化是辐射固化和加热板固化联合作用的结果。以磁成像为基础的数字印刷系统也有采用“闪光熔化装置”对呈色剂做固化处理的，这种装置利用脉冲发光氖灯熔化呈色剂并固定印刷图像。

（4）清理

①成像表面的呈色剂颗粒清除

为了清除过剩的呈色剂颗粒，采用一个利用磁性方法增强图像质量的装置，包括一个旋转套筒和一块使呈色剂核保持恒定磁特性的永久静止磁铁，用于收集未黏结到成像鼓表面的呈色剂颗粒，改善图像质量，并将这些颗粒送回到循环处理系统。

②图像增强处理

已转移到成像滚筒表面的呈色剂颗粒有的与表面结合较好，有的则可能结合得不好，与成像滚筒表面结合不良的呈色剂同样需设法清除。为此，磁成像数字印刷系统还采用了抽吸装置，用来去除多余的呈色剂颗粒，这称为图像的增强处理。

③成像滚筒表面清理

呈色剂加到承印物上需要在高压下进行，尽管成像滚筒表面的大部分呈色剂已转移到纸张表面，但残留部分也必须利用清理装置除去。这种清理装置由刮刀和抽气系统组成，其中抽气系统用于吸走未牢固地黏结在成像鼓或纸张表面的呈色剂颗粒，而刮刀则用来清除与成像鼓表面牢固黏结但又未转移的呈色剂颗粒，由于成像鼓的最外层是质地坚硬的耐磨层，所以不必担心清除操作会损坏成像鼓。

（5）磁成像头

磁成像头是磁成像系统磁潜像形成的关键装置，由成像头磁芯、线圈、记录极和返回极组成。磁成像头及其成像原理如图 8-38 所示。具体工作方式为：成像滚筒体的表层由铁磁材料组成，成像信号加到磁成像头线圈后产生与页面图文内容对应的磁通量变化，成像头上的磁场和成像滚筒的铁磁材料层形成闭合磁通路。记录极在成像信号控制下利用磁通量变化使成像滚筒的表面涂层产生不同程度的磁化，在成像滚筒的记录层（铁磁材料涂层）上产生磁潜图像。

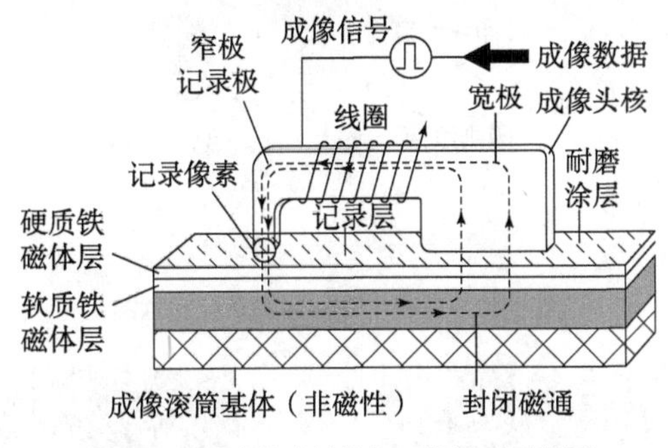

图 8-38　磁成像头结构与工作原理示意图

（6）磁性油墨

磁成像数字印刷中墨粉（油墨）的主要特点在于其带有磁性，这与静电成像技术中带有电荷的墨粉（油墨）类似，目的是通过磁力实现墨粉的转移并最终形成图文信息，图 8-39 给出了磁性墨粉的结构示意图，墨粉颗粒外形呈不规则形状（图中简化成了圆形），最大尺寸约 10μm。磁性墨粉颗粒的核由长度约 1μm 氧化铁及附着在氧化铁上的色料构成，其中真正能够使图文呈色的是附着在磁性核上的色料。

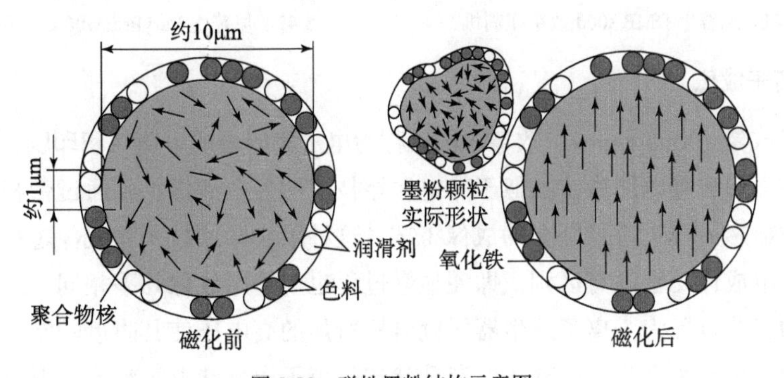

图 8-39　磁性墨粉结构示意图

（7）磁性数字印刷机

磁成像数字印刷机的主要制造商为公牛公司，即现在的尼普生公司，1985 年推出高性能单色磁成像数字印刷系统，印刷系统结构示意如图 8-40 所示，但其商业化发展较为缓慢，主要原因是磁成像印刷技术分辨率不高和实现彩色印刷较为困难。经过努力，2001 年，尼普生推出第一款分辨率为 600dpi 的 DMP 8000 型磁性数字印刷机，如图 8-41 所示，印刷速度为 70 米 / 分；2007 年，尼普生又推出具有双色及专色解决方案的 VaryPress500，如图 8-42 所示，速度提高至 150 米 / 分。

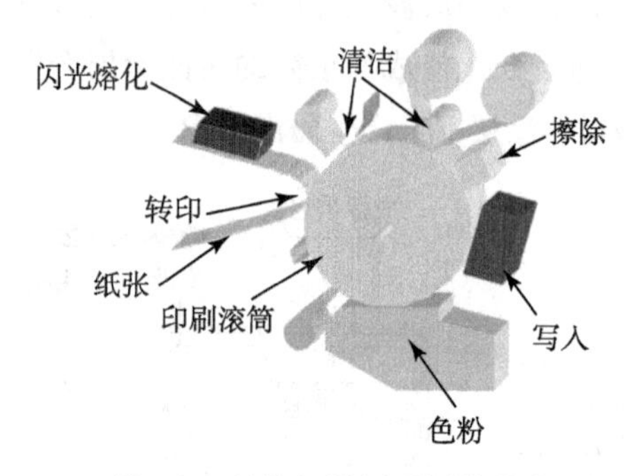

图 8-40　尼普生磁性印刷系统示意图

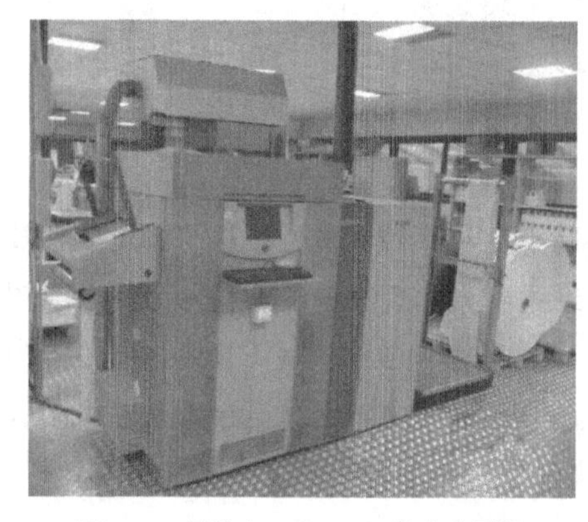

图 8-41　尼普生 DMP 8000 数字印刷机

图 8-42　尼普生 VaryPress500 数字印刷机

3. 离子成像

离子成像（Ionography）数字印刷也称为电子束印刷或电荷沉积印刷，是一种在电介质表面形成静电图像（类似于静电照相技术的静电潜像）并通过带相反电荷的墨粉颗粒显影成视觉可见图文的成像工艺。这种数字印刷技术除成像过程外，其余工艺与静电成像几乎没有区别，即使显影过程也与静电成像几乎相同。离子成像数字印刷的工艺过程为：离子发生器射频电极所加的高电压使其附近的空气被电离，在腔体内产生呈紊乱状态的离子，紊乱状态的离子由环状电极整流，形成有规则的离子流发射出去；在成像滚筒的内腔设置一接地极，与环状电极组成电极对，在电极对的作用下，成像滚筒表面的绝缘涂层产生与离子发生器发射的离子极性相反的极化；离子在成像滚筒表面有选择地沉积即形成静电潜像；墨粉在显影装置的作用下吸附于成像滚筒的静电潜像上形成可见图文；成像滚筒上的墨粉图文在压印滚筒的作用下转移到承印物上形成最终的印刷图文，离子成像工艺过程如图 8-43 所示。

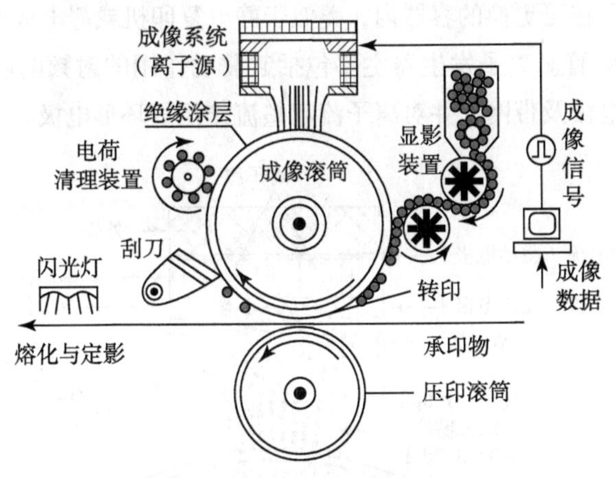

图 8-43 离子成像工艺过程示意图

离子成像装置由打印头和成像滚筒两大部件构成，打印头上配置几种起不同作用的电极，包括起驱动作用的射频电极、用于控制离子发生数的指形电极及带网孔并对离子流起整流作用的环形电极。成像滚筒外表面是绝缘涂层，用于接受来自打印头的离子，形成与页面图文内容对应的电荷图像。

离子成像复制工艺分五个步骤：第一步，离子发生器发出的离子在成像滚筒的绝缘层上形成电荷图像，与静电成像充放电过程形成的静电潜像其实没有区别，同样可称为静电潜像；第二步，显影，墨粉颗粒吸附到成像滚筒表面形成墨粉图像；第三步，墨粉图像转移到纸张表面，这一过程中墨粉转移和熔化同时发生，此外还有附加的闪光熔化工艺，这一过程与机器型号有关；第四步，刮刀清理成像滚筒表面未转移的残留墨粉颗粒，由于绝缘涂布层的材料选择范围比静电成像数字印刷的光导体宽得多，因而可通过选择适当的材料制成耐磨的绝缘层，允许用刮刀清理；第五步，类似于静电成像数字印刷，离子成像数字印刷完成所有作业任务后也必须擦除残留的静电潜像。

（1）离子发生器

离子发生器是离子成像数字印刷技术的核心部件，主要作用是产生用于形成静电潜像的离子。宏观物质产生离子的过程称为电离，加热、放电、辐射或化学反应都可以成为宏观物质发生电离的手段，离子成像系统采用的离子发生器是一种高压放电设备，通过对离子原材料和大气加高电压即可获得离子。由离子源产生的离子应在特定的控制机制作用下，能够产生符合印刷需求的一定数量的离子并从离子源到成像表面的转移，形成符合复制要求的静电潜像。

离子成像装置原理模型由拉姆齐等人提出，如图 8-44 所示，后来成为构造离子成像数字印刷系统的基础，现代离子成像数字印刷机的工作原理与此非常接近。离子发生器通常设置在可更换的容器内，类似于静电复印机或静电成像打印机“硒鼓”或墨粉盒套件的装置。离子发生器主要包括起驱动作用的射频电极、用于控制离子发生数量的指形电极及带网孔并对离子流起整流作用的环形电极。

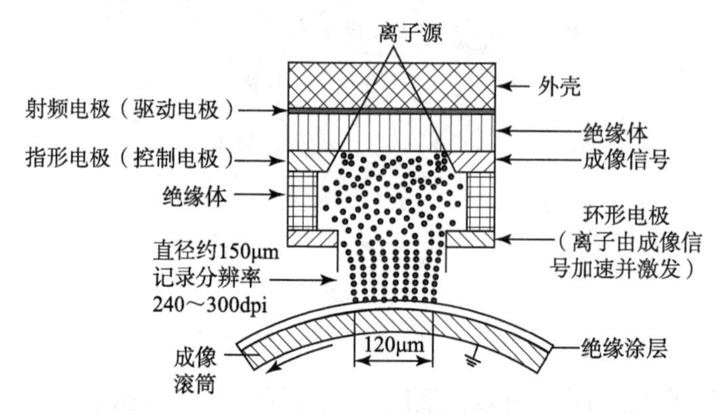

图 8-44　离子成像装置原理模型

离子成像过程可进一步归纳如下：外电源作用于射频电极，由该电极发出的高电压使离子发生装置腔体内的空气击穿而产生离子；指形电极和环形电极组成外加电场，电场的强弱由成像信号控制，使离子流按成像要求迁移；离子发生装置腔体的离子受成像信号的控制，离子由成像信号加速并激发迁移；离子流受到环状电极的规范作用而形成迁移运动，有选择地沉积到成像滚筒表面的绝缘涂布层，组成电子潜像。

为在离子成像系统中减少高压放电的驱动电极数量，缩小离子成像打印头的尺寸，将驱动电极设计成多极装置，即在驱动电极和控制电极间放置多个离子腔。环状电极因带有网孔而称为丝网电极，形成离子流的出口，用于规范离子流的运动方向和离子束直径，每个出口对数字图像的一个像素成像，出口直径约 150μm。

由于图 8-44 所示的离子发生装置用于早期离子成像数字印刷机，记录分辨率相对较低。从该图标记的环形电极的开口直径 150μm 可推算出成像精度在 170dpi 上下，考虑到离子束到达成像滚筒表面时尺寸有一定程度的缩小，一些典型的数字印刷机为 120μm，可见早期离子成像数字印刷系统的实际记录分辨率可达到 210dpi。

最近研究以 Wt 薄膜技术为基础并结合使用照相平版微结构技术的离子源，使得离子成像数字印刷系统的记录精度从300dpi提高到600dpi。类似地，也有采用微机械结构的方法来产生离子源的。未来多行配置的离子源出现后，离子成像数字印刷系统的记录分辨率有望达到1000dpi。

（2）离子成像数字印刷机

20世纪70年代末，艾利公司的前身之一美国的丹尼森公司启动一项高性能离子成像打印机项目的研发工作，之后由丹尼森公司和加拿大开发中心组建的合资企业，进行离子成像数字印刷机的研发与销售，德尔费克斯公司1990年发明了一种高速静电数字印刷机（离子成像技术），发明专利公开号US5014076A。静电潜像形成示意如图5-50所示。现在德尔费克斯已经改名德尔费克斯科技，提供单张纸和卷筒纸离子成像数字印刷系统。如前所述，离子成像也称离子沉积记录，而德尔费克斯则称之为电子束成像。

离子成像数字印刷机经过多年发展，形成了以中间载体离子成像系统、直接转移一次通离子成像系统、直接转移多次通离子成像系统为主的三种主要结构。

中间载体离子成像系统中，各色成像皮带以卫星的形式设置在中间载体滚筒周围，各颜色图像集由各自的成像皮带显影后均转移并叠印至中间载体滚筒上，承印物在压印滚筒和中间载体滚筒形成的印刷间隙中通过时，在压印滚筒的作用下，中间载体滚筒上的油墨转移到承印物上形成最终的图文信息，原理及结构示意如图8-45所示。

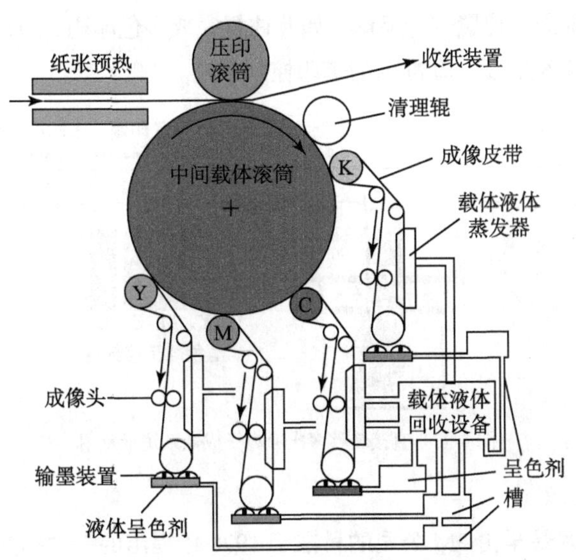

图8-45　中间载体离子成像系统示意图

直接转移一次通离子成像系统中，各色成像皮带同样以卫星的形式设置在中心压印滚筒周围，与中间载体离子成像系统所不同的是各颜色图像在各自的成像皮带显影后直接转移到承印物上，承印物在中心压印滚筒和各色成像皮带辊形成的印刷间隙中通过并在其相互的压力作用下完成油墨转移，原理及结构示意如图 8-46 所示。

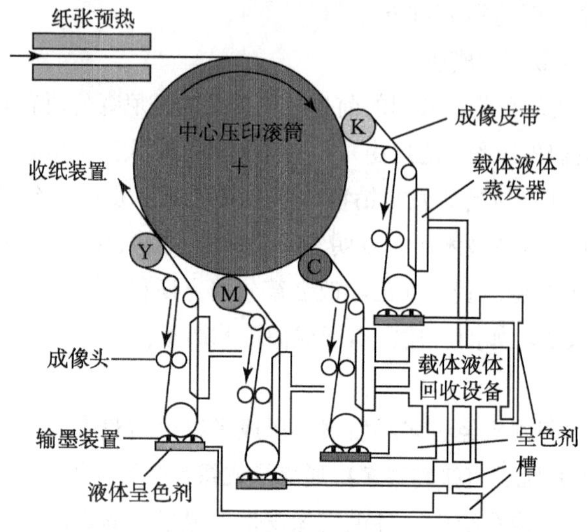

图 8-46　直接转移一次通离子成像系统示意图

直接转移多次通离子成像系统中，离子发生器直接将离子发射至承印物上，承印物上的静电潜像直接通过电荷吸附带电墨粉。此系统大多设置一个离子源，在多色印刷时，完成第一色印刷的承印物需返回“曝光”位置进行第二色静电潜像成像，之后再移动至“显影”位置进行显影，如此往复完成多色印刷，原理及结构如图 8-47 所示，这一成像系统需要一套准确的套印控制系统。

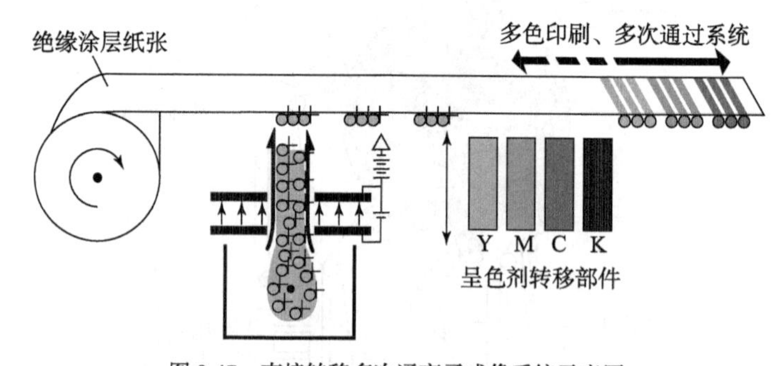

图 8-47　直接转移多次通离子成像系统示意图

（3）直接成像

直接成像技术最早由 3M 公司的科兹于 1978 年提出的一种称为电子印刷工艺的技术发展而来，后由奥西通过不断的改进与创新最终形成。

直接成像数字印刷系统的显影工作原理如图 8-48 所示，墨粉显影发生在由成像滚筒、墨粉供应滚筒和旋转显影套筒形成的曲面三角形区域内。成像滚筒表面设置有众多环状电极，内部设置有驱动器，驱动器能够在恰当的时间为每一个环状电极提供预先确定的电压。旋转墨粉供应滚筒内部沿圆周方向均匀布置静止磁铁，用于提供一定强度磁场，磁力线与该滚筒表面的法线方向一致。旋转显影滚筒内部在与成像滚筒接触位置设置有一个强磁性固定磁极，其在与成像滚筒接触区产生很强的磁场，形成磁性刮墨刀。

直接成像的工艺过程为：墨粉通过感应方式被充以一定的弱磁性，带有弱磁性的墨粉在旋转墨粉供应滚筒磁场的作用下被从墨粉槽携带至与成像滚筒交接的位置，向滚筒环状电极预先施加一定数值的统一电压，磁性墨粉在电场力的作用下挣脱墨粉供应滚筒磁力的束缚，均匀地转移到成像滚筒表面，此时成像滚筒表面的墨粉均匀分布，与成像滚筒上是否存在成像轨迹无关，当环状电极按照成像信号给定不同数值的电压时，即产生以电场强度变化的图文潜像，从而墨粉与成像滚筒之间的磁力将根据图文信息发生变化，若墨粉与环状电极间无电场（即环状电极的电压等于零）力作用，则墨粉将在旋转显影滚筒磁性刮墨刀磁场的作用下从成像滚筒剥离并送回到墨粉供应滚筒，以重新使用。

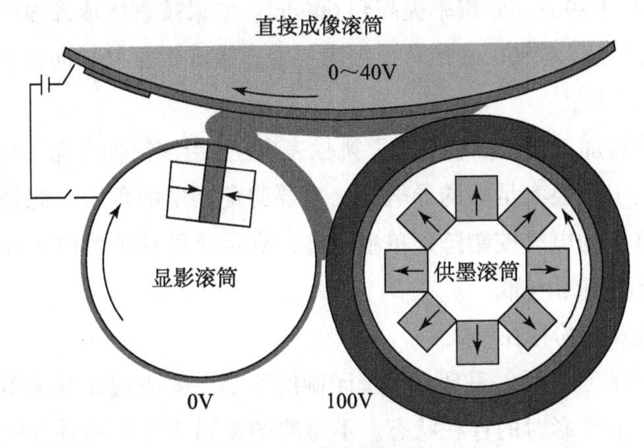

图 8-48　直接成像滚筒

①成像滚筒

成像滚筒是直接成像数字印刷系统的核心部件，主要由金属芯体、环状电极和非导电的环氧树脂层组成。

金属芯体上覆盖有环氧树脂层，在环氧树脂层内刻有许多凹槽，用于容纳环状电极，电极埋于凹槽后用环氧树脂密封处理。之后成像滚筒的表面经整体性的光滑处理，再在滚筒的外表面涂布厚度 1μm 的氧化硅绝缘层，该涂布层同时也起保护层的作用，成像滚筒结构示意如图 8-49 所示。

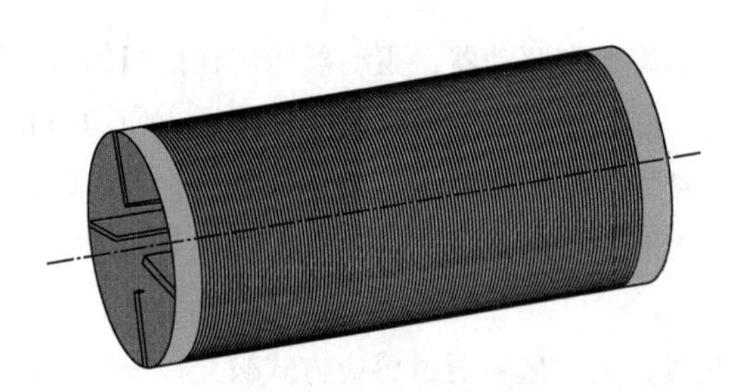

图 8-49 成像滚筒结构示意图

环状电极作为图文信息记录载体，其排列密度决定了直接成像系统的轴向分辨率。环状电极的设置使得潜像的形成可以用电信号实现，所以不存在静电成像技术中的充电和曝光过程，最终成像滚筒的成像结果表现为环状电极沿滚筒圆周方向长短不一的图像轨迹，这种轨迹决定了直接成像数字印刷必须采用线形网点复制原稿的阶调和层次变化。受当时技术和工艺水平的限制，最初推出直接成像数字印刷机时相邻环状电极的间距大到 63.5μm，所以直接成像系统的轴向分辨率只能达到 400dpi，首次应用于奥西 1998 年推出的 CPS700 直接成像彩色数字印刷机，后来，奥西发布新机型 CPS900，分辨率提高到 600dpi。如果按直接成像滚筒表面的印刷宽度 317mm 和轴向分辨率 800dpi 推算，则需要沿直接成像滚筒轴向排列（317/25.8）× 800 ≈ 9984 道环状电极。

直接成像滚筒加工技术面临的主要挑战表现在：沿滚筒轴向需排列几千道线圈，环状电极（线圈）既要有足够的导电性，也要避免漏电的危险，此外，每一个环状电极还得与其自身的电气控制阵列单独连接，满足这种要求的困难在于电气控制阵列位于直接成像滚筒的内部。

②颜色表现及墨粉存在形式

直接成像数字印刷颜色表现与传统印刷的区别主要表现在其墨粉的不透明性和墨粉在成像滚筒上显影时的存在状态。不透明的墨粉无法采用叠合的方式形成特定的颜色，所以在颜色表现上需要采用特别的解决措施，而早期计算机显示系统使用的抖动技术给直接成像颜色表现提供了良好的借鉴方案，即两种颜色的反射光进入人眼后在视觉上会合成一种特定的颜色，但这一合成的颜色不足以满足图像的良好表现，因此直接成像数字印刷系统中加入了在图像表现上至关重要的三种颜色单元，即红、绿、蓝颜色单元。在直接成像印刷技术中，由于墨粉的不透明性，不允许墨粉叠印，因此通过特殊的设计，墨粉在承印物表面并列排布，如图 8-50 所示。实现墨粉并列排布的主要措施在于引入中间转印橡皮滚

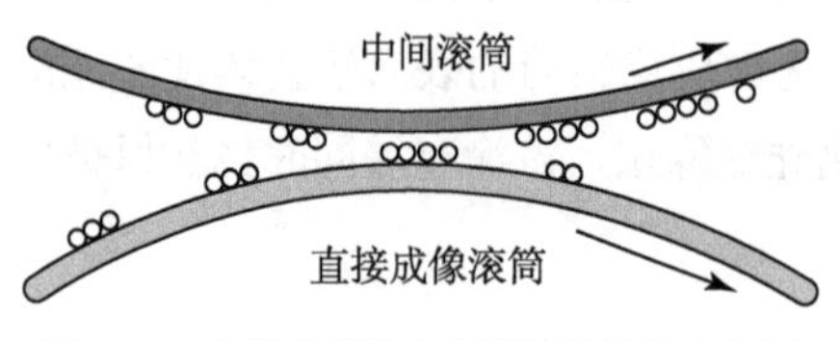

图 8-50 直接成像数字印刷墨粉转移示意图

筒，中间转印橡皮滚筒由于材质原因，其表面对墨粉有较强的黏结力，这一粘接力大于成像滚筒对墨粉的吸附力，因而在成像滚筒和中间转印橡皮滚筒接触后，墨粉将转移到中间转印橡皮滚筒上，但已经黏附了墨粉的中间转印橡皮滚筒表面将失去对墨粉的黏结力，其他颜色的墨粉只能黏附于空白位置。

③直接成像数字印刷机

直接成像数字印刷机以卫星形式布局其印刷系统，各色成像系统分别由成像滚筒、墨粉供应滚筒和旋转显影套筒三大部件组成，多色成像系统以中间转印滚筒为中心环绕布置，印刷时，各色墨粉依次转移到中间转印滚筒，最后由中间转印滚筒一次性转移到承印物上形成最终的预期图文，其结构示意如图 8-51 所示。

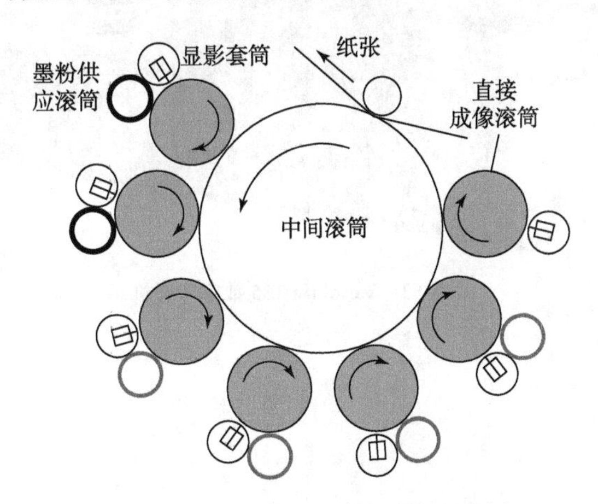

图 8-51　直接成像数字印刷机结构示意图

直接成像数字印刷以不透明墨粉为信息转移媒介，无法通过四色叠印的方法模拟原稿的阶调和色彩变化，印刷品的呈色机理必然与常规四色套印工艺不同，无法通过两种颜色的叠合形成另外的颜色，叠印形成的二次色是表现原稿各种颜色的基础，既然二次色不能通过叠印的方法产生，就只能采用其他颜色合成方法，为了产生接近于理想程度的二次色，直接成像数字印刷通过在四种常规套印色的基础上增加红、绿、蓝三色的方案解决上述问题。所以常规的直接成像彩色数字印刷机具有七个印刷单元。

奥西是直接成像数字印刷设备主要供应商，奥西于 1998 年推出首台直接成像彩色数字印刷机 CPS 700。之后经逐步改进，在 2008 年德鲁巴展会上，奥西发布新款机型 CPS 900，如图 8-52 所示，采用单组分墨粉低温定影技术，印刷品质与胶印接近，分辨率为 600dpi × 2800dpi，最大输出幅面为 305mm × 857mm，可以支持 75 ~ 250g/m² 的承印物，印刷速度为每分钟 30 页 A8 幅面。2012 年奥西基于直接成像技术推出了 VarioPrint DP Line 系列，2018 年在 VarioPrint DP Line 系列的基础上推出 VarioPrint135 系列，如图 8-53 所示。

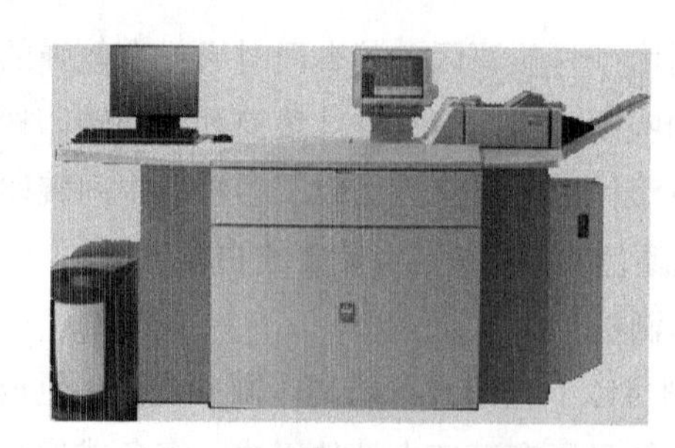

图 8-52 奥西 CPS 900 数字印刷机

图 8-53 VarioPrint135 数字印刷机

参考文献

[1] 姚海根 . Truepress 直接成像胶印机 [J]. 中国印刷，2002，（11）:102-105

[2] 林其水 . 标签热转移印刷 [J]. 网印工业，2006，（7）:35-38

[3] 孟丹 . 传统与直接热升华打印之间的较量 [J]. 网印工业，2009，（7）:25-27

[4] 姚海根 . 磁成像数字印刷 [J]. 出版与印刷，2003，（2）:21-26

[5] 胡维友 . 磁成像印刷术的春天即将到来 [J]. 印刷杂志，2012，（1）:35-38

[6] 姚海根 . 磁成像制版与印刷技术 [J]. 出版与印刷，2003，（8）:26-29

[7] 徐世垣 . 磁性印刷鲜为人知的优点 [J]. 今日印刷，2009，（1）:30-31

[8] 蒋星军，任彩萍 . 分子成像及其应用 [J]. 生命科学，2005，17（5）:856-860

[9] 包宇峰 . 海德堡和克里奥携手发展计算机直接制版技术——Trendsetter 和 Platesetter: 采用热敏技术的快速计算机直接制版机 [J]. 印刷杂志，1998，（8）:55-57

[10] 潘毅，殷蔚 . 利用热转印方式制作三端稳压电路 PCB 板 [J]. 电子世界，2012，（8）:85-86

[11] 姚海根 . 热打印技术方兴未艾 [J]. 出版与印刷，2010，（1）:26-29

[12] 李月娟 . 热打印技术及其发展趋势 [J]. 中国高新技术企业，2011，（18）:28-26

[13] 任少波 . 热敏微胶囊材料制备及性能研究 [D]. 河北大学，2009

[14] 刘华 . 热敏印刷技术及应用 [J]. 丝网印刷，2008，（5）:33-36

[15] 任怀燕，杨振永，姚瑞先 . 热升华转印纸技术及其发展 [J]. 华东纸业，2015，86（2）:28-28

[16] 李霞 . 热升华转印纸纸页结构和性能的研究 [D]. 齐鲁工业大学，2015

[17] 丁其军 . 热升华转印纸专用 CMC 的研制及转印机理的研究 [D]. 齐鲁工业大学，2016

[18] 贺敏 . 热印头及热印刷记录技术的现状 [J]. 电子元件与材料，1992，11（2）: 5-10

[19] 李思慧 . 热转移印刷工艺原理及应用的研究 [D]. 江南大学，2013

[20] 闫素斋 . 热转印技术 [J]. 丝网印刷，2001，（6）: 13-17

[21] 王比松，李洪才，刘金刚 . 数码热升华转印纸的应用及其关键性能评述 [J]. 2016 全国特种纸技术交流会暨特种纸委员会第十一届年会论文集，2016:31-33

[22] 刘红莉，刘冲 . 数字成像之热成像技术 [J]. 今日印刷，2008，（11）:29-30

[23] 陈松洲 . 探索热转印技术 [J]. 今日印刷，2008，（8）: 33-36

[24] 又一块大蛋糕，三星涉足热升华打印机 [J]. 计算机与网络，2005，（11）:10

[25] 徐世垣 . 直接成像技术走到尽头了吗 [J]. 今日印刷，2008，（2）: 65-66

[26] 王缉志 . 直接成像印刷技术 [J]. 印刷技术，1995: 13-16

[27] http://image.baidu.com/search/

[28] https://cn.bing.com/images/search

第九章 数字印刷技术的应用与发展前景

随着数字印刷技术特别是喷墨数字印刷技术的发展，数字印刷技术已经从初始的图文印刷领域扩展到医疗领域、微电子领域及工业生产制造领域，其中以喷墨打印为主的3D打印广受关注并被认为是具有巨大潜力的制造技术，同时基于喷墨技术的微电子制造业也在迅猛发展。印刷技术在多领域的广泛应用助推了各领域在研发、制造等方面的变革，同时也给图文印刷业的企业转型、升级等问题带来了巨大的挑战和机遇，在现阶段和未来，我国如何把握这次以3D打印技术为主所带来的发展新机遇？印刷装备制造业如何提高国产数字印刷机械装备的创新能力？这既是一项严峻的挑战，也是一个难得的发展机遇。

9.1 概述

“除了空气，一切物质都可印刷”这一看似狂妄的结论在数字印刷技术出现之后变得更为现实了。目前，对于喷墨成像技术而言，这样的结论是真实而贴切的，不断发展并应用广泛的3D打印技术也应验了这一结论。印刷技术特别是数字印刷技术发展到今天，已完全超出了印刷技术萌生时用于传递和扩散人类文明的这一初衷，印刷技术发展给图文印刷带来了巨大的变革的同时也给其他行业带来了巨大的机遇，如今数字印刷技术的应用范围已经从其最基础的图文复制发展到多领域多维度的广泛应用，如医疗领域假体打印制作和活性器官体外打印；微电子领域电子线路制作和元器件制作；机械制造领域复杂零部件制造等；具体应用领域及方法见表9-1。从表中可以看出，数字印刷技术已经完全突破了原本归属的图文印刷领域，更大的前景在于其他领域中的革新应用，数字印刷技术的发展正在改变着各个领域解决问题的思路和产品的制造方法。

表 9-1　数字印刷技术的应用

印刷领域	特殊印刷品	特殊印刷包括特殊效果印刷、防伪印刷、功能印刷等，在数字印刷技术应用之前，这些印刷品往往需要特殊设备、特殊工艺等复杂的流程制作而成，但在数字印刷技术面前，这一切都变得简单。例如，以往想制作出金色和银色等金属质感的印刷品必须采用烫印技术将电化铝烫印到印刷品上，但如今，采用带有特殊色粉印刷单元的数字印刷机可以方便地连同黄、品红、青、黑四色一起印刷完成；防伪印刷中，例如人民币的印刷中，大量使用凹版印刷技术以实现具有凹凸效果的纹理印刷，而采用 UV 喷墨技术可以轻松地实现凹版印刷所能实现的功能，但其印刷成本和印刷周期大大缩短，同时数字印刷技术所特有的可变印刷功能在防伪印刷中具有极大的优势；功能印刷中，例如以往的磁性印刷需要特殊的印刷设备才能完成，但这在喷墨数字印刷中，只不过是更换一下油墨的事情
医疗领域	生物假体	采用 3D 打印技术打印生物假体以代替目前广泛采用的机械加工方法生产生物假体，能够实现高效率、高精度的假体制作，同时大幅度降低假体制造成本，同时可方便地在打印“墨水”中加入诸如维生素和钙、铁、锌等人体所需微量元素，以改善假体与患者身体的生物适应性
	活性器官	采用含有患者自身生物细胞的“墨水”通过喷墨打印技术打印患病器官的代替器官并在体外培养成熟后移植到患者体内，可以解决医学界关于器官移植及捐献所存在的巨大困难和问题
微电子领域	电子电路	包括电子线路板导线打印、柔性电路薄膜导线打印等，打印电路板可解决以往腐蚀制板所带来的巨大环境污染问题，同时采用打印技术制造电路板及柔性电路薄膜不仅能够在导电材料的使用上大幅度削减，而且极大地提高了电路板生产速度。采用喷墨打印等技术制造柔性电路薄膜在工艺上要比目前采用丝网印刷技术等复合印刷技术生产柔性电路薄膜工艺简单、精度高，甚至可以制造出纳米级宽度的导电线条
	芯片制造	目前芯片制造均采用光刻等 MEMS 制造工艺，设备成本非常昂贵，如果将喷墨技术能够成熟用于芯片制造，则会大幅度地降低芯片制造成本并且简化制造工艺
机械制造领域	零件制造	目前，大多零件均采用切削方式加工成型，制造过程会切除掉大量基材，这对基材昂贵又无法采用铸造、锻造和冲压等技术生产的零部件来说是一种不得已的方法，基于 3D 打印技术的增材制造技术能够在一定程度上解决这一问题，同时，基于 3D 打印技术的增材制造技术能够制造出精度在微米级别的零件，这也是目前铸造、锻造和冲压等非去除材料制造技术所不能达到的

9.1.1　数字印刷技术在图文印刷领域的应用

目前数字印刷技术仍以图文复制为主要应用，数字印刷技术的发展快速改变着图文复制行业中图书的出版、生产、销售方式和其他印刷品的生产、销售方式，同时数字印刷技术的应用领域逐渐扩展，包括大幅面彩色印刷、展示和广告、数字彩色打样、个性化市场营销印刷品、可变数据印刷和数据打印服务、数字冲印、内部文印、个性化出版物印刷、个性化标签和电子监管码印刷等。其具体应用见表 9-2 所示。

表 9-2 数字印刷技术在印刷领域的应用

应用领域	具体形式	效用
按需出版	先销售后生产，卖一本印一本	既可以避免由于对市场高估造成的产品库存浪费，也可以避免由于对市场低估造成产品脱销的窘迫
“未来书店”	书店与咖啡厅、快餐店、便利店实现融合	图书的购买和日用品一样的便捷并且能够实现一定程度的私人订制
安全印刷	1. 将身份等个性化信息植入票、券、证、卡、火车票等； 2. 利用可变信息实现防伪印刷	1. 便于跟踪和查询； 2. 不增加额外成本和不引入额外工序

1. 数字印刷技术在图文印刷领域的发展

数字印刷技术从 1938 年切斯特·卡尔逊发明静电成像技术及 1946 年美国广播唱片公司的克拉伦斯·汉塞尔发明喷墨成像技术以来，经过 80 多年的发展已经从最初的只能用于简单图文复制的技术发展到了如今的一种全能印刷技术，逐步替代着四大传统印刷技术并逐步将周边整饰技术和印后加工技术融入其中，数字印刷技术在图文印刷领域的发展历程如图 9-1 所示。

随着数字印刷技术的不断发展和数字印刷设备的不断改进，印刷材料成本的逐步降低，国内印刷格局的调整，以及按需印刷市场的日益完善和成熟，数字印刷将带给印刷行业更多的机遇。今天，随着印刷产业技术数字化、绿色化、网络化和智能化的不断发展以及其外部技术环境和信息资源的持续完善和拓展，印刷技术的发展呈现出多学科相互渗透和交叉、高新技术和器材综合应用的特点。

数字印刷技术是印刷装备技术发展的总趋势和行业竞争的技术制高点。现代印刷业是以图像和文字为主要对象的信息产业，是现代信息产业的重要组成部分，其任务是将数字化信息网络中的图文信息高速度、高质量、低成本地转换并输出人们所需要的以纸等介质为载体的可视信息，由于网络技术的高速发展，数字化印刷与网络的关系也越来越紧密，其作用也会日益显露，数字印刷的发展必然代表着印刷发展的方向。

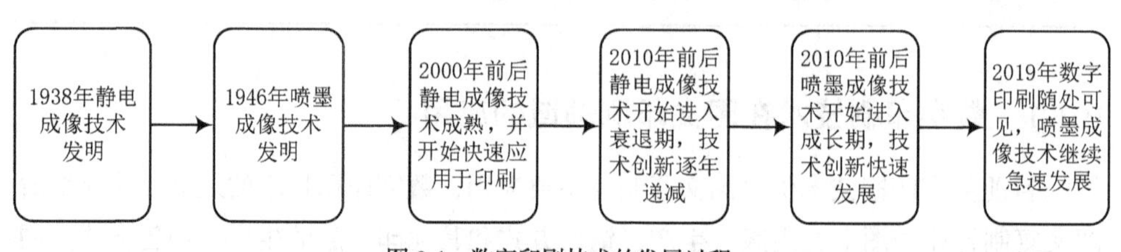

图 9-1 数字印刷技术的发展过程

2. 数字印刷的意义

印刷技术从刻章印字发展到雕版印刷，再从活字印刷发展到传统胶印技术，印刷技术的每一次变革都给社会及经济的发展带来了前所未有的推动作用，其在加快知识传播速度的同时也给人们的生活带来了巨大的积极影响，但不论是当时被世界广泛并大量采用的活字印刷技术还是夹带着各种高科技的胶印等四大传统印刷技术，其所实现的功能几乎都是相同的，那就是图文信息的大批量复制，不同之处只在于胶印等四大新型传统印刷技术的发展和进步给印刷带来了更好的质量、更高的生产效率和更加环保的印刷生产工艺。但数字印刷技术的发展和最终应用彻底改变了以往印刷技术在图文复制生产中的工作模式，也使得人们对于印刷生产流程的认知发生了颠覆性的改变。

如今，数字印刷技术的应用使得印刷这一生产过程不再被限制在传统的印刷车间中，而是可以分布在图书馆、便利店、咖啡厅等人们日常生活的场所中。印刷生产场所的改变带来了出版行业的改变，将出版这一以往只能集中处理的作业推上云端，客户可随时在有数据连接的智能终端上完成所需印刷品的定制，并且在拥有数字印刷设备的日常生活场所中打印自己定制的出版物，个人出版和按需印刷成为现实。

数字印刷技术中，以往以胶印等四大传统印刷技术为主的印刷工作模式中的图文底片制作、印版制作、打样等工序完全消失，这些工序的消失，直接带来的是效率的提升和成本的降低，更进一步的益处在于环保方面的提升，特别是水性喷墨的应用，VOC 的排放几乎为零，更有可食用喷墨油墨的使用，可以方便地在食品上打印相关生产信息和定制的图案和文字。在不久的将来，现在因环保问题被清出城市核心的印刷生产业总有一日会因数字印刷技术的发展而重回腹地，为人们的生产、生活带来便利和帮助。综上所述，数字印刷与传统印刷的区别如表 9-3 所示。

表 9-3　数字印刷与传统印刷的区别

印刷技术分类	传统印刷技术（平、凸、凹、孔）	数字印刷技术（静电成像、喷墨成像、热成像等）
区别	工艺复杂，工序繁多	工艺简单、工序极少
	印刷生产过程被限定在印刷厂中	印刷生产过程可以在图书馆、便利店、咖啡厅等生活场所进行
	出版由出版公司统一集中处理	出版在云端进行，每个智能终端都可成为一个微型出版社
	存在环保等问题	环保问题得以解决并可生产出可食用的印刷品
	传统出版及印刷为计划生产模式	出版和印刷为按需生产和个性化定制模式

3. 数字印刷在图文印刷领域的分类

目前数字印刷在图文印刷领域主要分为快印店和印刷企业两大模块。其主要用于标书、企业宣传册、小批量短版印刷品的印刷，围绕快速、便捷的特点开展，其中快印店以服务周边企业和个人的零散性需求为主，而印刷企业中的数字印刷机以服务短版、补印等小批量印刷任务为主。

在数字印刷设备的分布上，快印店以办公生产两用型设备和小型数字印刷设备等单张纸数字印刷设备为主。大多设备不带印后处理单元和特殊色及特殊功能单元，如磁性油墨印刷单元和以金色和银色为主的金属色印刷单元。另外，大幅面喷绘机也是快印店的主要设备，其主要应用于大幅面户外广告的印制。

印刷企业以具有印后加工、特殊功能印刷及特殊色印刷的大型数字印刷机为主，其中既有单张纸型数字印刷机也有卷筒纸型数字印刷机。其中单张纸数字印刷机主要用于书刊、海报、包装外纸等精细印刷品的印制，带有特殊色和特殊功能的数字印刷机也被用来印刷礼品包装、公司信笺、部分有价印刷品甚至艺术品。卷筒纸数字印刷机一般用于票据印刷，直邮印刷等可变信息印刷。

4. 数字印刷在图文印刷领域的应用

数字印刷在图文印刷领域主要应用于书刊印刷、包装印刷、广告印刷、卡证印刷、有价证券印刷 5 类，其详细分类如图 9-2 所示。其中书刊印刷在数字印刷生产总量中的占比较大，目前随着数字印刷生产成本的降低，以往采用小胶印印刷的短版书刊印刷正逐步转向数字印刷，甚至印量为 2000 本的书刊印刷也逐渐采用数字印刷设备完成，而这一数量正在随着数字印刷技术的发展和印刷成本的降低逐渐上升。包装印刷中，主要是小批量定制包装采用数字印刷的方式生产。卡证印刷一直是数字印刷擅长的领域，这主要得益于带有防伪功能的数字印刷技术和设备以及数字印刷技术所具有的个性化印刷和可变信息印刷的能力。有价证券印刷同样得益于数字印刷技术在防伪印刷中的能力和其可变信息印刷能力。广告印刷主要以大幅面喷墨印刷技术为主，大幅面喷墨印刷设备的推出和抗紫外线耐久性油墨的推出为大幅面广告印刷提供了良好的技术支持。

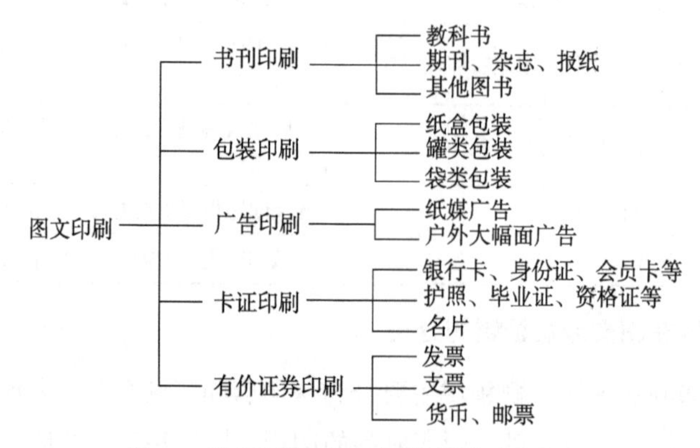

图 9-2　数字印刷在图文印刷领域的应用分类

9.1.2　数字印刷技术在医疗领域的应用

数字印刷技术在医疗领域应用的核心在于生物 3D 打印，3D 打印起源于 20 世纪 80 年代，并在近几年呈现迅猛发展的势头，一度被誉为“第三次工业革命的重要标志之一”，生物 3D 打印是 3D 打印的一个分支，生物 3D 打印是一项以“增材制造”为技术基础，以特制生物“打印机”为手段，以加工细胞、生长因子、生物材料等活性材料为主要内容，以重建人体组织和器官为目标的跨学科跨领域的新型再生医学工程技术。它代表了目前 3D 打印技术的最高水平之一。

生物 3D 打印的基础技术是喷墨打印技术，墨水中含有生物材料或细胞，通过喷墨打印方法将生物材料或细胞和基质材料逐层打印，就可以达到 3D 打印的目的。喷墨打印机可以打出不同的颜色，因此我们也可以打出不同的细胞。例如打印一个类似血管的结构，可以把内皮细胞打印到管壁内层，平滑肌细胞打印到管壁外层，这样逐层打印，可以得到一个和正常结构类似的生物制品。理想生物 3D 打印的模型如图 9-3 所示。

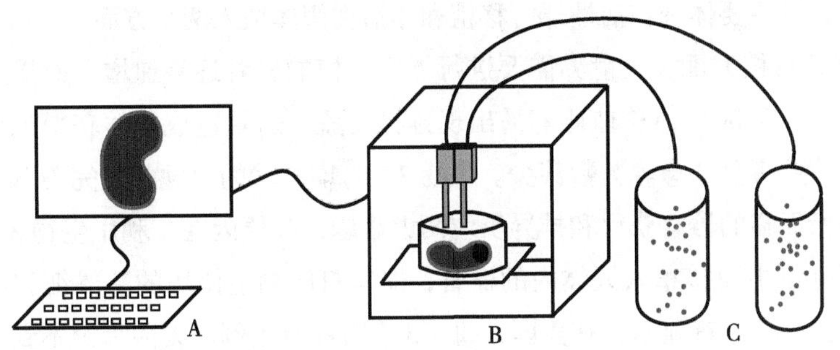

A：通过CAD技术进行器官的模拟；
B：生物三维打印的主要设备，包括喷墨头、载物台和维持打印组织活力的装置，如温度、湿度和空气控制系统，以及培养器官的装置；
C：不同类型细胞、材料和水凝胶的储存装置，即“墨盒”

图 9-3　理想生物 3D 打印的模型

1. 生物打印技术的发展

从 1995 年出现以来，生物 3D 打印技术的发展经历了四个层次。第一层次：打印出的产品不进入人体，主要包括一些体外使用的医学模型、医疗器械，对使用的材料没有生物相容性的要求。第二层次：使用的材料具有良好的生物相容性但是不能被降解，产品植入人体后成为永久性植入物。第三层次：使用的材料具有良好的生物相容性，而且能被降解。产品植入人体后，可以与人体组织发生相互关系，促进组织的再生。第四层次：使用活细胞、蛋白及其他细胞外基质作为材料，打印出具有生物活性的产品，最终目标是制造出组织、器官。这是生物 3D 打印的最高层次。在现阶段，第一到第三层次的技术发展已比较成熟，已经进入到实际应用层面。第一层次的应用有神经外科及脊柱外科的个性化手术模型、假肢等。第二层次的应用有个体化的永久植入物，如假耳移植物、下颌骨移植物等。2014 年，北医三院通过 3D 打印技术打印出的椎体移植物，就属于这一类。第三层次采用可降解的生物相容性材料，制作出仿生的组织工程支架。清华大学团队采用低温沉积成型技术，制造出具有分级孔隙结构的骨支架，最多可以做到 4 级孔隙，有利于各种细胞的生长和进入，处于世界领先水平。第四层次也被称为“细胞打印”或“器官打印”，是现代意义的生物 3D 打印，相比较而言前三个层次被称为“医疗快速成型”更为贴切。细胞打印概念于 2000 年由美国克莱姆森大学的托马斯·博兰教授首先提出，并于 2003 年首次成功实现。2004 年该团队获得一项细胞打印的专利，并授权给在纳斯达克上市的奥格诺沃公司，该公司是目前国际上生物 3D 打印领域的领头羊。

2. 生物打印的意义

生物打印技术在医疗领域的疾病救治率、疾病救治周期和疾病救治费用上具有重大的意义，其主要体现在活性器官移植和非活性假体植入两个方面。

活性器官移植方面，全世界需要进行器官移植的患者逐年递增，而捐献的器官往往供不应求，同时异体移植还容易出现排异现象，这就造成能够获得配型器官、完成器官移植并康复的患者为数甚少。生物 3D 打印技术的出现几乎完美解决了器官移植过程中所面临的器官获得和排异反应两大难题，其原因在于利用生物 3D 打印技术能够方便地制造直接植入人体内的器官，器官打印制造使用的活体细胞可来源于患者自身。据一项调查显示，在美国，每 1.5 小时就有 1 例病人因为等不到合适的器官移植而死亡，每年有超过 800 万例与组织修复相关的手术。而生物 3D 打印是解决组织、器官短缺问题的一项重要技术。

非活性假体方面，随着人们生活水平的提高，各种用于修补身体因各种损伤及疾病带来的组织缺损进而提高生活质量的需求不断增长，而传统采用机械加工方法制造假体在治愈时间和精度上都不够理想，给患者身体和心理上带来了较为严重的影响。生物 3D 打印技术的出现，能够将假体制作与手术同步进行，极大地缩短了患者的病痛和治愈时间，同时基于三维扫描和计算机辅助制造技术的 3D 打印使得假体制造精度也进一步提高，在节约手术时间的同时也极大地提高了患者的术后生活质量。

人体由多种细胞和基质材料按特定方式有机组合而成，具有高度的复杂性。组成人体的细胞有超过 250 种以上，仅一个肾脏就包含有 20 多种细胞。软骨组织是相对较简单的组织，细胞种类较少且没有血管、神经支配。1994 年科学家认为组织工程技术可以解决器官再造的技术，当时首选的目标就是制造皮肤或软骨组织，但是至今没有真正的成功。而生物 3D 打印技术可能是解决方法之一。

3. 生物打印的分类

医疗领域的 3D 打印大致可分为 2 类：活性器官 3D 打印与生物假体 3D 打印。相对于活性器官 3D 打印而言，生物假体 3D 打印的原理相对来说没有生物 3D 打印那么复杂，所需的 3D 打印材料也相对易得，以金属、高分子材料、光敏树脂等主流的 3D 打印材料为主，因此在医疗领域的应用已经比较成熟。活性器官 3D 打印目前还处于技术研究阶段，不久的将来，定会有能够用于疾病治疗的器官通过 3D 打印的方式制作出来并用于疾病的治疗。

4. 生物打印的应用

生物打印技术在生物假体制造精度和速度及活性器官可制造性方面的优势使其在医疗领域的多个方面有着巨大的应用前景，特别如疾病治疗和战场伤员救治等方面。疾病救治方面，生物 3D 打印在活性器官制造可获得性和假体制造精度和速度方面的优势使其在疾病治疗领域有着巨大的优势。战场伤员救治方面，生物 3D 打印由于其精度高、便携，可用于战场上快速进行战伤创面的修复，目前这个课题已得到美国国防部的基金资助。

（1）活性器官应用方面

2003 年美国克莱姆森大学的托马斯·博兰教授及其科研小组将海马细胞装入墨盒，在世界上首次打印出一个细胞环，随后他们还用活细菌打印出克莱姆森大学的名称和标志。在精确度方面，可以打印单个动物细胞微球。在美国国家自然科学基金资助下，他们研究了打印的物理机械过程对细胞的影响，发现生物打印不影响细胞的存活、生长及正常生理功能。小组还用心肌细胞和生物材料模拟打印了动物心脏。发现打印出的细胞能够有节奏地跳动，提示打印出的器官具有一定的功能。他们还将羊水中提取的干细胞进行 3D 打印，并加入骨系分化因子，获得了活性的骨组织。此羊水干细胞技术被美国时代杂志评为 2007 年世界十大医学突破之一。该团队还与皮肤病专家合作，将有机细胞打印到小鼠皮肤的伤口上。未来，这种技术的发展可能会成为先进的新型医学治疗方式。

（2）生物假体制造方面

目前，生物假体打印在齿科方面获得迅速发展，并已开始用于临床治疗。原因在于：

①齿科行业里每个患者的牙齿特性都不一样，因此生成的三维数据也都不同，而 3D 打印技术可以做到个性化生产。

②人类的牙齿结构比较复杂，传统的测量和制造技术会导致齿科医疗产品的精

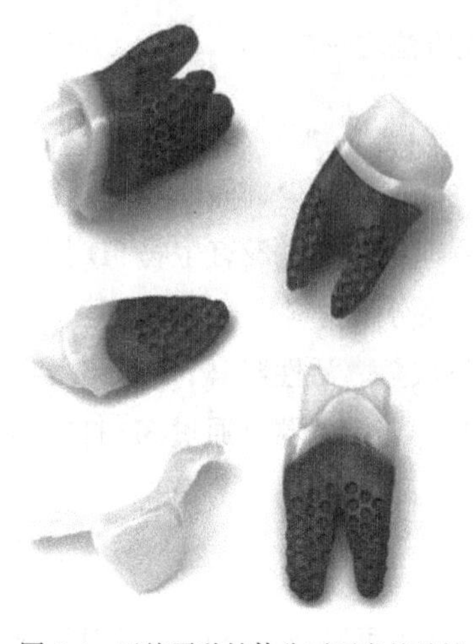

图 9-4 天然牙种植体公司开发的种植牙产品

度出现偏差，导致患者的不适，而 3D 打印技术满足齿科精准、复杂、量身定做的需求。

③齿科患者总是希望能够得到快速有效的治疗，传统的加工方式进程缓慢，而 3D 打印技术能够加速治疗过程，3D 打印种植牙可直接形成含牙根的整个牙体，仅需微创拔牙、植入种植体和牙冠修复等步骤，可实现与原有牙槽无缝结合，减少患者痛苦，治疗周期可缩短到 1 ~ 2h，医生操作时间只有 0.5h，且费用也大大降低。德国口腔产品制造商天然牙种植体公司在齿科产品 3D 打印制造方面走在行业的前列。图 9-4 为天然牙种植体公司开发的种植牙产品。

齿科是非生物 3D 打印中最有前景的领域之一，也是目前最有希望可以规模化应用的 3D 打印医疗领域，根据敏科市场研究报告中的预测，预计到 2020 年，3D 打印在齿科行业的市场规模将超过 23 亿美元。3D 打印技术在齿科修复领域中的应用主要包括可摘义齿、矫正器和种植牙，如图 9-5 所示。2013 年，北京大学口腔医学院教授唐志辉团队给 3 只比格犬换上了 3D 打印的假牙，3 只比格犬没有出现任何不良反应。

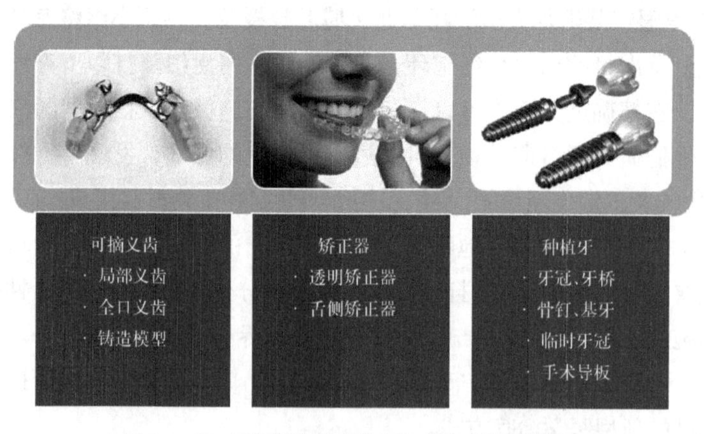

图 9-5 3D 打印制造的可摘义齿、矫正器和种植牙

目前已经上市的生物 3D 打印产品有：具有骨小梁结构的髋臼杯、全钛椎体融合器、3D 打印颅骨产品、3D 打印面骨产品等。目前上市的产品均为不可降解产品（第二层次），尚无可降解产品（第三层次）。3D 打印脑膜组织修复支架—睿膜，是全球首个 3D 打印的软组织产品。其微观结构最接近自体脑膜，临床效果好于以往的人工脑膜产品。

9.1.3 数字印刷技术在微电子领域的应用

微电子领域中的数字印刷技术被称为印刷电子（PE）技术。微电子打印是将 3D 打印技术和印刷电子技术结合起来的一种基于打印原理的新兴增材制造技术，其原理在于利用喷墨、气溶胶喷射、挤出等打印工艺将导电、介电或半导体性质的材料转移到基底上，从而制造出电子器件与系统，该技术在大面积、柔性化、低成本、绿色环保等方面具有显著优势。

印刷电子技术已经开始在向不同的应用领域渗透，其中电子元件、智能标签、柔性显示器、太阳能电池板、智能服装和动画海报是目前打印电子发展较为迅速的几个分支。其中元器件打印能在基材上直接制造电子元件，这已经成为了一项潜力无限的新技术。

1. 微电子印刷技术的发展

微电子印刷技术由印刷电子技术发展而来并随着喷墨打印技术的发展而迅速发展。

2018 年，美国明尼苏达大学的研究人员完成了一项突破性研究，首次成功地在人体皮肤上完成了电子元件的直接打印。该团队使用便宜的便携式桌面 3D 打印机直接在人手背上打印功能电子元件，通过使用特殊的运动传感系统来防止由于手部运动导致的打印错误，如图 9-6 所示。这项技术将来可用于将临时传感器放在人体上，以检测化学或生物制剂，甚至是充当太阳能电池对基本电子设备进行充电。该团队还成功将生物细胞直接打印在小鼠皮肤上。

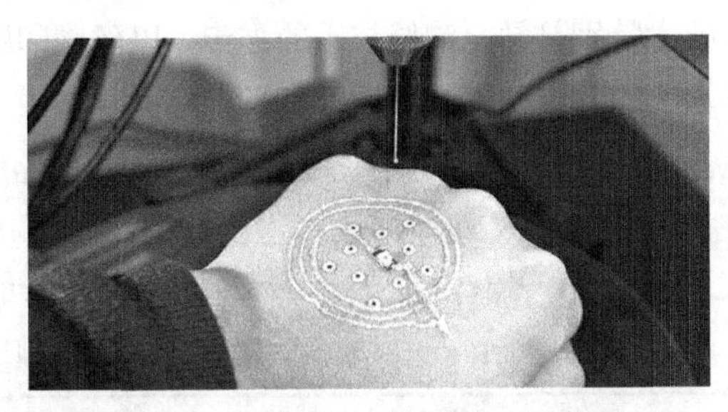

图 9-6　人手背上打印的功能电子元件

该技术突破的关键之一是新研发了一种由银片制成的专用墨水。该墨水能在室温下固化并具有所需导电能力，不会因为需要高温固化而烧伤皮肤。打印完成后，电子元件可用镊子轻松剥离或用水冲洗掉。

2. 微电子打印的意义

随着电子技术的进步，电子产品不断朝着小型化、便捷化、多功能、高集成、高稳定性及高可靠性的方向发展，这对传统微电子制造技术提出了严峻的挑战。同时，传统微电子制造技术耗能高、污染大、周期长，不能满足绿色、节能、环保及智能制造的需求，而基于打印技术的微电子打印制造工艺能够最大限度地满足上述需求，是目前微电子制造领域研究和应用的热点技术之一。

集成电路技术极大地推动了现代电子产品的发展，从手机、电脑、手表到机器人无一不在刷新着人们对科技的感观，然而唯一没有显著变化的便是它们刚性的特征，硬质的屏幕、硬质的传感器、硬质的电路板等。随着社会的发展和能源资源现状的复杂化，传统的电子制造技术已无法满足人们不断增长的需求，人们越来越希望能够拓展电子产品的制造材料和制造工艺，以使产品变得更加智能、灵活和轻便。其中，诸如纸张、塑料、硅胶等柔性材料能够为电子产品的发展带来诸多的创新和变化，是一种被认为具有巨大发展潜力的微电子新材料，利用柔性材料作为微电子制造基材的技术被统称为柔性电子，它是一种将电子器件制作在柔性塑料、金属薄板等可挠性材料上的新兴电子技术。与传统的刚性电子相比，柔性电子不仅具有可弯曲、拉伸、折叠的特性，而且有着轻量化、制作成本低的优点，其制造出的柔性传感器、柔性电路板、柔性天线、柔性显示器等在信息、能源、医疗、国防领域有着广泛的应用前景。特别是现代社会对柔性机器人及可穿戴设备的发展需求，使柔性器件的制造技术显得尤为重要。

印刷技术在电子领域最早的应用是印刷电路板的制造，这一制造技术从发明以来一直沿用到现在，极大地推动了微电子制造工业的发展，但其制造工序相对复杂，制造过程中还会产生大量的废液和废气，污染环境，逐渐被人们认为是一种不够友好的制造技术，随着印刷技术特别是导电油墨技术的进步，以丝网印刷、喷墨印刷等印刷方式为主的印刷电子被人们看好并逐渐应用于电子电路的制造中，特别是柔性电路的制造中。这一技术的实现极大地简化了以往采用蚀刻方法制造电路所存在的诸多问题。

基于数字印刷技术特别是基于喷墨印刷技术的微电子打印技术与传统微电子制造技术的区别如表 9-4 所示，其在基材、精度、效率等方面有着明显的优势。

表 9-4　微电子打印技术与传统微电子制造技术的区别

参　数	传统微电子技术	微电子打印技术
基底	脆性材料	柔性或脆性材料
材料	选择范围小	选择范围广
性能	与主体材料一致	比主体材料差
精度	高	低 - 高
设备	复杂	相对简单
生产方式	批量	单件 - 批量
生产速度	慢	快

3. 微电子打印的分类

微电子打印技术目前主要分为三类，分别为喷墨打印、气溶胶喷射打印和电流体打印。

（1）喷墨打印

喷墨打印（inkjet printing）在微电子打印应用中与普通的图文复制喷墨打印非常类似，主要区别在于其使用了含有导电成分的墨水。中国脉冲电子公司推出了用于天线打印的 FluidANT 系列产品，其中包括一款名为 FluidWRITER 的 3D 打印机，如图 9-7 所示。该打印机可以实现在任意 3D 对象的表面上打印任何电路结构，其中包括柔性的曲面表面。喷墨电子打印技术无须制作掩模板，可以直接利用 CAD/CAM 数据实现加工，极大地增强了制造的灵活性。众多优势使喷墨打印在柔性电子器件的制造中得到了广泛的认可，但喷墨打印在微电子打印的应用上目前还存在着诸如喷墨头容易堵塞和分辨率不足等问题，相信随着喷墨技术和导电油墨技术的进步，特别是纳米喷墨技术的进步，这一问题一定会得到完美的解决。

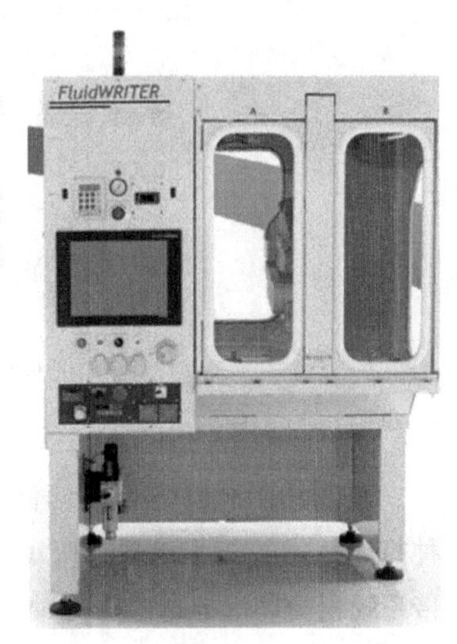

图 9-7 FluidWRITER 的 3D 打印机

（2）气溶胶喷射打印

气溶胶喷射打印（aerosol jet printing）也是一种基于数字印刷的增材制造解决方案，它是近年来出现的一种新的制造打印技术，通过将形成的墨水喷射至基底表面而成膜，使得该打印技术对墨水的黏度要求低、打印分辨率好，而且适用的墨水材料范围更广。跟喷墨打印技术一样，气溶胶喷射打印也是一种非接触式打印，但是在工作原理上和喷墨打印有着本质的不同，其工作原理如图 9-8 所示，首先它把打印墨水汽化成 1 ~ 5μm 大小的颗粒，这些颗粒通过高速的鞘流气聚焦并传送到打印喷头。打印过程利用空气动力学原理实现了纳米级材料的精确沉积成型，通过 CAD/CAM 软件可实现功能性结构的打印。气溶胶喷射打印除了具有与其他打印方式一样的优点外，还有许多其他打印方式不能比拟的优点，在精度方面，这种技术可以制造 10μm 级别的电路线宽；在效率上，更容易扩大并实现大规模生产；在打印材料特性上，材料的可选择黏度范围达 1 ~ 1000（cP）。

在柔性电子打印中，气溶胶喷射打印有着广阔的应用前景，已经得到了广泛的应用，例如有机光伏电池的制备、柔性有机光电二极管的打印、晶体管的打印及基于碳纳米管的柔性薄膜晶体管的制备，还有应用不同导电材料实现电路的打印等。由于该技术对材料的低选择性，它将更加适用于未来柔性打印电子技术的开发和应用。

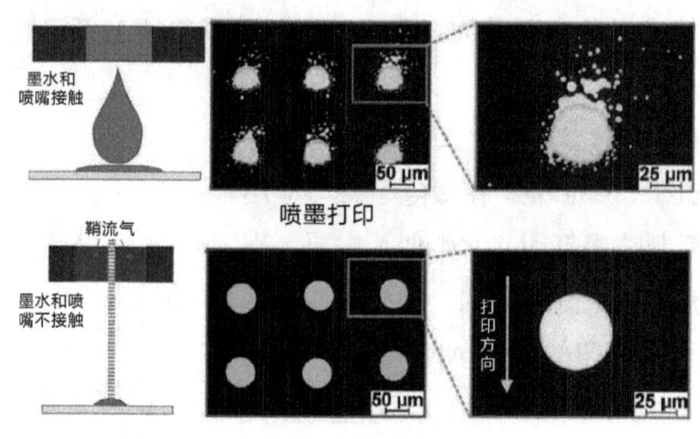

图 9-8 气溶胶喷射打印和喷墨打印对比

（3）电流体打印

利用纳米材料进行图形化的打印技术被称为电流体动力打印技术（EHD），这种打印技术的核心是通过吸（拉）的方式使“呈色剂”转移到承印物上，而不是像传统喷墨打印那样通过压力喷射“呈色剂”，其动力来自于电场作用而不是热气泡、压电和声波作用。

电流体动力打印技术（EHD），使用锥喷射模式在液体锥顶点形成液滴，这意味着这种解决方案对喷嘴的尺寸没有限制，能够利用大尺寸的喷嘴以防止堵塞，同时，其液滴又可以达到亚微米级。EHD 打印为高效打印提供了巨大的潜力，并开辟了一条新的纳米打印途径。

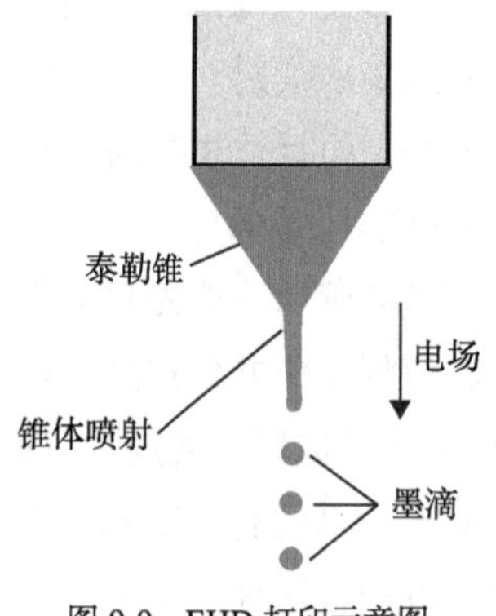

图 9-9 EHD 打印示意图

EHD 打印的原理为，当电场力克服了液体表面张力后带电液体可以从喷嘴射出。通过维持喷嘴的高电压，喷嘴口的液体会受到一个较大的电场剪切力。这种非机械、静电喷墨技术利用电场从喷嘴取出液体并形成泰勒圆锥体，这种泰勒圆锥体分解成很多细小的液滴，如图 9-9 所示。利用 EHD 打印的图形可以使用连续喷射模式和脉冲喷射模式。连续喷射模式只能产生连续线条而非一系列点，利用脉冲喷射模式可以产生以点组成的各种所需图形结构。

4. 微电子打印的应用

微电子打印技术可以应用在刚性电路板打印制造、功能电子元件打印制造、柔性电路打印制造等电子制造领域中，目前发展最为迅速的要数柔性电路打印制造领域。传统电子产品的发展一直基于刚性电路板的设计，虽然刚性电路板有助于保护电子元器件，但却大大限制了电子产品在很多领域和条件下的应用，如近年来可穿戴、可弯曲和可延展电子产品的应用。建立在柔性和可延展基板上的基于数字打印的电子技术，已经在各个领域得到了广泛的应用，如图 9-10 所示。

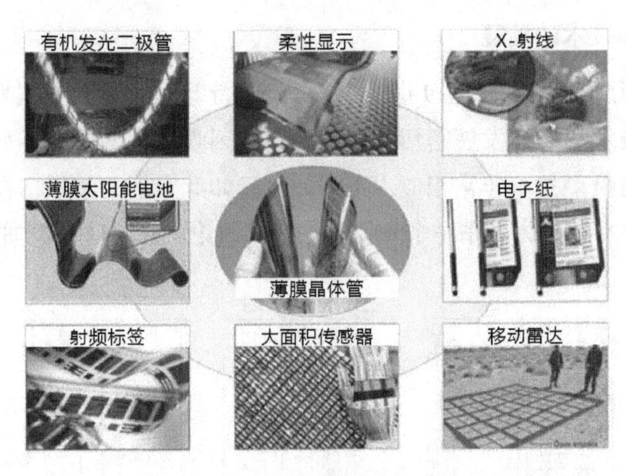

图 9-10 微电子打印应用示例

在柔性电子技术的发展中，有机薄膜晶体管（TFT）得到了广泛的关注。薄膜晶体管的制造是许多柔性电子元器件的核心，它在大面积柔性显示、柔性电子存储等方面具有广阔的应用前景。

在印刷电子的实际应用中，已有多个成果。如：以色列纳维公司将 3D 打印技术应用于超薄、可弯折电路板的制作，可以实现在电路打印过程中直接嵌入电子元件；美国哈佛大学开发了一种基于挤出工艺的 3D 打印机 Voxel8，可实现结构性电子产品的制作，米其集团利用该设备研发了一种宽带相控阵天线，具有 7:1 的带宽比；光宝科技采用 Optometec Aerosol Jet 打印技术将 3D 天线直接打印在产品外壳中。

3D 打印技术为直接制造电子器件与系统开辟了一条方便快捷且有望实现普及化应用的途径，无疑加快了传统模式的变革，但已有方法大多只能实现模型自身的打印或单一材料的沉积，尚不能完成包含电子功能在内的器件多材料集成制造需求。

9.1.4 数字印刷技术在制造领域的应用

数字印刷技术在制造领域被统称为 3D 打印技术（Three - Dimension Printing）又称增材制造技术（Additive Manufacturing，AM）、激光堆积成型技术或激光快速成型技术（Fast Prototyping），是目前世界各国致力于发展的先进制造技术之一，它是以物体的数字化信息为基础，通过将粉末状金属或塑料等材料层层叠加制造三维实体的一种加工技术。3D 打印技术无须机械加工或模具，其最大优势在于可直接从计算机图形数据中生成对应形状的物体，极大地缩短产品研制周期，随时随地制造所需产品实体。3D 打印技术在第三、第四次工业革命的引领下，正逐渐成为工业产品设计与制造应用的热点。

1. 制造打印技术的发展

制造打印思想最早出现于 19 世纪末，早于数字印刷技术的正式发明，但这一技术与数字印刷技术的不断发展密切相关，并最终因喷墨技术的进步而逐渐成熟，其部分成型技术与喷墨技术非常相似，正因为有着如此密切的关系，在此将制造打印列入数字印刷技术并作为其中一个重要应用加以讨论。3D 打印技术的发展进程如图 9-11 所示。

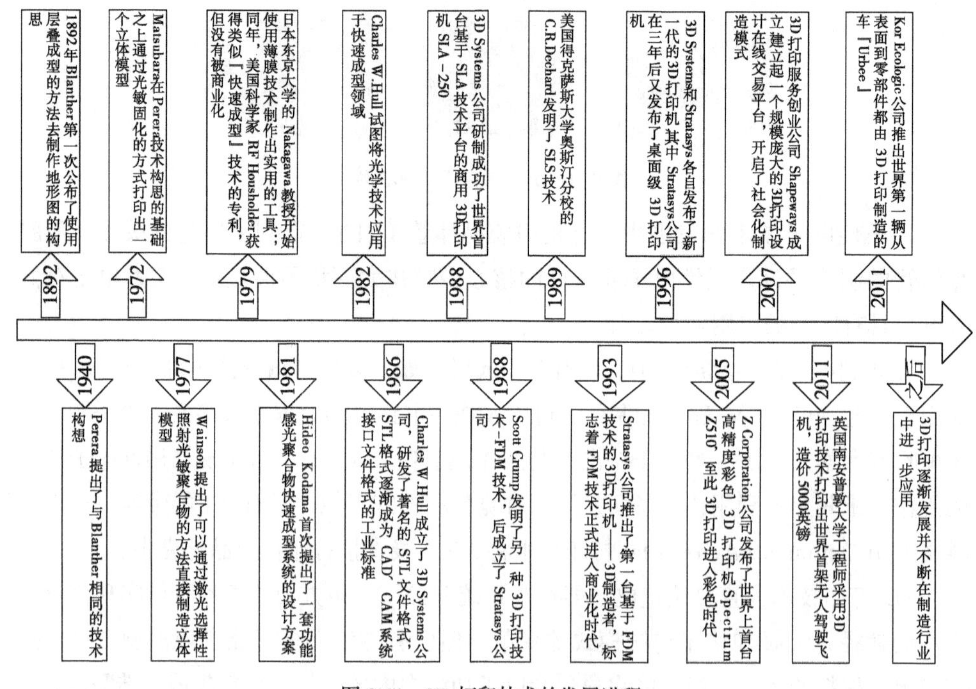

图 9-11　3D 打印技术的发展进程

2. 制造打印的意义

制造打印技术在某种意义上将一条现代化生产线的功能集成于一台设备之中，改变了人类原有的生产方式，也给传统制造业的发展升级带来了巨大的推动作用，其中主要体现在制造按需化、制造分布化和制造革新化方面。

（1）制造按需化

随着生产力的不断发展，人类物质需求得到极大满足的同时也出现了生产与消费的“鸿沟”，产能过剩问题时有发生。目前采用的柔性生产方式虽然缓解了生产与消费的矛盾，但是无法满足人类个性化、差异化的需求。制造打印技术在个性化单件生产上的优势决定了其极有可能解决生产和消费的矛盾，从而实现个性化、可视化、社会化的生产方式。

（2）制造分布化

以往，因为劳动力成本低以及资源丰富等原因，非西方国家已成为低中端制造业基地，同时以中国为代表的欠发达国家逐渐成为世界经济、贸易增长和物流中心。但随着 3D 打印等先进制造技术的发展，正在形成制造业回迁西方发达国家的趋势。相对于传统生产方式，3D 打印具有技术含量高、成本低、生产周期短等特点，并且能简化产品设计、生产、销售流程，从而能够实现分布式社会化生产。这使欠发达地区劳动力成本优势逐渐消失，西方发达国家在欠发达地区投资建厂、生产产品的欲望降低，从而将制造业“回迁”本国。与此同时，全球投资、生产布局、经贸流向以及物流等也将随之发生重大变化。

（3）制造革新化

目前制造打印技术在航空航天，生物医学、机器人设计等基础科学研究领域被认为具有巨大的潜力并逐步投入应用。在航空航天领域，科研人员通过该项技术制造出了性能非常优秀的零部件，甚至将来可以在外太空实现空间站所需零部件的打印，而无须从地球运输此类物资。

目前，各国已将制造打印技术纳入国家战略规划，并视其为实现新工业革命的关键性技术。目前风靡全球的德国“工业 4.0”计划视 3D 打印技术为实现分布式、可视化、智能化生产的重要组成部分，而且德国政府正在制定该项技术发展的国家战略。美国、日本等发达国家也以不同的形式表达了其对制造打印技术的重视。2015 年 2 月 28 日，中国政府推出了《国家增材制造产业发展推进计划（2015—2016 年）》，并制定了制造打印短期发展目标。由此可见，制造打印技术已成为各国重点发展的战略资源。

3. 制造打印的分类

制造打印与传统打印的根本区别在于，制造打印的“墨水”是一些可以发生固化反应的材料，包括树脂、塑料、特殊胶水、陶瓷以及金属。制造打印技术在应用范围上可细分为快速成型技术和高性能金属构件直接制造技术两类。

（1）快速成型技术

快速成型制造技术起源于 20 世纪 80 年代，是目前媒体较多曝光的制造打印技术，包括“3D 打印”“立体印刷”“叠层实体造型”“熔融沉积造型”“选择性激光烧结”五种，主要是通过石蜡、陶瓷、树脂类材料制造尺寸较小的原型样件或模型，其中选择性激光烧结技术是其中应用最为广泛的技术之一，其通过激光逐层照射成型材料使其固结而形成预期的零部件，技术原理如图 9-12 所示。

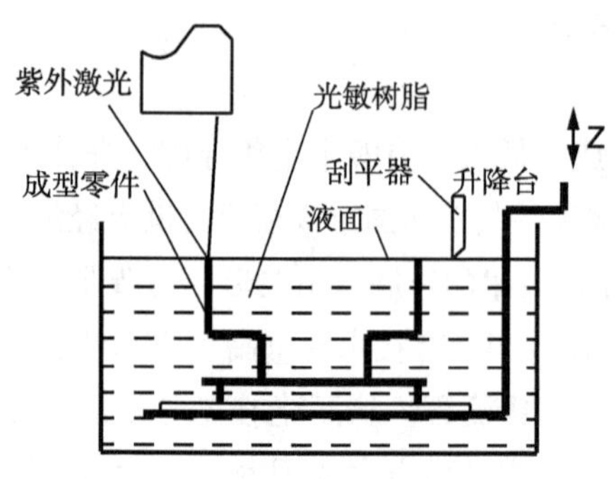

图 9-12　选择性激光烧结技术原理图

（2）高性能金属构件直接制造技术

高性能金属构件直接制造技术是指采用高功率激光束（或电子束），对粉末或线材进行逐层融化后快速凝固堆积，直接制造出致密、高性能金属零部件的直接制造技术。这类技术无须传统制造中的重型锻造装备及锻造模具，具有加工量小、材料利用率高、柔性、高效的特点，是当今数字化制造技术中在降低成本、缩短周期方面具有划时代意义的技术。

在实际操作中，3D 打印主要依托 3D 打印机，采用三维喷墨打印技术，通过分层加工与叠加成型相结合的方法，逐层打印生成零部件实体。按照使用技术的不同，3D 打印机可分为基于三维打印技术的 3D 打印机和基于熔融沉积制造技术的 3D 打印机两类。目前，3D 打印技术可支持多种材料的应用，前景值得期待。

4. 制造打印的应用

制造打印技术已经被应用于人类社会的诸多领域，如机械制造、航空航天、军事装备、建筑等领域，正在不断地影响着人类的生产生活方式。

（1）机械制造领域的应用

2014 年 10 月 29 日，在芝加哥举行的国际制造技术展览会上，美国亚利桑那州的洛克汽车公司现场演示世界上第一款 3D 打印电动汽车的制造过程。这款电动汽车名为“Strati”，整个制造过程仅用了 45 个小时。Strati 采用一体成型车身，最大速度可达到每小时 40 英里（约合每小时 64 公里），一次充电可行驶 120 到 150 英里（约合 190 到 240 公里）。英国布里斯托“欧洲宇航英国分部”采用 3D 打印机制造出了世界上第一辆 3D 打印自行车——“空气单车”，如图 9-13 所示。这辆自行车采用像钢铁和铝合金一样结实的尼龙为主要材料，采用 3D 打印技术，一次便打印出了车轮、链条、轴承等原来需要由多个零件组装而成的部件，且重量仅为金属材料的65%。打印结束后，自行车就能够直接被骑行。制造打印技术开创了工业产品个性化定制的全新时代，让工业产品的制造变得如同游戏一般的简单。

图 9-13　空气单车

（2）航空航天领域的应用

航空航天属于高精尖技术领域，其所需零部件基本为单件定制生产。对于传统制造方式，这种个性化定制生产必将提高其生产成本，而且因为产品精度要求高，所以生产周期较长；而且航空航天领域使用的原材料大多属于贵金属，传统制造方式下材料的使用率比较低，这将加大零部件生产的成本；同时，航空航天领域要求零部件重量小而强度高。3D 打印技术的特性为个性化、定制生产、单件生产和短交货期的实现提供了可能，而且 3D 打印技术的材料利用率能够达到 90%，这将极大降低航空航天领域的材料成本。同时，相比于传统制造方式，能够制造出更加轻便而且强度高的零部件。目前美国宇航局已经开始使用 3D 打印技术制造火箭零件，3D 打印技术在航空航天领域的前景将会十分光明。

（3）军事装备

目前，制造打印技术已被应用于我国新一代高性能战斗机的研发中，如首款航母舰载机歼-15、多用途战机歼-16、第五代重型战斗机歼-20 等。据悉，通过 3D 打印技术生产的钛合金和 M100 钢已用于歼-15 主承力部分的制造，其中包括整个前起落架。如果 3D 打印技术能够成功应用于第四代战斗机的生产制造中，那么势必会加速我国战斗机的更新换代速度。3D 打印制造军工产品所需耗材少而且损耗少等特点不仅仅可以应用于战斗机的制造，还能满足军工领域其他设备制造的需要。今后 3D 打印技术在该领域的应用会大幅提升。

（4）建筑领域的应用

2015 年 1 月 18 日，中国高科技公司通过 3D 打印机在苏州工业园区内制造出了世界上最大的“6 层楼住房”和世界上第一个内外装一体化的“精装修别墅”。目前，3D 打印技术在建筑领域的成本仍然较高，但是随着该项技术的发展和 3D 打印材料技术的进步，这项技术将会颠覆目前建筑行业的施工方式。根据美国宇航局的最新报道，美国宇航局正在研究如何通过 3D 打印机在月球上建造住房，其关键是用月球土壤为材料打印房屋。

虽然 3D 打印技术在多个领域被应用并制造出令人惊叹的产品，但现阶段，3D 打印技术在工业制造业的应用还处于初级阶段，正如“工业 4.0”所设想，3D 打印技术的使用会逐渐改变目前的生产模式，将会推动工业制造走向个性化、社会化定制生产。

9.2 技术进化历程和路线

发明问题解决理论（theory of inventive problemsolving，TRIZ）中的技术进化理论用于研究技术预测。技术系统进化理论是 TRIZ 的核心，其通过对世界专利库的分析，发现并确认了技术进化的规律。因此专利分析是研究技术进化的基础，通过专利分析研究数字印刷中静电成像和喷墨成像两大核心技术的技术进化历程是一种科学而有效的方法。

2006 年，白俄罗斯 TRIZ 大师尼古拉·什帕科夫斯基率先提出了“进化树”的概念。它是对经典 TRIZ 的继承和发展，是在经典 TRIZ 的进化法则基础上进一步发展形成的产物。进化树结合经典 TRIZ 的进化理论，将八大进化路线细化为十条进化路线，使得系统进化理论变得易于操作。尼古拉·什帕科夫斯基提出使用树状构造会使系统组件变换的可能方案变得更加清晰。树上的每一个分支都是按照一定的客观进化趋势建立起来的系统组件的进化路线。十条被细化的进化路线是进化树的“主干”和“树叉”，它们分别是：“单—双—多”系统进化路线、系统裁剪路线、系统扩展—裁剪路线、物体的分割路线、物体几何进化路线、物体内部结构进化路线、物体表面特性进化路线、动态化进化路线、提高可控性进化路线和提高协调程度进化路线。有别于经典 TRIZ 的进化路线，进化树的结构是将进化路线串起来，组成一个树状。按照进化树发展来看，进化的最终方案是越来越接近最终理想解。通过研究数字印刷中静电成像和喷墨成像两大核心技术的技术进化历程结合进化树中的十条进化路线给出数字印刷技术的主要进化路径。

9.2.1 静电成像技术进化历程及进化路线

静电成像技术作为数字印刷中的两大核心技术之一，从发明之初就一直是数字印刷中的质量担当者，从最早切斯特·卡尔逊的手工复印技术发展到如今集成印后加工及整饰并配有专色印刷的全自动数字印刷机经历了近80年的技术进化历程。

1. 静电成像技术进化历程

（1）静电成像初始技术

1938年10月22日，切斯特·卡尔逊发明了静电成像初始技术，并复制出“ARTORIA10—22—38”这一小段文字。1939年04月04日，切斯特·卡尔逊提交专利申请并最终获得了公开号为US2297691A的美国专利，之后制作出世界上第一台静电复印机，如图9-14所示，至此代表着静电成像技术的初始发明完成，但切斯特·卡尔逊所发明的静电成像技术和其制造的静电复印机还无法实现商业化。

图9-14　世界上第一台静电复印机

切斯特·卡尔逊的发明是基于光导效应和库伦定律的应用。其目的是解决手工抄写办公文书的不便和效率低下。切斯特·卡尔逊的发明处于技术进化阶段的婴儿期。

（2）静电成像技术的实用化改进

1948年，施乐公司的前身哈罗伊德公司在切斯特·卡尔逊静电成像技术专利US2297691A的基础上开发出静电成像新工艺，发明专利公开号US2588675A，基于此专利哈罗伊德公司制作出一台能将静电成像工艺过程集中处理的静电复印设备“Model A”，但“Model A”复印机烦琐的操作步骤和2 ~ 3分钟复印一页的速度很快便被使用者所抱怨，同时其必须使用一种专用复印纸。

“Model A”复印机虽然实现了复印技术的实用化开发和改进，并且出现了曝光单元、原稿扫描单元、承印物成像单元等结构模块，总体结构趋于丰富化和复杂化，但其许多操作都需要人为进行，整个操作过程也较为烦琐和复杂，不能满足人们对图文信息便捷复制的需求。

该技术处于静电成像的成长初期，系统沿着提高可控性方向进化。

（3）静电成像技术的飞跃

1959年哈罗依德公司成功开发出了被命名为“Xerox914”的办公用复印机，如图4-35所示，专利号为US2945434A的专利对“Xerox914”复印机技术进行了较为全面的技术公开。

“Xerox914”办公用复印机较“Model A”进行了大幅度的改进，在结构上衍生出走纸系统、传动系统、扫描系统、充电系统、曝光系统、显影系统、转印系统及电控系统等丰富的功能模块，自动化程度提高，操作变得便捷容易，在承印物上已经可以使用普通纸，复印质量有了大幅度的提高，复印速度提高到每分钟 6 页。

该技术处于成长后期，系统沿着完备性法则进化。

（4）静电成像技术的扩展

施乐公司在静电成像技术上做出了杰出的贡献，但其大量的专利技术也带来了静电成像技术发展的封闭和缓慢，直到 1970 年施乐的核心专利到期，佳能公司才作为第二家公司推出了静电复印机“NP-1100”。

佳能在“NP-1100”复印机中采用了一种后来被称为“N-P”复印法的技术，其将切斯特•卡尔逊所发明的静电成像技术中的充电步骤分割为两步，基于这一曝光分割技术，佳能延长了光导滚筒的使用寿命，缩小了光导体乃至整个复印机的尺寸，同时结构的改变也方便了易耗部件光导滚筒的更换。

技术进化沿着单一操作分解为多次操作的单—双—多的路线进化。

（5）彩色静电成像技术的发明

1973 年，施乐公司发明了一种彩色静电复印机，发明专利公开号 US3869203A，1975 年世界上第一台普通纸彩色复印机施乐 6500 推向市场，从此开启了彩色复印时代。

6500 彩色复印机是在单色复印机的基础上通过增加成像次数和对应的显影单元的基础上实现的，其通过流程和模块叠加的方法实现了静电复印技术由单色到彩色的扩展。

技术进化沿着颜色按单—双—多的路线进化。

（6）静电成像打印机的发明

世界上最早的以激光为成像光源的静电成像打印机出现在 1969 年，那时施乐研究中心的加里・斯塔克万斯利用激光束实现了以数字方式输出的静电成像硬拷贝输出，激光打印机的名称从此开始被人们使用，但施乐的激光打印技术未能获得商业上的推广和应用。对打印机市场影响最大的要数 IBM，IBM 得益于对计算机市场的了解，1974—1975 年，发明并推出了世界上第一台商业化激光打印机“IBM3800”，主要用于连续表格打印。

“IBM3800” 激光打印机的推出将静电成像技术从图文复印的领域扩展到数字图文打印领域并成功实现了商业化应用，是静电成像技术应用上的一次飞跃。

技术系统沿着物体的分割路线进化（应用场，激光）。

（7）LED 曝光技术的发明

1988 年，西门子专利号为 US4780731A 的一项名为“用于光学变换字符发生器的曝光能量校正装置及使用该技术的静电打印机”的专利第一次全面阐述了 LED 作为曝光光源的使用，但目前还未能考证其当时是否推出相应的打印机。

LED 曝光光源的提出改善了以往静电成像技术中一直使用的激光曝光技术所存在的体积大、结构复杂、效率低、价格高等不足，进一步拓展了静电成像技术发展的方向，LED 光源的高效率、小体积、低成本特性弥补了传统固体或气体激光器在静电成像技术应用中的一系列问题，推动了静电成像技术的高速发展。

技术沿着物体表面特性进化路线进化（光源从热光源进化至冷光源）。

（8）Postscript 页面描述语言的发明

1982 年，Adobe 公司成立并开始研发 Postscript 页面描述语言，1985 年，苹果公司推出了基于 Postscript 技术的 Apple Laserwriter 激光打印机。1988 年，Postscript 页面描述语言申请了发明专利，发明专利公开号 US4837613A。

Postscript 语言的发明使得计算机连接打印机并直接输出图文变得简单易行，进一步推动了打印机技术的发展，基于 Postscript 语言技术，除苹果外，惠普和佳能也几乎同时推出了小型办公室乃至家庭都有能力购买的激光打印机。

技术系统沿着系统扩展—裁剪路线进化。

（9）生产型数字印刷机发明

1990 年，施乐公司发明了一种高速静电数字印刷机供纸盒，以解决静电成像数字印刷技术的印刷速度问题，发明专利公开号 US5081595A，1993 年，施乐基于高速供纸技术推出世界上第一台生产型黑白数码印刷机“DocuTech135”。

施乐“DocuTech135”的推出标志着静电成像数字印刷技术由办公及家庭应用领域开始进入生产型应用领域，是数字印刷技术走向印刷生产的里程碑式产品。从此数字印刷设备开始分为生产型和办公及家用型两个细分领域。

技术系统沿着提高协调程度路线进化（供纸速度与印刷速度协调）。

（10）基于电子油墨技术的彩色生产型数字印刷机发明

1993 年，世界上第一台彩色静电成像数字印刷机诞生，这就是著名的印迪戈 E-Print 数字印刷机。

印迪戈 E-Print 数字印刷机的推出为发展了 50 多年的静电成像技术注入了新的活力，其开辟了静电成像技术的另一个实现方案，从此，静电成像技术分为色粉静电成像技术和电子油墨静电成像技术两个分支。印迪戈 E-Print 数字印刷机的推出也为静电成像技术应用到生产型印刷提供了一种新的解决方案。其通过液体电子油墨技术的应用极大地提高了静电成像数字印刷技术的印刷品质，让印刷界重新认识到数字印刷的魅力及能力，为之后数字印刷的发展奠定了坚实的基础。

技术系统沿着物体的分割路线进化（固态向液态进化）。

（11）色粉成像彩色生产型数字印刷机发明

在印迪戈 E-Print 数字印刷机发明的同时，基于色粉成像的传统静电成像技术也在彩色数字印刷机的研发上努力探索。1993年，爱克发公司在Ipex展会上发布了使用色粉的Chromapress彩色静电成像数字印刷机。1995年，施乐发明了世界上速度最快的彩色数字印刷机“Docucolor4040”。

爱克发Chromapress彩色静电成像数字印刷机和施乐“Docucolor4040”彩色数字印刷机的发明将色粉静电成像技术带入彩色时代。

技术系统沿着“单—双—多”进化路线进化（色粉沿着单色向多色进化）。

（12）高性能色粉成像彩色生产型数字印刷机发明

2000年，施乐在基于高品质图像处理技术、打印作业处理调度系统、打印引擎调度方法、定影单元清理技术、系统空气压力动态设置等先进技术的基础上，推出包含“Docucolor2045”和“Docucolor2060”的“Docucolor2000”系列彩色色粉静电成像数字印刷机。

施乐“Docucolor2000”系列彩色色粉静电成像数字印刷机的推出，是数字印刷技术开始由基础技术发展转向提高产品性能方向的标志。之后色粉静电成像技术开始朝着智能化、高效率、高印刷品质方向发展。

技术系统沿着系统扩展—裁剪路线进化（增加功能方向进化）。

（13）高品质色粉成像彩色生产型数字印刷机发明

2002年施乐推出智能高效的“Smartpress”技术和基于此技术的DocuColor iGen3数字印刷机，iGen3数字印刷机在打印系统和方法上进行了进一步的优化，打印品质再次提升。

施乐DocuColor iGen3数字印刷机的推出是色粉静电成像技术印刷品质的又一次提高，同时其在印刷幅面、印刷速度、承印物适印性等方面均有了显著的提升，iGen3的推出进一步推动了数字印刷技术进入生产型印刷领域的速度和能力。iGen3推出之后，色粉静电成像数字印刷技术开始朝着提高成像质量、提高印刷速度、降低数字印刷成本的方面发展。

技术系统沿着提高协调程度路线进化（多性能参数的协调）。

（14）具有表面整饰功能的色粉成像数字印刷技术及数字印刷机发明

2010年施乐发明透明干粉技术，发明专利公开号US8859175B2，基于透明干粉技术的应用，施乐推出iGen5系列数字印刷机，如图9-15所示。

施乐iGen5系列数字印刷机的推出将数字印刷技术从单纯的图文印刷扩展到印后整饰领域，丰富了数字印刷的功能。

技术系统沿着物体表面特性进化路线进化（透明墨粉）、沿着“单—双—多”系统进化路线进化（印刷+印后整饰）。

（15）具有表面整饰功能的色粉成像数字印刷技术及数字印刷机发明

2017 年，施乐在金色和银色墨粉技术的基础上推出了 6 色 CMYK+ 特殊色的“Iridesse”数字印刷机，如图 9-16 所示。

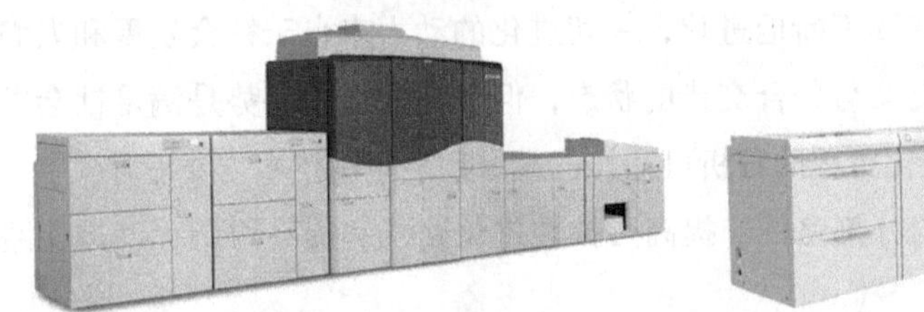

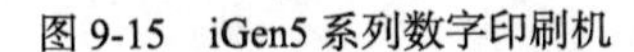

图 9-15 iGen5 系列数字印刷机

图 9-16 “Iridesse”数字印刷机

施乐“Iridesse”数字印刷机在 iGen5 系列数字印刷机具有类似传统上光功能的基础上又增加了以往在传统印刷中只有通过烫印才能实现的金色、银色及其他类似特殊色的整饰技术，标志了数字印刷技术逐步开始将印后功能纳入其中。

技术系统沿着“单—双—多”系统进化路线进化（印刷 + 印后整饰）。

总结上述静电成像技术发展进化历程如表 9-5 所示。

表 9-5 静电成像技术发展进化历程

序号	技术（产品）名称	时间（年）	技术特征及效用
1	静电成像基础技术	1938	能够实现简单的图文复制
2	“Model A”静电复印机	1948	黑白复印，手动操作，速度很慢 3 张 / 分
3	“914”静电复印机	1959	黑白复印，半自动操作，速度 6 张 / 分，产品维护不便
4	“NP-1100”复印	1970	黑白复印，半自动操作，产品维护变得简单
5	施乐“6500”复印机	1973	彩色复印机
6	“IBM3800”激光打印机	1974	黑白打印机
7	Postscript 页面描述语言	1985	使图文打印和传输变得简单
8	LED 曝光技术	1988	一种优于激光的曝光光源
9	“DocuTech135”生产型数字印刷机	1993	黑白生产型印刷机，在印刷速度及质量上达到印刷生产的需求
10	印迪戈 E-Print 数字印刷机	1993	彩色高品质生产型印刷机，在印刷颜色丰富性和印刷质量上有了巨大提升
11	“Docucolor4040”	1995	彩色色粉静电成像技术发明
12	“Docucolor2000”系列彩色色粉静电成像数字印刷机	2000	在印刷控制系统、作业调度、主动维护、印刷参数动态调整等方面提升
13	DocuColor iGen3 数字印刷机	2002	在印刷系统智能化、节能、印刷品质、印刷幅面等方面提升
14	iGen5 系列数字印刷机	2010	高印刷品质，具有上光功能
15	“Iridesse”数字印刷机	2017	高印刷品质，具有特殊色印刷功能

2. 静电成像技术进化路线

静电成像技术在从发明时的婴儿期成长到目前的衰退期的发展过程中分别沿着不同的进化路线在技术上持续不断地进化，一切进化的动力来自于社会发展和人们需求，其进化路线呈现出交叉与分合交错的状态，但最终的进化趋势是满足社会发展和人们需求，通过上述进化历程的分析可知静电成像数字印刷技术主要沿着“单—双—多”进化路线、物体的分割路线、提高可控性进化路线和提高协调程度进化路线三条进化路线进化。

（1）“单—双—多”系统进化路线

静电成像技术的“单—双—多”进化主要体现在印刷色数和功能上。在印刷色数上，静电成像技术由单色发展到四色，再由四色发展到五色，由五色发展到七色。在功能上，静电成像技术由复印发展到打印，由单纯的打印发展到打印加上光，最后发展到将印后处理加入到打印中。其进化路线如图 9-17 所示。

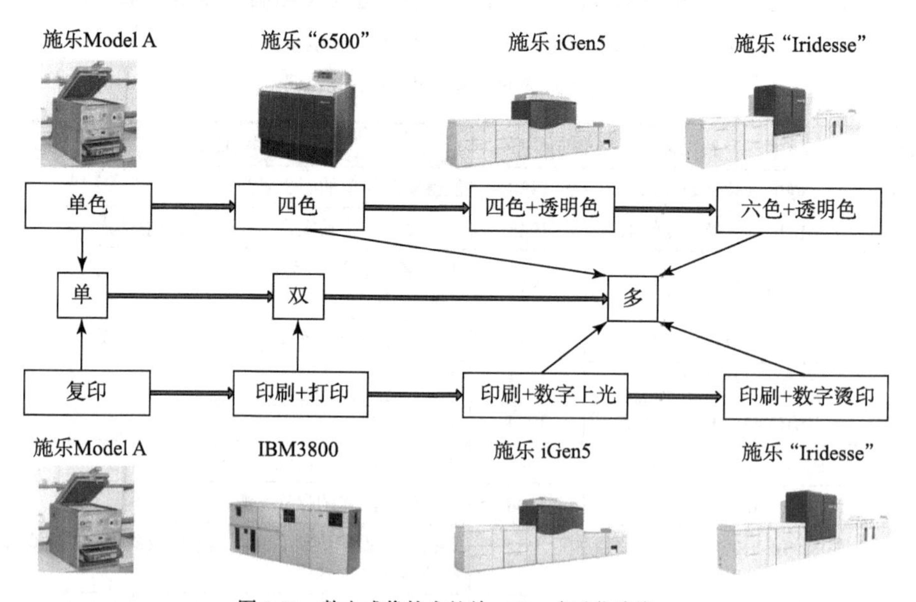

图 9-17 静电成像技术的单—双—多进化路线

（2）提高可控性进化路线

静电成像可控性进化主要体现在成像过程由人为手动控制向自动控制和智能化动态控制的路线进化，其进化路线如图 9-18 所示。

（3）提高协调程度进化路线

静电成像提高协调程度的进化主要体现在印刷工艺和印刷品质与实际使用便捷性和人们需求增长方面的协调，其进化路线如图 9-19 所示。

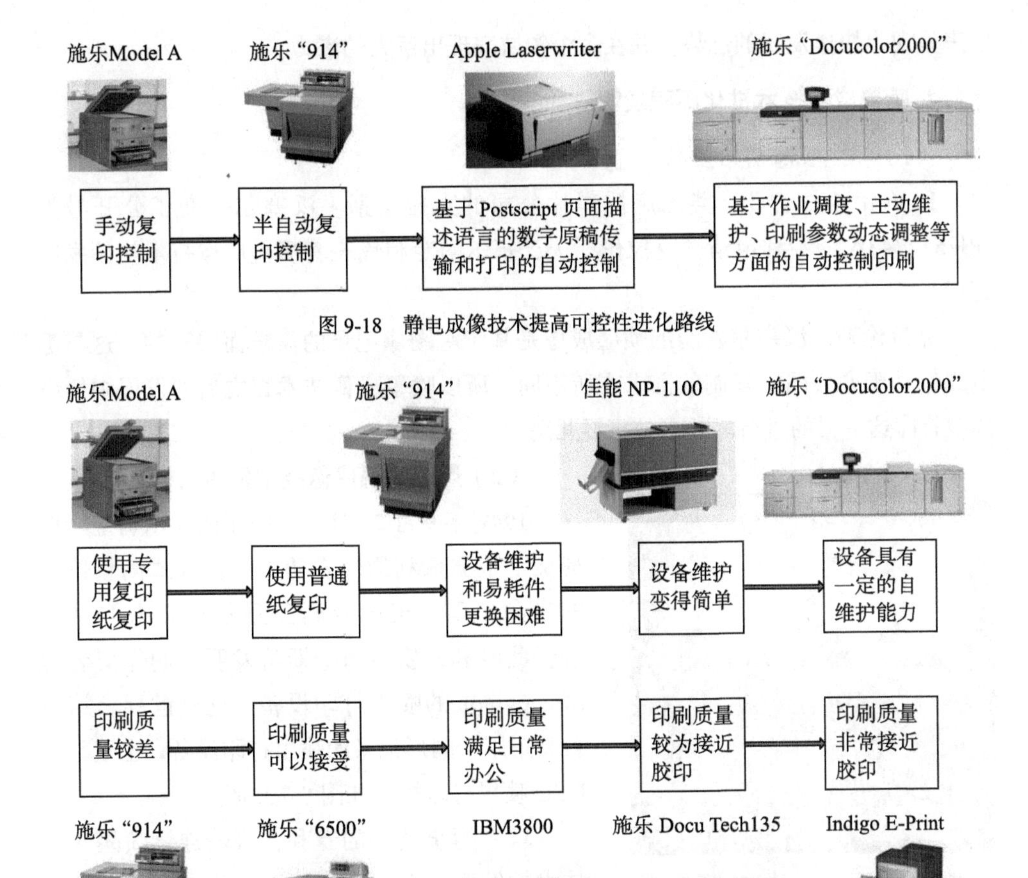

图 9-18　静电成像技术提高可控性进化路线

图 9-19　静电成像技术提高协调程度进化路线

9.2.2 喷墨成像技术进化历程及进化路线

喷墨成像技术作为数字印刷中的两大核心技术之一，初始发明晚于静电成像，受到相关技术发展滞后的影响，喷墨成像技术在发明后的较长一段时间内都处于技术原理研究阶段，未像静电成像技术那样不断尝试应用于生产生活并有代表性产品推出，所以在研究喷墨成像技术进化历程中，本书以区别于静电成像技术代表设备为研究对象的方案，转向主要以代表专利技术的发明为研究方案。

喷墨成像技术虽然在发展初期未有代表性设备推出，但喷墨成像技术由于其本身的应用范围广泛、喷墨成像数字印刷设备结构相对简单、微电子技术及 MEMS 技术的快速发展，喷墨成像技术从 1946 年美国广播唱片公司（RCA）的 Hansell 发明以来呈现出快速发展的态势，并在多个领域表现出巨大的潜力。

1. 喷墨成像技术进化历程发明

（1）喷墨成像初始技术

1946 年 4 月 1 日，美国广播唱片公司的克拉伦斯·汉塞尔提交了公开号为US2512743A 的专利申请，克拉伦斯·汉塞尔的专利代表着喷墨成像技术初始发明完成。

克拉伦斯·汉塞尔发明的喷墨成像是基于对图像记录的需求而展开的，这与静电成像基于办公图文复制的需求有所不同，所以喷墨成像技术在之后的发展中始终围绕打印这一目的进行。技术处于婴儿期。

（2）连续喷墨成像技术发明及初始应用

1949 年 9 月 21 日，西门子的埃尔姆奎斯特提交了根据瑞利原理发明的“记录式测量仪”的专利申请，美国专利公开号 US2566443A，基于此专利，埃尔姆奎斯特发明并制作出名为 Mingograph 的喷墨打印设备，这是世界上第一台真正用于图形记录的喷墨打印设备，也被称为 ECG 喷墨打印机，如图 9-20 所示。

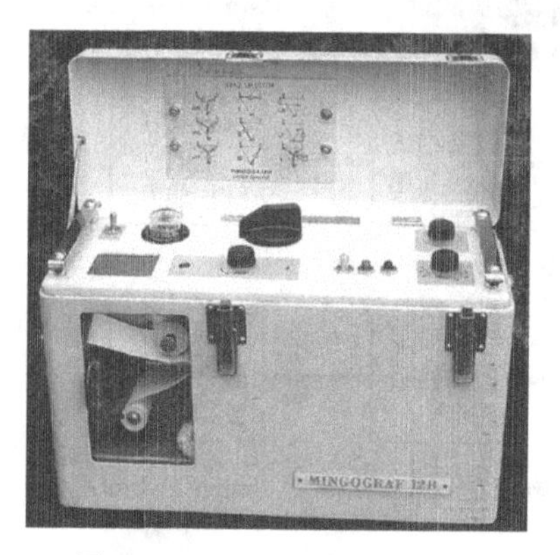

图 9-20 Mingograph 喷墨打印机

埃尔姆奎斯特的专利代表着连续喷墨成像技术的发明，而 Mingograph 喷墨打印设备的出现代表了喷墨成像技术的第一次应用。但埃尔姆奎斯特的发明中墨滴偏转是基于喷墨头的偏转实现的。

技术系统沿着“单—双—多”系统进化路线（加入墨滴偏转驱动系统）进化。

（3）基于墨滴偏转控制的连续喷墨成像技术发明（二值偏转技术）

1962 年，温斯顿在诸多连续喷墨研究者中脱颖而出并第一个成功将基于墨滴偏转控制的连续喷墨技术转变为商业喷墨印刷机，温斯顿将其发明的喷墨印刷机命名为 Teletype Inktronic 并进行销售，同时，其为自己的发明申请了专利，专利公开号 US3060429A。

温斯顿发明的 Teletype Inktronic 喷墨印刷机首次将墨滴偏转控制技术应用于实际，但温斯顿的喷墨技术中每次只能允许一个墨滴通过偏转电极板区域，否则，闯入的墨滴将按照前一个墨滴的飞行轨迹飞行，这种墨滴控制方法被称为二值偏转控制。

技术系统沿着“单—双—多”进化路线（2 值偏转墨滴控制技术）进化。

（4）基于墨滴偏转控制的连续喷墨成像技术发明（多值偏转技术）

1964 年 3 月 25 日斯坦福大学的斯维塔发明了一种与温斯顿技术类似的墨滴偏转控制技术，同样采用对墨滴充电并通过电场控制墨滴偏转的技术方案，但不同之处在于斯维塔的发明中墨滴根据图文信息被充以不同的电荷，偏转控制电极加以恒定电压，因此，在偏转电场中墨滴偏转量根据墨滴的带电量不同而发生不同的偏转，这种墨滴控制方法被称为多值偏转控制技术。1964 年斯维塔提出专利申请并最终获得公开号为 US3596275 的美国专利。

斯维塔的发明将连续喷墨技术中的墨滴偏转控制技术进行了改进，将原有的单墨滴断续控制技术扩展到多墨滴连续控制技术。

技术系统沿着“单—双—多”进化路线（多值偏转技术）进化。

（5）连续喷墨成像技术字符生成器发明

不论是温斯顿的二值偏转墨滴控制技术还是斯维塔的多值偏转墨滴控制技术都只停留在形成简单线条图形的基础上，未能将喷墨成像技术应用于文字打印。1962 年至 1963 年，博瑞斯仪器公司的 阿林 • 布朗 和 亚瑟 • 路易斯以及斯维塔的上司卡明博士均发明了一种能够使喷墨成像技术打印字符的方法，专利公开号分别为 US3298030A 和 US66016367A。

字符打印方法的发明使喷墨成像技术从线条图形等信号记录领域扩展到图文复合打印领域。

技术沿着系统扩展—裁剪路线（功能扩展）进化。

（6）挤压式按需喷墨成像技术发明

1970 年，克莱维持公司的工程师佐尔坦在压电喷墨技术的基础上发明了空心管形式压电元件挤压喷墨技术，发明专利公开号 US3683212A。

佐尔坦挤压式按需喷墨技术的发明首先提出了一种不同于连续喷墨方式的离散型喷墨方法，同时其挤压式压电元件的发明将喷墨成像技术中墨滴喷射动力进行了拓展。

技术沿着物体几何进化路线（压电元件形状变化）进化。

（7）弯曲式按需喷墨成像技术发明

1970 年，美国塞罗尼克斯公司的凯泽和西尔斯发明了采用矩形压电体的弯曲变形提供墨水喷射动力的喷墨方法，发明专利公开号 US3946398A。

凯泽和西尔斯的发明将按需喷墨成像技术中墨滴喷射动力进行了拓展。

技术沿着物体几何进化路线（压电元件形状变化）进化。

（8）喷墨自清洁技术发明

喷墨成像技术的核心在于喷墨头，而墨水中的杂质在长期喷射过程中会堆积在喷嘴孔处造成喷嘴孔堵塞，堵塞的喷嘴孔如不能及时疏通，则会导致喷嘴孔永久堵塞，进而对印刷质量造成严重影响。1975 年，IBM 发明了一种自清洁喷墨头系统，发明专利公开号 US4007465A。

IBM 发明的自清洁喷墨头系统提升了喷墨成像技术在应用上的稳定性，代表着喷墨成像技术开始关注实际应用。

技术沿着“单—双—多”进化路线（印刷 + 清洗功能）进化。

（9）具有灰度特性调制的喷墨成像技术发明

1976 年，瑞典隆德技术研究所的赫兹教授和他的助手发明了一种能够实现图像灰度特性调制的连续喷墨成像技术，专利公开号 SE331370B（美国专利公开号 US3416153A）。

赫兹喷墨技术的发明拓宽了喷墨成像技术的横向范围，为喷墨成像技术提出了一种新的墨滴控制技术，其核心是对墨滴尺寸小型化的改进，其目的是提高成像质量和喷墨成像技术的应用范围。

技术沿着动态化进化路线（调制）进化。

（10）喷墨成像技术进入实用阶段

1977 年，西门子公司推出世界上第一台采用了挤压模式的压电喷墨打印机 PT-80。

西门子 PT-80 的发明标志着压电按需喷墨成像技术进入实际应用阶段。

技术沿着物体几何进化路线（施加压力的位置由内到外）进化。

（11）热泡按需喷墨成像技术发明

1978 年 9 月 28 日，佳能发明了热泡按需喷墨技术并申请了专利，专利公开号 CA1127227A，佳能热泡喷墨技术加热元件通过间接的方式加热墨水。基于这一发明，佳能于 1985 年推出了 BJ-80 热泡喷墨打印机。

佳能热泡按需喷墨技术的发明进一步拓宽了按需喷墨技术的技术范围，但其间接加热方法效率相对较低。

1982 年惠普发明了采用弹性隔膜驱动的热泡喷墨技术，专利公开号 US4480259A。

惠普发明的弹性隔膜驱动的热泡喷墨技术在喷墨稳定性及热效率方面都优于佳能的间接热泡喷墨技术。

技术沿着场的优化路线进化（由机械场进化到热场）。

（12）包含墨盒的一体式喷墨头发明

1984 年，爱普生发明了一种抛弃式一体喷墨头墨盒，专利公开号 EP0406983A2，该技术采用了一种多孔材料用于油墨的存储及自动供给。

爱普生发明抛弃式一体喷墨头墨盒技术代表了喷墨成像技术的发展开始转向横向技术的研究，也代表着喷墨成像基本核心技术发展趋于完善，其技术进步性在于将以往的空腔墨罐分割为多个细小单元。

技术沿着物体的分割路线进化。

（13）带有分割腔室墨盒的一体式喷墨头发明

1986 年，惠普发明了一种具有分割腔室储墨盒的喷墨头，发明专利公开号 US4771295A，专利中惠普采用了网状聚氨酯泡沫设在不同的分割室中存储油墨，可用于彩色喷墨用油墨的存储。

惠普发明的具有分割腔室储墨盒的喷墨头是爱普生发明的抛弃式一体喷墨头墨盒在系统分割方向上的继续进化，其为彩色喷墨技术的出现提供了基础技术支持。

技术沿着“单—双—多”系统进化路线（墨腔由 1 个向多个进化）进化。

（14）微压电喷墨头发明

1990 年，爱普生发明了一种采用微压电元件的按需喷墨头，发明专利公开号 JP3041952B2（美国专利公开号 US5446485A）。此技术采用了与半导体生产过程相同的切割工艺，压电板制成件体积小精度高。

爱普生发明的采用微压电元件的按需喷墨头是压电致动器在小型化和高效率方向的进化。

技术沿着物体的分割路线进化。

（15）喷墨头钝化方法发明

1996 年，赛尔发明了一种喷墨打印头钝化方法，专利公开号 GB9622177D0（中国专利公开号 CN1241968A），专利中给出了一种通过化学气相沉积钝化涂层对喷墨头通道壁进行选择性钝化的方法。

赛尔发明的喷墨打印头钝化方法标志着喷墨成像技术在稳定性研究方面开始向着微观方向进化。

技术沿着提高可控性进化路线进化。

（16）耐光性的油墨发明

1999 年，爱普生发明了一种具有优异耐光性的油墨组合物，发明专利公开号 US6379441B1，专利中将咪唑衍生物、抗氧化剂、糖类或水溶性有机镍化合物掺入油墨中，以防止铜酞菁染料的颜色变化和褪色，从而实现油墨良好的耐光性。

爱普生发明的耐光性的油墨组合物是喷墨成像技术在质量提高方面向着分子级方向进化的开始。

技术沿着物体表面特性进化路线进化。

（17）基于 MEMS 技术的喷墨头制造技术发明

基于 MEMS 制造技术的压电喷墨头的发明代表着喷墨成像技术向物体的分割方向进化。

从 2000 年开始，喷墨印刷逐步进入快速成长期，喷墨成像技术开始向着高质量、高效率、高稳定性、大幅面、应用领域细分的方向进化。伴随着喷墨成像技术的进化，大量喷墨设备开始推出。

总结上述静电成像技术发展进化历程如表 9-6 所示。

表 9-6 喷墨成像技术发展进化历程

序号	技术（产品）名称	时间（年）	技术特征及效用
1	克拉伦斯·汉塞尔喷墨成像基础技术	1946	能够实现墨滴的可控喷出
2	Mingograph 喷墨打印机	1949	连续喷墨技术发明并第一次获得实际应用
3	温斯顿墨滴二值偏转技术	1962	对连续喷射的墨滴实现了偏转与不偏转两个状态的控制
4	斯维塔·瑞奇艾德墨滴多值偏转技术	1964	对连续喷射的墨滴实现了不同偏转值的控制
5	字符生成器	1962—1963	借助字符生成器，喷墨成像技术实现了文字打印功能
6	挤压式按需喷墨技术	1970	按需喷墨技术提出，同时提出了按需喷墨技术中的挤压式致动方法
7	弯曲式按需喷墨技术	1970	提出了按需喷墨技术中的弯曲式致动方法
8	卫星墨滴消除技术	1974	提出了一种消除卫星墨滴，提高成像质量的方法
9	喷墨头自清洁技术	1975	提出了一种喷墨头自清洁技术，提高了喷墨成像技术的稳定性
10	赫兹具有灰度特性调制的喷墨成像技术	1976	将喷墨成像的墨滴直径实现了降低
11	西门子压电喷墨打印机 PT-80	1977	第一台采用压电按需喷墨技术的喷墨打印机发明
12	热泡成像技术发明	1978	热泡致动技术提出
13	弹性隔膜驱动的热泡喷墨技术	1982	改善了热泡致动技术对油墨特性的要求，拓展了喷墨技术的适用范围
14	佳能 BJ-80 热泡喷墨打印机	1985	首次将热泡致动喷墨技术应用于实际
15	包含有多孔储墨材料墨盒的一体式喷墨头	1984	将供墨单元与喷墨头结合，并用多孔结构代替原有空腔储存结构
16	带有分割腔室墨盒的一体式喷墨头	1986	在多孔储墨结构的基础上进一步增加分割，实现多个颜色油墨的存储
17	微压电元件喷墨头	1990	缩小了喷墨致动元件的体积，为增加分辨率提供了基础技术保障
18	基于 MEMS 技术的喷墨头制造技术	2000	在提高喷墨成像分辨率上向超系统方向扩展
19	纳米喷墨技术	2012	粒度在纳米等级的油墨及喷墨技术发明，进一步对喷墨油墨在尺度上进行分割

2. 喷墨成像技术进化路线

喷墨成像技术目前正处于成熟期，在技术上分别沿着不同的进化路线在持续不断地进化，进化动力来自于社会的不断发展和人们持续增长的需求，其进化路线呈现出交叉与分合交错的状态，但最终的进化趋势是满足社会发展和人们需求并逐步提高技术完善性。通过上述进化历程的分析可知喷墨成像数字印刷技术主要沿着分割路线、提高可控性进化路线进化。

（1）物体的分割进化路线

喷墨成像技术的分割进化路线主要体现在墨滴体积上。其从发明之初的连续墨流喷射发展到单个墨滴喷射，其中赫兹喷墨则通过引入场作用将墨滴在场作用下实现更高层次的细分，在油墨结构上，喷墨油墨由普通油墨发展到纳米油墨。其进化路线如图 9-21 所示。

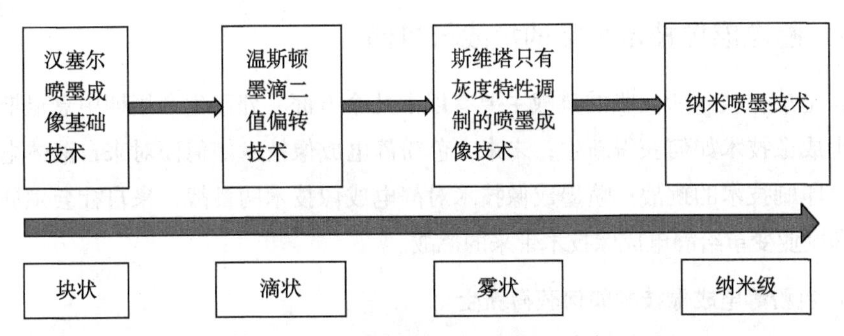

图 9-21　喷墨成像技术的分割进化路线

（2）提高可控性进化路线

静电成像可控性进化主要体现在墨滴运动的控制，其从发明之初的连续墨流阶段性喷射控制发展到单个墨滴的阶段性喷射控制，再从单个墨滴的阶段性喷射控制发展到墨滴持续喷射的二值控制（二值偏转），之后又发展到墨滴持续喷射的多值控制（多值偏转），由多值控制又发展到场控制。其进化路线图如图 9-22 所示。

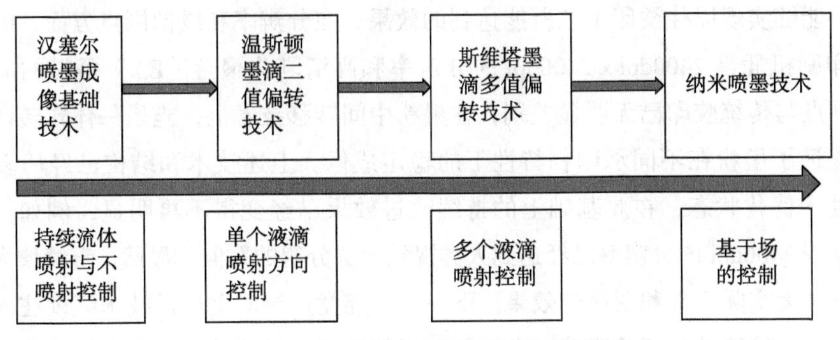

图 9-22　喷墨成像技术提高可控性进化路线

9.3 面临的挑战与机遇

数字印刷技术从发明之后就一直呈现出良好的发展势头。静电成像和喷墨成像作为数字印刷领域的两大核心技术，代表着数字印刷技术发展的过去和未来。如今，静电成像技术从发明之初的办公图文复制应用已经发展到印刷生产应用，喷墨成像技术也从最初用于信号记录发展到如今已远超出传统印刷的3D打印、增材制造等多个领域的衍生应用。目前，数字印刷两大技术中的静电成像技术已进入衰退期，而喷墨成像技术正处于成长期，因两者所处生命周期阶段的不同，所面临的挑战和机遇也不同，但因其又同属于印刷领域，更进一步地说，两者同属于数字印刷领域，其在技术创新及发展中又都面临着相同的挑战和机遇。

9.3.1 静电成像技术面临的挑战与机遇

静电成像技术所面临的挑战主要有以下几个方面：处于生命周期中衰退期的色粉静电成像技术如何获得新生；未来，色粉静电成像技术如何面对来自液体电子油墨数字印刷技术的挑战；喷墨成像技术对静电成像技术的挑战；来自社会发展所导致的印刷业变革给静电成像技术带来的挑战。

1. 色粉静电成像技术如何获得新生

如今色粉静电成像技术已处于衰退期，相关技术和产品结构已经足够优化，施乐作为静电成像技术领域的领导者，其技术和产品具有显著的代表性。在色粉技术上，施乐最新一代生产型数字印刷机Iridesse所用高清乳化聚合（EA）干墨是全球首屈一指的小尺寸墨粉，其能够实现在承印物上定影6层干墨的高难度技术，同时又能保持高生产力、出色的图像质量及广泛的介质适应性。能在分子级控制的微型高弹性干墨颗粒，可提供更为光滑的高精度图像。金色干墨、银色干墨等金属色干墨几乎能够实现以往烫印工艺所能达到的效果；在分辨率和成像网点方面，Iridesse数字印刷机凭借2400dpi×2400dpi的分辨率和高清乳化聚合（EA）墨粉的应用其成像网点与传统胶印已无明显差别；在墨粉中间转移技术上，施乐一体式转印带的使用保证了墨粉在不同承印物特性下的稳定成像。上述技术和结构已经历多次改进并处于优化状态，在此基础上的持续改进效果已经变得不再明显，例如，目前2400dpi×2400dpi的分辨率已经达到人类视觉无法分辨的数值，显然，继续增大分辨率几乎再无实际意义和明显的效果。下一步，究竟是给静电成像技术继续注入增长活力维持其持续进步还是开辟一个新的应用领域分支以使其获得新生是目前色粉静电成像技术所面临的巨大挑战。

2. 色粉静电成像技术如何面对来自液体电子油墨数字印刷技术的挑战

虽然色粉静电成像技术在数字印刷技术中一直凭借优良的印刷品质而被广泛应用于商业数字印刷中，但以惠普 - 印迪戈为代表的液体电子油墨技术在成像原理上的优势使其印品质量相比色粉静电成像技术更加接近传统胶印，成为色粉静电成像技术在数字印刷领域的主要竞争者，色粉静电成像技术如何实现技术突破将成像质量提升到与液体电子油墨成像技术相同或更高的印刷品质是目前色粉静电成像技术所面临的又一挑战。

3. 喷墨成像技术对静电成像技术的挑战

处于成熟期的喷墨成像技术在图像软件技术、喷墨头制造技术、喷墨打印控制技术共同发展的推动下印刷品质快速进步，特别是兰达纳米喷墨技术的推出，更是将喷墨成像技术的印刷品质直接提升到胶印级别，而喷墨成像技术在设备结构、印刷幅面、印刷速度上又有着先天的优势，这些都给色粉静电成像技术带来了显著的挑战。

4. 社会发展所导致的印刷业变革对静电成像技术的挑战

社会的发展给印刷业带来的变革时刻影响着色粉静电成像技术，如人工智能、互联网技术、新媒体技术的不断发展给色粉静电成像技术带来了新的需求，能否在技术上快速响应并给出可靠的解决方案对于色粉静电成像技术同样是一个挑战。

机遇与挑战并存，针对以上 4 方面的挑战，色粉静电成像技术的机遇在于：是否能够通过进一步的技术融合将以往无法集成在胶印技术中的更多印后加工工艺纳入其中并能够实现连线生产；是否能够进一步提高成像质量以实现与胶印媲美并保持色粉静电成像技术在环保性方面的优势；是否能够通过模块化结构设计实现大幅面、高速度的印刷；是否能够将图文印刷与新媒体、人工智能、互联网技术结合实现印刷应用领域的横向扩展。

9.3.2　喷墨成像技术面临的挑战与机遇

喷墨成像技术所面临的挑战主要有以下几个方面：纳米喷墨成像技术对传统喷墨成像技术的冲击；色粉静电成像技术和液体电子油墨静电成像技术在印刷质量上对喷墨成像市场份额的影响；衍生领域应用对喷墨成像技术快速进步的需求；来自社会发展导致的印刷业变革所带来的挑战。

1. 纳米喷墨成像技术对传统喷墨成像技术的冲击

自 2012 年兰达发布纳米喷墨成像技术以来，经过近 7 年的努力，兰达纳米喷墨印刷设备已经于 2019 年开始装机并投入生产，纳米喷墨技术不仅具有喷墨成像技术在印刷幅面、印刷速度等多方面的优点，而且有着比喷墨成像技术更高的印刷品质，这将给传统喷墨成像技术带来巨大的挑战。

2. 色粉静电成像技术和液体电子油墨静电成像技术在印刷质量上对喷墨成像市场份额的影响

色粉静电成像技术因其在印刷品质上的优势已被人们广泛接受并作为商业短版印刷方式代替部分以往使用传统胶印印刷的活件，而液体电子油墨技术因其几乎能与传统胶印媲美的印刷质量被认为是替代传统胶印用于商业印刷的优选数字印刷方案，综上所述，传统喷墨成像技术将在印刷品质上受到来自色粉静电成像技术和液体电子油墨静电成像技术的严峻挑战。

3. 衍生领域应用对喷墨成像技术快速进步的需求

喷墨成像技术在医疗、微电子、加工及制造等领域中表现出良好的应用前景，但多领域的广泛应用也对喷墨技术提出了区别于图文印刷领域的诸多要求，主要体现在各领域所用印刷装备精度、速度和效率的提高方面。由于受到印刷机工作原理的制约，如何平衡印刷装备精度与速度之间的严重冲突和如何能够使印刷技术在衍生领域的应用更为便捷、可靠，成为目前喷墨技术在衍生领域应用所面临的重要挑战。

4. 来自社会发展导致的印刷业变革所带来的挑战

社会的发展给印刷业带来的变革同样影响着传统喷墨技术的发展并为其带来与色粉静电成像技术相同的挑战。

与色粉静电成像技术类似，传统喷墨技术在诸多挑战中同样蕴藏着机遇，针对以上 3 方面的挑战，传统喷墨成像技术的机遇在于：是否能够通过进一步的技术创新减小传统喷墨成像技术墨滴体积和改善墨水与承印物在结合时因润湿而导致的过度铺展问题，以提高传统喷墨成像技术的印刷品质；是否同样能够将图文印刷与新媒体、人工智能、互联网技术结合实现印刷应用领域的横向扩展。

9.4 总结与展望

数字印刷技术从初始技术发明到目前在图文复制领域的广泛应用以及 3D 打印、

印刷电子等衍生领域的广泛应用已经走过了80余年。如今数字印刷已经逐渐被图文印刷领域所接受并认可，这其中离不开色粉静电成像技术所做出的贡献，也更离不开以印迪戈为代表的液体电子油墨静电成像技术、传统喷墨技术和纳米喷墨技术的贡献。

色粉静电成像技术因为有着良好的印刷品质以及相关科学技术的支持，从1938年发明以来在技术进步和应用上一直呈现出良好并持续的增长势头，如今色粉静电成像技术从最初步骤繁杂的人工操作已经发展到几乎无须过多人为干预的全自动印刷，速度从每分钟只能印刷3页已经发展到每分钟120多页，功能上从当初只能进行黑白印刷发展到能够将数字原稿直接进行彩色输出并能够得到类似传统印后整饰的效果。在如此大的进步中，施乐公司（前身为哈罗伊德公司）做出了巨大的贡献，但也正是因为施乐在色粉静电成像技术上的领先和专利技术上的独占，曾经给色粉静电成像技术的发展带来了一定的制约。以印迪戈为代表的液体电子油墨静电成像技术的发明给静电成像家族带来新的活力，其以几乎接近胶印的良好印刷品质被图文印刷界快速接受并再一次刷新了人们对数字印刷的认识，更是助推了图文印刷界对数字印刷技术的认可。

以印迪戈为代表的液体电子油墨静电成像技术不仅是一项基于静电成像技术发展而来的细分技术，更是数字印刷领域中的一次变革，它抛弃了几十年沿用的固体色粉而创新地将液体电子油墨应用于静电成像技术中，同时辅助以中间转印等相关技术，极大地提高了静电成像技术的印刷品质。

喷墨成像技术的发明相对静电成像技术经历了更长的过程，这主要是因为喷墨成像在墨滴喷射动力、墨滴偏转控制、墨滴喷射方法等方面的多样性和复杂性。相对静电成像技术的快速发展和早期较为广泛的应用，喷墨成像技术的商业化应用显得较为滞后，这主要原因在于早期喷墨技术在成像质量上的欠缺和应用稳定性方面的不足，而其根源在于喷墨头制造水平的不足，但随着微电子技术、微制造技术（MEMS）的发展和喷墨稳定性技术研究的深入，喷墨头的分辨率和稳定性逐步提高，喷墨成像技术已经能够打印出印刷品质良好的印刷品。相比静电成像技术，喷墨成像技术在印刷幅面、印刷速度、承印物适应性、印刷色数等方面有着静电成像所无法比拟的优势，加之喷墨成像技术在横向衍生应用方面有着具大的潜力，未来将是喷墨成像技术的一片蓝海。

除静电成像技术和喷墨成像技术之外的其他成像技术一直弥补着上述两大技术在印刷领域的空白，其中热成像技术从发展之初就凭借着结构简单、体积小、易用等特点在条码、标签、小票等行业应用至今。近年来，随着网络销售和物流业的发展，热成像技术在标签行业获得了巨大的市场和发展。磁成像技术和离子成像技术作为对静电成像技术的一种类比实现方式在静电成像发展过程中出现，但受静电成像快速发展的影响和其本身技术上的制约以及从事厂家的稀少，并没有呈现出迅猛的发展和较高的市场占有率。照相成像数字印刷技术作为银盐冲印的代替技术曾被用于数码照片冲印领域，但随着喷墨成像技术在打印质量上的提高，照相成像数字印刷技术也呈现出逐渐淡出的趋势。

综上所述，数字印刷技术现已被图文印刷领域接受并正在发挥着巨大的作用，静电成像技术经过多年的发展已经进入生命周期中的衰退期，未来必将被另外的新技术所替代，这其中一定包含喷墨成像技术，不过静电成像技术也会因其良好的成像质量和多年发展积累的技术优势继续在图文印刷领域做出巨大的贡献。喷墨成像技术以其在印刷幅面、印刷速度、承印物适应性、印刷色数等方面优势必将成为未来图文数字印刷中的明星。随着数字印刷技术的不断发展，未来的图文印刷领域定是数字印刷的天下。喷墨成像技术在生物假体、活体器官、零部件增材制造、印刷电子、芯片制造等领域的衍生应用将会给整个社会带来巨大的变革，未来的世界将是印刷的世界。

参考文献

[1] 姚海根 . 数字印刷的起源和发展 [J]. 中国印刷与包装研究，2010，（5）:1-12

[2] 王灿才 . 静电成像数字印刷的发展现状 [J]. 丝网印刷，2011，（9）:44-47

[3] 陈卫东 . 静电印刷 vs 喷墨印刷，得幅面者赢天下 ?[J]. 印刷技术，2011，（11）:36-38

[4] 蒲嘉陵 . 数字印刷技术的现状与发展趋势 [J]. 数码印刷，2002，（1）:69-74

[5] 菲尔・依威斯 . 喷墨印刷技术的发展 [J]. 印刷工业，2007，（3）:12-12

[6] 何君勇，李路海 . 喷墨打印技术进展 [J]. 中国印刷与包装研究，2009，1（6）:54-58

[7] 赵桐 . 国内外数字印刷的现状及发展 [J]. 印刷质量与标准化，2015，（10）:14-20

[8] 孟唯娟，刘永富 . 彩色喷墨印刷技术的发展与应用 [J]. 印刷质量与标准化，2017，（12）:31-35

[9] 杨谦 . 增材制造在航空发动机燃烧室中的应用 [J]. 航空动力，2018，（04）:26-29

[10] 焦明，张扬 . 增材制造技术在航天制造领域的需求分析与发展趋势 [J]. 技术经济，2017，（07）:109-112

[11] 林鑫，黄卫东 . 应用于航空领域的金属高性能增材制造技术 [J]. 航空动力，2015，（09）:684-688

[12] 卢秉恒 . 我国增材制造技术的应用方向及未来发展趋势 [J]. 表面工程与再制造，2019，19（01）:16-18

[13] 樊恩想，刘小欣，廖文俊等 . 金属增材制造的现状与发展 [J]. 机械制造，2019，（57）:1-6

[14] 王健 . 激光增材制造点阵结构力学性能研究 [D]. 北京理工大学，2016

[15] 汪文君，徐友良，吴雪蓓等 . 基于增材制造的微型涡喷发动机轻量化设计及试验 [J]. 航空动力，

2019，（03）:20-22

[16] 王克迪 . 3D 打印技术的理论与实践 [D]. 中共中央党校，2015

[17] 邱丽娜 . 3D 打印技术应用引发的社会问题及解决对策 [D]. 渤海大学，2017

[18] 赵精 . 3D 打印技术在汽车设计中的应用研究与前景展望 [D]. 太原理工大学，2014

[19] 王强 . 3D 打印“小时代”[J]. 印刷工业，2013，8（07）:76-77

[20] 陈建东 . 3D 打印对复杂髋关节置换手术前计划的指导意义 [D]. 广西医科大学，2016

[21] 刘屹环，黎海雄 .3D 打印技术在齿科行业的应用 [J]. 新材料产业，2017，（11）:35-39

[22] 古良玲，全晓莉 . 3D 打印技术在电子元器件研制中的应用展望 [J]. 电子元件与材料，2014，33（01）:67-68

[23] 徐弢 . 3D 打印技术在生物医学领域的应用 [J]. 中华神经创伤外科电子杂志，2015，1（01）:57-58

[24] 陈雪 . 3D 打印技术在医学中的发展应用 [J]. 广东科技，2014，23（15）:60-63

[25] 任泓飞 . 3D 打印在器官移植中的应用 [J]. 科技展望，2015，25（18）:282

[26] CELLINK 公司推出第一款通用型生物 3D 打印油墨 [J]. 中国包装，2015，35（07）:93

[27] 张人佶，姚睿，张婷，张磊，林峰，孙伟 . 北京市生物 3D 打印产业化路径探究 [J]. 新材料产业，2013，（08）:25-30

[28] 杨伟，毛久兵，冯晓娟，杨平，杨剑 . 电子电路 3D 打印技术研究进展 [J]. 电子工艺技术，2019，40（01）:1-4

[29] 孙长健，张志义，张澎，白蕾 . 基于 3D 打印 PCB 板的绝缘层材料选择及分析 [J]. 电工材料，2018，（06）:8-12

[30] 高玉乐，史长春，董得超，陈蓉，单斌 . 基于 3D 打印技术的挠性电子电路的快速成型工艺研究 [J]. 印制电路信息，2016，24（03）:5-8+23

[31] 李枫 . 让生物 3D 打印迈向普罗大众 [J]. 中国工业评论，2015，（12）:106-111

[32] 贺永，高庆，刘安，孙苗，傅建中 . 生物 3D 打印——从形似到神似 [J]. 浙江大学学报（工学版），2019，53（03）:407-419

[33] 叶青 . 生物 3D 打印打开人体器官打印之门 [N]. 广东科技报，2014-06-27（006）

[34] 徐弢 . 生物 3D 打印的产业化机遇 [J]. 中国工业评论，2015，（05）:46-53

[35] 王锦阳，黄文华 . 生物 3D 打印的研究进展 [J]. 分子影像学杂志，2016，（39）:44-46+62

[36] 张洪宝，胡大超 . 生物 3D 打印的最新研究及应用 [J]. 粉末冶金工业，2015，25（04）:63-67

[37] 毛宏理，顾忠伟 . 生物 3D 打印高分子材料发展现状与趋势 [J]. 中国材料进展，2018，37（12）:949-969+993

[38] 陈鑫，李方正 . 生物 3D 打印技术的应用现状和发展趋势 [J]. 新材料产业，2017，（11）:2-4

[39] 李军男 . 生物 3D 打印技术在生物医用材料产业的发展展望 [J]. 新材料产业，2017，（11）:10-12

[40] 生物 3D 打印技术在医疗领域的应用 [J]. 智慧健康，2015，1（01）:75-76

[41] 邓权锋 . 生物 3D 打印类血管及其初步应用 [D]. 大连理工大学，2018

[42] 朱信心，周爱梅，杨柳青，石汉平 . 生物 3D 打印在医学中的应用 [J]. 肿瘤代谢与营养电子杂志，2016，3（2）:127-130

[43] 顾奇，郝捷，陆阳杰，王柳，GordonG.Wallace，周琪 . 生物三维打印的研究进展 [J]. 中国科学：生命科学，2015，45（05）:439-449

[44] 3D 打印之建造模型 . http://www.printing.hc360.com

[45] 张芬 . MGI 公司将在法国国际包装展中展出 JETvarnish3D 设备 http://www.keyin.cn/news/gngj/201211/20-1008133.shtml，2012-11-20

[46] 张乃柏，郭秋泉，杨军 . 数字打印柔性电子器件的研究进展 [J]. 中国科学（物理学 力学 天文学），2016，46（4）:70-85

[47] 高志强 . 基于 RFID 喷墨印刷的纳米银导电墨水的制备 [D]. 天津科技大学，2013

[48] 吴燕雨 . 可打印纸质电路 [J]. 中国经济和信息化，2013，（20）:83-85

[49] 孟碧云，邱云峰 . 基于新工艺电子器件集成制造及测试技术研究 [J]. 电子质量，2019，（5）:3-6

[50] 张腾元，肖骏峰，杨军等 . 在纸上打印高导电高精度的柔性电路 [J]. 印制电路信息，2018，26（10）:45-52

[51] 贾甜 . 基于液态金属直写的柔性电子打印研究 [D]. 浙江大学，2017

[52] 李腊 . 柔性 / 可拉伸微型电容器阵列的设计及其在集成可穿戴电子中的应用研究 [D]. 吉林大学，2018

[53] 卜婷 . 3D 打印技术专利布局研究 [D]. 湘潭大学，2016

[54] 徐文鹏 . 3D 打印中的结构优化问题研究 [D]. 中国科学技术大学，2016

[55] 张欣悦 . 3D 冷打印成形硬质合金的研究 [D]. 北京科技大学，2018

[56] 刘晓梅 . 第三次工业革命背景下 3D 打印业企业竞争力影响因素研究 [D]. 东华大学，2014

[57] 檀润华，张青华，纪纯 . TRIZ 中技术进化定律、进化路线及应用 [J]. 工业工程与管理，2003，（01）:34-36

[58] 张建辉，檀润华，杨伯军 . 产品技术进化潜力预测研究 [J]. 工程设计学报，2008，15（3）:157-163

[59] 梁峪，陈军，张伟 . 基于 TRIZ 的技术系统进化研究 [J]. 中国储运，2012，（2）:113-114

[60] 高常青，陈伟，密善民 . 基于 TRIZ 的技术预测方法研究与应用 [J]. 机械设计，2014，31（8）:1-5

[61] 张付英，张林静，王平 . 基于 TRIZ 进化理论的产品创新设计 [J]. 农业机械学报，2008，39（2）:116-119

[62] 王昕，杨君顺 . 基于 TRIZ 进化理论在产品预测中的应用 [J]. 包装工程，2009，30（11）:120-122

[63] 张欣，方海，蒋雯 . 基于 TRIZ 进化树的技术预测设计方法在 LED 导光板技术中的应用 [J]. 机床与液压，2017，（19）:136-141

[64] 别亮亮 . 基于 TRIZ 理论与专利数据分析的产品创新设计机理研究及应用 [D]. 广东工业大学，2017

[65] 崔婧 . 基于技术进化的创新支持系统的研究 [D]. 华北电力大学，2018

[66] 许崇春 . 基于技术路线图、专利地图和 TRIZ 集成的产业集群创新技术路径研究 [J]. 科技进步与对策，2012，29（14）:46-49

[67] 杨杰，王丽丽，张志明 . 基于技术系统进化理论的停车警示装置创新设计 [J]. 包装工程，2018，39（14）:13-17

[68] 刘小玲 . 基于进化树方法的手机输入技术分析 [J]. 创新科技，2012，（12）:19-21

[69] 杨中楷，徐梦真，韩爽 . 基于专利的技术进化树的构建与解析 [J]. 大连理工大学学报（社会科学版），2015，（2）:115-119

[70] 张换高 . 基于专利分析的产品技术成熟度预测技术及其软件开发 [D]. 河北工业大学，2003

[71] 李婷 . 基于专利分析的建筑技术成熟度预测平台研究 [D]. 深圳大学，2016

[72] 张欣 . 基于专利分析和 TRIZ 技术进化理论的产品预测研究——以 LED 照明产品为例 [D]. 广东工业大学，2018

[73] 孙午向 . 基于专利分析与 TRIZ 理论融合的创新研究——以起重机防摇技术为例 [D]. 内蒙古科技大学，2017

[74] 尼古拉・什帕科夫斯基 . 进化树：技术信息分析及新方案的产生 [M]. 北京：中国科学技术出版社，2006

[75] http://image.baidu.com/search/

[76] https://cn.bing.com/images/search

[77] http://triz-evolution.narod.ru

附录

附录1　人名中英文对照表

Andrus	安德勒斯
Arling D.Brown	阿林·布朗
Arthur M.Lewis	亚瑟·路易斯
Andreas Bauer	安德里亚斯·鲍尔
A.R.Kotz	科兹
Benny Landa	班尼·兰达
Buehner	博纳
Berry James M	贝瑞·詹姆斯
Coppron · Gary P	科普隆·加里
Chester Carlson	切斯特·卡尔逊
C.R. Winston	温斯顿
Chuck geschke	查克·格施克
Clarence W.Hansell	克拉伦斯·汉塞尔（简称汉塞尔）
Christopher Latham Sholes	克里斯托夫·拉森·肖尔斯
Curry	柯里
Claude Navier	克劳德·纳维
Caspar Herman	卡斯帕·赫尔曼
Clabo	克拉博
Darrell Mann	戴瑞·曼

续表

Dave Donald	戴夫·唐纳德
Edmond L. Kyser	艾德蒙·凯泽（简称凯泽）
Ella Washington Rubel.	艾拉·华盛顿·鲁贝尔
Elmqvist	埃尔姆奎斯特
Edison	爱迪生
Fanny Konich	范妮·科尼希
Friedrich Konich	弗里德里希·科尼希
Fillmore	菲尔莫尔
Frauens	弗瑞斯
Galileo	伽利略
Gasttener	盖斯特泰纳
Gady	加迪
Gary Starkweather	加里·斯塔克万斯
Goel	戈埃尔
George Gabriel Stokes	乔治·加布里埃尔·斯托克斯
Georgi Nadjakov	乔治·艾纳季科夫
G. S. Altshuller	阿奇舒勒
Hertz C	赫兹
Hansell Clarence W	汉塞尔·克拉伦斯
Hendricks	亨德里克斯
Henry Mill	亨利·米尔
Hayes	海斯
Hudson	赫德森
Ilaplace	拉普拉斯
Jack Kilby	杰克·基尔比
Johannes Gensfleisch zur Laden zum Gutenberg	谷登堡
John Vaught	约翰·沃特
Joseph Plateau（全名 Joseph Antoine Ferdinand Plateau）	尤瑟夫·普拉托
Konich Bauer	科尼希·鲍尔
Koenig	凯尼格
Kia Silverbrook	起亚·西尔弗布鲁克
Lord Rayleigh	洛德·瑞利（简称瑞利）
Michael Faraday	迈克尔·法拉第

续表

Mark Maiman	马克·迈曼
Mansson	曼森
Magnus	马格努斯
Masao Mitani	玛索·米塔尼
Nikolay Shpakovsky	尼古拉·什帕科夫斯基
Otto	奥托
Pelenny Tuu	佩莱里尼·图
Portig	波蒂希
Raymond C. Cumming	雷蒙德·卡明（简称卡明）
Rumsey	拉姆齐
R.m. Hoy	霍伊
Richard G. Sweet	瑞奇艾德·斯维塔（简称斯维塔）
Senefelder	塞纳菲尔德
Stiven	斯蒂文
Spencer	斯宾塞
Schein	沙因
Schneider	施奈德
Savart	萨伐特
Selenyi	塞莱尼
Stephan B. Sears	斯蒂芬·西尔斯（简称西尔斯）
Stemme N	斯泰默
Steven I. Zoltan	史蒂文·佐尔坦（简称佐尔坦）
Thomas Boland	托马斯·博兰
Taylor	泰勒
Vaught	沃特
Warnock	沃诺克
William Thomson（Lord Kelvin）	威廉·汤姆森（开尔文勋爵）
William Rubel	威廉·罗倍尔
William　Caxton	威廉·卡克斯顿
Wedgewood	韦奇伍德
Yoest	约斯特
Yamada	山田
Young	杨

附录 2　公司及机构名中英文对照表

AB Dick	爱宝迪
Applicon	阿普利康
Appleton	阿普莱顿
Brother	兄弟
Brush	博瑞斯
Bull	公牛
Chalmers University of Technology	查尔姆斯理工大学
Clemson University	克莱姆森大学
Canon	佳能
Clevite	克莱维特
Dimatix	德麦特克斯
Dennison	丹尼森
Delphax Systems	德尔费克斯
Delphax Technologies	德尔费克斯科技
Diconix	迪克尼
Domino	多米诺
Data Interface	数图
EFI	埃菲
Epson	爱普生
Eastman Kodak	伊斯曼柯达
Fuji Xerox	富士施乐
Fujifilm	富士胶片
Fuji Dimatix	富士迪马迪克斯

续表

FUJI	富士
Graphic Controls	图控
Heidelberger	海德堡
Haloid	哈罗伊德
Hewlett–Packard CO	惠普
Harris Automatic Press Company	哈里斯自动印刷厂
Indigo	印迪戈
Imaggia	伊玛吉亚
IRIS Graphics INC	依瑞斯图形
Ipex	国际印刷机械及有关行业展览会
Jadason enterprises	特新企业
Koenig & Bauer	高宝
Konica Minolta	柯尼卡美能达
Kyocera	京瓷
LANDA CORP LTD	兰达
Local Motors	洛克汽车
Lexmark	利盟
Mimaki	御牧
Materion（原名 Brush Wellman）	万腾荣
MITR	米其
MIYAKOSHI	宫腰
Nashua	纳舒厄
Nipson	尼普生
NCR	国家收银机公司
NASA	美国宇航局
Natural Dental Implants	天然牙种植体公司

续表

Nano Demension	纳维
Organovo	奥格诺沃
Oce’	奥西
Panasonic	松下
RCA	美国广播唱片公司
Ricoh	理光
ROHM Co.，Ltd.	罗姆股份
Riso	理想
Roland	罗兰
Savin	萨文
St. Petersburg	圣彼得堡
Spectra	贝瑞克
Samsung	三星
Sharp	夏普
Xeikon	赛康
Seiko Epson Corporation	精工爱普生
Silverbrook	西尔弗布鲁克
Silverbrook RES PTY LTD.	西尔弗布鲁克研究所
Smartech	敏科
Stork	斯多克
Silonics	塞罗尼克斯
Seiko Instruments, Inc.	精工
Screen	网屏
Sdeikon	斯迪基隆
Scitex Vision	赛天使（惠普旗下）
Sperry Rand	斯佩里 · 兰德
Spctra	斯帕特拉

续表

Toshiba	东芝
Toshiba Tec Corporation	东芝泰格
Trident	三叉戟
University of Minnesota	美国明尼苏达大学
Videograph	视图公司
Videojet	伟迪捷
Vutek	威特
Veris	维里斯
World Intellectual Property Organization（WIPO）	世界知识产权组织
Xaar LTD.	赛尔
Xerox	施乐
Zebra（ZIH）	斑马